"샐리 에이디는 생물체 내에서 다양한 역할을 수행하는 전기의 원리를 재미있게 소개한다."

"샐리 에이디는 그녀의 데뷔작인 이 책에서 우리 몸을 흐르는 생체전기에 대한 200년간의 연구를 흥미롭게 서술한다. 그 연구는 개구리 다리 경련에 대한 논쟁에서부터 시작해 트라우마가 있는 사람들에게 감각을 되돌려주기 위해 개발된 장치를 망라한다."

"샐리 에이디는 과학 글쓰기에서 가장 어려운 일, 즉 자신이 잘 몰랐던 주제를 진정으로 매력적이고 흥미진진하게 만드는 데 성공했다. 과학을 최신 지식까지 끌어올리고 오늘날의 최첨단 기술과 생체전기 의학의 미래까지 망라한 결과를 보면, '정말 멋져!'라는 감탄사가 절로 나온다. 이 책은 열정과 깊은 지식, 재미있는 말솜씨로 공유되는 방대하고 매우 흥미로운 과학 연구 분야를 다루고 있다. 이 책을 읽고 나면, 다시는 같은 방식으로 삶을 생각하지 않을 것이다."

"인체는 우리가 거의 이해하지 못하는 전기로 작동한다. 그 비밀을 밝혀내면 우리가 가장 흔한 질병을 이해하고 치료하는 방식에 혁명을 일으킬 새로운 지평이 열릴 가능성이 있다. 샐리 에이디는 과학적 발견의 새로운 지평을 여는 이 매혹적인 책에서 생체전기의 알려지지 않은 역사를 탐구하고 그 흥미진진하고 유망한 미래를 스케치해내고 있다."

"유전학이 유일한 생명의 비밀이라고 생각했다면 다시 생각해 보라. 샐리 에이디는《우리 몸은 전기다》에서 생체전기의 마법과 그것이 우리 존재의 모든 측면에 어떤 영향을 미치는지 생생하게 탐구한다. 읽는 즐거움도 있는 이 책이 정말 마음에 들었다."

"샐리 에이디가 재치와 통찰력으로 묘사하듯이, 전기 없이 우리는 아무것도 아니다. 전기는 삶과 죽음의 필수 요소이다. 이 책을 읽는 내내 저자가 제우스처럼 번개를 쏘아대는 모습을 상상했을 정도로 스릴 넘치고 설득력 있고 활력을 주는 책이었다. 시의적절한 책이기도 하다. 미래는 짜릿하다."

"일렉트롬은 유전자 코드만큼이나 우리가 생명을 이해하는 데에 있어 중요할 수 있다. 하지만 이 획기적인 발전에 대해 알고 있는 사람은 거의 없다. 샐리 에이디는 흥미진진한 스토리텔링을 통해 이 과학 혁명의 핵심과 의학을 변화시킬 무한한 잠재적 가능성으로 우리를 안내한다. 이 책은 재치와 통찰력으로 반짝이는 최고의 과학 글쓰기의 모범 사례다. 이 훌륭한 책을 통해 재미와 깨달음을 얻고, 나아가 전율을 느낄 준비를 해라."

데이비드 롭슨《지능의 함정》,《기대의 발견》저자

"이 책은 내 마음을 단번에 사로잡았다.《우리 몸은 전기다》는 스릴 넘치는 책으로, 샐리 에이디는 전기를 띤 세포의 복잡성부터 새로운 치료법 및 뇌 해킹의 잠재력까지 모든 것을 반짝이는 명료함으로 설명한다."

마이클 브룩스《수학은 어떻게 문명을 만들었는가》저자

"생체전기에 대한 계시를 주는 조사를 통해 에이디는 새로운 발견의 의미를 훌륭하게 보여주고 통합되지 않은 과학이 미처 보지 못했던 부분을 집중 조명한다. 명쾌한 설명과 매혹적인 일화를 통해 에이디는 이 숨겨진 영역에 대한 완벽한 안내자를 자처한다. 대중 과학 팬이라면 주목해야 한다."

《퍼블리셔스 위클리》

"에이디는 생각할 거리를 풍부하게 제공한다. 엄청난 잠재력을 지닌 분야에 대한 명쾌하고 흥미로운 고찰."

《커커스 리뷰》

우리 몸은 전기다

우리 몸은 전기다

WE ARE ELECTRIC

샐리 에이디 지음

고현석 옮김

세종

앤에게 이 책을 바칩니다.

모든 생명체의 몸은 양이온과 음이온(혹은 전자)으로 가득 차 있다. 하지만 그 개수가 얼추 비슷해서 전기적으론 중성을 띤다. 다시 말해, 자석을 몸에 갖다 대도 붙지 않는다. 우리 몸은 이온들을 균일하지 않게 분포시키고 빠르게 이동하게 만들어 전기신호를 생성하고 그 안에 정보를 담는다. 모든 생명현상과 지능 활동은 여기서 비롯된다. 우리는 뇌를 언급할 때마다 아드레날린이나 도파민, 아세틸콜린, 세로토닌 같은 신경전달물질을 떠올리지만, 이들이 분비된다고 해도 결국 전기신호를 유발하지 못하면 뇌 활동에는 아무런 변화가 없다. 즉, 인간은 모름지기 '호모 일렉트리쿠스'인 것이다.

과학저널리스트 샐리 에이디는 이 책에서 생명과 지능의 본질이라고 할 수 있는 '생체전기' 현상을 상세하게 다룬다. 그것을 발견했던 짜릿한 역사적 순간에서부터 뇌와 우리 몸 안에서 생체전기가 만들어지고 작용하는 과정을 과학적으로 설명한다. 그리고 생체전자공학 분야에서 생체전기를 조절해 인공적으로 생명현상을 만들고 인간 뇌를 모사하려는 미래 과학까지 서술한다. 생명의 본질을 알고 싶다면, 이 책부터 읽어야 한다. '전기 없이 생명 없다'는 놀라운 통찰을 얻게 될 것이다.

정재승 (뇌를 연구하는 물리학자, 《과학 콘서트》《열두 발자국》저자)

WE ARE ELECTRIC

차례

3부 뇌와 몸의 생체전기

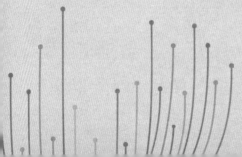

서문

국경 검문소 앞. 먼지를 뒤집어쓴 자동차들, 가축과 농산물을 가득 실은 낡은 트럭들, 민간인들 사이에서 지루한 표정의 군인들이 돌아다니며 검문을 하고 있다.

이때 갑자기 장갑차 한 대가 폭발한다.

귀를 찢는 것 같은 굉음 속에서 한 사람이 폭탄 조끼를 걸친 채 내게 전속력으로 뛰어 오는 것이 보인다. 나는 그 사람을 쏜다.

바로 그때 내 왼쪽 방향에서 나를 향해 총을 겨눈 저격수가 눈에 띈다. 나는 그 저격수도 쏜다.

검문소를 습격한 사람의 수는 7명쯤 돼 보인다. 모두 기관총으로 무장한 사람들이다. 나는 그 사람들 중에서 나와 가장 가깝게 있는 사람이 누구인지 빠르게 살펴본 뒤 차례로 그들을 향해 방아쇠를 당긴다.

그때 검문소 근처의 낮은 건물 옥상에서 검문소를 겨냥하고 있는 3명의 모습이 다시 눈에 들어온다. 나는 그들도 모두 쏘아 쓰러뜨린다. "탕, 탕, 탕"

이제 적은 모두 처리한 것 같다. 사방이 조용해지고 조그맣게 사막의 바람소리만 들린다. 하지만 나는 숨을 죽인 채 계속 주위를 살핀다.

이때 갑자기 조명이 들어오더니 연구원이 내게 다가온다.

"뭐가 잘못된 건가요?" 내가 물었다.

"아닙니다. 다 끝난 겁니다." 연구원이 말했다.

"벌써요?" 실망한 내가 물었다. 이 게임을 시작한 지 3분도 채 되지 않았기 때문이었다. "좀 더 하면 안 될까요?"

"안 됩니다. 게임 끝났습니다."

"내가 모두 몇 명을 처치한 거죠?" 총과 헤드기어를 반납하면서 내가 물었다. 헤드기어는 내 머리 속으로 미세한 전류가 흐르도록 만드는 장치였다.

"다 처치하신 거예요." 연구원이 어깨를 으쓱하며 말했다.

지금까지의 일은 실재 검문소가 아니라 캘리포니아 남부에 있는 한 연구실에서 일어난 일이다. 나는 그 사무실 안에서 이산화탄소 카트리지가 장착된 근접 전투용 M4 소총으로 슈팅 게임을 하고 있었다. 이 소총은 총을 쏜다는 느낌은 주지만 실제로는 전혀 사람에게 피해를 입히지 않도록 만들어져 있다. 내가 쏜 사람들은 진짜 사람들이 아니라 전투 훈련용 시뮬레이션 프로그램이 만들어낸 가상의 존재들이었다.

하지만 내가 머리에 쓰고 있던 헤드기어에 흐르던 전류는 진짜였다. 나는 9볼트 배터리에서 나오는 몇 밀리암페어 정도의 전류를 머리에 통과시켰을 때 사격 능력이 향상되는지 테스트하는 데 동의한 뒤 이 헤드기어를 쓴 것이었다. 연구원들의 설명에 따르면 이 정도 세기의 전류를 뇌에 통과시키면 뇌 안에서의 특정한 종류의 전류 흐름, 즉 신경계가 커뮤니케이션을 위해 이용하는 생체전기 신호의 흐름을 바꿀 수 있다. 연구원들은 뇌의 운동 실행 담당 영역에 이렇게 미세한 전기충격을 가하면 내 주의력과 집중력이 더 강화될 것이라고 설명했고, 그 설명에 따르면 미세한 전기가 나처럼 책상에만 앉아있는 저널리스트를 전투 요원으로 변신시킨 것이었다.

지난 2011년 나는 내가 꿈꾸던 세계적인 과학기술 주간지 〈뉴사이언티스트New Scientist〉 기자가 됐다. 그 이전에는 미국의 공학 잡지 〈IEEE 스펙트럼IEEE Spectrum〉에서 마이크로칩과 신경공학 관련 기사를 썼다. 〈IEEE 스펙트럼〉은 내 성장과정을 생각하면 나와 아주 잘 맞는 잡지였다. 나의 아버지는 집 지하실에 회로기판, 알록달록한 색깔의 전선, 납땜인두 같은 것들과 SF 잡지 〈아날로그Analog〉를 수북하게 쌓아놓고 연구에 몰두하던 라디오 공학자였다. 내가 과학 전문 저널리스트가 된 이유 중 하나는 어린 시절 그 잡지에서 읽었던 이야기들이 과학 연구를 통해 현실화되는 과정을 실제로 지켜보았다는 사실에 있다.

내가 앞에서 말한 뇌 시뮬레이션 실험에 참여하게 된 것도 나의 이런 경험들 때문이다. 이 실험에 참여하기 몇 년 전부터 과학계에서는 "경두개 직류전기자극transcranial direct current stimulation, tDCS"이라는 이름의 이 기술이 큰 관심을 받고 있었다. 무엇보다도 이 기술은 치료 저항성 우울증treatment-resistant depression● 치료와 수학적 능력maths skills 개선 등 다양한 효과를 나타낼 가능성이 있다는 점에서 언론의 주목을 받았다. 내게 헤드기어를 씌워준 연구원들은 미세한 전류가 뇌 안에 있는 뉴런들의 연결강도를 변화시켜 동시에 더 많은 뉴런이 더 효율적인 신경 발화를 하도록 만들 수 있다고 설명했다. 뉴런의 동시 발화는 모든 학습의 기초이기 때문에 전기장을 가해 뉴런 발화의 속도를 높이면 새로운 기술을 학습하는 속도가 빨라진다는 생각이었다(연구원들은 이 시뮬레이션에서는 미세 전류가 나를 제임스 본드로 만들 수 있다고 말했다).

내가 이 기술에 대한 이야기를 처음 들은 것은 2009년이다. 당시만 해도 이 기술은 일부 의학 실험이나 비밀 군사 프로젝트에서만 제한적으로 사용되고 있었다. 하지만 지금은 머리에 전기 자극 장치를 쓰는 일이 그때만큼 낯설지 않다. 지금 사람들은 이런 전기 자극장치를 착용하거나, 간헐적 단식을 수행하거나, 실로시빈 psilocybin(일부 버섯에 포함된 환각물질)을 미량 투여하는 것이 두뇌 능력을 향상시킬 수 있다는 이야기를 흔하게 듣고 있다.

하지만 전기자극은 두뇌 능력 강화뿐만 아니라 몸과 마음의 질병 치료에도 다양한 방식으로 사용된다. 예를 들어, 파킨슨병 치료에서

●　충분한 기간 동안 적절한 용량의 항우울제 두 가지 이상을 복용해도 일정 수준 이상 증세 개선이 되지 않는 중증 우울증 – 역자

마지막 수단으로 여겨지는 뇌심부자극술deep brain stimulation은 움직임 문제를 일으키는 뇌의 깊은 핵 부위에 길고 미세한 전극을 삽입해 증상을 진정시키는 치료법이다. 이 치료법의 환상적인 성공에 힘입어 과학자들은 간질, 불안, 강박 장애, 비만 등 다른 질병에 대해서도 이 치료법을 테스트하고 있다. 최근에는 "전자약electroceutical"도 주목을 받고 있다. 전자약은 체내 신경 주위에 고정돼 전기 신호로 특정한 신경, 장기, 조직 등을 자극해 질환을 치료하는 쌀알 크기의 전기 임플란트electrical implant를 말하는데, 쥐와 돼지를 대상으로 한 실험에서 당뇨, 고혈압, 천식 치료 효과를 보였다. 또한 2016년에 전자약이 류머티스 관절염 환자를 대상으로 한 초기 임상시험에서 뛰어난 효과를 보임에 따라 구글의 모기업인 알파벳Alphabet은 한 다국적 제약회사와 공동으로 5억4000만 달러 규모의 벤처를 설립해 신체 전기신호를 이용한 크론병Crohn's disease(유해한 박테리아에 지나치게 반응하는 면역체계에 의해 유발되는 만성적인 장 질환)과 당뇨병 치료법을 개발하기 시작했다.[1]

내가 미국 국방부 프로젝트의 실험대상이 되기로 마음먹은 이유도 여기에 있다(앞에서 말한 "게임"이 바로 그 실험 중 일부였다). 내가 한 tDCS 경험은 그 기술에 대한 내 생각을 완전히 바꿀 정도로 놀라운 것이었다. 전기장이 나의 뉴런들을 자극하는 순간 나는 집중력이 강화되면서 사격이 정확해졌다. 믿을 수 없는 경험이었다. 그 순간 마치 누군가가 내 머리를 산만하게 만드는 부정적인 생각의 스위치를 눌러 꺼버린 것 같았다. 이 경험 이후로 나는 사람들에게 전기의 힘에 대해 설명하는 전도사가 됐다.

나는 〈뉴사이언티스트〉에 이 경험에 대해 자세하게 썼고, 입소문이 퍼지기 시작했다. 타이밍이 절묘했기 때문이었다. 2010년대 초반, 실리콘밸리에서는 마법처럼 보이는 기술에 대한 연구가 유행하고 있었고, 사람들은 소일렌트Soylent●에 열광하고 있었다. 트랜스휴머니즘transhumanism●● 신봉자들은 육식에 찌든 자신의 몸을 업그레이드할 수 있는 새로운 방법을 찾기 위해 필사적인 노력을 하고 있었다. 전기에 대한 관심이 높아진 것은 이런 분위기에서 전기가 인간이 가진 근본적인 한계를 극복하게 해줄 새로운 수단 중 하나로 인식됐기 때문이다. 내가 쓴 기사는 아마추어 뇌 기능 강화 방법을 연구하는 신경공학자들이 회로 설계도와 실험장비에 대한 정보를 공유하는 "DIY tDCSs" 포럼에 게시됐고, 미디어들도 tDCS의 전망과 위험에 대해 앞을 다퉈 다루기 시작했다. 과학 팟캐스트 "라디오랩RadioLab"은 tDCS의 두뇌 능력 강화에 대해 다룬 반면, 작가이자 인류학자인 유발 노아 하라리Yuval Noah Harari는 자신의 책 《호모 데우스Homo Deus》에서 인간이 자신을 신으로 만들려고 하는 노력의 위험성을 강조하기 위해 내 기사를 인용했다. 한국의 다큐멘터리 제작자들은 실제로 신경자극 기법이 인간을 변화시킬 수 있는지 내 의견을 묻기도 했다. 심지어 어떤 기자는 기사에서 나를 "tDCS 기술 홍보대사"라는 말로 묘사하기도 했다.

● 완전식품을 지향하는 대체 식품. 음료 또는 가루 형태로 미국과 캐나다에서 지금도 판매되고 있다 - 역자
●● 과학기술을 이용해 사람의 정신적 · 육체적 성질과 능력을 개선하려는 지적, 문화적 운동 - 역자

이런 식으로 생체의 자연적인 전기 흐름을 조작할 수 있다는 가능성을 다룬 것은 내 기사가 처음이 아니다. 이미 2000년대 초반부터 옥스퍼드 대학, 하버드 대학, 베를린 샤리테 의대 등 세계적인 수준의 대학들은 두뇌 능력 강화 수단으로서의 tDCS를 연구해왔고, 그 결과 미량의 전기가 기억력, 수학적 능력, 주의력, 집중력, 창의력을 향상시키고 외상 후 스트레스 장애와 우울증 증상 개선에도 효과가 있다는 사실이 밝혀진 상태다. 그동안 tDCS에 관한 연구가 이렇게 진행되면서 언론보도도 계속 이어졌지만 내가 쓴 기사는 기자의 직접적인 체험을 바탕으로 쓰였기 때문에 사람들의 관심을 크게 끈 것이었다. 그 뒤 이 기술에 대한 흥미로운 연구결과가 계속 발표되면서 대중의 관심이 더 높아지자 벤처기업들은 내가 체험한 두뇌 능력 강화 헤드기어의 상용 버전을 출시하기 시작했다. 몇 백 달러에 살 수 있는 이런 헤드기어들은 내가 체험한 미국 국방부의 1만 파운드짜리 헤드기어와는 매우 다르지만, 그럼에도 불구하고 운동선수처럼 정신력을 조금이라도 더 향상키고 싶어 하는 사람들은 이 웨어러블 장치를 적극적으로 이용하기 시작했다. 예를 들어, "농구를 망친다"는 비난을 받을 정도로 무적의 팀인 골든스테이트 워리어스 Golden State Worriors의 선수들은 실전에 참여하기 직전에 연습을 하면서 항상 이 헤드기어를 착용했고[2], 미국의 올림픽 스키 팀도 경기에 참가하기 직전에 이 헤드기어를 썼다는 사실이 알려지면서 "뇌 도핑 brain doping" 의혹을 받기도 했다.[3] 이런 추세가 이어지면서 한편으로는 tDCS 기술에 대해 의문을 제기하는 사람들, 즉 이 기술의 효과가 사실이라고 믿기에는 너무 뛰어나다고 생각하는 사람들이 생겨나기 시작했다. 회의적인 생각을 가진 사람들은 이 기술이 우울증 치료, 집중력 향상, 수학적 능력 향상 같은 다양한 효과를 내는 것은 불가능하다고 생각했고, tDCS 기술과 관련된 희망적인 연구결과들을 반박하기 시작했다. 한 연구팀은 시체가 전기자극에 반응하지 않는 사실이 tDCS에 사용되는 전류가 신경세포에 영향을 미칠 수 없다는 것을 입증한다며 이 기술이 유사과학에 불과한 속임수라고 주장했고, 또 다른 연구팀은 수백 건의 tDCS 연구를 종합한 메타분석을 통해 tDCS의 모든 효과를 평균화하면 결국 이 기술은 아무 효과도 없다는 결론을 내리기도 했다.

이들의 주장은 나름대로 선례에 기초한 것이었다. 회의론자들은 tDCS가 200년 전부터 최근까지 돌팔이의사들이 변비 같은 고질병이나 암을 비롯한 거의 모든 질병을 치료하고 남성의 정력을 강화해준다고 사람들을 속이면서 팔던 전기 벨트, 전기 반지 같은 것들과 별로 다르지 않다고 생각했다. 즉, 이들은 tDCS 기술을 옹호하는 사람들이 드는 근거가 1870년대에 전기 페니스 벨트electric penis belt를 팔던 사기꾼들이 들던 근거만큼이나 비과학적이라고 생각했다.

이런 분위기에서 사람들은 tDCS가 완전히 사기는 아니지만 본질적으로 돌팔이의사나 약장수들이 팔던 "만병통치약"과 크게 다르지 않을 수도 있다는 생각을 하게 됐다. 사람들은 tDCS의 효과가 위약효과일 수도 있고, 200년 전 약장수들이 거리에서 팔던 가짜 만병통치약 "스네이크 오일snake oil"의 현대 버전일 수도 있다는 생각을 하게 됐다.

tDCS에 대한 기사를 썼던 나조차도 의구심이 들기 시작했다. 하지만 당시 나는 첫 번째 tDCS 경험에서 느꼈던 놀라움에서 아직 벗어나지 못하고 있었기 때문에 다른 실험실에서 그 놀라움을 다시 한 번 느낄 수 있을 것이라고 기대했다. 그러던 중 나는 옥스퍼드 대학 실험심리학과에서 tDCS의 수학적 능력 강화 효과에 대해 연구하고 있다는 사실을 알게 됐고, 바로 그곳으로 출발했다. 나는 수학적 능력이 별로 좋지 않기 때문에 그곳에서 다시 한 번 tDCS 기술의 효과를 경험한다면 전기 자극 효과가 위약효과가 아니라는 확신을 할 수 있을 것 같았다.

이런 기대로 부푼 상태로 옥스퍼드 대학 실험실로 가면서 나는 영화 〈굿 윌 헌팅Good Will Hunting〉이나 〈뷰티풀 마인드Beautiful Mind〉의 주인공처럼 칠판 가득 수식들을 쓰면서 풀어내는 내 모습을 상상했다. 하지만 몇 시간 후 실험실에서 나오면서 나는 시험을 망치고 교실에서 나오는 학생의 표정을 짓고 있었다. 몇 시간 동안 전극이 달린 우스꽝스러운 모자를 쓴 채 문제를 풀었지만 결국 내 안의 수학적 천재성은 깨어나지 않았다. 어쩌면 tDCS는 속임수일 수도 있다는 생각이 들었다.

하지만 tDCS가 속임수라면 왜 다양한 질병 치료에 효과가 있는 것으로 보였을까? 이 기술을 임상에 적용한 모든 의사들이 전부 잘못된 생각을 했을 리는 없었다. 당시 의학계에서는 이미 비교적 무해한 tDCS 수준을 넘어선 전기 자극 연구가 광범위하게 진행되고 있었다. 예를 들어, 의사들은 침습적 자극 장치invasive stimulator● 를 척추에 삽입해 마비된 사람들이 다시 걸을 수 있게 만들고 있었고, 뇌에 삽입해 중증 우울증을 치료하고 있었고, 미주신경vagus nerve에 삽입해 류마티스성 관절염을 치료하고 있었다. 이런 치료에서 전기는 어떤 효과를 냈던 것일까? 전기는 어떤 메커니즘으로 몸을 치료할 수 있었을까? 전기와 생체의 관계는 무엇일까? 이런 의문이 마음속에서 지워지지 않았다.

이 기술이 효과가 있다는 것을 인정한다고 해도 나는 어떻게 이 기술이 효과를 내는지 전혀 몰랐다. 결국 나는 그 후 10년 동안 그 의문을 풀기 위해 노력했고, 이제 그 과정에서 느꼈던 전율을 독자들에게 전달하려고 한다.

이 책은 우리 몸 전체에 자연적으로 흐르는 전기를 다루는 방법에 대한 지식이 세상을 얼마나 혁신적으로 변화시킬 수 있는지 이야기하는 책이다. 앞으로 수백 쪽에 걸쳐 나는 모든 생명체를 관통하며 모든 생명체의 움직임과 의도를 뒷받침하는 물질인 전류에 대해 이야기할 것이다. 생명체에서 흐르는 이 자연적인 전류는 신경계가 존재하기 전부터 그리고 인류가 발생하기 전부터 존재해왔다. 전류는 최초의 돌연변이가 어류가 건조한 육지로 올라오기 전부터 생명체 안에서 흐르고 있었다. 우리 몸에서 가장 처음에 발생한 것이 전류이며, 모든 생명체에서 가장 먼저 발생한 것 중 하나가 바로 전류다.

앞에서 언급한 사격 경험은 우리 몸의 자연적 전기의 이용 가능성

• 일반적으로 체내에 의료 장비를 넣거나 신체를 절개하는 시술을 '침습적 시술'이라고 한다. 반대로 피부를 관통하지 않거나 신체의 어떤 구멍도 통과하지 않고 질병 따위를 진단하거나 치료하는 방법을 '비침습적 시술'이라고 한다. ─편집자

과 위험성을 보여주는 하나의 사례에 불과하다. 우리는 근본적으로 전기적 생명체지만 사람들은 그 사실을 잘 인식하지 못한다. 실제로 우리의 모든 움직임, 지각, 사고는 모든 순간 전기신호에 의해 조절된다. 이 생체전기는 배터리에서 나오는 전기, 전등을 켜거나 식기세척기를 작동시키는 전기와는 다르다. 이 기계를 구동하는 전기는 음전하를 띤 입자인 전자의 흐름으로 만들어지는 전기다.

인체는 "생체전기bioelectricity"라는 전혀 다른 전기에 의해 작동한다. 생체전기는 전자의 흐름이 아니라 칼륨 이온, 나트륨 이온, 칼슘 이온처럼 대부분 양전하를 띤 이온의 움직임에 의해 생성된다. 우리의 지각, 운동, 인지는 뇌 내부 그리고 뇌와 모든 장기 사이의 신경계에서 이런 이온들이 움직이면서 생성되는 신호 시스템에 의해 이뤄진다. 우리가 생각하고, 말하고, 걷는 것은 모두 이 신호 시스템에 의존하며, 넘어졌을 때 무릎이 아프고, 피부에 긁혔을 때 아무는 것도 이 신호 시스템에 의한 것이다. 또한 우리가 젤리에서 신맛을 느끼거나, 음식을 먹은 뒤 물 한 잔으로 입을 가시거나, 목마름을 느끼는 것도 모두 이 신호 시스템의 작용에 의한 것이다.

벽에 달린 콘센트에서 나오는 전기는 발전소에서 만들어진다. 우리 몸도 일종의 발전소 역할을 한다. 우리 몸을 구성하는 약 40조 개의 세포는 하나하나가 모두 미세한 전압을 가진 작은 배터리다. 세포가 쉬고 있을 때 세포 내부의 전압은 (평균적으로) 세포 외부보다 70밀리볼트 정도 음전하를 더 띤다. 이 상태를 유지하기 위해 세포는 세포막을 통해 끊임없이 이온들을 유입시키거나 유출시킨다. 이런 현상이 별로 중요하지 않다고 생각할 수도 있을 것이다. 실제로 일상생활에서 70밀리볼트의 전압 차이는 대단한 차이가 아니다. 70밀리볼트라는 전압은 보청기에 전력을 공급하는 데 필요한 전압의 약 1000분의 1밖에는 안 된다. 하지만 뉴런의 관점에서 보면 이 정도의 전압이 결코 사소하다고 볼 수 없다. 신경자극이 신경섬유를 타고 전달되는 과정에서 뉴런에서는 통로(채널)들이 열리면서 전하를 띤 수백만 개의 이온이 그 통로들을 통해 세포 안으로 유입되고 유출된다. 전하가 이렇게 대규모로 이동하면서 발생하는 전기장의 세기는 미터 당 약 100만 볼트에 이른다. 인간이 몸 외부에서 이 정도 수준의 전압에 노출된다면 살아남을 수 없다. 하지만 우리 몸 안에 있는 뉴런은 매 순간 이 정도의 전압에 노출된다.

생물학자들은 이런 생체전기 신호가 뇌와 신경계 사이의 모든 통신을 담당한다는 사실을 오래 전부터 잘 알고 있다. 생체전기 신호는 뇌의 명령을 근육에 전달해 팔다리를 움직이게 만드는 전화선 같은 것이라고 생각할 수 있다.

하지만 생체전기는 뇌에만 존재하는 것은 아니다. 지난 수십 년 동안의 연구를 통해 생체전기 신호는 지각과 움직임을 담당하는 세포뿐만 아니라 몸의 모든 세포에 의해 전달된다는 사실이 밝혀진 상태다.

예를 들어, 피부세포들도 모두 고유의 전압을 가지며, 이 전압들은 주변의 피부세포들이 가진 전압과 결합해 전기장을 형성한다. 피부에 흐르는 전기는 전압계로 쉽게 측정할 수 있다. 피부를 당긴 다음 전극을 연결하면 꼬마전구를 밝힐 수 있다. 전립선이나 유방에 전극을 연결해도 마찬가지다. 또한, 부상으로 이런 전기장이 손상되면 우리는 바로 전기장의 손상을 느낄 수 있다. 혀나 뺨 안쪽을 깨물었을 때 드는 따끔한 느낌이 바로 이 전기장 손상에 의한 것이다. 전기장이 손상된 세포들이 주변의 세포들에게 도움을 청하기 위한 신호를 보내는 과정에서 따끔한 느낌이 유발되는 것이다.

뼈를 구성하는 세포, 치아를 구성하는 세포, 우리 몸과 조직의 안과 밖을 덮고 있는 상피세포, 혈액세포에서도 전기가 흐른다. 모든 세포 각각은 미세한 전압을 발생시켜 세포 내부에서 그리고 세포 내부와 외부 사이에서 소통을 가능하게 하는 미세한 발전소다.

과거에 우리는 이런 비신경세포(신경계를 구성하는 세포가 아닌 세포)가 노폐물 처리나 에너지 같은 사소한 관리 작업을 위해서만 생체전기 신호를 이용한다고 생각했다. 하지만 최근 연구들에 따르면 이런 비신경세포들이 과거에 우리가 생각했던 것보다 훨씬 더 많은 일을 한다는 것이 점점 더 분명해지고 있다. 우리 몸은 일반적으로 알려진 것보다 훨씬 더 전기를 많이 사용한다는 것이 밝혀지고 있는 것이다.

최신 연구에 따르면 생체전기 신호는 자궁 내 태아에서 팔다리나 코와 귀 같은 부분들이 발달하는 과정에도 이용되며, 일부 과학자들은 인체의 전기 시스템을 조절해 자궁 내에서 생체전기 신호가 교란돼 발생할 수 있는 기형아 출산 문제를 해결하기 위해 연구를 진행하고 있다. 또한 생체전기 신호 연구는 암의 전이를 막을 수 있는 방법으로도 연구되고 있다. 암세포도 고유의 전압을 이용한 생체전기 신호 교환을 통해 인체 내에서 확산되기 때문에 암세포들 간의 신호 교환을 방해함으로써 암 전이를 막을 수 있다는 것이 관련 연구자들의 설명이다.

생체전기는 동물뿐만 아니라 수생식물인 조류algae에서 대장균에
이르기까지 모든 생명체에 존재한다. 식물은 포식자가 출현해 방어
를 해야 할 때 생체전기를 이용해 몸의 다양한 부분에 메시지를 보
내며, 균류(효모와 곰팡이, 버섯 등)는 미세한 덩굴손tendril으로 좋은 먹
이를 감지했을 때 생체전기 신호를 이용해 서로 소통한다. 박테리아
는 자신이 속한 군집을 항생제 내성을 가진 군집으로 성장시킬지 결
정할 때 생체전기 신호를 이용한다. 또한 우리가 아직 어떻게 분류
해야 할지 모르는 생물체들, 즉 흔히 원생생물protist(진핵생물 중에 동
물이나 식물, 균계에 속하지 않는 생물)이라고 우리가 부르는 유기체들도
생체전기 신호를 이용해 의사소통을 한다.

지금까지의 설명은 "생체전기"가 비유의 영역에 머무는 모호한
존재가 아니라, 실제로 존재하는 생화학적 실체라는 사실을 강조하
기 위한 것이다. 우리는 실제로 전기에 의해 움직이는 존재다. 모든
생명의 기초는 전기다. 몸의 세포 배터리가 모두 소진되면 우리는
죽는다.

우리는 생체전기를 조절하는 방법을 더 일찍 알아냈어야 했다.

아직도 생체전기 조절에 대한 나의 이런 생각에 의구심을 품고 있
는 사람들이 있을 것이다. 당연한 일이다. 생체전기에 대한 생각은
태동할 때부터 지금까지 주류 물리학자들과 생물학자들의 의심을
받아왔고, 생체전기라는 개념 자체가 그들의 회의적인 관점에 의해
어느 정도 정의돼 왔기 때문이다.

생체전기 연구의 역사는 생물학적 현상의 기반이 전기라고 주장하는 생물학자들이 주류 학자들을 대상으로 벌어야 했던 힘겨운 싸움들로 점철돼 있다. 예를 들어, 현재는 뇌의 활동을 EEG(뇌파검사)로 읽어내는 일이 매우 흔하지만, EEG를 발명한 한스 베르거Hans Berger가 학계의 조롱을 받았고, 자신이 발명한 장치가 세상을 바꾸는 것을 보기도 전에 자살했다는 사실은 잘 알려져 있지 않다. 몸 안에서 매우 흔하게 일어나는 기본적인 전기적 현상도 학계에서 인정되기까지는 길고 지루한 싸움을 거쳐야 했다. 실제로 1960년대에 피터 미첼Peter Mitchell은 세포가 에너지를 만드는 데 전기가 핵심적인 역할을 한다는 것을 학계에 설득시키기 위해 10년 동안 엄청난 양의 연구비를 투자하면서 외롭게 연구를 해야 했다. (미첼은 죽기 전에 생체전기에 대한 자신의 이론을 인정받은 몇 안 되는 사람 중 한 명이다. 미첼은 1978년 노벨화학상을 받았다.) 주류 학계의 이런 회의적인 반응은 생체전기 이론이 처음 제시됐을 때 벌어진 격렬한 논쟁에서 비롯된 것인지도 모른다. 생체전기 관련 최초의 논쟁은 18세기 후반 루이지 갈바니Luigi Galvani가 근육을 움직이게 하는 것이 전기라는 것을 발견함으로써 촉발된 논쟁일 것이다. 갈바니의 개구리 실험은 비교적 잘 알려져 있지만, 갈바니의 발견이 유럽 전역에서 과학 논쟁을 촉발했다는 사실을 아는 사람은 별로 없을 것이다. 이런 초기의 논쟁들은 특히 과학연구의 구조 자체를 변화시킴으로써 생체전기에 대한 그 후의 과학자들의 접근방식에 근본적인 영향을 미쳤다. 생명의 전기적 기초에 대한 현재의 과학적 지식이 여러 분야에 분산된 상태에 머물고 있으며, 이런 지식들이 돌팔이약장수의 헛소리 취급을 받는 이유가 여기에 있다.

오늘날에도 생물학자들 대부분은 생체전기에 대해 잘 모르는 것 같다. 예를 들어, 1995년에 임페리얼 칼리지 런던의 암 생물학자 무스타파 잠고즈Mustafa Djamgoz가 전기신호와 암의 관련성을 처음 제시했을 때 학계는 공개적으로 그의 이론을 무시했다. 이 이론으로 여러 번 상을 받았음에도 불구하고 잠고즈는 지금도 이 이론을 SF 영화에나 나올법한 이론이라고 생각하는 동료 과학자들에 둘러싸여 있다.

지금도 이런 일이 일어나는 이유는 생물학자는 생물학에만 집중하고 전기는 물리학자나 공학자만 연구해야 한다는 오래된 고정관념이 여전히 과학계를 지배하고 있기 때문이다. 암을 연구하는 생체물리학자 리처드 뉴치텔리Richard Nuccitelli는 "생물학을 전공하는 학생은 물리학을 한 학기 정도 배우는 데 그치며 전기공학 같은 과목은 거의 수강하지 않는다."라고 말했다. 또한 실제로 생물학과 학생이 컴퓨터과학과의 과목을 수강하는 일도 거의 없다. 대학에서 이런 현상은 매우 당연하고 별 문제가 없는 것으로 생각된다. 하지만 이로 인해 물리학 박사 과정을 밟는 학생이 테슬라가 발명한 교류 alternating current, AC에 대해서는 알고 있지만 자신의 몸에 흐르는 생체전기에 대해서는 아무 것도 모르는 상황이 발생하게 되며, 더구나 생물학과 학생은 교류에 대해서도 생체전기에 대해서도 배우지 못하게 된다. 과학의 각 분야를 연구하는 사람들은 자신의 분야만 연구해야 한다는 이런 생각은 지난 수십 년 동안 생물학을 비롯한 다양한 과학 분야의 발달을 제한해왔다. 이제 우리는 몸이 가진 다양한 전기적 특성들을 하나의 지붕 아래로 모아 일관성 있는 연구를 해야 한다.

몸이 가진 다양한 전기적 특성들의 집합을 이제부터 "일렉트롬 electrome"이라는 말로 부를 것이다.

게놈genome(한 생명체의 모든 유전 정보)과 마이크로바이옴microbiome(특정 환경에 존재하는 모든 미생물들과 그 미생물들의 유전정보)의 규명이 생물계 전체의 복잡성을 이해하는 데 중요한 역할을 한 것은 사실이다. 하지만 일부 과학자들은 이제 세포의 전기적 특성과 속성, 세포들이 형성하는 조직, 생명체의 모든 측면과 연관이 있는 것으로 밝혀지고 있는 전기적 힘을 아우르는 개념인 "일렉트롬"의 윤곽을 그려야 할 때라고 생각한다. 생체전기 연구자들은 게놈을 해독함으로써 눈 색깔 같은 정보가 DNA에 부호화되는 규칙을 알아냈듯이, 일렉트롬을 해독함으로써 우리 몸의 다층적인 통신 시스템이 가진 비밀을 풀어내 그 통신 시스템을 제어할 수 있는 방법을 찾을 수 있을 것이라고 본다.

지난 10여 년 동안 이뤄진 다양한 연구에 따르면 일렉트롬의 암호는 해독이 가능할 뿐만 아니라 우리가 그 암호를 직접 작성하는 법을 알아낼 수도 있을 것으로 보인다. 현재 연구자들은 치유에서 재생과 기억에 이르기까지 모든 것을 담당하는 세포 내부의 회로를 정교하게 재조정할 수 있는 방법을 찾고 있다. 예를 들어, 건강한 세포가 암세포로 변하면 이 세포의 전기신호가 급격하게 변화하는데, 연구자들은 이 전기신호를 정상으로 회복시켜 암세포를 다시 건강한 세포로 만들 수 있는 방법을 연구하고 있다. 또한 일부 연구자들은 뇌의 특정한 전기적 활동 패턴이 특정한 감각 경험을 만들어내며, 이런 감각 경험은 기록이 가능하고 덮어쓸 수도 있다는 실험결과에 기초해 실제 피부로 느끼는 것과 똑같이 느낄 수 있게 해주는 인공피부를 만들기 위한 시도를 하고 있다. 실제로 세포가 생체전기 통신을 통해 다양한 메시지를 전달한다면 세포의 생체전기 암호 해독은 유전자 치료나 화학치료로 해결할 수 없는 문제들의 일부를 해결할 가능성도 있다. 몸이라는 전기 장치를 열어 우리가 원하는 대로 배선을 재조정할 수 있는 상황이 올 수도 있다.

생체전기를 원천적으로 조작할 수 있게 된다면 그 결과는 엄청날 것이다. 하지만 정말 우리는 몸이 고장 났을 때 고칠 수 있을 정도로 생체전기 암호를 잘 해독할 수 있을까? 생체전기 연구자 중에는 생체전기라는 소프트웨어의 작동 규칙을 알아내면 몸과 마음이라는 하드웨어를 우리가 원하는 대로 프로그래밍할 수 있을 것이라고 주장하는 사람들도 있다. 이 연구자들은 사람의 전기 암호를 편집해 지능을 높이거나, 문제가 있는 성격을 다시 프로그래밍하거나, 절단된 팔다리를 다시 자라게 하거나, 몸의 유전적 설계를 완전히 바꾸는 등의 모든 가능성을 염두에 두고 있다. 우리가 진짜로 전기적인 존재라면 우리 몸을 세포 수준에서 프로그래밍하는 것이 가능할 것이다.

만약 우리가 일렉트롬에 관한 지식을 암을 치료하는 수준 이상으로 업그레이드한다면 어떤 일이 벌어질까? 크리스퍼CRISPR 유전자 가위 기술(유전자 편집 기술)이 "맞춤형 아기designer baby" 생산에 대한 우려를 일으켰듯이, 생체전기 암호 편집 기술도 비슷한 우려를 일으킬 가능성이 높다. 실제로 연구자들은 한 실험에서 개구리의 일렉트롬을 조정해 엉덩이에 눈이 자라도록 만들었고, 또 다른 실험에서는 벌레에서 머리가 2개 자라나도록 만들기도 했다.[4] 개구리에서 벌레와 인간에 이르기까지 모든 동물에서 일렉트롬과 몸의 형태는 연관이 있는 것이 확실하다. 따라서 일렉트롬에 대한 연구는 매우 철저하고 신중하게 진행되어야 한다.

생체전기 연구는 인간이 하드웨어와 소프트웨어를 추가하거나 갈아야만 개선이 가능한 열등한 몸을 가지고 있는 존재라는 생각을 가진 일부 사람들, 즉 언젠가 인간이 실리콘을 이용해 완벽하고 영원한 존재가 될 수 있을 것이라고 생각하는 사람들에 의해 악용될 가능성도 상당히 높다. 그렇다면 인간을 업그레이드하거나 변화시키려는 노력에는 어떤 제약이 가해져야 할까? 몸의 전기 배선을 재조정하려는 노력은 누가 감시해야 할까? 모든 나라의 국방부가 군인들에게 내가 캘리포니아의 연구실에서 썼던 헤드기어를 씌워 집중력을 강화시킨다면 어떤 일이 일어날까?

이 책은 뇌나 신경계와 관련해 연구되고 있는 생체전기에 대한 이야기뿐만 아니라, 예상치 못한 분야에서 광범위하게 진행되고 있는 생체전기 연구에 대한 이야기도 폭넓게 다룰 것이다. 또한 이 책은 생명체의 작동원리를 규명하기 위해 인공 전기를 이용하는 이유에 대해서도 설명할 것이다. 독자들은 이 책에서 인공 전기자극 연구 수준을 넘어선 연구자들이 우리 몸과 소통할 수 있는 새로운 임플란트, 예를 들어, 개구리 세포로 만든 로봇, 새우 키틴질로 만든 전자 임플란트 같은 것들을 만드는 장면도 목격하게 될 것이다. 인간의 몸을 조작하기 위해서는 집중력 헤드기어 수준을 뛰어넘어, 수백만 년의 진화를 통해 다듬어진 인간 몸의 고유한 방식을 이용해야 한다. 현재 생체전기 연구는 새로운 단계로 진입하고 있다. 미지의 세계를 연구하는 암 과학자 잠고즈는 "현재의 생체전기 연구는 갈릴레오가 망원경을 발견했을 때 천문학이 이르게 된 수준에 도달한 상태다."라고 말한다. 19세기는 "전기의 세기"였다. 21세기는 "생체전기의 세기"로 역사에 기록될 수도 있을 것이다.

생체전기에 관한
저자의 〈테드〉 강연

WE ARE
ELECTRIC

1부

몸 속 전기의 발견

문화와 역사가 복잡하게 뒤섞여 발생한 어떤 현상에 대해 분명하게 설명을 하는 것은 쉬운 일이 아니다. 하지만 생체전기와 관련한 혼란은 확실히 인과관계로 설명할 수 있다. 이 혼란은 전기 연구의 주도권을 두고 생물학자들과 물리학자들이 벌인 사투의 결과가 분명하다. 또한 이 야만적인 싸움으로 결국 현재의 과학은 여러 분야로 나눠지게 됐다. 이 싸움은 물리학자들의 승리로 끝났고, 이 결과는 그 뒤로 200년 동안 과학계 전반에 지속적인 영향을 미쳤다. 또한 이 분열은 후대의 과학자들이 생명체의 전기라는 개념에 접근하는 방식에도 지대한 영향을 미쳤다.

"생각하라, 영웅이란 영속하는 법,

몰락까지도 그에겐 존재하기 위한 구실이었음을,

그의 궁극적 탄생이었음을."

라이너 마리아 릴케, 〈두이노의 비가(悲歌) 1〉

1장 | 인공 대 동물: 갈바니, 볼타 그리고 전기를 둘러싼 싸움

1791년 어느 날, 한 논문을 읽은 알레산드로 볼타Alessandro Volta는 놀라지 않을 수 없었다. 논문의 저자는 자신에게 아주 오래전부터 풀리지 않은 채 남아 있던 "모든 생명체의 움직임과 의도의 기초가 되는 물질은 무엇인가?"라는 의문의 답을 찾아냈다고 주장하고 있었다.

저자가 제시한 답은 바로 "전기"였다.

볼타는 이 주장에 대해 평가할 수 있는 사람은 자기밖에 없다고 생각했다. 볼타는 정전기를 쉽게 발생시킬 수 있는 장치를 발견한 뒤, 1779년에 파비아 대학의 실험물리학과 학과장에 임명된 사람이었다. 이 장치는 많은 과학자들의 찬사를 받았지만 볼타는 학계의 찬사로는 만족할 수 없었다. 그는 더 많은 사람들로부터 찬사를 받고 싶었고, 실제로 더 많은 찬사를 받을 자격이 있는 사람이었다. 볼타는 과학계에서 차근차근 성공의 계단을 밟으면서 과학자들뿐만 아니라 사회적인 영향력을 정치인들을 비롯한 상류층 인사들의 후원과 지지를 통해 확보한 상태였다. 그 후 얼마 지나지 않아 볼타는 전기라는 신비한 존재에 대한 연구라는 새롭고 논쟁적이면서도 매력적인 연구에서 세계적인 권위자 중 한 명이 된다.

당시에도 전기가 자연에 존재하는 힘이라는 것은 알려져 있었지만, 전기의 신비에 대한 과학적 연구는 아직 미미했고, 전기라는 보이지 않는 유체fluid를 제대로 이해하고 있는 사람은 아무도 없었다. 당시 사람들은 전기가 사람에게 충격을 주고 때로는 하늘에서 떨어져 사람을 죽일 수도 있는 존재라고 생각했지만 전기가 일부 물고기가 먹이를 기절시키는 데 이용하는 것과 같은 물질인지는 논쟁의 대상이었다. 당시는 전기가 아직 마법과 황당한 추측의 영역에 머물러 있던 시대였다(실제로 당시 사람들은 강한 전기를 가진 남성이 성관계를 할 때 스파크가 일어날 수 있다고 생각했다). 당시는 이런 신비한 물질을 대상으로 진지한 과학적 연구와 실험을 진행하기 위한 기초적인 간단한 도구들이 만들어진지 얼마 되지 않았던 때였다. 18세기 당시 이런 도구를 발명한 과학자들은 엄청난 인기를 얻었으며, 그 중 한 명이 볼타였다. 볼타는 실험을 통해 전기의 실체를 규명해 명성을 쌓고 있던 사람이었다. 당시 물리학자들은 볼타를 "전기 연구 분야의 뉴턴"[1]이라고 부르기도 했다.

볼타가 생체에 전기가 흐른다는 주장을 담은 논문을 읽은 것은 바로 이 상황에서였다. 이 논문의 저자는 루이지 갈바니였다.

당시 갈바니는 과학연구에 필요한 실험 장치를 마련한 지 얼마 되지 않은 이탈리아 시골의 산부인과 의사이자 해부학자였고, 그의 논문에서 사용된 용어들도 정교한 용어들과는 거리가 멀었다. 볼타는 겨우 이런 사람이 가장 뛰어난 철학자들과 과학자들도 풀지 못한 의문을 풀었다고 믿을 수가 없었다.

이 논문을 읽어보면 자신의 주장이 얼마나 큰 의미를 가지는지 갈바니 자신이 잘 알고 있다는 것을 느낄 수 있다. 실제로 논문의 서론 부분에서 갈바니는 "신경에 숨어 있는 전기를 최초로 발견한 사람이 된다는 행운을 내가 누릴 수 있을까?"라는 말로 자신이 느끼는 두려움과 불안을 표현했는데,[2] 실제로 갈바니의 이론은 결국 엄청난 반박에 시달리게 된다.

몸이 전기에 의해 움직인다는 갈바니의 주장이 엄청난 논란의 대상이 된 이유는 무엇이었을까? 볼타가 이 주장에 왜 그토록 격분했는지 이해하려면 1700년대 말에 생물학이 물리학에 비해 얼마나 뒤처져 있었는지 알아야 한다.

당시 유럽에서는 과학혁명이 일어나 기존의 통념을 실험 가능한 법칙과 예측 가능한 방정식으로 대체함으로써 과학자들의 물리적 세계에 대한 이해를 뒤집고 있었다. 예를 들어, 코페르니쿠스와 갈릴레오는 지구의 위치를 우주의 중심에서 변방으로 이동시켰고, 케플러는 태양을 중심으로 움직이는 행성들의 운동법칙을 발견했으며, 뉴턴은 중력 법칙을 발견해 물체들이 지구의 중심을 향해 떨어지는 현상을 설명한 상태였다.

하지만 생물학에서는 이런 수준의 발견이 이뤄지지 못했다.[3] 생명체에 관한 연구는 한 세기 동안 활발하게 이뤄졌지만 결국 교착상태에 접어들었다. 예를 들어, 생리학자들은 현미경을 이용해 박테리아, 혈액세포, 효모 같은 미세한 것을 관찰할 수 있게 됐고, 해부학자들은 몸의 모든 부분에 뻗어있는 신경들의 자세한 지도를 만들었으며, 생물학자들은 이런 신경들이 우리가 팔다리를 움직이는 능력과 밀접한 관계가 있다는 것을 알게 됐지만, 신경의 작동 메커니즘은 규명하지 못한 상태였다. 1700년대 후반의 과학자들은 인간이 걷고, 말하고, 손가락과 발가락을 움직이고, 가려운 곳을 긁게 만드는 메커니즘에 대해서는 아는 것이 거의 없었다. 또한 당시 과학자들은 비물질적인 영혼이 어떻게 동물의 움직임을 통제하는지에 대해서도 전혀 아는 것이 없었다.

물론 이런 현상들에 대한 이해가 17세기에 이르러서 교착상태에 빠졌다고 말하기는 어렵다. 교착상태는 17세기보다 훨씬 전인 클라우디오스 갈레노스Κλαύδιος Γαληνός, Claudius Galen의 시대에 이미 시작됐기 때문이다.[4] 2세기 로마의 유명한 철학자이자 의사였던 갈레노스는 우리 몸속에서 흐르면서 우리를 생각하고 움직이게 만드는 것이 무엇인지에 대한 철학적인 생각에 1500년 동안이나 지속적인 영향을 미친 사람이다.

갈레노스의 이 생각은 아리스토텔레스의 생각을 기초로 관련된 생각들을 종합하고 수많은 시체 해부 실험을 통해 자신의 생각을 다듬은 결과였다. 갈레노스는 신경이 "동물혼πνεῦμα ψυχικόν, animal spirit"이라는 미묘한 물질을 통해 인간의 의지를 전달해 팔다리와 근육을 움직이게 만드는 속이 빈 관이라고 생각했다. 동물혼이라는 말에서 "동물"은 우리가 동물원에서 보는 동물을 뜻하는 것이 아니라,

생명 또는 생기를 뜻하는 그리스어 "프쉬케ψυχή, psyche"의 라틴어 번역어인 "아니마anima"를 뜻한다. 갈레노스에 따르면 동물혼은 간에서 처음 생성돼 심장에서 증류 과정을 거친 뒤 체내로 흡입된 공기와 반응하고 마지막으로 뇌로 보내지는 복잡한 과정을 통해 완성된다.[5] 몸이 움직여야 할 때 뇌가 유압펌프처럼 이 동물혼을 속이 빈 신경으로 밀어 넣어 느낌과 움직임을 담당하는 몸의 각 부분들로 보낸다는 설명이다.[6] 갈레노스는 이 동물혼이 뇌에서 근육으로 흐르면 근육을 수축시키고, 그 반대방향으로 흐르면 감각을 뇌로 전달한다고 봤다.

갈레노스의 이 이론은 그 후 부분적인 수정이 이뤄지긴 했지만 1300년이 넘는 시간 동안 도전받지 않고 거의 원형 그대로 유지됐다. 하지만 이 분야에서의 이론적인 발전은 실험적 연구가 아니라 철학적 추론에 의한 것이었다. 예를 들어, 심신 이원론mind-body dualism의 창시자인 르네 데카르트René Descartes는 동물혼을 구성하는 "불의 공기fire air"가 아니라 (물레방아 같은 장치를 움직이는) 물 같은 액체에 가까운 물질일 것이라고 추측했다. 의학자들의 생각도 이 생각에서 크게 벗어나지 못했다. 시칠리아의 생리학자이자 물리학자 알폰소 보렐리Alfonso Borelli는 동물혼이 물이라기보다는 반응성이 높은 알칼리성 "골수marrow" 같은 물질, 즉 신경이 약간이라도 교란됐을 때 배출되는 물질이라고 생각하고 이 물질에 "신경액succus nerveus"이라는 이름을 붙였다. 보렐리는 이 신경액이 근육 안의 혈액과 반응해 근육 주변의 조직들을 움직이게 만든다고 봤다.

하지만 이런 생각들은 결국 모두 잘못된 생각으로 판명된다. 17

세기에 현미경이 발명되면서 신경은 속이 비어 있을 수 없다는 것이 분명해졌기 때문이다. 이는 동물혼이나 신경액nervous juice 같은 것들이 팔다리의 움직임을 지배하는 물질이 될 수 없다는 뜻이었다. 하지만 초기의 현미경은 신경이 속이 빈 관이 아니라는 것을 입증하는 데에는 충분했지만 신경구조를 정밀하게 관찰하기에는 아직 역부족이었다. 당시의 현미경으로는 관을 통하지 않고 어떻게 몸 전체로 물질이 전달되는지에 대한 의문의 답을 찾을 수 없었고, 이 의문을 해결하기 위한 새로운 이론들이 등장하기 시작했다.

하지만 당시에 제기된 이론들은 직접적인 증거에 기초한 것이 아니었기 때문에 논쟁의 대상이 될 수밖에 없었다. 예를 들어, 아이작 뉴턴Isaac Newton은 뇌의 메시지가 (기타 줄을 튕길 때 발생하는 진동 같은) 진동의 형태로 신경을 타고 전달된다고 제안했고, 1783년에 영국의 의사 데이비드 키네어David Kinneir는 동물혼은 혈액을 타고 전달되면서 스파의 물을 흡수하기 때문에 스파에서 목욕을 하면 혈관이 막히는 것을 막을 수 있다는 주장을 하기도 했다(당시 영국에서는 스파의 인기가 최고조를 이루고 있었는데, 키네어는 스파에 상주하면서 상당한 비용을 받고 고객들의 건강관리를 전담하는 "스파 닥터spa doctor" 중 한 명이었다).[6]

19세기 이전에는 과학이 지금처럼 분야별로 확실하게 나눠지지 않았다. 당시에는 자연계를 연구하는 사람들이 한 분야에만 집중할 필요가 지금보다 훨씬 적었기 때문이었다. 사실 당시는 현재 우리가 알고 있는 과학 분야들이 확립되기 전이기도 했다. 당시에는 자연계를 연구하는 사람들을 과학자라고 부르지도 않았다. 이들은 스스로를 자연철학자나 실험철학자라고 불렀다. 세계 곳곳을 돌아다니면서 자신의 관심을 끄는 것들에 대해 연구한 알렉산더 폰 훔볼트 Alexander von Humboldt가 이런 자연철학자의 대표적인 예라고 할 수 있다. 훔볼트나 갈바니 같은 사람들은 뼈의 구조부터 비교해부학, 전기에 이르기까지 흥미를 끄는 것이라면 무엇이든 자유롭게 연구할 수 있었고, 실제로 그렇게 했다.

특히 당시는 물리과학physical science(비생명 체계를 연구하는 과학)과 생명과학의 경계가 불분명했던 시대였기 때문에 이 두 분야 간의 교차 연구도 매우 흔한 일이었다. 실제로, 18세기에는 신학자에서 물리학자까지 매우 다양한 사람들이 생물학을 연구했다. 여기서 주목해야 할 사실은 실제로 당시에 환자를 진료하는 의사들은 높은 지위를 누리지 못했다는 것이다. 당시 사람들은 과학적 지식과 환자를 치료하는 능력은 별개라고 생각했기 때문이다.

새로운 희망

1800년대만 해도 몸에 대한 지식은 그 이전 1000년 동안의 지식과 별로 다를 것이 없었다. 하지만 당시에 일어난 과학혁명으로 전기에 대한 지식은 폭발적으로 늘어나기 시작했다.

사실, 과학혁명이 일어나기 전에는 전기에 대한 연구도 전기 현상의 관찰이 오래전부터 이뤄지고 있었음에도 불구하고 동물혼에 관한 연구처럼 몇 백 년 동안 정체상태를 유지했었다. 예를 들어, 고대 그리스인들은 보이지 않는 힘으로 금속을 끌어당기는 것 같은 이상한 돌이 있다는 것을 알았고, 사람들이 번개에 맞으면 죽기도 한다는 것을 알고 있었다. 사람들은 전기뱀장어가 먹잇감에게 강한 충격을 준다는 것도 알고 있었으며, 벌레가 들어가 있는 호박amber이 먼지나 솜털을 끌어당기며, 호박을 빠르고 세게 문지르면 불꽃이 인다는 것도 알고 있었다. 하지만 17세기 이전에는 이런 관찰들에 대한 체계적인 설명이 이뤄지지 못했다.

사실, 전기라는 말은 이런 현상들에 대한 이해가 시작되기 전부터 사용됐다. 전기라는 말은 의사이자 물리학자이자 자연 철학자였던 윌리엄 길버트William Gilbert가 1600년에 만들어낸 말이다. 길버트는 호박이 불꽃을 일으키는 독특한 성질을 가진다는 점에 착안해 호박을 뜻하는 고대 그리스어 단어인 "엘렉트론ἤλεκτρον, elektron"으로부터 전기electricity라는 말을 만들어냈다.

과학혁명은 이런 전기 현상을 연구할 수 있는 도구들을 크게 업그레이드시켰다. 예를 들어, 1672년에 오토 폰 게리케Otto von Guericke는 전기를 만들어낼 수 있는 장치인 "정전기 생성기electrostatic generator"를 발명했다. 유리 공 모양의 이 장치는 비단 천으로 문지르면 적은 양의 전하를 만들어 저장할 수 있는 장치였다. ("정전기static electricity", 즉 움직이지 않는 전기라는 말은 이 장치에서 유래했다. 이 장치는 장치 표면에 전기를 가둬 움직이지 못하게 만드는 장치였기 때문이다.) 이 정전기 생성기는 전기가 축적되기 때문에 만지면 호박을 문질렀을 때보다 더 강한 전기충격을 방출했고, 과학자들은 이 장치의 등장으로 전기충격의 생성 시점과 위치 그리고 방향을 처음으로 통제할 수 있게 됐다. 이 장치 이후 다양한 정전기 생성기가 개발됐고, 이런 장치 중에는 비단 천을 이용해 계속 문지르지 않고도 간편하게 손으로 문질러도 전기를 축적할 수 있는 장치도 있었고, 유리 공의 크기를 늘려 전기충격의 강도를 높인 장치도 있었다. 당시 사람들은 이런 신기한 장치를 이용해 파티에서 게임을 즐기기도 했다. 예를 들어, 당시 사람들은 "비너스에 키스하기kissing Venus"라는 게임을 했는데, 이 게임은 약한 전기충격을 받은 여성이 남성에게 입을 맞추는 게임이었다. 당시의 남자 아이들은 약한 전기충격을 받은 상태에서 종이 같은 것들이 몸에 붙는 모습을 여자 아이들에게 마술처럼 보여주기도 했다.

하지만 이런 정전기 생성기들은 공통적인 문제점, 즉 정전기가 축적된 물체를 만지는 순간 전기가 한꺼번에 그 물체에서 빠져나온다는 문제점이 있었다. (문의 손잡이를 만졌을 때 정전기가 손잡이에서 우리 몸으로 방출되면서 순간적으로 예리한 통증이 느껴지는 상황을 생각하면 된다). 따라서 이런 정전기 생성기들로는 많은 양의 전기를 저장했다 나중에 사용하는 것이 불가능했다.

하지만 최초의 정전기 생성기가 발명되고 나서 100년 정도가 흘렀을 때 몇몇 과학자들이 나중에 사용할 수 있도록 전기를 저장할 수 있는 특수한 장치를 서로 독립적으로 만들어냈다. 누가 먼저 이 장치를 만들었는지에 대한 논란을 피하기 위해 이 장치는 라이덴병Leyden jar이라고 명명됐지만, 사실 이 이름은 피터 판 뮈스헨브루크Pieter van Musschenbroek가 네덜란드의 도시 라이덴에서 이 장치를 만들기 위한 초기 연구의 대부분을 수행했기 때문에 붙은 것이었다. 과학자들은 누가 병에 전기를 가장 많이 저장할 수 있는지 경쟁했고, 그 결과로 사고가 발생하기도 했다. 실제로 뮈스헨브루크는 병에 끝까지 전기를 채우려고 하다 병이 폭발해 부상을 입었고, 이틀 동안 마비된 상태로 누워 지내야 했다.

　과학자들이 점점 더 큰 병에 더 많은 전기를 채울 수 있게 되면서 라이덴병을 이용한 시연의 규모도 점점 커졌다. 심지어는 수도사 200명을 철사로 묶어 연결한 다음 라이덴병에서 나오는 전기를 철사에 흘리는 시연도 벌어졌고, 사람들은 특수 제작한 와인 잔에 전기가 흐르도록 만들어 모르고 와인 잔을 입에 댄 사람이 깜짝 놀라게 만드는 장난을 하기도 했다(물론 당한 사람은 별로 재미없었을 것이다).[7] 당시 상류사회 사람들은 전기에 대해 신기해하면서 이런 시연이나 장난을 좋아했지만, 전기를 어떻게 사용해야 실생활에 유용할지에 대해서는 전혀 생각하지 못했다. 하지만 1740년대 중반에 당시 청년이었던 벤저민 프랭클린Benjamin Frankin의 필라델피아 집으로 닥터 스펜서Dr Spencer라는 사람이 자신이 만든 장치를 보내면서 상황이 달라지기 시작했다.[8] 닥터 스펜서는 스코틀랜드 출신 과학자 겸 사업가로 당시 전기를 이용한 공연으로 유명해진 사람이었다.

　일반적으로 벤저민 프랭클린은 전기를 오락의 영역에서 과학의 영역으로 끌어올린 사람으로 평가된다. 이런 평가는 실제와는 조금 다를 수도 있지만, 프랭클린이 연을 이용한 실험으로 다양한 전기적 현상, 즉 번개가 치거나 호박에서 불꽃이 이는 현상, 정전기 생성기가 전기를 축적하는 현상 등이 모두 같은 물질의 다른 표현에 불과하다는 통합적 이론 형성의 토대를 제공한 것만은 분명하다.

　정치가이자 다양한 분야에서 탁월한 능력을 보였던 프랭클린은 정전기 생성기나 라이덴병에 저장되는 물질인 "인공 전기"와 "자연 전기(번개)"를 연결시키는 대통합 이론을 구축하려는 과학자들을 이 끈 사람이었다. 프랭클린은 번개가 치던 날 연에 전기가 잘 통하는 삼베 끈(연줄)을 연결한 다음 하늘로 띄운 다음, 자신이 잡고 있는 쪽 연줄의 거의 끝부분에 금속 열쇠를 매달고, 그 열쇠를 라이덴병과 연결했다. 프랭클린은 연이 번개를 맞은 뒤 어떤 물질이 연줄을 타고 흘러 열쇠를 통과해 라이덴병에 저장된다면 번개가 전기라는 자신의 생각을 증명할 수 있다고 생각했다. 이 실험은 엄청나게 위험한 실험이지만 성공했기 때문에 지금도 번개가 전기라는 것을 입증한 실험으로 교과서에 실려 있다.

프랭클린의 이 실험은 엄청난 영향을 끼쳤다. 실제로 이 실험은 전기에 대한 새로운 이해 방식이 과학의 한 부분으로 확립되도록 초석을 놓았고, 전기를 연구하는 과학자들이 스스로를 "전기학자electrician"라고 부르도록 만들었다.(18세기에 전기학자라는 말은 현재의 "로켓 과학자"만큼 매력적으로 들리는 말이었다). 무엇보다도 이 실험은 보이지 않는 전기가 병에 저장될 수 있고, 긴 거리를 이동할 수 있으며, 속이 빈 줄이든 그렇지 않은 줄이든 줄을 따라 이동할 수 있다는 것을 사람들에게 확실하게 보여준 실험이었다.

이 실험 이후 과학자들은 전기라는 "무형의 유체immaterial fluid"가 동물혼과 관계가 없을 것이라는 생각을 하기 시작했고, 이런 생각은 1776년 존 월시John Walsh의 전기뱀장어 실험으로 결정적인 설득력을 확보하게 됐다.

월시는 전형적인 자연 철학자였다. 영국군 대령 출신으로 전역 후

하원의원을 지내면서 부를 축적한 뒤 말년에 과학에 관심을 가지게 된 월시는 프랭클린의 전기 물고기 연구에 관심을 가지게 됐다. 전기 물고기의 전기 발생 기관을 연구한 뒤 전기 물고기가 방출하는 충격이 번개 같은 전기 현상의 일종이라는 것을 확신하고 있었던 프랭클린은 월시에게 "과학 연구에 쓸 에너지"(프랭클린은 월시가 가진 막대한 재산을 이런 식으로 표현했다)를 "물고기 전기"가 실제로 존재한다는 것을 증명하기 위한 실험에 사용하라고 권유했다.⁹

실험 방법은 어두운 방에서 전기 물고기를 자극해 불꽃이 발생하는지 확인하는 것이었다. 월시는 이때 불꽃이 관찰된다면 그 불꽃이 전기 물고기가 실제로 전기를 발생시킨다는 확실한 증거라고 생각했고, 놀랍게도 월시는 이 실험에서 실제로 전기 물고기가 불꽃을 방출하는 것을 관찰했다. 당시 〈브리티시 이브닝 포스트British Evening Post〉는 이 실험을 현장에서 직접 지켜본 사람들이 전기뱀장어가 실제로 전기를 방출한다는 증거인 "선명한 불꽃"을 목격했다고 보도하기도 했다.

이 실험은 "물고기의 전기"가 인간의 몸에서 일어나는 과정과 관련이 있다는 직접적인 증거를 제공하는 실험은 아니었다. 하지만 이 실험은 일종의 전기가 생명체의 신경과 근육의 작용에 특정한 역할을 한다는 생각을 가능하게 만든 실험이었다. 전기뱀장어가 불꽃을 만들어낼 수 있다면 우리의 몸 안에서도 미세한 불꽃이 발생할 수 있다는 생각이 가능해졌기 때문이다.

루이지 갈바니가 생체에서 전기를 발견하게 된 것은 바로 이 생각에 기초한 것이었다.

신의 비밀을 알고 싶어 했던 사람

루이지 갈바니의 가족과 어린 시절에 대해서는 알려진 것이 거의 없다. 우리가 알고 있는 것은 갈바니가 1737년에 당시 부유한 교황 령이었던 이탈리아 볼로냐에서 태어났다는 정도다. 역사학자 마르코 브레사돌라Marco Bresadola에 따르면 갈바니는 금세공업자였던 아버지와 그의 네 번째 아내(바르바라) 사이에서 태어난 자식이었다.[10] 갈바니의 집안은 자식들을 대학에 보낼 수 있을 정도로 경제적으로 넉넉했다. 당시의 대학 등록금은 상당히 비쌌지만, 가족 중에 학자가 있다는 것은 상인계급의 집안에게는 상당한 사회적 지위와 명성을 상징했기 때문에 도메니코는 자식들을 모두 대학에 진학시켰다.

하지만 갈바니는 학자가 될 생각이 전혀 없었다. 갈바니는 대학 기숙사에서 지내는 것보다 집에서 가족과 함께 지내는 것을 좋아하는 조용한 아이였다. 갈바니가 가장 좋아했던 것은 볼로냐 인근 수도원에서 임종을 앞둔 사람들을 상담하는 수도사들과 대화하는 시간이었다.[11] 갈바니는 수도사들이 삶과 죽음의 경계에 있는 사람들과 함께하면서 얻은 통찰에 매료됐기 때문이었다. 갈바니는 수도원에서 당시 교황 베네딕토 14세가 제시했던 "공공의 행복" 이론을 포함한 진보적인 가톨릭 계몽주의의 가치와 이상을 흡수하기도 했다. 진보적인 성향의 베네딕토 14세는 전임 교황들처럼 의례와 화려함에 치중하는 대신 공공 하수도 구축 같은 토목 공사를 진행하고 교육제도를 정비하는 등 사람들의 삶을 개선하기 위한 실용적인 조치를 취함으로써 볼로냐 교황령 주민들의 전폭적인 지지를 받은 사람이었다. 베네딕토 14세는 이런 노력의 일환으로 대학에 전기 실험 장치를 비롯한 최신 연구 장비를 지원하기도 했다.[12] 그는 가톨릭 신앙이 미신적인 관습에서 벗어나 다른 사람들을 돕는 행동으로 이어져야 한다고 생각한 교황이었다.

교황의 이런 생각에 감동을 받은 어린 갈바니는 수도회에 입회하겠다는 생각을 굳혔지만, 가족들은 갈바니가 사회에서 출세하기를 바랐다. 가족들은 갈바니처럼 재능이 넘치는 아이가 수도사가 되지 않게 해달라고 수도사들에게 부탁했고, 갈바니는 결국 수도회 입회를 포기하고 볼로냐대학에 들어가 의학과 철학, 화학, 물리학을 공부했다. 갈바니의 재능에 대한 아버지의 판단은 매우 정확했다. 갈바니는 뼈의 구조, 발달, 병리학에 관한 논문만 20편을 쓸 정도로 학문적 능력을 보였기 때문이다. 박사학위를 받은 뒤 갈바니는 대학에서 해부학을 연구하고 강의하기 시작했다. 그는 외향적인 성격은 아니었지만 강의가 학생들 사이에서 큰 인기를 끌었다.[13] 갈바니는 실험을 통해 강의에 활기를 불어넣은 최초의 교수 중 한 명이었고, 강의를 매우 이해하기 쉽게 하면서도 열정적으로 진행해 인근 대학 학생들이 그의 강의를 듣기 위해 몰려와 강의실이 꽉 찰 정도였다. 갈바니는 볼로냐대학에서 계속 승승장구했고, 당시 유럽 최초의 현대식 실험 연구기관 중 하나였던 볼로냐 과학연구소의 교수도 겸임하게 됐다.

하지만 갈바니는 이렇게 학계에서 성공을 거두면서도 죽을 때까지 가톨릭 신앙에 충실했던 사람이었다. 그는 수도사로서 신에게 헌신할 수 없다면 실험실에서라도 신에게 헌신하고 싶었다. 그는 최선을 다해 자신의 원칙을 지키면서 살았고, 자신이 하는 연구가 신에 대한 헌신이라고 생각했다. 갈바니는 대학교수이자 지역 병원의 의사이기도 했다. 그는 극빈층 사람들, 특히 극빈층 여성들을 우선적으로 치료했다. 갈바니는 산부인과 의사로서 인간의 탄생에 대해 지속적인 관심을 가졌는데, 무엇보다도 그는 신이 인간에게 생명의 불꽃을 주는 과정을 과학적으로 연구하고자 했다.

갈바니가 일하던 볼로냐대학은 이런 연구를 하기 위한 최적의 장소였다. 1088년에 설립된 볼로냐대학은 유럽에서 가장 오래된 대학일 뿐만 아니라 가장 진보적이고 미래지향적인 대학이었다. 예를 들어, 당시 볼로냐대학은 라우라 바시Laura Bassi를 볼로냐대학 최초의 여성 실험물리학 교수로 임명할 정도로 진보적이었다. 바시는 집에 연구실을 만들어 학생들에게 뉴턴 물리학을 가르치면서 당시 최고의 전기학자로 손꼽히던 벤저민 프랭클린, 지암바티스타 베카리아 Giambattista Beccaria 같은 사람들과 유대관계를 맺은 천재였다.[14] 볼로냐대학은 바티 같은 연구자들의 네트워크를 통해 전기 현상이라는 새롭고 중요한 현상의 연구에서 선도적인 역할을 할 수 있었다. 당시 학자들과는 달리 갈바니는 여성이 과학계에서 중요한 위치를 차지하는 것에 대해 거부감이 없었고, 현대 기준에서 페미니스트라고 할 수는 없지만, 적어도 여성에게 가르침을 받는 일이 "웃기는 일"이라고 생각하지는 않았다. 실제로 갈바니는 해부학 강의에서 사용하기 위해 여성 해부학자 안나 모란디Anna Morandi에게 밀랍 모형 제작을 맡기거나 같이 토론을 하곤 했는데,[15] 동료 교수 중 일부는 여성에게는 배울 것이 없다며 갈바니를 비웃었지만 그는 전혀 개의치 않았다.[16] 이런 편견에 흔들리지 않았던 갈바니는 여성인 라우라 바시가 하는 강의를 자주 듣기도 했고, 그녀의 남편이자 의과대학 교수인 주세페 베라티Giuseppe Veratti는 갈바니의 멘토가 됐다.

그러던 어느 날 바시와 베라티는 당시 전기 연구 분야에서 최고의 영향력을 발휘하고 있던 지암바티스타 베카리아로부터 책을 한 권 받게 됐다. 프랭클린처럼 전기에 대한 통합적 이론을 만들어내기 시작한 베카리아의 연구결과를 담은 책이었다. 당시 베카리아는 전기 물고기의 해부학적 구조와 특성을 자세히 설명한 존 월시의 책을 읽은 뒤 동물에도 자연 전기가 존재할 수 있다는 생각을 조심스럽게 탐구하기 시작한 상태였다. 바시와 베라티는 라이덴병을 이용해 개구리의 심장, 내장, 신경에 전기충격을 가하는 방법으로 전기 연구를 진행하기 시작했고, 이 연구에 갈바니를 비롯한 동료들과 제자들을 참여시켰다.

이 연구에 참여하면서 갈바니는 이상한 집착에 빠지게 됐고, 대학 강의에서 동물혼과 전기 유체를 같은 물질로 설명하기 시작했다. 사망 원인에 대한 해부학 강의에서 갈바니는 사망이 "움직임, 감각, 혈액순환, 생명 자체가 의존하는 것으로 보이는 전기 유체의 고갈"에 의한 것이라고 설명하기도 했다.[17]

많은 연구자들이 갈바니의 이런 설명에 동의하긴 했다. 하지만 이 설명은 대부분의 근거가 비과학적이었기 때문에 연구자들은 확실하게 결론을 내릴 수는 없는 입장이었다. 더 현실적인 문제점은 갈바니의 이 가설을 실험적으로 검증할 방법이 없다는 데 있었다. 그럼에도 불구하고 갈바니는 번개를 일으키는 전기의 메커니즘이 신이 인간을 비롯한 모든 피조물에게 숨을 불어넣은 메커니즘과 동일할 것이라는 생각에 사로잡혀 있었다. 갈바니는 신의 은총이 어떻게 내려지는지 발견한 최초의 연구자가 자신이 될 수 있다는 생각에 사로잡혀 있었던 것이다.

1870년에 갈바니는 근육운동에서 전기가 하는 역할에 대해 연구하기 위해 집에 연구실을 만들어 더 많은 시간 동안 실험을 하기 시작했다. 이 연구실은 정전기 생성기와 라이덴병을 비롯해 당시의 최첨단 전기 연구 장비들이 갖춰진 곳이었다.

갈바니는 이 연구실에서 개구리를 대상으로 실험을 시작했다. 왜 개구리였을까? 개구리는 신경을 찾기 쉽고, 근육수축을 관찰하기 쉬우며, 부위별로 잘라내도 근육이 최대 44시간까지 수축을 하기 때문이다. 갈바니가 쓴 모든 논문과 책에는 해부된 개구리들의 끔찍한 모습을 묘사하는 그림들이 가득 차 있다. 그 그림 중에는 척추와 다리를 연결하는 가느다란 하퇴신경 두 가닥만 남아 있고 머리와 몸통이 없는 개구리의 모습을 묘사한 그림들도 있고[18], 앞다리 밑 부분을 반으로 가른 다음 피부를 벗겨내고 내장을 제거한 개구리를 그린 그림들도 있으며, 몸통과 분리된 개구리의 두 다리가 척추 결절로만 연결된 모습을 그린 그림들도 있다. 갈바니는 자신과 연구 조력자였던 지오반니 알디니Giovanni Aldini(조카)와 루치아Lucia(아내)와 함께 가죽이 벗겨진 개구리들이 쌓여있는 지하 실험실에서 실험하는 모습을 그린 그림을 책에 싣기도 했다.

갈바니의 이런 독특한 개구리 해부 방법은 당시의 가장 영향력이 컸던 동물학자 중 한 명인 라차로 스팔란차니Lazzaro Spallanzani가 사용했던 해부 방법의 영향을 받은 것이었다. 스팔란차니의 해부 방법은 원인과 결과를 매우 쉽게 구분할 수 있게 해주는 방법이었기 때문이다. 이 방법은 신경만 남기고 나머지는 모두 제거하는 방법이었기 때문에 근육이나 신경에 전기충격을 줄 때 어떤 결과가 발생하는지 확실하게 보여주는 장점이 있었다.

갈바니는 인공적으로 만든 전류가 왜 근육수축을 일으키는지, 전기충격이 어떤 메커니즘을 통해 근육 경련을 일으키는지 알아내기 위해 수많은 실험을 진행했다. 처음에 갈바니는 개구리 몸의 다양한 부분에 전기충격을 가하는 실험을 반복했다. 전기 생성 장치로 만든 전기를 개구리 몸의 특정한 부분들로 흘려보내기 위해 갈바니는 "아크arc"라고 부르는 금속 장치와 전선을 이용했다.

대부분의 실험에서 결과는 갈바니의 예측과 일치했다. 하지만 어느 날 갈바니는 예측에서 벗어난 결과를 관찰하게 됐다. 그날은 개구리와 전기 생성 장치를 연결하지 않았는데도 개구리가 움직였다. 그날 갈바니는 실험접시에 놓인 개구리의 하퇴신경을 만지고 있었는데, 그 때 2미터 정도 떨어져 서 있던 루치아가 손가락을 전기 생성 장치에 가깝게 접근시키는 바람에 예상하지 못했던 스파크가 장치에서 일어났고, 그때 개구리가 경련을 일으킨 것이었다. 갈바니는 놀라지 않을 수 없었다. 갈바니는 전기 생성 장치와 개구리가 연결되지 않은 상태에서 전기가 죽은 개구리에게로 전달될 수는 없다고 생각했기 때문이다. 죽은 개구리는 외부 전기와 연결되지 않았는데도 어떻게 경련을 일으켰던 것일까?

기존의 어떤 이론으로도 이 현상은 설명이 되지 않았고, 기록에 따르면 갈바니는 그때부터 "흥분" 상태에서 벗어나지 못하게 된다.[19] 갈바니는 라이덴병, 정전기 생성기 등 이용할 수 있는 모든 "인공" 전기 공급원과 개구리 사이의 거리를 조절하면서 실험을 집요하게 반복했고, 모든 실험에서 개구리는 경련을 일으켰다.

이런 실험결과는 갈바니를 막다른 골목으로 이끌었다. 처음에 그는 실험실 공기에 어떤 형태로든 존재하는 전기가 개구리의 몸에 들어가 저장되고, 개구리의 다리를 건드렸을 때 그 전기가 방출되기 때문에 경련이 일어난다고 생각했고, 1786년에는 다른 전기 공급원을 이용했을 때도 같은 결과가 발생하는지 확인하기 위해 새로운 실험을 진행했다. 프랭클린의 번개 실험을 참고해 진행한 이 실험은 지금도 사람들이 갈바니라는 이름을 기억하게 만든 실험이었다. 갈바니는 먹구름이 끼고 천둥이 칠 때 테라스 금속 난간 윗부분에 걸린 갈고리에 가죽을 벗긴 개구리들을 매달고, 개구리의 근육에 긴 금속 전선을 연결해 그 전선들을 하늘로 향하게 만들었다. 멀리서 번개가 치자 금속 난간의 갈고리에 매달려 있던 개구리들은 인공 스파크를 일으켰을 때처럼 경련을 일으켰고, 그 모습은 마치 좀비들이 캉캉 춤을 추는 것과 비슷했다. (이 실험 이후 갈바니는 수십 년 동안 "개구리 춤 선생"이라는 별명으로 불리곤 했다.)

신중한 결론을 내리기 위해 갈바니는 같은 실험을 맑은 날에도 진행해 개구리의 다리가 경련을 일으키는 것을 확인했다. 실험 당일 하늘은 "폭풍우로 인해 공기에서 발생하는 전기"가 전혀 나타나지 않는 하늘이었다. 개구리의 경련을 한동안 자세히 살펴본 갈바니는 경련이 번개가 칠 때 발생하는 것이 아니라 금속 난간 윗부분에 달려 있는 갈고리가 움직일 때 발생한다는 것을 알게 됐다. 갈바니는 개구리에게 다가가 갈고리를 건드렸고, 갈고리가 움직일 때마다 개구리의 근육이 수축하는 것을 관찰했다. 개구리의 근육은 갈바니가 갈고리를 흔들 때마다 수축하고, 갈고리에서 손을 뗄 때마다 이완했다. 개구리는 마치 명령에 반응하는 것 같았다.

갈바니는 갈고리를 움직일 때마다 개구리가 경련을 일으키는 것은 개구리의 몸 안에 번개와 비슷한 어떤 것 또는 라이덴병 역할을 하는 어떤 것이 있기 때문이라고 추측했다. 갈바니는 이 추측이 사실로 확인된다면 엄청난 파장을 일으킬 것이라고 생각했다.

갈바니는 실험실에서도 같은 실험을 진행했다. 먼 곳에서 치는 번개가 개구리의 신경을 자극해 스파크를 일으킨다고 생각했던 갈바니는 이제 번개가 치지 않는 환경에서도 개구리의 신경이 수축하는지 확인하고 싶었다. 갈바니는 갈고리에 꽂은 개구리를 전기 생성 장치와 멀리 떨어진 금속판 위에 올려놓고 갈고리를 흔들었고, 개구리 다리는 이번에도 경련을 일으켰다. 외부 전기 공급원이 전혀 없는 상태에서 개구리가 경련을 일으키는 것을 확인한 이 실험에 대한 갈바니의 기록을 읽어보면 당시 그가 얼마나 긴장하고 흥분했는지 알 수 있다. 갈바니에게 이 관찰결과는 전기가 개구리 내부에서 발생한다는 명백한 증거였다. 기록에 따르면 당시 갈바니는 이 관찰결과가 몸이 "영혼의 지시를 받아" 움직이는 메커니즘을 보여준다고 생각했다. 갈바니는 자신이 진행한 수많은 실험에 대한 기록을 남겼지만 이 실험 이후부터 "동물 전기animal electricity"라는 말을 과감하게 사용하기 시작했다.[20]

하지만 갈바니는 이 실험결과를 바로 공개하지는 않았다. 과학자로서 갈바니의 전기를 쓴 가톨릭 신부 포태미언Brother Potamian은 이를 그의 강직한 성격 때문이라고 분석하면서 이렇게 썼다. "그는 새로운 진리를 먼발치에서 처음 보자마자 그 발견을 널리 알려 대중의 인기를 얻으려고 하는 소인배들의 강렬한 욕망을 가지고 있지 않았다."[21] 그 어떤 다른 이론으로도 이 현상을 설명할 수 없다는 확신을 갈바니가 갖는 데는 5년이 넘는 시간이 걸렸고, 결국 갈바니는 1792년 1월에서야 "전기가 근육 운동에 미치는 영향에 관하여De viribus electricitatis in motu musculari"라는 제목을 붙인 53쪽 분량의 논문을 통해 이 연구결과를 발표했다. 라틴어로 쓰인 이 논문은 볼로냐 대학 과학연구소의 공식 간행물인 〈코멘타리Commentarii〉에 실렸다. 처음에는 소수의 사람들만 이 논문을 읽었지만, 결국 이 논문의 내용은 들불처럼 확산됐다. 역사학자들은 알레산드로 볼타가 이 논문의 내용에 대한 반박을 빠르게 할 수 있었던 이유가 이 논문의 초판[22]을 읽었기 때문이라고 생각한다.

야망을 가진 전기학자

알레산드로 볼타는 갈바니와 비슷한 환경에서 자란 사람이었다. 볼타는 롬바르디아의 작은 도시 코모에서 귀족 집안의 일원으로 태어나 자랐다. 볼타의 가족의 수입원은 코모와 밀라노 여러 곳에 있는 토지와 부동산이었고, 볼타와 그의 형제들은 부유한 친척들로부터 상당한 양의 유산을 물려받기도 했다.[23] 볼타는 당시의 부자들이 그랬던 것처럼 아마추어 자연철학자로서 돈을 쓰면서 호기심을 충족시킬 수도 있었다. 하지만 볼타는 지방에서 안락하게 사는 것에 만족하지 못했다. 볼타는 공식적으로는 독실한 가톨릭 신자였지만, 그의 목표는 자신이 존경하는 새로운 계몽주의 시대의 선구자들, 즉 진정한 의미의 자연철학자 반열에 오르는 것이었다. 볼타는 열여섯 살 때 쓴 과학에 대한 찬사에서 "새로운 시대는 '맹목적인 미신'과 구시대의 망상을 폭발시키고 있다."라고 말하기도 했다.[24] 동물혼과 신경액을 핵심 개념으로 하는 당시의 생리학 이론을 경멸했던 볼타는 가설 검증이 가능한 물리과학이야말로 "유용한 과학"이라고 생각했다.

특히 당시 새롭게 떠오르던 전기과학은 볼타에게 미신에 대한 이성의 승리로 보였다. 실제로 볼타는 번개가 "불의 원소element of fire"에 의해 발생하는 것이 아니라 전기현상이라는 것을 증명한 프랭클린의 실험을 자연철학자들이 세계를 이해하는 방식을 확립한 훌륭한 사례로 봤다. 볼타는 일반적인 학자가 아니라 자연철학자, 특히 전기학자가 되고 싶었다.

볼타는 당시 최고의 전기 연구자였던 프랭클린, 뮈스헨브루크 같은 사람들이 쓴 책과 논문을 열심히 읽었고, 바시와 함께 프랭클린의 생각을 유럽에 전파한 지암바티스타 베카리아 같은 학자들의 글도 탐독했다. 볼타는 이 연구자들에게 자신의 존재를 알리기 위해 독특한 방법을 선택했다. 그들에게 계속 편지를 쓰기 시작한 것이었다. 당시는 자격 증명이나 인맥 없이 이런 저명한 인사들에게 접근하는 것이 매우 대담한 일로 여겨지던 시대였다. 볼타는 겨우 열여덟 살이었지만, 마치 동료 교수들과 자연스럽게 대화를 나누는 교수처럼 편지로 자신의 전기 이론에 대한 의견을 구했다. 볼타는 베카리아에게도 자신이 연구한 내용을 길게 써서 보냈다.

볼타가 베카리아의 회신을 받기까지는 1년이 걸렸다. 베카리아가 볼타에게 보낸 것은 자신이 얼마 전에 발표한 논문으로 다양한 물질들의 마찰과 그 물질들이 전기 유체를 "주고받는" 성질에 대한 최신 전기 이론을 담고 있었다. 하지만 베카리아가 이 논문을 발표하기 전에 발표한 논문들은 당시 영향력이 있던 다른 전기학자들에게 무시당하고 있는 상태였고, 상심한 베카리아는 볼타 같은 젊은 신예가 대담하게 자신의 이론에 동의하지 않는다는 내용의 편지를 보내자 마지막 자존심을 지키기 위해 자신의 최신 논문을 보내는 방식으로 답을 한 것이었다. 그 후로 그 둘은 몇 번 더 서로 편지를 주고받았고, 볼타의 반박에 격분한 베카리아는 결국 볼타에게 "앞으로 전기에 대해 영원한 침묵을 지키자."는 내용의 편지를 써서 보냈다.[25]

그 뒤로 볼타는 베카리아에게 보낸 편지에서 전기에 대한 언급을 다시는 하지 않았지만, 속으로는 모욕감에 시달렸고, 다른 젊은 전기학자들에게 편지를 보내 전기에 대한 자신의 생각을 공유했다. 그들 중에서는 베카리아의 전기 이론에 대한 생각이 볼타의 생각과 같았던 파올로 프리시Paolo Frisi라는 사람이 있었는데, 그는 볼타가 더 이상 편지를 보내는 방식으로 다른 연구자들에게 의견을 보내지 말고 "이론 논쟁보다는 과학적 도구를 이용한 실험에 집중하라"고 충고했다.[26]

그 무렵 볼타는 단순한 전기 연구자를 넘어서 전기학 교수가 되겠다는 새로운 야망을 키우고 있었다. 그러기 위해서는 먼저 유명해져야 했고, 유명해질 수 있는 방법으로 그는 전기와 인력의 관계에 대한 자신의 이론을 증명해줄 수 있는 장치, 즉 "영구적으로" 전기를 공급할 수 있는 장치인 기전반起電盤, electrophorus이라고 하는 전기쟁반을 만들기 시작했다. 라이덴병을 크게 개선해 만든 이 장치는 말 그대로 "영구적으로" 전기를 공급할 수는 없었지만 한 번 전하를 채우면 100번이나 전기충격을 방출할 수 있었으며, 호박과 비단 천으로 전기를 힘들게 만들지 않고도 라이덴병을 이용해 충전이 가능했다. 볼타의 가장 중요한 후원자였던 파비아의 정치인 카를로 피르미안Carlo Firmian은 이 장치에 대해 "매우 훌륭하고 유용하며, 과학과 예술의 발원지인 이탈리아를 다시 한 번 빛나게 만든" 장치라 치켜세우기도 했다. 그로부터 몇 달 뒤 볼타는 일약 34세의 나이로 파비아 대학의 실험물리학과 학과장이 됐다. 하지만 볼타는 아직 자신이 그토록 오랫동안 꿈꿔왔던 명예를 얻지는 못했다고 생각했다.

이는 볼타보다 몇 년 앞서 두 명의 과학자가 전기쟁반과 비슷한 전기 생성 장치를 발명했고, 그 장치들에 대해 볼타가 이미 알고 있었기 때문이었을 것이다. 사실, 당시 일부 과학자들은 볼타가 이론보다는 실험을 중시했기 때문에 자신이 만든 기전반이 어떻게 작동하는지, 전기쟁반의 작동을 지배하는 법칙이 무엇인지 완벽하게 설명하기 힘들었을 것이라고 가정한다고 해도 볼타가 다른 과학자들이 발명한 전기 생성 장치에 대해 몰랐다고 확신하기는 힘들다고 생각했다. 게다가 볼타는 전기쟁반의 작동 메커니즘에 관한 논문을 아주 천천히 썼을 뿐만 아니라 논문을 완성한다고 해도 굳이 발표할 필요가 없다고까지 생각한 것으로 보인다. 볼타에게 정말 중요했던 것은 전기쟁반의 발명으로 자신의 명성이 높아졌다는 사실이었다. 볼타가 구축한 탄탄한 인맥과 전문가 네트워크 덕분에 기전반은 런던, 베를린, 빈 등 중요 도시의 전기학자들에 의해 사용되기 시작했다. 일부 까다로운 전기 연구자들을 제외하면 대부분의 전기 연구자들은 어떤 장치가 과학연구를 수행하는 데 도움이 되기만 한다면 그 장치의 작동원리에 대해서는 별로 신경을 쓰지 않았다. 하지만 대부분의 전기 연구자들이 볼타를 "전기 연구 분야의 뉴턴"이라고까지 부르기 시작하자 볼타에 대해 비판적인 생각을 가지고 있던 일부 연구자들은 볼타가 쓴 기전반 관련 논문이 어설프다고 비웃으면서 볼타가 다른 사람들의 아이디어를 훔쳤다고 비난하기 시작했다(볼타는 전기쟁반의 작동원리에 대한 설득력 있는 설명을 포함시키지 않은 채 이 논문을 출판한 상태였다).[27] 볼타는 그 후 진정한 의미의 게임 체인저인 콘덴서condensatore를 발명했음에도 불구하고 이 논문 발표 이후 16년 동안이나 이런 비난에서 벗어나지 못했다. 볼타가 만든 콘덴서는 전기를 생성하는 장치가 아니라 감지하는 장치였고, 그때까지 만들어진 전기 감지 장치 중 가장 민감도가 높은 장치였다.

하지만 볼타에 대해 비판적인 생각을 가진 사람들은 여전히 그를 "전기 장난감electrical amusement"을 발명한 사람이라고 비웃었다.[28] 볼타가 갈바니의 논문을 처음 읽었던 1791년의 어느 날은 이런 일들이 일어나던 날들 중 하나였다.

180도 국면 전환

볼타가 갈바니의 논문에 대해 처음부터 반박을 한 것은 아니었다. 전기학자들은 생리학자들에 대한 선입견을 가지고 있었지만 볼타는 갈바니의 실험을 직접 반복한 뒤 논문 내용에 확신을 가지게 됐기 때문이었다. 그해 봄 볼타는 "동물 전기에 대한 나의 생각이 불신에서 광신으로 완전히 바뀌었다."고 말했을 정도였다. 볼타는 이듬해인 1792년 봄에 갈바니의 논문에 대한 자신의 생각을 담은 논문에서 "갈바니의 발견은 물리과학과 의학 분야에서 한 시대를 정의할 만한 위대하고 훌륭한 발견 중 하나"라고 극찬하기까지 했다. 또한 볼타는 이 논문의 결론 부분에서도 "갈바니의 이 위대하고 엄청난 발견은 찬사를 받아 마땅하다."라고 말했다.[29]

하지만 이런 전폭적인 지지는 오래가지 못했다. 이 논문이 발표된 지 불과 14일 만에 볼타는 마음을 완전히 바꿨다.[30] 갑자기 볼타는 개구리 다리 수축에 대한 다른 설명, 즉 전기는 갈바니가 사용한 금속에서 발생한 것이라는 설명을 제시하면서 갈바니가 기본적인 전기법칙에 무지하다는 비난을 퍼붓기 시작했다. 볼타는 전기 공급원과 멀리 떨어진 상태에서도, 즉 전기 공급원과 직접 접촉하지 않은 상태에서도 물질이 반응을 보인다는 것을 갈바니가 알고 있었다면 전기가 개구리의 몸에 있는 전기가 아니라 금속 갈고리에 있는 전기가 근육 수축을 일으킨다고 올바르게 판단해야 했다고 생각했을 것이다.

생각이 바뀐 것은 볼타만이 아니었다. 프랑스 과학한림원Académie

des sciences을 방문해 갈바니의 실험을 재현한 이탈리아의 의사 에우제비오 발리Eusebio Valli도 그 중 한 명이었다.[31] 발리는 동물 전기에 관한 갈바니의 논문을 읽은 뒤 발표한 논문에 "며칠 동안 잠을 잘 수 없었다."고 쓸 만큼 갈바니의 발견을 열정적으로 지지한 사람이었다. 프랑스 과학한림원은 발리의 실험을 지켜본 뒤 검증을 위해 자체적으로 다시 이 실험을 반복했다.[32] 과학한림원은 저명한 과학자들에게 검증을 맡겼는데, 그 과학자 중에는 후에 정전기 인력과 척력에 대한 이론을 만들어낸 프랑스 과학자 샤를 쿨롱Charles Coulomb이 포함돼 있었다(쿨롱은 현재 전하의 국제표준 기본 단위이기도 하다). 하지만 이렇게 수행된 실험들은 과학한림원이 기대하던 결과를 결국 내놓지 못했다. 과학사학자 크리스틴 블론델Christine Blondel은 당시 과학한림원이 갈바니의 실험의 "이론적 해석의 불확실성"을 지적했을 것이라고 썼는데, 이는 갈바니의 실험이 오래된 미신을 새로운 과학인 것처럼 포장한 결과라는 의심을 과학한림원이 가졌을 것이라는 뜻이다.[33] 하지만 당시 상황에 대한 보고서는 이미 사라졌고, 과학한림원도 이 실험들에 대한 입장을 공개적으로 밝히지 않았기 때문에 진실이 무엇인지는 확실하지 않다.

볼타는 이런 의심을 품지는 않았지만, 갈바니의 실험을 반복적으로 재현한 뒤에 결국 갈바니가 실험결과를 잘못 해석했다는 생각을 하게 됐다. 볼타의 실험에서는 개구리의 근육이 항상 수축하지는 않았기 때문이었다. 개구리 근육은 수축할 때도 있고 그렇지 않을 때도 있었는데, 볼타는 이런 수축 현상에 어떤 패턴이 있다고 생각하게 됐다. 볼타는 서로 다른 두 금속(예를 들어, 주석과 은)으로 만든 전선을 개구리의 근육에 연결하면 항상 경련이 발생하는 것을 관찰했지만, 금속 하나만으로 만든 전선을 연결했을 때는 경련이 일어나는 빈도와 일어나지 않는 빈도가 비슷하다는 것을 관찰했기 때문이다. 이 관찰결과에 대해 생각하던 볼타는 결국 갈바니가 실험결과를 거꾸로 이해한 것이라는 의심을 갖게 됐다. 즉, 볼타는 개구리의 내부에 생물학적 전기의 흐름이 생성되는 것이 아니라 외부에서 전기가 개구리 내부로 들어갔을 수 있다는 생각, 다시 말해, 실제로 전기를 만들어 낸 것은 전선 안에 있는 금속일 수 있다는 생각을 하게 된 것이었다.

당시 볼타는 기전반 발명으로 교수직을 얻기는 했지만 이론적 성취로 인정을 받지는 못했다는 사실에 괴로워하고 있었다. 볼타는 뛰어난 이론가로서의 명성을 굳히기 위해 전기에 관한 일반적인 이론을 만들어내기 위해 계속 노력하고 있었고, 마침 등장한 갈바니의 이론을 반박함으로써 자신의 명성을 구축하려고 했던 것으로 보인다. 갈바니의 논문이 발표되고 난 지 여섯 달이 지난 뒤 볼타는 근육 수축에 대한 자신의 이론을 담을 논문을 발표했다. 이 논문에서 처음부터 볼타는 "신경을 통해 흐르는 전기 유체와 동물혼이 같다는 생각은 매우 '그럴듯해 보이고 유혹적인' 생각이며, 실험을 통해 반박돼야 한다."고 갈바니를 공격했다.[34] 그러면서 볼타는 개구리 다리의 수축은 개구리에 삽입된 전선을 구성하는 "두 금속 사이의 이질성"에 의해 발생하는 현상이라고 주장했다. 볼타는 개구리 다리가 경련을 일으킨 현상의 유일한 원인이 동물 전기의 불균형이라면 개구리의 다리에 연결된 전선을 구성하는 금속들이 어떤 것이든 상관없이 경련이 일어나야 하는데, 자신이 수행한 실험에 따르면 개구리의 경련 여부는 전선을 구성하는 금속에 따라 달라졌으며, 확실하게 개구리 근육에 경련을 일으키기 위해서는 "서로 다른 종류의 두 금속, 즉 단단하거나 부드러운 정도, 광택의 정도 같은 성질이 서로 다른 두 금속"으로 만든 전선이 필요하다고 이 논문에서 주장했다.

볼타는 서로 다른 두 금속이 접촉하면 그 접촉만으로도 전기가 발생한다는 가설을 제시했다. 볼타에 따르면 금속은 "더 이상 단순한 전도체가 아니라 다른 금속과의 접촉만으로도 전기를 전달하는 전기 생성 물질"로 생각되어야 하는 물질이었다.[35] 이 가설에 대한 자신감이 커지면서 볼타의 언어는 더 공격적으로 변하기 시작했고, 한 논문에서는 "유기체가 자연적으로 전기를 만들어낸다고 생각할 이유가 전혀 없다."라고 자신 있게 말했으며, 그해 말에는 "갈바니가 주장한 동물전기이론은 이제 무너지기 직전"이라는 내용을 담은 논문을 발표하기까지 했다.

많은 과학자들이 볼타의 이 주장에 동의했고, 갈바니의 이론은 사장될 위험에 처하고 있었다. 갈바니는 볼타의 주장에 대응하기 위해 새로운 실험을 진행했지만 볼타는 그 실험 결과를 다시 반박했다. 서로가 틀렸다는 것을 증명하기 위한 실험들이 이런 식으로 계속됐다. 하지만 개구리 실험에 대한 해석의 차이가 극복할 수 없을 정도로 커진 1797년 말에도 갈바니는 여전히 볼타의 "학문적 능력"과 "지혜의 깊이"를 높게 평가했고, 볼타는 갈바니의 실험이 "매우 훌륭한 실험"이라고 찬사를 보내면서 (대체로) 신사적인 태도를 계속 유지했다.

하지만 볼타와 갈바니의 편에서 각각 치열한 대리전을 벌이던 사람들은 서로에게 그렇지 못했다. 당시 지오바치노 카라도리Giovacchino Carradori라는 의사는 볼타의 이론이 "진실의 천둥" 같은 이론이라고 찬사를 보냈고, 발렌티노 브루냐텔리Valentino Brugnatelli라는 화학자는 갈바니의 이론이 "엄청난 적의 반복적인 공격으로 파멸의 위험에 처하고 있다."라고 말하기도 했다. 갈바니의 조카이자 가장 충실한 지지자였던 조반니 알디니Giovanni Aldini는 갈바니의 실험을 돕기도 했지만 자신의 논문을 몇 편 발표하기도 했는데, 그는 갈바니의 이론에 대한 볼타의 공격이 근거가 없다고 판단해 볼타에게 다음과 같은 내용의 편지를 보내기도 했다. "과학적 견해에 대한 사소한 의심이 제기될 때마다 그 견해의 진실성과 신뢰성에 대해 의심한다면 그 어떤 과학 이론도 존재하기 힘들 것입니다."

물론 갈바니 자신도 하나의 금속으로 만든 전선이 근육 수축을 일으킬 수 없다는 볼타의 주장에 대해 자신의 오랜 친구인 라차로 스팔란차니에게 보낸 편지에서 다음과 같이 반박했다. "내 이론은 볼타가 주장하듯이 단지 몇 번의 실험을 통해 도출한 것이 아니라 수없이 많은 실험을 한 결과라네. 개구리의 다리가 수축하지 않은 것은 100번의 실험 중에서 한 번 정도였네. 내 실험은 지금도 이 분야의 전문가들에 의해 재현되고 있고, 그 모든 실험에서 결과는 내 실험과 같았네." 또한 이 편지에서 갈바니는 근육 수축 관찰에 실패하는 것은 죽은 지 44시간이 넘는 개구리를 사용했거나 자신의 실험방법을 정확하게 따라하지 않았기 때문이라고 설명하기도 했다.

당시 유럽에서는 수많은 과학자들이 개구리 실험을 수행했기 때문에 개구리가 부족해지는 현상이 발생하기도 했다. 실제로, 에우제비오 발리는 실험 중 조교 한 명이 "선생님, 개구리가 다 떨어졌습니다."라고 말하자 "반드시 가서 개구리를 구해오게. 개구리를 구하지 못하면 절대 용서하지 않을 것이네."라고 말하기도 했다.[36]

　이런 일들이 벌어지고는 있었지만 전기 연구자들은 "갈바니즘galvanism"이라는 이름으로 점점 더 많이 불리고 있던 동물 전기가 실제로 존재하는지에 대한 확실한 결론을 내리지 못하고 있었다. 당시 갈바니의 이론 검증도 프랑스 과학한림원의 후신으로 "의심스럽거나 거의 알려지지 않은 실험들의 재현"이라는 분명한 목적을 가지고 설립된 파리 과학협회Société philomatique de Paris로 넘어간 상태였다. 하지만 파리 과학협회는 뛰어난 물리학자들이 아니라 아마추어 과학자 3명에게 갈바니 이론의 검증을 맡겼다.[37] 이 아마추어 과학자들은 갈바니에 대해 별로 비판적이지는 않았던 것으로 보이지만, 이들도 동물 전기에 대한 확실한 결론을 내리지는 못했다.

　1794년, 갈바니는 확실하게 자신의 이론을 입증하겠다는 결심을 굳혔다. 그러기 위해서는 금속을 전혀 사용하지 않아도 개구리의 근육 수축을 일으킬 수 있다는 것을 증명해야 했다. 갈바니는 전선을 전혀 사용하지 않고도 개구리 다리에 경련이 일어난다는 것을 증명한다면 볼타도 어쩔 수 없을 것이라고 생각했고, 실제로 그렇게 실험을 진행했다. 갈바니는 자신의 원래 실험 방법을 수없이 변형시킨 끝에 (해부학자의 도움을 받아) 마침내 전선 없이 개구리의 근육을 신경에 직접 연결하는 데 성공했고, 개구리의 다리 근육이 경련을 일으키는 것을 확인했다.

이 실험결과는 동물의 조직을 통해 내부 전기가 흐른다는 것을 입증하는 확실한 증거였다. 이 결과는 개구리 외부에서 금속 전기가 개구리 안으로 유입되지 않은 상태에서 개구리의 내부 전기가 죽은 뒤에도 얼마간의 시간 동안 남아있다는 것을 보여주는 결과였다. 오래 전부터 근육이 전도체에 스파크를 전달할 수 있는 라이덴병과 비슷한 역할을 한다고 생각해오던 갈바니는 마침내 동물 조직에서 신경이 전도체 역할을 한다는 증거를 찾았다고 생각했다. 갈바니는 주저하지 않고 이 결과를 발표했다. 갈바니의 오랜 친구이자 학계에서 강력한 영향력을 가진 라차로 스팔란차니가 전폭적으로 힘을 실어주면서 갈바니가 "반대 의견이 틀렸음을 입증했다"라고 선언하기도 했다.

대세는 완전히 갈바니 쪽으로 기울었고, 발리는 갈바니 진영을 대표해 "금속은 마법의 존재가 아니다."라고 선언하기까지 했다. 갈바니의 이론을 지지하는 사람들은 점점 늘어났다. 볼타의 이론을 "진실의 천둥"이라고 치켜세웠던 카라도리도, 갈바니의 이론이 "엄청난 적의 반복적인 공격으로 파멸의 위험에 처하고 있다."고 말했던 브루냐텔리도 볼타의 이론을 버릴 정도였다. (심지어 브루냐텔리는 자신이 한 실험을 통해 "금속의 도움 없이" 개구리 다리의 경련이 일어나는 것을 관찰했다고 주장하기도 했다.[38]) 갈바니는 당시 느낀 안도감을 자신에게 도움을 준 스팔란차니에게 보낸 편지에서 다음과 같이 표현했다. "너무나 감사합니다. 불안했던 내 영혼이 이제야 완전한 평온을 얻었습니다."

갈바니와 그의 지지자들은 이 실험이 최종적으로 논란을 종식시킬 것이라고 확신했다. 1794년 12월에는 발리가 파비아에서 볼타를 만나 생각을 바꾸라고 설득했다는 소문이 퍼지기도 했다. 이 소문은 사실이 아니었고, 분노한 볼타는 당시 토리노 과학원 원장이었던 안톤 마리아 바살리Anton Maria Vassalli에게 갈바니의 실험결과가 실린 논문이 사회적으로 부정적인 영향을 끼치고 있다는 내용의 편지를 계속 보내기 시작했다. 그 편지 중 하나에는 다음과 같은 말이 쓰여 있었다. "갈바니의 실험은 많은 사람들에게 영향을 미치고 있으며, 갈바니의 이론과는 전혀 다른 저의 이론을 지지하는 사람들을 갈바니 이론의 지지자로 만들고 있습니다." 볼타의 이론과 갈바니의 이론은 결코 양립할 수 없었다.

볼타는 바살리에게 보낸 편지에서 근육과 신경을 연결해 경련이 일어나는 것을 확인했다고 해서 "동물 전기"가 확실히 존재한다고 확신할 수는 없다고 주장했다. 볼타가 펼친 반론의 핵심은 서로 다른 종류의 조직들이 서로 다른 금속들처럼 매우 미세한 전하의 흐름을 일으킨다면, 즉 생체 내 조직들이 전선 속의 주석, 은과 비슷한 역할을 한다면 두 조직이 접촉할 때 전기가 흐를 수도 있다는 생각이었다.

이 생각은 볼타가 갈바니의 초기 실험 결과를 접했을 때 했던 생각, 즉 금속 전도체들의 성질 차이에 대한 생각을 더 다듬게 만들었다. 볼타는 자신이 생각해낸 금속 접촉 이론의 범위를 금속이 아닌 물질로 확장해 "(금속이 아니라도) 서로 다른 두 전도체가 접촉하면 반드시 그 두 전도체 사이에서 전기 유체가 흐른다. 회로가 닫혀 있고 그 회로를 구성하는 물질들의 성질이 서로 크게 다르면 어떤 종류든

반드시 전류가 흐른다."는 이론을 제시했다. 이 이론에 따르면 동물의 살도 성질이 매우 다른 살과 접촉하면 그 두 종류의 살 사이에서 전기가 흐를 수 있다. 이 이론이 발표되자 사람들은 다시 볼타 쪽으로 기울기 시작했다.

당시 미세한 신경섬유 두 가닥을 연결하는 방법을 몇 달 동안 찾고 있던 갈바니는 어느 날 문득 아이디어를 떠올렸다. 개구리의 근육을 신경에 연결하는 대신에 신경과 신경을 연결하는 방법이 생각난 것이었다. 갈바니는 개구리의 왼쪽 좌골신경의 끝부분을 잘라낸 다음 오른쪽 좌골신경에 연결하고, 오른쪽 좌골신경의 끝부분을 잘라낸 다음 왼쪽 좌골신경에 연결했다. 이 두 좌골신경은 같은 동물 안에 있는 같은 종류의 조직이기 때문에 성질이 완벽하게 같았는데도, 개구리의 두 다리는 모두 경련을 일으켰다.[39]

이로써 갈바니는 동물의 몸 안에 전류가 흐른다는 생각에 대한 볼타의 반박 이론을 완전히 무너뜨릴 수 있다고 생각했다. 볼타의 논리에 따르면 완전히 동일한 물질로 구성된 두 개의 신경은 전하를 전혀 생성하지 않아야 했다. 이 실험결과에 따르면 갈바니의 설명 외에는 신경에서 관찰되는 전류에 대한 다른 설명이 있을 수 없었다. 갈바니는 1797년에 스팔란차니에게 이 결과를 담은 편지를 보냈고, 스팔란차니는 지체 없이 다음과 같은 내용의 답장을 보냈다. "당신의 연구는 참신하고 중요하면서 명확하고 뛰어납니다. 나는 이 연구가 18세기 물리학에서 가장 아름답고 가치 있는 연구 중 하나라고 생각합니다. 이 연구로 당신은 기초가 튼튼해 흔들리지 않는 건물을 세웠습니다." 스팔란차니의 이 말은 미래를 내다본 말이었다.

후에 갈바니의 실험들은 전기생리학의 기초 구축에 핵심적인 역할을 했기 때문이다. 실제로, 볼타를 비롯한 동물전기이론 반대자들 중 누구도 갈바니의 실험을 능가하는 실험을 수행한 적은 없다.

모든 논쟁은 여기서 끝났어야 했다. 갈바니는 오랜 세월에 걸친 실험의 결실을 수확했어야 했다. 정의로운 세상이었다면 갈바니는 상과 영예를 누렸을 것이고, 그의 성공은 신경에 흐르는 전기가 정확히 어떤 종류의 전기인지 밝혀내는 데 초점을 맞춘 전기생리학 연구로 튼실하게 이어졌을 것이다.

하지만 그런 일은 일어나지 않았다. 오히려 갈바니의 아름다운 쿠데타는 과학계에서 거의 주목을 받지 못했고 영원히 망각될 뻔 했다. 그 이유는 그로부터 얼마 지나지 않아 볼타가 세계를 바꿀 도구인 전지battery를 만들어냈다는 사실에 있다. 당시 볼타는 접촉으로 발생하는 전기에 대한 확장 이론을 물리적인 실체로 구현하기 위해 바쁘게 움직이고 있었다. 이 이론에 따르면 갈바니의 원래 실험에서 개구리는 단순히 서로 다른 두 금속 사이의 회로를 닫아주는 "축축한 전도체" 역할을 했을 뿐이었다. 전지는 이렇게 축축한 개구리 대신에 소금물을 이용해 전도체 역할을 할 수 있는 "인공 개구리"를 만들 수 있겠다는 생각에 기초해 만들어진 것이었다.

볼타는 각각 다른 금속으로 만든 두 원판 사이에 소금물을 적신 두꺼운 종이를 끼우고 두 원판을 전선으로 연결하면 스파크가 발생하며, 원판을 더 많이 쌓을수록 스파크가 더 커진다는 사실을 발견했다. 이 발견으로 볼타는 갈바니의 가설이 잘못됐다는 확신을 더 강하게 가지게 됐고, 다른 사람들에게도 자신의 이론을 더 자신 있게 설명할 수 있었다. 볼타는 갈바니의 실험은 자신이 만든 "볼타 파일volta pile"에서 소금물이 하는 역할을 개구리가 하도록 한 것에 불과하다고 주장했다. 어찌 보면 볼타는 개구리 대신에 금속판과 종이 그리고 소금물만을 이용해 전하를 저장하고 방출할 수 있는 간단한 장치, 즉 최초의 전지를 만들어낸 것이었다.

역사에서 갈바니가 차지하는 비중이 과소평가되게 만든 결정적인 요인은 과학이 아니라 정치였다. 갈바니의 말년에 이탈리아 북부가 프랑스에 의해 점령되면서 세워진 치살피나 공화국(1797년부터 1802년까지 이탈리아 북쪽 지방에 존재했던 프랑스 제1공화국의 괴뢰 정권)은 모든 대학교수에게 새로 들어선 정권에 충성을 맹세할 것을 요구했다. 볼타와 스팔란차니는 1798년에 충성 맹세를 했지만 갈바니는 끝까지 맹세를 거부했다.[40] 갈바니는 자신의 사회적, 정치적, 종교적 이상과 크게 어긋나는 정권과 타협할 생각이 없었기 때문이었다. 볼타와의 전기 이론 논쟁에서 끝까지 갈바니 편에 섰던 볼로냐대학 교수이면서 갈바니의 전기를 처음으로 집필한 주세페 벤투롤리 Giuseppe Venturoli는 당시의 상황에 대해 이렇게 썼다. "그는 그토록 심각한 상황에서도 자신의 의견을 명확하고 정확하게 표현했던 사람이었다. 또한 그는 충성 맹세의 내용 중에서 자신의 생각과 다른 부분을 눈에 띄지 않게 조금 수정해주겠다는 당시 정권의 제안마저 거부했다." 충성 맹세를 거부한 대가는 가혹했다. 그는 학계에서 모든 지위를 박탈당해 수입과 가지고 있던 재산을 모두 잃었으며, 결국 무기력한 지식인으로 남게 됐다. 그렇게 시간이 흐른 뒤 오랜 고민 끝에 정권은 갈바니의 충성 맹세 거부를 묵인하고 그를 복직시키기로 결정했다. 하지만 이 결정은 너무 늦은 결정이었다. 이 결정 내용이 전해졌을 때는 갈바니가 이미 사망한 뒤였기 때문이다.

갈바니가 개구리 사체들이 가득 쌓인 실험실에서 밤낮없이 실험을 진행하고, 아내의 죽음으로 인한 슬픔을 견뎌내고, 자신의 과학적 발견의 타당성을 의심하는 사람들의 치열한 공격에 대응하게 만든 힘은 신이 불어넣은 "생명의 숨결"을 찾아내야 한다는 사명 의식이었다. 하지만 갈바니도 인간이었기 때문에 한계가 있을 수밖에 없었다. 모든 지위를 박탈당하고 가난과 고뇌에 시달리던 루이지 갈바니는 결국 1798년 12월 4일에 볼로냐에 있는 형의 집에서 세상을 떠났다.

1800년에 볼타는 런던 왕립학회 회장 앞에서 볼타 파일(배터리)을 공개적으로 시연했다. 이 놀라운 장치는 볼타가 1797년에 생각해내 동료들과의 협업을 통해 완성한 것이었고, 시연 당시 이 장치는 이미 사람들에게 널리 알려진 상태였다. 이 시연으로 볼타의 승리는 공식화됐다. 볼타가 만든 배터리는 동물 전기에 대한 갈바니의 주장을 완전히 덮어버렸다. 하지만 볼타의 승리는 갈바니의 주장이 틀렸다는 것을 증명함으로써 얻은 것이 아니었다. 자신이 승리했다고 말했기 때문에 사람들이 그렇게 믿게 된 것뿐이었다.

볼타 파일은 스팔란차니 같은 몇몇 확고한 갈바니 지지자를 제외한 대부분의 과학자들을 볼타 쪽으로 기울게 만들었다. 이 과학자들 중에는 처음에는 볼타를 지지하다 갈바니 쪽으로 돌아섰던 카라도리와 브루냐텔리도 포함돼 있었다.[41]

동물전기 이론의 주창자가 세상을 떠나면서 동물전기 연구는 지지부진해지기 시작했다. 생전의 갈바니나 그의 지지자들은 어떤 종류의 전위계electrometer로도 동물전기 측정에 성공한 적이 없었다. 동물 전기는 매우 미약해 당시의 장비로는 측정이 불가능했기 때문이다. 당시 동물전기 연구자들에게는 금속 간의 접촉으로 전기가 발생한다는 볼타의 생각을 직접적으로 뒷받침한 볼타 파일 같은 장치가 없었다. 볼타는 다양한 장비를 사용해 자신의 이론을 증명했지만 갈바니는 그렇지 못했다.

갈바니가 진행한 실험들의 결정적인 문제점 중 하나는 동물전기가 발생하는 위치와 감지되는 위치를 구분할 수 없다는 데에 있었다. 발생과 감지는 둘 다 개구리의 몸에서 일어나기 때문이다. 볼타의 연구에는 이런 문제점이 없었다. 사실 갈바니가 가장 불리했던 부분이 바로 이 부분이었다.

볼타의 배터리 발명 자체는 갈바니의 동물전기 이론이 틀린 이론이라는 것을 입증하지 못했지만, 배터리의 발명으로 볼타의 이론에 대한 모든 도전이 차단된 것은 사실이다. 볼타가 발명한 배터리의 잠재력에 매료된 당시 사람들은 원래의 논쟁이 무엇이었는지 잊어버리게 됐기 때문이다. 즉, 볼타는 논쟁을 구성하는 요소들을 완전히 바꿔버린 것이었다. 갈바니의 이론은 오류가 입증된 것이 아니라 버려진 것이었다.

볼타-갈바니 논쟁의 긴 여파

볼타의 승리 이후 갈바니의 이론은 거의 반세기 동안 과학계에서 외면당했고, 그 와중에 돌팔이의사들에 의해 마구잡이로 이용되기 시작했다. 반면, 배터리와 이 배터리가 처음으로 연속적으로 흐르게 만든 "인공" 전기는 19세기 물리과학 발전의 초석이 되고 있었다. 배터리는 마이클 패러데이Michael Faraday가 전자기법칙을 발견할 수 있게 해주었고, 전신, 전구, 초인종, 전력선 등 실용적인 발명품의 탄생을 도왔다. 당시 인공 전기는 물리학자들의 손을 거쳐 문명 자체를 획기적으로 변화시키고 있었다.

갈바니와 볼타의 논쟁은 물리학과 생물학이 오늘날의 형태로 분리되는 결정적인 계기가 됐을 뿐만 아니라 그 후에 일어난 수많은 변화의 시작점이 되기도 했다. 이 논쟁 이후에 결국 개구리 다리에 흐르는 미세한 전류를 감지할 수 있는 도구가 개발됐지만, 그때는 이미 너무 늦은 시기였다. 전기는 기계, 전신, 화학반응 등의 연구에는 적합하지만 생물학의 연구 대상으로 적합하지 않다는 결론이 이미 내려진 상태였기 때문이다. 다음 세기에 생물학적 전기에 대한 진지한 연구가 재개되긴 했지만, 그 연구는 이전에 비해 훨씬 더 제한적인 맥락에서 이뤄졌다.

역사학자 마르코 브레사돌라와 마르코 피콜리노Marco Piccolino에 따르면 갈바니가 사망한지 200년이 지난 후에도 볼로냐 외부 사람들은 갈바니를 두고 과학에 대해서 아무것도 모르는 산부인과의사가 우연히 볼타의 배터리 발명에 도움을 줌으로써 과학 발전에 기여한 사람이라고 생각했다. 하지만 갈바니가 사망한 직후부터 갈바니에 대한 이런 생각이 확산되게 만든 사람은 볼타가 아니라 전혀 의외의 인물이었다.

2장	화려한 사이비과학:
	생체전기의 몰락과 부상

지오반니 알디니는 완벽한 시신을 찾고 있었다. 무덤에서 파낸 시신이 아니라 생명력의 소실을 최소화할 수 있는 최대한 신선한 시신이어야 했다. 체액을 오염시킬 수 있는 질병을 앓으면서 서서히 죽어간 사람의 시신이 아니어야 했다.[1] 너무 훼손된 시신이어도 안 됐다. 이상적인 시신의 주인은 죽는 순간까지 온전한 상태를 유지했던 시신이었다.

알디니는 개구리보다 훨씬 큰 동물을 대상으로 갈바니의 실험을 끔찍한 방식으로 시연하면서 유럽에서 스타가 되어가고 있었다. 알디니의 실험은 전기 연구 초기의 실험들과 비슷했지만 그 실험들에 섬뜩한 느낌이 더해진 실험이었다. 예를 들어, 알디니는 목이 잘린 개에게 전기충격을 가하는 실험을 왕족들 앞에서 하기도 했다.[2] 알디니는 갈바니가 발견한 동물전기가 인간을 비롯한 모든 동물에 존재한다는 것을 증명하기 위해 필사적인 노력을 했고, 그 과정에서 볼타가 발명한 배터리를 이용하기도 했다.

알디니는 시점과 장소를 적절하게 이용한 사람이었다. 알디니가 활동하던 1803년의 영국에서는 50여 년 전부터 살인범의 시체 처리를 조항으로 규정한 "살인범 관리법"이 시행되고 있었는데, 이 법에 의거해 알디니는 자신이 원하는 시신을 구할 수 있었기 때문이다. 이 법에 따르면 당시 유죄 판결을 받아 교수형에 처해진 살인범의 시신은 사람들이 보는 앞에서 피부를 벗겨내고 해부할 수 있었다. 영국 정부가 이렇게 잔인한 일이 벌어지도록 허용한 것은 사람들에게 이런 섬뜩한 장면을 보여줌으로써 "끔찍한 범죄"를 저지르지 못하도록 경고하기 위해서였다.[3] 훗날 알디니는 이 법이 살인범들의 속죄에도 도움이 됐다고 썼다. 하지만 정작 도움을 제대로 받은 것은 알디니였다. 당시 영국에서는 시신을 무덤에서 파내는 일이 불법이었기 때문에 이 법은 왕립의대 교수들과 학생들이 지속적으로 실험용 시신을 확보할 수 있는 수단을 제공하는 역할을 했다.[4] 유럽에서 이미 유명해진 알디니는 당시 영국 왕립외과대학Royal College of Surgeons 교수들의 초청을 받아 이탈리아에서 영국으로 와 필요한 실험 재료와 장비를 모두 제공받은 상태였다.[5] 그러던 중 뉴게이트 감옥에서 교수형 당한 살인범 조지 포스터George Forster의 시신이 왕립의대로 옮겨졌다. 알디니가 초조하게 기다리던 시신이었다.

알디니의 실험이 이뤄진 방은 유명인사와 과학자를 비롯한 각계각층의 사람들로 빼곡하게 채워졌다. 당시 떠오르고 있던 전기 연구자이자 요크공작병원의 의사 겸 해부학자 조셉 카퓨Joseph Carpue가 알디니의 실험 준비를 도왔고, 시신 해부가 끝난 뒤에 이어지는 모든 과정은 병원 직원들이 도움을 줬기 때문에 별 문제가 없었다.[6] 실험을 지켜보는 사람들이 많긴 했지만 알디니는 그 사람들 때문에 긴장하지는 않았다. 왕족들 앞에서 실험 시연을 한 경험이 많았기 때문이다.

실험 당일 알디니가 걱정한 것은 날씨였다. 그날은 1월의 추운 날이었고, 시신은 영하의 기온에서 한 시간 동안 교수대에 매달려 있다 옮겨진 상태였다. 시신 안에서 흐르는 동물전기가 추위 때문에 흐름이 정지된다면 알디니의 실험은 공개적인 실패로 끝날 수도 있었다. 알디니는 아연판과 구리판을 교대로 쌓아 만든 거대한 볼타 파일이 자신의 기대를 저버리지 않을 것이라고 믿으면서 실험대 위 시신의 신경계에 "전기액galvanic juice"을 주입할 준비를 했다.

알디니는 볼타 파일에 연결된 금속 전선 두 가닥의 끝부분을 소금물에 담가 적셨다. 이윽고 알디니는 조심스럽게 금속 전선 두 가닥을 시신의 두 귀에 각각 연결했고, 그 결과는 알디니를 실망시키지 않았다. 당시 〈더 타임스The Times〉 기자는 시신의 턱이 경련을 일으켰으며, "시신의 근육들이 심하게 뒤틀리기 시작했고, 감았던 왼쪽 눈이 실제로 떠졌다"고 쓰면서 시신이 마치 윙크를 하는 것 같은 섬뜩한 느낌을 받았다고 전했다.[7] 알디니는 몇 시간 동안 이어진 이 실험에서 시신의 흉부에서 둔근에 이르는 다양한 부분에서 신경과 근육을 노출시켜 전기를 주입했다.

알디니가 범죄자의 시신으로 실험을 진행한 것은 이번이 처음은 아니었다. 알디니는 그 전 해에도 볼로냐와 파리에서 교수형이나 참수형을 당한 범죄자들의 시신을 대상으로 전기 실험을 진행했다. 알디니는 실험을 위해서 개구리, 양, 개, 소, 말 등 다양한 동물도 계속 이용했고, 이런 동물실험을 하면서 알디니는 더 극적인 형태의 실험 진행을 위한 아이디어를 얻기도 했다.

알디니는 이 실험에서 전선 중 하나를 시신의 직장에 꽂았을 때 시체가 경련했고, 이 경련은 "이전의 실험들에서 관찰한 경련들보다 훨씬 더 강했으며, 나는 마치 시체가 다시 살아난 것 같은 느낌을 받았다."라는 기록을 남겼고, 당시 〈더 타임스〉는 "실험을 참관한 일반인 중 일부는 시신이 다시 살아났다고 생각할 정도였다."라고 보도했다. 실험을 지켜보던 사람들 중에는 박수를 치면서 환호하는 사람들도 있었고, 강한 충격을 받은 사람도 있었다. 실험을 도왔던 병원 직원 중 한 명은 이 장면을 보고 너무 놀라 집으로 돌아갔지만 그날 밤 결국 사망했다.[8] 하지만 알디니 입장에서 이 실험은 성공적인 실험이었다.

이 화려한 공개 시연 이후 수많은 사람들이 이와 비슷한 공개 시연을 하게 됐고, 역사학자들은 영국의 소설가 메리 셸리Mary Shelly가 쓴 《프랑켄슈타인Frankenstein》이 알디니의 이 실험에서 아이디어를 얻은 것이라고 보고 있다. 알디니는 죽은 사람을 움직이게 만들어 왕족들에게 재미를 주기 위해 이런 공개 시연을 한 것은 아니었다. 그의 궁극적인 목적은 이런 공개적인 시연을 진행함으로써 사랑하는 삼촌 갈바니의 명예를 회복하는 것이었다. 하지만 메리 셸리의 소설에 나오는 프랑켄슈타인 박사처럼 알디니의 집착은 과학의 한계를 넘어섰고, 결국 그는 과학계에서 조롱을 받는 외톨이가 됐다. 갈바니의 명예도, 참수형을 당한 살인자도 되살려내지 못한 알디니의 노력은 결국 그 후 40년 동안 동물전기가 돌팔이의사들과 사기꾼들이 사람들을 속여 이익을 얻게 만드는 도구로 전락하게 만드는 데 결정적인 기여를 했다.

알디니의 도박

알디니가 갈바니의 명예를 회복하려고 노력했던 것은 단지 그가 갈바니의 조카였기 때문만은 아니었다. 알디니는 갈바니의 연구를 가장 가까운 곳에서 가장 충실하게 도운 조력자이도 했다. 알디니는 갈바니가 다른 연구자들에게 보낸 서신 중 일부를 썼으며, 갈바니와 볼타가 격렬한 논쟁을 벌이면서 교환한 서신 중 일부는 사실 알디니가 쓴 것이다.[9] 하지만 갈바니가 세상을 떠나자 동물전기에 대한 과학적 연구는 명맥이 거의 끊어졌다.

1801년 나폴레옹 치하의 과학한림원은 다시 (5번째로) 위원회를 설립해, 볼타가 볼타 파일을 이용해 발생시킨 전기를 동물에서 발생시키는 사람에게 6만 프랑의 상금을 주겠다는 제안을 공표했다.[10] (당시 6만 프랑은 현재 영국의 파운드화로 환산하면 약 860만 파운드에 이르는 엄청난 액수였다). 하지만 이 막대한 상금은 결국 아무도 타지 못했다. 동물전기를 저장할 수 있는 장치를 만들 수 있는 사람이 아무도 없었기 때문이다. 게다가 당시는 금속 접촉으로 전기가 발생한다는 이론과 동물에서 전기가 발생한다는 이론은 양립할 수 없다는 잘못된 생각 때문에 결국 (나폴레옹의 전폭적인 지지를 받고 있던) 볼타의 이론이 입증된 것은 갈바니의 이론이 틀렸다는 뜻으로 사람들에게 받아들여지고 있던 때였다.

이 상황에서 알디니는 갈바니의 이론이 틀렸다는 생각이 공식화되지 않도록 만들기 위해 필사의 노력을 기울인 사람이었다. 그는 갈바니가 구축하려던 과학적 토대를 잘 이해하고 있었고, 그것을 과소평가하는 교묘한 수법들에 주목하고 있었다. 특히 알디니는 신경전기가 신경 조직을 흥분시킬 수 있다는 것을 증명해 볼타를 당황하게 했던 갈바니의 논문, 즉 스팔란차니가 "18세기 물리학에서 가장 아름답고 가치 있는 연구 중 하나"라고 극찬한 논문이 사람들의 기억에서 빠르게 사라지고 있다는 사실에 고통스러워했다. 이 논문은 죽은 개구리의 근육에서 일어난 수축은 서로 다른 두 종류의 살이 접촉해 발생하는 전기에 의한 것이라는 볼타의 주장을 결정적으로 반박할 수 있는 논문이었지만, 결국 볼타가 만든 볼타 파일에 대한 대중의 환호에 묻혀 망각되고 만 비운의 논문이었다.

갈바니의 사망 이후 알디니는 갈바니의 실험을 뒷받침할 수 있는 이론을 강화하는 방법으로 동물전기 연구를 이어나갔다. 갈바니가 세상을 떠나기 직전인 1798년 말에 알디니는 볼로냐대학의 물리학 교수로 임명됐는데, 알디니는 이 자리를 적극적으로 이용해 삼촌의 연구를 이어나갔고, "볼로냐 갈바니 학회"라는 단체를 출범시키기도 했다.

갈바니가 사망하기 전까지 거의 개구리만을 대상으로 실험을 진행했던 알디니는 삼촌의 연구를 온혈 포유동물로 확장하기 시작했다. 1804년에 출간된 갈바니의 논문 〈전기에 관한 이론과 실험의 이론Essai theorique et expérimental sur le galvanisme〉은 알디니 자신과 갈바니 학회에 속한 연구자들이 "동물 내intra-animal" 전기 발생을 이해하기 위해 진행한 실험들에 대한 설명으로 가득 차 있다. 이 실험 중에는 잘린 송아지 머리 몇 개를 전도체로 만든 선으로 연결한 뒤 그 선을 죽은 개구리에게 연결해 개구리가 경련을 일으키게 만든 실험이 있었다. 하지만 그 반대로 개구리 신경에서 발생한 전기를 잘린 송아지 머리들에 연결했을 때는 결과가 그리 극적이지 않았고, 실망스럽기까지 했다. 이 모든 실험은 전기가 모든 동물에게서 흐른다는 갈바니의 생각을 성공적으로 증명하긴 했지만, 그 이상의 극적인 결과나 새로운 통찰을 제공하지는 못했다.

그러던 어느 날 알디니는 갈바니 이론에 대한 사람들의 관심을 유지시키기 위해서는 이전에 5번이나 소집됐던 위원회가 하지 못한 일, 즉 갈바니의 발견이 의학적으로 인간에게 어떤 의미를 가지는지 증명하는 일을 해야겠다는 생각을 하게 된 것으로 보인다. 또한, 그 무렵 볼타 파일에서 생성되는 "전기액"에 대해서도 새롭게 인식하게 된 알디니는 1804년에 발표한 논문에서 "볼타 교수가 발명한 배터리는 생명력의 작용에 대해 연구하기 위해 지금껏 우리가 사용했던 그 어떤 도구보다 유용한 도구라고 생각한다."라고 말하기도 했다.[11]

삼촌을 비운의 과학자로 만든 도구를 알디니가 사용하는 것은 감정적으로 쉬운 일이 아니었을 것이다. 하지만 알디니는 감정을 누르면서 배터리를 자신의 연구에 이용하기 시작했고, 점점 더 많은 연구를 배터리에 의존하게 됐다. 알디니는 배터리의 지속적인 전기 공급 능력을 이용해 죽은 동물을 대상으로 한 화려하고 규모가 큰 실험을 진행했다. 알디니는 한 실험에서는 동물의 직장rectum에 전선을 삽입해 동물이 똥을 분수처럼 격렬하게 배출하는 장면을 연출하기도 했고, 동물 뇌의 다양한 부분에 전기를 흘리는 실험을 하기도 했다. 또한 알디니는 배터리를 이용해 자신의 머리에 전기를 흘리는 장면을 사람들에게 보여주기도 했다. 후의 기록에 따르면 알디니는 이 실험으로 며칠 동안 불면증에 시달리긴 했지만 이상하게 기분이 좋아진 상태를 계속해서 유지했다고 한다.

이런 실험들을 지켜본 갈바니 학회의 회원들은 머리에 가하는 전기충격이 행복감을 느끼게 만든다면 다른 효과도 낼 수 있을지 모른다는 생각을 하게 됐고, 이런 실험들을 분석하고 반복함으로써 결국 전기충격의 질병 치료 효과에 관한 새로운 이론들을 만들어냈다. 당시 이 연구자들이 전기충격으로 치료할 수 있다고 본 대표적인 질환은 무도병chorea(몸의 일부가 갑자기 제멋대로 움직이거나 경련을 일으키는 증상)이었다. 무도병은 일종의 마비 질환으로 당시에는 "우울성 광증melanchloy madness"이라고 불렸으며, 현재는 치료저항성 우울증 treatment-resistant depression, TRD의 일종으로 간주되는 질환이다. 당시 이 이론을 구축한 연구자들에게 절실했던 일은 실험대상의 확보였다.

1801년에 알디니는 볼로냐의 산토르솔라 병원에서 긴장성 발작을 동반하는 우울성 광증을 보여 치료 불가 판정을 받은 27세의 농부 루이지 란차리니Luigi Lanzarini를 발견했다.[27] 알디니는 란차리니의 머리털을 밀고 배터리를 이용해 약한 전류를 환자의 두피에 흘렸다. 그로부터 한 달 동안 알디니는 서서히 전류의 양을 늘렸고, 환자의 상태는 서서히 개선되기 시작해 결국 더 이상 알디니의 전기충격을 받지 않아도 될 정도가 됐다. 그로부터 한 달 뒤 알디니는 환자가 가족의 품으로 돌아가도 될 정도로 회복이 됐다고 판정했다.

이 성과에 대한 소문은 빠르게 퍼져나갔다. 1802년에는 프랑스 과학자들이 갈바니 학회 지부를 파리에 설립하기에 이르렀다. 이들은 갈바니 이론의 타당성을 널리 알리고자 한 알디니를 전폭적으로 지지한 연구자들이었다. 알디니가 진행한 조지 포스터 시신 실험을 도왔으며 당시의 떠오르는 외과의사 중 한 명이었던 조셉 카퓨는 파리 갈바니 학회 소속의 라 그라브La Grave라는 연구자가 인간의 뇌, 근육 그리고 모자를 자른 조각을 소금물에 적셔 60층에 이르는 볼타 파일을 만들었다는 기록을 남기기도 했다.[13] 이 기록에 따르면 이 볼타 파일은 동물전기가 동물의 조직에서처럼 인간의 조직에도 존재하며 중요한 역할을 한다는 것을 보여주는 또 다른 증거를 제시할 정도로 "결정적"이었다.

하지만 이런 연구들에도 불구하고 갈바니의 이론은 돌팔이의사들이나 사기꾼들과 완전히 분리되지는 못했다. 역사학자 크리스틴 블론델은 (갈바니 학회의) 회원 중 몇몇은 여전히 "갈바니 이론의 마술적인 측면"에 빠져있었다고 지적하기도 했다. 하지만 갈바니 학회 회원들의 연구 대부분은 프랑스를 비롯한 여러 나라의 과학학술지에 실렸고, 어느 정도 지지를 받기도 했다.[14] 이는 갈바니 학회 회원들이 진행한 실험들이 충분히 관심을 받았다는 뜻이다. 심지어 프랑스의 유명한 정신과의사들은 환자의 건강 회복을 위해 볼타 파일을 사용하는 방법에 대해 알디니에게 조언을 구하기도 했다.

하지만 그 무렵 알디니는 다른 종류의 환자들에게 관심을 가지기 시작했다. 알디니는 죽은 사람을 다시 살려내기 위해 전기충격을 이용하는 방법을 연구하기 시작한 것이었다.[15] 물론 알디니의 목표는 죽지 않는 괴물을 만들어내는 것은 아니었다. 알디니의 목표는 물에 빠지거나 뇌졸중, 질식 등으로 "일시적으로 생명이 정지된" 상태에 이른 사람들을 전기충격으로 살려내는 것이었다.[16]

알디니는 머리에 전기충격을 가하는 방식으로 위급한 상황에 빠진 사람들을 살려낼 수 있는 방법을 연구해 널리 알리기 시작했다. 이 방법은 일시적으로 사망한 환자에게 전기충격을 가하면서 폐에 공기를 주입하는 기초적인 형태의 심폐소생술CPR과 암모니아를 이용하는 것이었다. 알디니는 심폐소생술을 시행하든 암모니아를 이용하든 전기충격을 같이 가하면 "각각의 방법을 전기충격 없이 실행할 때보다 훨씬 더 큰 효과를 낸다."고 주장했다. 또한 알디니는 사람이 완전히 그리고 비가역적으로 사망했는지 판단하는 방법으로 전기충격이 채택되어야 한다고 주장하면서 이렇게 말하기도 했다. "모든 나라의 모든 정부 그리고 계몽된 모든 사람이 사망에 대해 확실하게 판단할 수 있게 해주는 방법으로 전기충격이 사용되는 것이 바람직하다."

알디니의 이런 생각은 현대에 들어서 사망이 확실시되는 사람을 전기 제세동electric defibrillation으로 살릴 수 있게 되면서 옳은 생각이었다는 것이 판명됐다. 하지만 알디니의 이런 생각이 구체적인 메커니즘이나 증거에 기초한 것은 아니었다. 알디니는 200년이 지난 지금 우리가 당연하게 여기는 정보, 즉 환자의 뇌사 여부에 따라 소생 여부가 결정된다는 사실, 뇌에 산소를 계속 공급하는 것이 중요하다는 사실, 소생 시도는 매우 짧은 시간 동안만 유효하다는 사실을 알지 못했기 때문이다. 또한, 안타깝게도 알디니는 전기충격을 가해야 하는 대상이 뇌가 아니라 심장이라는 가장 기본적인 사실조차 알지 못했다. 오히려 알디니는 심장이 전기충격의 영향을 받을 수 있다는 생각을 반복적이고 공개적으로 반박했다. 알디니는 기초적인 과학보다 화려한 시연에 집중했기 때문에 잘못된 생각을 하게 된 것이었다.[17]

따라서 그의 실험대상(사람이나 동물)이 전기충격을 받아 다시 살아난 적이 없다는 것은 그에게 놀라운 일이 아니었다. 포스터의 시신을 대상으로 한 실험에서도 알디니의 목표는 포스터를 되살리는 것이 아니었다. 실제로 1803년에 쓴 실험 기록에서 알디니는 "우리가 하는 실험의 목표는 사체를 소생시키는 것이 아니라 전기충격이 다른 소생 시도 방법의 보조적인 수단으로 실제로 어느 정도까지 사용될 수 있는지 알아내는 것이었다."라고 썼다. 또한, 알디니가 이 기록에서 폐에 공기를 주입하면서 전기충격을 가하면 "정지됐던 근육의 힘이 다시 구축됐다"라고 말한 것을 보면 당시 알디니가 전기충격과 생명 소생의 관계에 대해서 어떤 생각을 했는지도 짐작할 수 있다.

하지만 왕족들을 알디니의 실험대 앞으로 모이게 만든 것은 전기충격이 생명을 소생시킬 수 있다는 가능성이 아니었다. 당시 왕족들의 관심은 부수적인 것들, 즉 시체가 얼굴을 찡그리는 것을 직접 보거나 시체의 직장에 전기충격을 가해 시체가 경련하는 것을 보는 것에 있었다. 또한 왕족들은 처형당한 범죄자가 혹시라도 다시 살아날 수 있을지도 모른다는 암묵적인 기대를 하면서 알디니의 실험을 지켜봤을 것이다. 1802년 초에는 볼로냐에서 처형당한 범죄자들을 대상으로 알디니가 진행한 실험 이야기가 입소문을 타고 퍼지기 시작했다.[18] 알디니는 한 범죄자가 사망한 지 75분 만에 "시체의 손에 상당히 무거운 철제 펜치를 올려놓은 상태에서" 시체가 팔뚝을 20센티미터 정도 올리도록 만드는 데 성공했다. 기록에 따르면 알디니가 이 상태에서 시체의 팔에 전기충격을 가하자 시체의 손이 위로 올라가면서 손가락 중 하나가 실험을 지켜보고 있던 사람들을 가리키는 것 같은 모습을 띠었고, 이에 놀란 사람들 중 몇 명은 그 자리에서 정신을 잃었다. 이 실험 직후 갈바니 학회 소속의 연구자들과 줄리오Giulio 교수, 바살리 교수, 로시 교수 등의 전기 연구자들도 토리노에서 참수된 범죄자 3명의 시신을 대상으로 알디니의 실험을 재현했다.[19] 또한 이런 실험들은 얼마 지나지 않아 런던 왕립인도주의협회Royal Humane Society of London의 관심을 끌게 됐지만, 이 단체의 관심은 우리가 추측할 수 있는 종류의 관심과는 다른 것이었다.

오늘날의 인도주의적인 관점에서 보면 사망한 범죄자의 시체를 공개적으로 해부해 사람들에게 즐거움을 주는 것은 상상도 할 수 없는 일이다. 하지만 알디니 시대의 왕립인도주의협회 사람들은 현재의 인도주의와는 거리가 멀었다. 당시 이들의 관심사는 진짜로 죽은 사람과 다시 살아날 수도 있는 사람을 구별하는 데 있었기 때문이다.[20] 신뢰할 수 있는 소생 방법이 널리 보급되고 인식되기 전에는 매장이 성급한 일일 수 있었다. 실제로, 죽었다고 생각돼 매장당한 사람들이 땅 밑 관에서 혼수상태 또는 강직 상태에서 깨어나(또는 깊은 잠이나 깊이 취한 상태에서 깨어나) 비명을 지르는 경우도 종종 있었다(어떤 불행한 여성은 두 번이나 이런 끔찍한 경험을 하기도 했다). 당시의 이런 "살인적인 매장 행태"와 관련해 알디니는 "완전히 죽지 않은 사람들을 서둘러 매장하는 일이 수없이 일어나고 있다. 우리는 이런 끔찍한 일을 막기 위해 최선을 다해야 한다."라고 쓰기도 했다.[21] 해상무역을 비롯한 다양한 산업 활동이 활발하게 벌어지고 있었던 당시의 영국에서는 익사 사고, 탄광 사고 등이 끊이지 않았고, 따라서 왕립인도주의협회 입장에서는 "사망한 것처럼 보이지만 실제로는 그렇지 않은" 사람들을 구별해내는 것이 급선무였다.

1802년 말 왕립인도주의협회는 알디니가 옥스퍼드 지역과 런던 지역을 둘러볼 수 있도록 후원을 했고, 추웠던 겨울날에 알디니가 포스터의 시체로 실험을 하게 된 것도 이 협회의 지원에 따른 것이었다. 당시 알디니의 목표는 포스터를 실험대 위에서 깨어나게 만드는 것이 아니라, 이 실험이 소생술 개선에 기여할 수 있도록 만드는 것이었다. 하지만 알디니가 남긴 글에는 전기 자극이 소생술 개선에 어떻게 도움이 됐는지 보여주는 실험에 대한 구체적인 언급이 전혀 없다. 알디니 자신도 그날 진행한 실험이 과학이 아니라 쇼맨십이었다는 것을 분명히 알고 있었을 것이다.

안타깝게도 알디니는 삼촌이 남긴 과학적 유산을 보존하는 데 실패했다. 아이러니하게도, 알디니가 성공한 것은 개구리를 이용해 실험을 처음 시작하기 훨씬 전부터 시작됐던 비과학적인 "전기 사기"와 갈바니가 제안한 과학적 이론 사이의 경계를 없애는 일이었다. 돌팔이의사들과 사기꾼들은 알디니 덕분에 그 후로도 오랫동안 갈바니의 이론을 악용해 사기를 칠 수 있게 됐기 때문이다.

엘리샤와 돌팔이의사들

1740년대 중반 라이덴병이 발명되자 사람들은 이 병이 만들어내는 전기충격이 강력한 치료효과를 낼 수 있을 것이라는 생각을 가지게 됐다.[22] 라이덴병의 발명으로 이탈리아에서는 전기 의학을 가르치는 학교가 세 곳 이상 문을 열기도 했다. 라이덴병을 이용한 치료법은 매우 다양했는데, 어떤 의사들은 환자에게 라이덴병을 이용해 단순히 전기충격만을 가하기도 했고, 또 어떤 의사들은 전기충격을 이용해 국소 약물이 피부 밑 깊숙한 부분으로 침투하게 만들려는 시도를 하기도 했다. 당시 이런 전기충격 요법은 수많은 질병을 치료할 수 있는 기적의 치료법으로 생각될 정도였다.

실제로 라이덴병을 이용한 전기충격 요법은 통풍, 류머티즘, 히스테리, 두통, 치통, 난청, 실명, 불규칙한 월경, 설사, 성병 등 수많은 질병 치료에 사용됐다.[23] 1780년대에는 전기가 기적을 일으킨다는 생각이 본격적으로 확산됐는데, 예를 들어, 프랑스의 전기학자 피에르 베르톨롱Pierre Bertholon의 기록에 따르면 10년 동안 불임에 시달리던 어떤 부부는 "어떤 부위라고 밝힐 수는 없지만, 적절한 신체부위에 전기충격을 몇 차례 받은 뒤 희망을 되찾았다."는 기록을 남겼다.[24]

영국으로도 확산된 이런 전기충격 요법 유행은 수많은 돌팔이의사들이 전기충격으로 "약한 인대", 고환 질환과 비뇨기 질환, 오한 등을 치료할 수 있다고 주장하게 만들기도 했다. 당시 이런 돌팔이의사 중에서 가장 유명한 사람은 런던의 성의학자이자 전기학자 제임스 그레이엄James Graham이었다. 1781년에 "천상의 침대Celestial Bed"라는 전기자극 장치를 발명한 그레이엄은 자신이 운영하는 "하이멘의 신전Temple of Hymen"이라는 시설에서 이 장치로 치료를 받으면 불임과 발기부전 문제를 해결할 수 있다고 장담했다.[25] 이 장치는 다른 돌팔이의사들이 만든 전기치료 장치들보다 한 수 위에 있는 장치였는데, 그 이유는 이 장치가 실제로는 전기를 전혀 사용하지 않는 장치였기 때문이다. 그레이엄은 실제로 자신은 전기를 사용하지 않으면서 환자들이 전기를 사용한다고 믿게 만드는 것만으로도 치료 효과가 있을 것이라고 생각했던 사람이었다.[26] 이 "천상의 침대"에 누워 하룻밤을 보내려면 50파운드(현재 가치로는 약 9000파운드)라는 거금을 지불해야 했지만[27], 당시 부유한 사람들은 기꺼이 그 정도의 돈을 냈을 뿐만 아니라 "하이멘의 신전"에 있는 선물가게에서 "전기 에테르Electrical Ether"라는 최음제(정력제)를 구입하기도 했다. ("하이멘의 신전"이 2년 만에 문을 닫은 것으로 보아 그레이엄의 이 "전기 동종요법homeopathic electricity"은 큰 성공은 거두지 못한 것 같다.)

갈바니 이론을 가장 대담하고 뻔뻔스럽게 악용한 사람은 엘리샤 퍼킨스Elisha Perkins라는 미국 의사였다. 캐나다 의사 프랜시스 셰퍼드Francis Shepherd는 1883년에 〈파퓰러 사이언스 먼슬리Popular Science Monthly〉에 기고한 글에서 "사회에서 어느 정도 위치를 누리는 교양인들이 퍼킨스의 '의료행위'에 특히 잘 속아 넘어가고 있다."라고 쓸 정도였다.[29]

갈바니의 논문 "전기가 근육 운동에 미치는 영향에 관하여"가 출판될 당시 미국 코네티컷 주에서 병원을 운영하던 퍼킨스는 당시 유럽에서 벌어지고 있던 생체전기 논쟁을 주시하고 있었고, 볼타의 금속 접촉 이론을 이용해 큰돈을 벌 수 있겠다는 생각을 했던 것 같다.[30] 1796년에 결국 퍼킨스는 7.7센티미터 길이의 끝이 뾰족한 놋쇠 막대와 철 막대를 만들어 "트랙터tractor"라는 이름을 붙였고, 이 트랙터를 이용해 치료를 하기 시작했다. 퍼킨스는 아픈 부위에 몇 분 동안 대면 류머티즘, 통증, 염증 그리고 심지어는 종양까지 제거할 수 있다고 주장했다. 퍼킨스는 이 트랙터를 이용해 미국에서 부와 명성을 얻었다. 조지 워싱턴, 대법관 올리버 엘스워스Oliver Ellsworth와 존 마셜John Marshall 같은 사회 지도층 인사들도 가족을 위해 이 트랙터 세트를 구입할 정도였다.[31]

하지만 코네티컷 주 의사회의 반응은 전혀 달랐다. 이 단체는 퍼킨스의 의료행위가 "돌팔이의사의 속임수"에 불과하며 퍼킨스가 의사회 회원 자격을 이용해 미국 남부지역과 외국에 "피해"를 입히고 있다고 맹렬하게 비난했다. 당시 의사회는 퍼킨스에 대한 제명절차를 시작하면서 다음과 같은 성명을 발표했다. "우리는 퍼킨스의 행위가 뻔뻔스러운 사기 행각이며, 의사들의 명예를 실추시키는 행위이며, 무지한 사람들을 기만하는 행위라고 생각한다." 그러면서 의사회는 퍼킨스에게 "자신의 행동에 책임을 지고, 이런 불명예스러운 행동을 하고도 의사회에서 제명되지 않아야 한다고 생각한다면 그 이유를 진술하라."고 통보했다.[32] 퍼킨스는 여러 가지 이유를 들면서 자신의 행동에 대해 설명했지만 결국 1797년에 코네티컷 주 의사회는 엉터리 처방 금지 조항을 위반했다는 이유로 퍼킨스를 제명했다. 이 제명 결정 직후 퍼킨스의 아들은 아버지의 사업을 유럽으로 옮겼고, 그곳에서 엄청난 성공을 거두게 된다. 1798년에 코펜하겐 왕립병원은 공식적으로 트랙터를 치료용 의료기구로 채택했고, 런던에서는 왕립학회가 트랙터를 공식적으로 "승인"한 데 이어 1804년에는 왕립학회 회원들로 구성된 퍼킨스 연구소Perkinean Institution가 설립됐으며, "트랙터 치료tractoration"만을 전문으로 시행하는 병원이 세워지기도 했다. 이런 성공에는 당시 주교들과 목사들의 증언도 큰 역할을 했다. 퍼킨스는 트랙터를 무료로 그들에게 제공해 환심을 사는 방법을 이용했다. 트랙터를 선물로 받은 한 성직자는 "가족들에게 트랙터를 몇 번 사용했는데 효과가 좋았다. 경험이 효과를 증명하기 때문에 나는 이 장치에 대한 확신을 가지게 됐다."라는 기록을 남기기도 했는데, 이는 퍼킨스가 당시 사실상 다단계 마케팅 기법을 이용했다는 것을 알려준다.

시간이 흐르면서 갈바니 이론은 이미 존재하고 있던 사이비 과학, 예를 들어, 프란츠 메스머Franz Mesmer의 동물 자기술animal magnetism(인간의 몸에 있는 자력을 이용해 질병을 치료한다는 이론), 최면 그리고 지진, 광맥, 화산을 감지하기 위한 전기 장치 등과 연결되면서 이런 사이비과학이 대중의 관심을 끄는 데 확실한 역할을 하기 시작했다. 예를 들어, 1809년 바이런 경Lord Byron은 갈바니가 사망한 지 11년 후에 쓴 다음과 같은 시에서 갈바니 이론과 트랙터를 같은 수준으로 취급했는데, 이는 당시 대중의 생각이 그랬다는 것을 분명하게 보여준다.

우두 백신, 트랙터, 갈바니의 동물전기, 가스 같은
다양한 기적들이 저속한 시선을 던지며 우리를 유혹한다.
한껏 부푼 이런 거품들은 결국 터질 것이고 무위로 돌아갈 것이다.[33]

계속되는 갈바니 이론의 수난

삼촌의 명예를 회복하려는 알디니의 노력은 결국 역효과만 낳았다. 알디니의 노력은 갈바니에 대해 그나마 남아있던 생각, 즉 갈바니가 동물전기의 최초 발견자라는 생각을 사람들의 머리에서 점점 더 빠르게 사라지도록 만들었기 때문이다. 자신의 목적을 위해 갈바니 이론을 이용하는 돌팔이들이 많아질수록 전기와 생명의 관계를 연구하려는 진지한 연구자는 줄어들고, 진지한 연구가 이루어지지 않으면서 갈바니 이론은 허황된 주장에 더 많이 이용되기 시작했다. 이렇게 시간이 흐르면서 볼타-갈바니 논쟁을 되돌아보던 과학자들과 역사학자들은 점점 더 동물전기에 대해 비판적인 시각을 강화하면서 갈바니가 동물전기를 믿을 정도로 무지했다는 생각까지 하게 만드는, 사실과 다른 이야기들을 만들어내기 시작했다. 이런 이야기 중에는 갈바니가 10여 년이 넘게 실험을 반복하고 다듬은 결과로 동물전기를 발견한 것이 아니라, 갈바니의 아내가 금속 칼로 개구리를 잘라 수프를 만들 때 우연히 동물전기에 대한 생각을 하게 됐다는 어처구니없는 이야기도 있다.

당시는 과학이 다양한 분야로 빠르게 분화되면서 생물학이 하나의 독립된 학문으로 자리를 잡기 시작할 때였다. 진지하게 생물학을 연구하는 사람들은 갈바니의 실수를 되풀이하지 않기 위해 전기 연구에는 관심을 가지지 않았고, 전체를 지배하는 힘과 과정에 대한 연구보다는 전체를 구성하는 부분들에 대한 해부학적 또는 분류학적 연구에 집중했다.

당시에 전기를 진지하게 연구한 사람들, 즉 전기학자들도 생명체와 관련된 전기 연구를 하지 않았고, 볼타의 배터리 발명에 기초해 물리학자들과 화학자들이 이뤄낸 진전들에만 집중함으로써 자신의 노력을 인정받으려고 했다. 이런 추세는 계속 강화됐다. 1800년이 되자 과학자들은 볼타배터리의 초기 버전을 이용해 물을 수소와 산소로 분해하는 데 성공했고, 1808년에 화학자들은 더 개선된 형태의 볼타 배터리를 이용해 나트륨, 칼륨 같은 알칼리 토금속alkaline earth metal(주기율표의 2족에 속하는 베릴륨Be, 마그네슘Mg, 칼슘Ca, 스트론튬Sr, 바륨Ba, 라듐Ra 등의 원소)을 발견해냈다. 전기가 사물에 작용하는 방식을 나타내는 방정식도 이 당시에 처음 만들어졌으며, 1816년에는 볼타 파일을 이용한 최초의 전신 장치가 런던 해머스미스에서 개발됐다. 이 과정에서 물리학자들과 공학자들은 생물학자들과 사이비과학자들로부터 자신을 보호할 수 있는 튼튼한 방벽을 구축하게 된다.

당시 의료전문가 중 일부는 사람들의 질병을 치료하기 위해 인공 전기를 계속 이용하고 있었다. 예를 들어, 1830년대에는 골딩 버드Golding Bird라는 젊은 의사가 돌팔이들이 쉽게 돈을 버는 것을 보고 아이디어를 떠올려 런던의 가이즈 병원Guy's Hospital에 "전기 목욕electric bath" 시설을 설치해 돈 많은 환자들에게 엄청난 치료비를 받는 일도 있었다. 하지만 대부분의 의사들은 시간이 지나면서 점점 더 동물전기와는 단절 수순을 밟게 됐다.

하지만 그렇다고 해서 동물전기 연구의 명맥이 완전히 끊긴 것은 아니었다. 막후에서 동물전기가 생명체에 미치는 영향을 연구하던 과학자도 있었다. 알렉산더 폰 훔볼트가 그 사람이다. 훔볼트는 1790년대 내내 갈바니 이론에 대한 '프랑스 위원회'의 연구결과를 검토한 끝에 볼타와 갈바니의 이론이 결국 서로 모순되지 않으며, 볼타가 동물전기를 무시한 것은 잘못된 일이었다는 확신을 갖게 됐다.[34]

훔볼트는 후에 프로이센의 고위관리이자 선구적인 계몽주의 사상가로서 자연을 그 구성요소들이 서로 연결된 일종의 시스템으로 보는 생각의 토대를 마련하게 되지만, 볼타와 갈바니의 전기 논쟁이 벌어지고 있을 당시에는 대학을 갓 졸업하고 광산 조사관으로 일하기 시작한 20대 초반의 젊은이에 불과했다. 하지만 다양한 학문에 관심과 능력을 보였던 그는 곧 지질학을 넘어서 식물학과 비교해부학 연구를 시작했고, 그 과정에서 볼타–갈바니 논쟁을 알게 돼 진실을 찾아내려는 결심을 하게 됐다.

이를 위해 훔볼트는 5년 동안 약 4000건의 실험을 수행했으며, 그 실험 중 몇 건은 자신의 몸을 대상으로 한 것이었다. (훔볼트는 친구인 요한 빌헬름 리터Johann Wilhelm Ritter에게도 부탁해 그를 대상으로 실험들을 진행했는데, 이 실험들로 인해 리터는 신경계가 손상돼 34세의 나이에 사망했다.) 이런 실험 중에서 가장 충격적이었던 것은 훔볼트가 갈바니 파일(배터리)과 연결된 은 전선을 자신의 직장(항문)에 삽입한 실험이었는데, 역사학자 스탠리 핑거Stanley Finger는 이 실험에 대해 "상상이 거의 불가능한" 실험이라고 말하기도 했다.[35] 이 실험은 알디니가 몸집이 큰 동물을 대상으로 진행한 실험들처럼 불쾌한 결과를 만들어냈다. 하지만 훔볼트 자신은 자신의 몸을 대상으로 실험을 함으로써 직접적인 경험을 얻었다는 사실에 만족했던 것으로 보인다. 훔볼트는 이 실험을 통해 전기충격을 직장에 가하면 자신의 의지와는 상관없이 대변을 배출하는 동시에 극심한 복부 경련이 일어나면서 "시각"이 혼란스러워진다는 것을 알게 됐지만, 거기서 멈추지 않았다. 그는 전선을 항문 속 깊숙이 더 밀어 넣었고 결국 "두 눈 앞에 밝은 빛이 번쩍이는 것을 보게 되는" 경험을 하게 됐다. 동물전기를 이해하기 위해 이보다 더한 노력을 한 사람을 찾기는 어려울 것이다.

1800년에 훔볼트는 존 월시의 전기뱀장어 실험을 재현하기 위해 베네수엘라로 떠났다. 전기뱀장어는 자연 서식지를 벗어나면 곧 죽어버리기 때문에 야생 전기뱀장어가 서식하는 곳으로 직접 간 것이었다. 그곳에서 훔볼트는 짐 운반용 동물을 미끼로 전기뱀장어를 유인해 두 눈으로 동물전기 방출을 직접 확인했다(훔볼트는 그곳에서 길이가 1.5미터에 이르는 전기뱀장어가 최대 700볼트의 전기를 방출해 말이나 노새를 기절시키는 것을 관찰했다.) 베네수엘라에서 돌아온 뒤 훔볼트는 전기뱀장어의 이렇게 강력한 방어용 생물학적 전기와 일상적인 움직임과 지각을 일으키는 전기 사이의 연관관계를 찾기 시작했고, 그 후 발표한 전기뱀장어에 대한 정교한 논문에서 언젠가 "대부분의 동물에서 근육섬유의 수축이 신경에서 근육으로 전기가 흐른 뒤에 발생하며, 조직을 갖춘 모든 생명체가 가진 생명력의 유일한 원천이 이질적인 물질들의 접촉이라는 것이 밝혀질 것이다."라는 결론을 내렸다.[36]

훔볼트는 갈바니가 옳았다는 믿음으로 앞만 보고 달려갔던 알디니의 전략을 채택하는 대신, 유망한 젊은 과학자들에게 동물의 전기를 연구하도록 격려하는 등 실험생리학을 되살리기 위해 장기전을 펼쳤다. 1820년대 후반에 여행을 마치고 베를린으로 돌아온 훔볼트는 신진 생리학자 요하네스 뮐러Johannes Müller의 후원자가 됐고, 20년 전에 형인 빌헬름 폰 훔볼트Wilhelm von Humboldt가 설립한 세계 최고 수준의 대학 해부학과 과장으로 그가 임명되는 데 도움을 줬다.[37]

당시 동물전기는 사이비과학자들의 행태 때문에 공식적으로 완전히 그 존재를 부정당하고 있었다. 갈바니 이후에 동물전기가 존재한다는 최초의 직접적 증거를 발견한 과학자조차 자신이 무엇을 발견했는지 정확하게 이해하지 못할 정도였다. 1828년에 피렌체의 물리학자 레오폴도 노빌리Leopoldo Nobili는 유럽대륙과 아메리카대륙을 연결하는 전신 케이블 작동에 점점 더 핵심적인 역할을 차지하고 있던 전위계electrometer의 감도를 개선하기 위한 방법을 연구하고 있었다. 전기학자들은 전선에 전류가 흐르는지 확인하거나 메시지가 제대로 전달되고 있는지 확인하는 용도로 전위계를 사용했다. 하지만 전위계의 초기 버전은 그리 정확하지 않았다. 지구 자기장이 전위계의 전류 파동 측정을 방해했기 때문이다. 하지만 당시에는 이 지구 자기장의 간섭을 없앨 수 있는 방법을 생각해내지 못했다.

따라서 이 문제를 해결하기 위해서는 전위계의 감도를 크게 높이는 수밖에 없었다. (당시에 전위계는 1824년에 프랑스의 물리학자 앙드레마리 앙페르André-Marie Ampère가 자신이 발명한 전위계에 검류계galvanometer라는 이름을 붙인 뒤 그 이름으로 불리기 시작하고 있었다.) 노빌리는 자신이 개선한 버전이 실제로 더 감도 높은지 테스트하기 위해 최대한 약한 전류를 찾아내려고 했고, 그 과정에서 갈바니가 발견했다고 주장한 "동물전기"가 서로 다른 종류의 두 물질 사이의 접촉에서 발생한 것이라는 볼타의 주장을 떠올렸다. 노빌리는 자신이 만든 검류계가 죽은 개구리의 몸에서 흐르는 전류처럼 미세한 전류를 감지할 수 있다면 아무도 그 장치의 우수성에 이의를 제기할 수 없을 것이라고 생각했다. 노빌리가 만든 이 전위계는 실제로 이 미세한 전류를 감지해냈고, 그는 이 미세한 전류에 "개구리 전류corrente di rana"라는 이름을 붙였다.[38] 결과적으로, 이 전위계는 노빌리를 신경근육에서 일어나는 전기활동을 최초로 측정한 사람으로 만든 셈이었다. 하지만 노빌리는 개구리 몸 안에 전기가 존재한다고 생각하지는 않았다. 당시 노빌리는 철저하게 볼타의 생각에 동의하는 사람이었고, 자신이 측정한 개구리 전류가 두 금속 사이의 접촉에 의한 것이라고 굳게 믿었다.

또 다른 과학자가 노빌리의 이 측정결과의 의미를 정확하게 해석해 마침내 생체전기를 다시 제자리에 올려놓기까지는 10년이라는 시간이 더 걸렸다.

개구리 배터리

카를로 마테우치Carlo Matteucci는 마지막으로 남은 열 번째 개구리의 허벅지에서 살을 잘라낸 뒤, 이미 잘라내 수직으로 쌓은 다른 개구리들의 허벅지 살들 위에 조심스럽게 얹었다. 이 개구리 살들은 모두 반으로 가른 오렌지 모양으로 잘린 것이었다. 마테우치는 아연판과 구리판 대신에 개구리의 근육과 신경을 이용해 배터리를 만들려는 시도를 하고 있었고, 결국 세계 최초로 개구리의 살만으로 배터리를 만드는 데 성공했다.[39]

마테우치는 개구리 허벅지살을 더 많이 연결할수록 검류계의 바늘이 더 큰 폭으로 흔들리는 것을 관찰했다. 이는 허벅지살이 더 많이 연결될수록 더 많은 전류가 발생한다는 뜻이었다. 마테우치의 실험은 여기서 끝나지 않았다. 더 많은 살들로 개구리 배터리를 만든 마테우치는 이 배터리에 연결된 전선 두 가닥을 바로 옆에 누워있는 개구리에 조심스럽게 연결했다. 배터리에 사용한 개구리들과는 달리 이 개구리는 수십 년 전 갈바니가 사용했던 방식으로 피부를 벗기고 머리와 몸통 부분을 제거해 두 뒷다리와 척수를 연결하는 하퇴

근 신경 부분만 남아있는 형태였다. 마테우치가 전선을 연결하는 순간 이 개구리는 경련을 일으키기 시작했다. 동물에서 발생한 전기만으로도 죽은 개구리의 다리를 움직이게 만들 수 있다는 사실이 확인된 순간이었다.

이 순간은 갈바니가 세상을 떠난 지 40년 만에 처음으로 전기생리학의 진정한 진전이 이뤄진 순간이었다.

마테우치는 동물전기가 주목받지 못하던 수십 년 동안 훔볼트가 지원했던 젊은 과학자 중 한명이었다. 훔볼트는 전기가 생명체의 신경을 움직이는 힘이라는 것을 밝혀내고자 한 마테우치의 열정에 감동을 받아 청년 마테우치를 피사대학 교수로 추천했고, 전기가오리가 전기충격 방출을 조절하기 위해 신경중추를 사용한다는 마테우치의 발견을 폄하하려는 시도에 맞서 마테우치를 옹호하기도 했다. 따라서 마테우치가 훔볼트에게 개구리 배터리에 대해 말했을 때 훔볼트는 흥분을 감출 수 없었고, 주저하지 않고 베를린대학의 뮐러를 비롯한 자신의 모든 지인들에게 개구리 배터리를 다룬 마테우치의 논문을 보냈다. 뮐러는 자신의 제자인 생리학자 에밀 뒤 부아레몽 Emil Du Bois-Reymond에게 마테우치의 논문을 전달했는데, 뒤 부아레몽도 후에 훔볼트의 후원을 받게 된다.[40] 실제로 훔볼트는 1849년에 독일 문화부 장관에게 뒤 부아레몽의 연구비 지원을 요청하는 편지에서 "뒤 부아레몽은 근육 움직임의 깊은 비밀을 알아내기 위해 연구를 하고 있으며, 이 연구는 나도 인생 전반기에 몰두했던 연구입니다."라고 말하기도 했다. 훔볼트는 뒤 부아레몽이 마테우치의 실험결과에 대해 주목하도록 만든 사람이었고, 그 주목의 결과는 매우 놀라운 것으로 나타나게 된다.

뒤 부아레몽은 마테우치의 기괴한 실험이 비과학적이라 생각했다(실제로 그는 마테우치의 실험에 대해 "마테우치의 실험이 초점이 명확하지 않고 명징성이 떨어진다는 것을 나보다 더 깊게 느낀 사람은 없을 것이다."라고 쓰기도 했다). 하지만 뒤 부아레몽이 마테우치의 실험결과를 토대로 20년에 걸쳐 구축한 이론은 결국 생체전기 연구라는 오랫동안 사장됐던 연구를 되살려 진지한 과학의 영역으로 다시 편입시키는 결과를 낳았다. 명성을 얻겠다는 열정과 야심이 엄청났던 뒤 부아레몽은 베를린대학에 55년 동안 재직하면서 갈바니를 제치고 동물전기의 아버지로 역사에 남기 위해 끊임없이 노력한 사람이었다.

뒤 부아레몽은 여러 측면에서 갈바니의 후계자였다. 엄정한 과학연구에 대한 그의 헌신은 전설적이었다. 그는 신경 안에서 흐르는 전류를 더 정확하게 측정하고 설명하기 위해 강박에 가까울 정도의 노력을 기울였다. 일례로 그는 개구리의 근육과 신경에 흐르는 미세한 전류를 측정하기 위해 여러 해에 걸쳐 시행착오를 통해 정밀한 검류계를 직접 만들어내기도 했다. 그는 이 과정에서 개구리를 수없이 사용했고, 그가 살던 베를린 아파트는 거의 "개구리 사육장"이라고 할 수 있을 만큼 개구리들로 가득 차 있었다.[41] 또한 그는 개구리의 근육과 신경섬유를 개구리의 몸에서 분리해낼 때 외부 전기가 유입되는 것을 방지하기 위해 금속 도구를 사용하지 않고 자신의 입으로 물어뜯어내기도 했고, 이 과정에서 개구리 피부에 있던 자극성 물질에 노출돼 실명 위기를 맞기도 했다. 수십 년 전 이탈리아에서처럼 당시 베를린에서도 개구리가 부족해지기 시작했다. 하지만 갈바니가 했던 실험의 타당성을 입증하겠다는 생각에서 비롯된 그의 이런 집요한 노력은 결국 결실을 맺었다.

뒤 부아레몽은 자신이 개발한 검류계로 근육 수축에 수반되는 전기 현상을 직접 확인할 수 있었다. 전류가 측정 부위를 통과할 때마다 어김없이 검류계의 바늘이 흔들렸다. 갈바니는 근육을 통과하는 전기 자극을 개구리 다리의 경련을 통해 간접적으로 확인하는 데 그쳤지만(어떻게 보면 최초의 검류계는 개구리였던 셈이다), 뒤 부아레몽은 동물전기가 근육을 흥분시키는 과정을 직접적으로 관찰하는 데 성공했다. 당시 여든 살의 훔볼트는 이 연구를 위해 기꺼이 뒤 부아레몽의 실험대상이 돼주었다. 그 무렵 훔볼트는 "왕의 옆자리에서 매일 저녁식사를 할 정도로" 거물이었지만 뒤 부아레몽의 실험을 위해 기꺼이 소매를 걷어붙이곤 했다.[42]

대부분의 연구자들은 뒤 부레아몽의 이런 초기 실험결과에 차가운 시선을 보냈다. 당시에는 사고와 의도가 측정 가능한 전기를 만들어낼 수 없다는 생각이 지배적이었기 때문이다. 하지만 18세기 말이 되자 뒤 부레아몽과 그의 동료 연구자들은 생체전기를 신경생물학의 일부로 완벽하게 편입시키는 데 성공하게 된다. 신경과 근육을 통해 전기가 흐른다는 생각이 마침내 거의 정설로 인정받게 된 것이었다. 하지만 여전히 풀리지 않는 의문들이 남아있었다. 어떤 과정을 통해 전기가 신경과 근육에서 흐르는지, 이 전기가 전신선에 흐르는 전기보다 왜 훨씬 더 느리게 흐르는지는 여전히 규명되지 않고 있었다.

하지만 어쨌든 생체전기의 측정은 가능해진 상황이었다. 뒤 부아레몽과 그의 동료인 헤르만 폰 헬름홀츠Hermann von Helmholtz는 신경이 보내 근육을 활성화하는 이 전기자극에 "활동전류action current"라는 이름을 붙였다. 곧 다른 과학자들도 이 현상을 정확하게 규명하기 위해 연구에 참여했고, 세부적인 사항에 대해 격렬한 논쟁이 벌어졌지만, 신경계에 전기적 현상이 존재한다는 사실은 대체로 인정받게 됐다. 뒤 부아레몽은 전기가 인체와 관련이 있다는 것, 즉 인체에 전기가 흐른다는 것을 증명한 사람이었다. 그는 훔볼트를 자랑스럽게 만들었던 사람이었고, 갈바니의 위치를 빼앗은 사람이었다.[44] 그는 "나는 물리학자들과 생리학자들이 지난 한 세기 동안 그토록 증명하고 싶었던 사실, 즉 신경물질이 바로 전기라는 사실을 완벽하게 증명해냈다."라는 말로 자부심을 표현하기도 했다.[45]

뒤 부아레몽의 연구는 생체전기를 입증했으며, 뇌와 신경계 연구에서 새로운 진전을 가능하게 만들었다. 과거에도 그랬듯이 새로운 도구는 오래된 과학에 대한 의구심을 불러일으켰고, 새로운 의문을 만들어냈다. 그 의문은 어떻게 하나의 전기자극이 그토록 다양한 감각과 움직임을 만들어낼 수 있는지에 관한 것이었다. 당시 과학자들은 신경계가 연속적으로 연결된 끈들로 이뤄진 거대한 네트워크, 즉 배관망과 비슷한 형태를 가진다고 생각했다. 당시 과학자들은 신경계가 개별적인 세포들로 구성되는 것이 아니라 관들이 연속적으로 이어진 네트워크라고 생각했기 때문에 뒤 부아레몽의 발견 이후에는 그 관들에 흐르는 것이 동물혼에서 전기로 바뀌었다고 생각했다.

민감도가 높은 검류계와 볼타 배터리 같은 더 좋은 도구들의 발명, 훔볼트, 뒤 부아레몽, 헬름홀츠의 정교하고 엄밀한 연구 덕분에 동물혼에 대한 수천 년 동안의 의문은 마침내 풀리게 됐다. 뇌의 의도를 팔다리로 전달해 실행에 옮기고 외부 세계의 자극을 감각으로 전달한다고 생각되던 동물혼은 결국 전기라는 사실이 밝혀졌기 때문이다. 하지만 이 전기는 동물전기라는 이름 대신 "신경전도nervous conduction"라는 이름으로 불리기 시작했다. 동물혼과 신경전도는 본질적으로 같은 뜻이다. 동물혼은 철학의 영역, 신경전도는 과학의 영역에 각각 속하는 말일 뿐이다. 결국 갈바니의 생각이 옳았다.

2부

생체전기와 일렉트롬

수세기 동안 신경자극의 존재와 본질에 대해 논쟁이 이어지는 동안 회의론자들은 동물의 신경계에 실제로 전기가 흐른다는 생각에 여러 가지 근거를 제시하면서 반박을 해왔다. 전기물고기와 전기뱀장어가 가진 흥미로운 힘이 전하를 저장했다 한꺼번에 큰 전기충격을 방출하는 데 특화된 거대한 전기 기관에 의한 것이라는 연구결과도 이런 근거 중 하나를 제공했다. 당시 해부학자들은 인체에서는 이런 전기 기관과 비슷한 기관을 발견하지 못한 상태였다. 따라서 대부분의 과학자들은 전기의 원천이 인체에 존재하지 않는다면 인간은 전류를 신경에 흘려보낼 수 없기 때문에 전기로는 신경신호의 신비한 전도 메커니즘을 설명할 수 없다는 생각에서 벗어나지 못했다.

하지만 20세기 후반에 인체에서 전기의 원천이 발견되면서 상황은 완전히 바뀌기 시작했다. 또한, 이 발견에 도움을 준 새로운 기술은 전기물리학과 신경과학 분야에서 획기적인 변화를 일으켰다. 이 변화로 인한 진전은 매우 빠르게 다양한 분야에 영향을 미쳤다. 과학사학자 마르코 브레사돌라와 마르코 피콜리노는 이 진전에 대해 "막스 플랑크(Max Planck)의 시대에 등장한 양자역학에 의한 진전에 비견할 만한 진전" 이라고 평가하기도 했다.[1]

"생명체의 계산 메커니즘을 밝혀내야만

생명체에 대한 완전한 이해를 얻을 수 있을 것이다."

폴 데이비스 Paul Davies, 《*기계 속의 악마*the Demon in the Machine》

3장

일렉트롬과 생체전기 암호: 우리 몸이 전기 언어를 구사하는 방식

19세기 말에 동물혼은 수천 년 동안 머물러 있던 관념적 철학의 영역에서 벗어나 과학이라는 굳건한 토대 위에 놓이게 됐다. 알렉산더 폰 훔볼트, 에밀 뒤 부아레몽, 헤르만 폰 헬름홀츠가 갈바니가 평생 동안 해왔던 연구의 타당성을 입증했기 때문이다. 이 과학자들은 우리의 신경에 존재하면서 우리의 모든 감각과 움직임을 가능하게 하는 동물혼이 바로 전기라는 것을 입증한 사람들이다.

하지만 이 과학자들도 자신의 연구가 향후 150년 동안 어떤 변화를 일으킬지는 예측하지 못했을 것이다. 최근 일렉트롬의 윤곽이 파악되기 시작하면서 생체전기에 대한 우리의 이해가 다시 한 번 큰 변화를 맞고 있기 때문이다.[1]

일렉트롬은 갈바니와 뒤 부아레몽이 대체적인 윤곽을 밝혀낸 생체전기 신호의 차원을 넘어서는 개념이다. 일렉트롬은 신경과학이라는 현대적인 학문 분야가 확립되도록 도움을 준 다양한 연구들에 의해 우리가 세상을 감지하고 세상에서 움직일 수 있게 해주는 신경계 작동의 원동력이라는 사실이 이미 밝혀진 상태였다. 하지만 20여년 전부터, 생체전기 신호가 신경계를 넘어 우리 몸의 나머지 부분에서도 많은 역할을 한다는 것을 확실하게 보여주는 새로운 연구결과들이 계속 발표되고 있다. 게놈 분석이 유기체 내의 모든 유전물질(유전자 정보를 구성하는 염기 A, T, G, C와 유전자의 활동을 조절하는 다른 요소들)에 대해 설명을 제공하듯이 일렉트롬 분석도 다양한 전기신호가 생명체를 조절하는 근본적인 메커니즘에 대한 설명을 제공할 수 있을 것이다.

일렉트롬 지도가 완성된다면 우리의 삶과 죽음과 관계된 거의 모든 측면을 결정하는 전기적 특성들의 청사진을 가질 수 있게 된다. 이 청사진에는 장기와 세포, 세포를 구성하는 미토콘드리아를 비롯한 미세한 요소들 그리고 전기를 띠는 이 모든 요소들의 행동이 망라될 것이다.

이 책의 제1부에서 살펴보았듯이, 생체전기의 가장 초창기 모습은 신경과 근육의 전기 활동 형태로 관찰됐다. 그 후 "동물혼"이라는 말은 신경전도라는 말로 대체됐고, 신경학은 이 신경전도를 중심축으로 재편됐으며, 그 뒤를 이어 신경학과 (18세기 전기학과 생리학이 통합돼 형성된) 전기생리학이 1960년대에 이르러 통합돼 현재의 신경과학(동물의 신경계를 연구하는 학문)으로 확립됐다.

20세기에는 신경계의 전기 활동에 숨겨진 패턴들에 대한 연구가 엄청난 진전을 이뤘다. 뇌가 정보를 주고받는 방식이 담긴 암호의 해독이 이 시기에 시작됐기 때문이다. 앞으로 몇 장에 걸쳐 살펴보겠지만, 이런 지식의 대부분은 금속 전기를 이용한 신경계 연구를 통해 얻은 것이다. 우리는 이 지식에 기초해 인공 전기가 인간의 생체전기, 건강, 생각, 행동을 비롯한 수많은 것들을 변화시킬 수 있다는 것도 알게 됐다. 이 정도만 해도 상당한 진전이었지만, 20세기 말에 이르자 우리는 더 많은 변화의 가능성을 목도하게 됐다.

하지만 여기서 더 나아가려면 신경과학의 기초를 더 확실하게 세워야 한다. 그래야 신경계의 작동방식과 사람들이 인공 전기로 신경계를 자극하는 데 열광하는 이유를 같은 맥락에서 이해할 수 있기 때문이다. 이 장의 목적이 바로 여기에 있다. 지금부터는 150년 동안의 전기생리학의 역사를 간략하게 살펴볼 것이다.

신경전도란 무엇인가?

뇌와 척수의 구조 그리고 뇌와 척수 사이의 통신을 가능하게 하는 특수한 세포들의 구조가 밝혀지면서 전기 메시지가 몸을 통해 전달되는 방식에 대한 우리의 지식도 급속하게 늘어나기 시작했다. 이 특수한 세포가 바로 신경세포, 즉 뉴런neuron이다. 이 모든 지식은 1906년에 노벨생리의학상을 공동수상한 카밀로 골지Camillo Golgi와 산티아고 라몬 이 카할Santiago Ramón y Cajal의 연구에 기초한 것이다. 골지는 신경망 이론, 카할은 뉴런 원칙Neuron Doctrine을 각각 제시한 사람이었고, 우리는 이 두 과학자의 연구로 신경계의 작동방식을 처음으로 이해할 수 있게 됐다. (동물혼에 대한 논쟁에서 알 수 있듯이, 이 과학자들의 이론이 제시되기 전까지 사람들은 신경계가 뇌에서 몸 전체로 이어지는 관들로 만들어진 하나의 네트워크라고 생각했다. 이 네트워크를 채울 수 있는 것은 물이나 다른 유체밖에는 없을 것이라는 추측은 바로 이 생각에서 비롯된 것이었다.)

카할과 골지가 (수없이 의견 충돌을 일으키면서) 알아낸 것은 신경계가 전기신호를 뇌에서 신경과 근육으로 그리고 그 반대방향으로 전달하는 특별한 세포, 즉 "뉴런"으로 구성된다는 사실이었다.

당시까지만 해도 신경계가 세포로 구성돼 있을 것이라고 생각한 사람은 아무도 없었다. 뉴런은 일반적인 세포처럼 생기지 않았기 때문이다. 실제로 대부분의 세포는 공을 약간 찌그러뜨린 모양을 하고 있지만 뉴런의 생김새는 그렇지 않다. 뉴런은 세 부분, 즉 세포체cell body, 수상돌기dendrite, 축삭axon으로 구성된다. 세포체는 일반적인 세포와 모양이 비슷하며, 이 세포체에서 뻗어 나온 부분이 수상돌기와 축삭이다. 수상돌기는 길이가 매우 짧으며 세포체에 외부 메시지를 전달한다. 축삭은 최대 1미터 정도의 길이를 가지며 세포체로부터 다른 뉴런 또는 근육으로 메시지를 전달하는 역할을 한다.

뇌의 860억 개의 뉴런 중 일부는 뇌에만 존재하지만, 이 뉴런의 대부분은 척추를 따라 피부, 심장, 근육, 눈, 귀, 코, 입, 장 등 다양한 부분으로 뻗어나간다. 이렇게 뉴런은 몸의 모든 부분으로 뻗어나가 몸이 움직이고 느끼게 만드는 등의 다양한 일을 한다.

감각과 지각을 뇌로 전달하는 "느낌" 뉴런들은 시각 정보, 청각 정보, 후각 정보, 촉각 정보 같은 외부 정보를 수용하는 "구심성 시스템afferent system"의 일부다. 이 뉴런들은 감각 뉴런sensory neuron이라고도 불린다. 이에 비해, "움직임" 뉴런들은 구심성 시스템이 전달하는 감각에 몸이 반응하도록 해주는 "원심성 시스템efferent system"의 일부로 뇌의 의도를 몸에 전달해 몸이 그 의도를 실행으로 옮기게 만든다.

우리가 느끼거나 움직일 때 뇌로 들어오거나 뇌가 보내는 정보를 전송하는 역할을 담당하는 신호는 "활동전위action potential"라는 전기 메커니즘을 통해 전달된다. 뒤 부아레몽이 활동전류 또는 신경임펄스nerve impulse라고 불렀던 미세한 전류, 그가 만든 검류계의 바늘을 움직이게 만든 전류가 바로 활동전위다. 신경임펄스, 활동전위, 스파이크spike라는 말은 모두 같은 뜻으로, 뇌 안에 인접해 존재하는 신경세포들 사이의 메시지 교환 또는 신경에서 근육으로의 메시지 전달을 중계하는 미세한 전기신호를 의미한다. 메시지를 받으면 수상돌기는 신호를 세포체로 전달하고, 세포체는 그 신호를 축삭으로 전달할지 그렇지 않을지를 결정한다. 메시지를 축삭으로 전달하는 경우에 세포체는 축삭의 말단으로 그 메시지를 전달하고, 그 메시지는 바로 옆에 있는 신경세포의 수상돌기로 전해진다. 뒤 부아레몽과 헬름홀츠가 신경신호를 처음 측정하기 시작했을 때부터 사람들은 신경신호가 전기 신호인지 화학 신호인지를 두고 논쟁을 벌였고, 그후 신경신호가 한 신경세포에서 다른 신경세포로 전달된다는 사실이 발견되자 이 논쟁은 거의 전쟁 수준으로 변화하기 시작했다.

이런 논쟁이 벌어진 이유는 축삭의 끝에서 메시지가 과속방지턱에 부딪힌다는 현상에 있었다. 여기서 과속방지턱이란 한 신경세포의 축삭 끝 부분과 다른 신경세포의 수상돌기 사이의 미세한 간극, 시냅스synapse를 말한다. 시냅스라는 이름은 카할과 골지가 노벨상을 수상하던 해에 붙여졌다. 전기신호가 교환되는 신경세포들 사이에 이런 틈이 있다는 사실이 알려지자 동물전기가 실제로 존재하며 신경임펄스가 전기 충동이라는 생각은 다시 의심을 받기 시작했다. 당시만 해도 이런 생각은 아직 확실하게 자리를 잡지 못한 상태였기 때문이다. 이 생각에 대해 비판적인 사람들은 전기신호는 전신선에서는 간극을 뛰어넘어 전달되지 못하는데 신경계라고 해서 간극을 뛰어넘을 수는 없다는 생각을 했던 것이었다.

게다가 1921년에 시냅스를 가로지르는 화학물질인 신경전달물질 neurotransmitter의 존재가 발견되자 사람들은 이런 의심을 더 강하게 가질 수밖에 없었고, 결국 과학자들은 "수프 진영(화학 진영)"과 "스파크 진영(전기 진영)"으로 양분돼 신경신호에 대한 논쟁을 본격적으로 벌이기 시작했다.[2]

격렬한 논쟁이 벌어진 끝에 결국 이 논쟁은 스파크 진영의 승리로 마무리됐다. 스파크 진영을 이끈 과학자는 케임브리지대학의 생리학자 앨런 호지킨Alan Hodgkin과 앤드류 헉슬리Andrew Huxley였다. 이들의 연구가 과학사에서 정설로 받아들여지는 이유는 이들이 전기가 신경임펄스의 결정적인 중재자라는 사실을 밝혀냈다는 데 있다. 이 과학자들은 1950년대에 마침내 수프 진영과 스파크 진영 사이의 모든 논쟁을 종식시킨 사람들이었다. 이들의 실험은 전하를 띤 입자에 의해 뉴런에서 활동전위가 어떻게 전달되는지 보여준 실험이자 전기적 결합과 활동이 없다면 아무 일도 일어나지 않을 것이라는 사실을 처음으로 명확하게 증명한 실험이기도 했다.

여기서 전하를 띤 입자가 바로 이온이다. 이온은 양전하 또는 음전하를 띤 원자다. 우리 몸의 모든 세포는 유체로 둘러싸여 있다. 사람의 몸의 60%가 물이라는 말은 여기서 나온 것이다. "세포외액extracellular fluid"이라고 부르는 이 유체에 녹아있는 이온들의 분포는 바닷물에 들어 있는 이온들의 분포와 매우 비슷하다. 바닷물처럼 세포외액도 주로 나트륨이온과 칼륨이온이 압도적으로 많이 포함돼 있고, 칼슘이온, 마그네슘이온, 염소이온 등이 소량 들어있기 때문이다. 전기신호의 세포막 통과 여부는 신경세포 안팎에 존재하는 이 이온들의 농도에 의해 거의 전적으로 결정된다.

이온이라는 이름은 이온이 특정한 방향으로 이동하는 경향이 있다는 사실을 발견한 마이클 패러데이Michael Faraday에 의해 붙여졌다. 패러데이가 이온의 이런 경향을 발견한 것은 볼타 파일 덕분이었다. 패러데이는 1814년에 볼타로부터 받은 배터리 초기 버전을 이용해 전기모터와 전기 전도의 원리를 발견한 데 이어 다양한 전기 법칙을 통합한 사람이었다.[3] 하지만 여기서 우리에게 훨씬 더 중요한 사실은 패러데이가 이온의 존재를 발견하는 중요한 역할을 했다는 것이다. 패러데이는 다양한 화합물을 물에 넣고 전류를 물에 흘려보내면서 화합물에 어떤 일이 일어나는지 실험했다. 화합물은 서로 다른 두 개 이상의 원소가 섞여 있는 물질로, 화합물이 들어있는 물에 전류를 가하면 그 물 속의 화합물은 그 화합물의 구성 원소들로 다시 깨끗하게 분리된다. 패러데이는 이때 물 안에서 분리된 구성 원소들이 각각 서로 다른 전극으로 이동한다는 것을 알게 됐다.[4] 당시 패러데이는 이 사실을 어떻게 이해해야 할지 몰랐다. 당시의 패러데이는 물 안에서 움직여 전극으로 모여드는 물질이 무엇인지 전혀 모르고 있었기 때문이다. 1834년에 패러데이는 이 신비한 입자들에 "이온"이라는 이름을 붙였고, 그 후로 반세기가 지났을 때도 이 입자들에 대해서는 더 이상의 규명이 이뤄지지 못한 상태였다.

그 후 1880년대에 들어서면서 스반테 아레니우스Svante Arrhenius 라는 스웨덴 과학자에 의해 이온의 움직임이 전기력에 의한 것이라는 사실이 밝혀졌다. 이온은 중성 입자가 아니라 양전하 또는 음전하를 띤 원자이기 때문에 어찌 보면 이 발견은 당연한 발견이라고 할 수 있다. 어쨌든 아레니우스의 이 발견으로 용액 속에서 이온이 특정한 전극 주위로 모이는 이유는 설명이 가능해졌다. 아레니우스는 양이온은 배터리의 음극 쪽으로 이동하고, 음이온은 배터리의 양극 쪽으로 이동한다는 것을 증명함으로써 패러데이의 관찰결과를 완벽하게 설명하는 데 성공한 것이었다.

용액 내에 존재하는 모든 이온은 이런 특성을 갖는다. 생체 조직을 구성하는 세포들의 안과 밖에 존재하는 생물학적 수프도 용액이기 때문에 이 수프 안에 녹아있는 이온들도 이와 동일한 특성을 가진다. 이온은 우리의 생명을 유지하는 요소다. 수액 주사를 맞아본 사람이라면 나트륨이온, 칼륨이온 등의 전해질을 적절한 비율로 용액에 녹여 세포외액과 비슷한 "수액"을 만들어낸 시드니 링거Sydney Ringer에게 감사해야 할 것이다. 링거는 몸에서 떼어낸 장기를 이 용액에 담그면 몸에서 분리됐음에도 불구하고 장기가 계속 활성을 유지한다는 사실을 발견한 사람이다. 링거의 첫 번째 실험 대상은 개구리의 심장이었다. 링거는 개구리에서 심장을 떼어내 자신이 만들어낸 수액, 즉 "생리식염수physiological saline"에 집어넣었을 때 심장이 몇 시간 동안이나 정상적으로 뛰는 것을 관찰했던 것이다.[5] 처음에는 "링거 용액"이라는 이름으로 불렸던 이 용액은 그 후로 생물학 연구에 결정적인 기여를 하게 된다.

여기서 다시 생각해보자. 이온이 중요한 이유는 무엇일까? 이온은 얼마나 특별한 존재이기에 우리는 이온 없이 살 수 없는 것일까? 20세기에 접어들면서 이온이 신경 자극의 전기적 전달의 주요 매개체가 될 수 있다는 공감대가 서서히 형성되기 시작했다.

뉴런 원칙이 가시화될 무렵에는 이와 관련된 다른 사실들이 밝혀지기 시작했다. 첫째, 생화학자들은 나트륨처럼 이 양전하를 띠는 원자와 염소처럼 음전하를 띠는 원자는 어디를 가든 전하를 가지고 다닌다는 것을 밝혀냈다. 둘째, 링거 같은 과학자들 덕분에 사람들은 이온이 세포 안팎의 공간을 채운다는 사실도 알게 됐다. 셋째, 사람들은 신경신호가 전달될 때 발생하는 활동전위가 검류계의 바늘을 움직일 수 있을 정도로 강력하다는 것을 알게 됐다. 이 모든 발견은 신경과 근육 안에서 전하가 움직이고 있다는 것을 보여주는 정황 증거였다. 그럼에도 불구하고 당시에는 신경계에 대한 지식과 이온에 관한 지식은 아직 체계적인 틀을 통해 연결되지 않고 있었다. 이는 마치 동물전기에 관한 연구결과들이 서로 연결되지 못했던 18세기의 상황과도 비슷했다. 신경임펄스가 전기를 통해 전달되는 과정에서 이온이 핵심적인 역할을 한다는 사실은 1940년대에 들어서야 확실하게 밝혀졌다.

앨런 호지킨과 앤드류 헉슬리는 활동전위가 발생하는 동안 신경세포 내부와 외부의 이온 농도가 서로 다르게 변화한다는 것을 입증할 수 있다면 전기가 생체전기 신호 발생 과정에서 핵심적인 역할을 한다는 것, 즉 전기가 생체 내 화학반응 과정의 부산물이 아니라 화학반응 과정을 일으키는 원인 물질이라는 것을 완벽하게 증명할 수 있을 것이라고 생각했다.[6] 이들도 처음에는 개구리의 신경을 대상으로 실험을 진행했지만, 개구리 신경은 너무 작기 때문에 기존의 도구로는 신경세포 안에 있는 이온의 양을 측정할 수 없다는 결론에 도달했다. 그 후 이들은 개구리 대신 게의 신경세포로 실험을 진행했지만 이 세포 역시 세포 내 이온 함량을 측정하기에는 너무 작았다. 결국 이들이 선택한 것은 전극을 꽂을 수 있을 만큼 큰 신경을 가진 오징어였다.

오징어의 축삭은 "거대축삭giant axon"이라는 별명으로 불릴 정도로 길고 크다. 오징어가 가진 한 쌍의 신경세포 축삭은 인간의 축삭 지름의 최대 1000배나 된다(밀리미터 단위로 잴 수 있을 정도로 크다). 오징어의 축삭이 이렇게 크고 긴 것은 포식자를 만났을 때 도망치라는 신호를 뇌가 몸에 빠르게 보낼 수 있게 하기 위해서다.[7] 호지킨과 헉슬리는 신경세포의 전기적 특성을 관찰하기 위한 장비를 삽입할 수 있을 정도로 큰 축삭을 가진 동물로 오징어를 선택한 것이었다. 신경이 발화할 때 신경세포의 전기적 특성이 어떻게 변화하는지 그리고 그 특성 변화에 반응해 세포막 안팎의 이온 농도가 각각 어떻게 달라지는지 알아내고자 했던 이들은 전극 한 개를 세포 안쪽에 붙이고 다른 한 전극을 세포 바깥에 붙일 수 있는 방법을 알아냈고, 결국 세포 안과 밖의 전위차를 최초로 측정해냈다. 이 전위차는 매우 컸다. 세포가 활발하게 발화하고 있지 않을 때, 즉 세포가 쉬고 있을 때 세포 외부의 전위는 세포 내부의 전위보다 70밀리볼트나 높았다.

우리가 현재 세포의 막 전위membrane potential라고 부르는 것이 바로 이 전위차, 즉 세포막 내부에 있는 하전 입자들의 전위와 세포막 외부에 있는 하전 입자들의 전위차다. 앞에서 언급했듯이, 이온은 양전하 또는 음전하를 띤 원자다. 즉 이온은 항상 어떤 형태로든 전하를 띠고 있다. 예를 들어 나트륨이온과 칼륨이온의 전하는 +1이며, 염소의 전하는 -1이다. 칼슘의 전하는 +2다. 뉴런의 외부의 세포외액에는 이렇게 다양한 전하를 띤 이온들이 존재하는 반면, 뉴런 안의 공간은 제한적이다. 따라서 뉴런 내부에는 뉴런 외부에 비해 상대적으로 적은 수의 이온이 존재하며, 뉴런 내부의 이온들이 띠는 전하들의 총합은 뉴런 외부의 이온들이 띠는 전하들의 총합보다 적다. 뉴런 밖의 전위가 뉴런 안의 전위보다 70밀리볼트 높은 이유가 여기에 있다. 호지킨과 헉슬리는 뉴런들이 이 70밀리볼트의 전위차를 선호하며, 이 "휴지전위resting potential"를 유지하면서 에너지를 절약하고 있다는 것을 발견한 것이었다. 하지만 호지킨과 헉슬리는 활동전위가 발생하면 이 수치가 급격하게 변한다는 것도 발견했다. 이들은 활동전위가 발생하면 세포 내부와 외부의 전하 차이는 빠르게 줄어들기 시작해 0이 되고, 순간적으로 세포 내부의 전위가 세포 외부의 전위보다 순간적으로 높아지다가 이 모든 소동이 끝나면 다시 전위차가 70밀리볼트가 되는 것을 관찰한 것이었다.

호지킨과 헉슬리는 이런 소동이 진행되는 동안 다양한 이온들이 다양한 일을 한다는 것도 알아냈다. 이들의 관찰결과에 따르면 휴지전위가 유지되는 동안에는 세포 내부에 칼륨이온이 많이 존재했지만, 활동전위가 발생하는 순간 순식간에 세포 내부로 나트륨이온들이 몰려들어오면서 칼륨이온들을 대거 세포 밖으로 밀어냈고, 그러다 이 소동이 끝나자 다시 칼륨이온들이 세포 안으로 밀려들어오면서 휴지전위가 회복됐다. 이 현상은 인접한 신경들에서 계속 순차적으로 일어났다. 신경임펄스는 이렇게 파도처럼 다른 신경세포들로 전달됐다. 호지킨과 헉슬리는 이 관찰결과에 기초해 활동전위는 이온들의 농도 변화에 의해 발생한다는 것, 즉 축삭을 통한 전기신호의 전달은 나트륨이온과 칼륨이온의 절묘한 농도 변화에 의한 것을 증명한 것이었다.[8]

링거 용액의 비밀이 바로 여기에 있다. 이온들을 정밀하게 섞어 만든 이 용액이 생체 기관의 활동을 유지시킬 수 있는 이유는 이 용액이 신경임펄스가 신경을 타고 전달될 수 있게 만든다는 사실에 있다. 이온이 없다면 신경신호의 전달이 불가능해지기 때문에 우리는 호흡을 할 수도, 음식을 삼킬 수도 없으며, 우리의 심장도 뛰지 않을 것이다.

1952년, 수년간의 연구 끝에 호지킨과 헉슬리는 전하를 띤 나트륨이온과 칼륨이온이 세포막을 통과하면서 활동전위를 만들어내는 과정을 설명하는 논문을 발표했다. 이들은 활동전위의 메커니즘을 최초로 밝혀내 노벨상을 받았지만, 호지킨이 정작 중요하게 생각했던 사실은 전기가 생체현상의 부수적인 요소가 아니라 생체현상을 일으키는 원인이라는 구체적인 증거를 자신이 발견했다는 것이었다. 실제로 1963년 노벨상 수상 강연에서 호지킨은 "활동전위는 단순히 신경임펄스를 나타내는 전기신호가 아니라 신경임펄스를 확산시키는 원인"이라고 말했다.[9]

이들의 발견은 이온이 전달하는 정보에 대한 체계적인 연구를 새로운 차원에서 시작하게 만들 수 있는 중요한 발견이었다(당시 언론 보도에 따르면 당시 이들의 연구로 인해 일시적으로 연구소 주변의 바다에서 오징어가 부족해지는 현상이 발생하기도 했다). 하지만 이 연구에 대한 학계와 대중의 관심은 그리 오래 가지 못했고, 동물전기는 다시 한 번 주목을 받을 수 있는 기회를 놓치게 됐다. 호지킨과 헉슬리가 신경임펄스의 메커니즘을 밝혀낸 직후 젊은 과학자 두 명이 이 발견보다 훨씬 더 중요한 발견을 해 학계와 대중의 관심을 사로잡았기 때문이다. 제임스 왓슨James Watson과 프랜시스 크릭Francis Crick이 로절린드 프랭클린Rosalind Franklin과 함께 DNA 이중나선double helix 구조를 발견한 것이었다. 왓슨은 "세상에는 분자만이 존재한다. 나머지 모든 것은 사회학이다."라고 선언했고[10], 생체전기의 중요성은 갈바니의 사망에 의해 묻혔듯이 생체전기보다 "더 큰" 발견에 의해 다시 한 번 묻히게 됐다.

호지킨과 헉슬리는 세포가 칼륨이온을 세포막 안에 계속 유지시키고 나트륨을 방출하는 메커니즘에 의해 활동전위가 결정된다는 것을 밝혀냈지만 이들의 이 발견은 인체에서 발생하는 활동전위에 대한 연구로 이어지지 못했다. 그 이유는 부분적으로는 DNA의 발견에 있었다. 하지만 이 연구가 더 진척돼 더 큰 의문을 풀어내지 못했던 근본적인 이유는 이온이 세포 안팎을 드나드는 과정을 정밀하게 관찰할 수 있는 장비가 당시에 존재하지 않았다는 사실에 있다.

뒤 부아레몽 이후 많은 과학자들은 세포막이 마치 커튼처럼 열렸다 닫히기를 반복하면서 이온들을 통과시킨다는 생각을 하고 있었다.[11] 하지만 이 이론은 그다지 설득력이 없었고, 호지킨과 헉슬리의 발견 이후에는 결정적인 타격을 입게 됐다. 호지킨은 나트륨과 칼륨이 서로 자리를 바꾸는 것을 관찰하면서 세포막이 커튼처럼 열렸다 닫히는 일을 반복하는 간단한 실체가 아니라는 것을 알게 됐다. 세포막은 무엇을 들여보내고 내보낼지 능동적으로 선택하고 있었기 때문이다. 하지만 호지킨은 그 메커니즘이 어떤 것인지는 알 수가 없었고, 여러 가지 생각을 한 끝에 뉴런에는 특정한 이온을 통과시키는 구멍이 뚫려있을지도 모른다는 생각을 하게 됐다.

어떻게 신경세포는 칼륨은 그대로 두고 나트륨만 방출하는 메커니즘을 가지게 됐을까? 칼륨원자의 크기는 나트륨원자에 비해 16% 정도 작다. 따라서 호지킨은 신경세포가 일시적으로 모든 칼륨원자를 세포 밖으로 방출하면서 나트륨을 세포 안으로 들여보내는 현상은 더더욱 이해할 수 없었다.

호지킨과 헉슬리는 몇 년에 걸친 실험을 통해 체에서처럼 세포막에 미세한 구멍이 뚫려있으며, 이 구멍 중 어떤 구멍은 나트륨만을 통과시키고, 어떤 구멍은 칼륨만을 통과시킨다는 가설을 발표했다. 그 후 연구자들은 후속 연구를 통해 이 메커니즘에 대한 다양한 이론과 가설을 제시했고, 결국 이 구멍에는 "이온채널ion channel"이라는 이름이 붙게 됐다.

이온채널의 비밀이 밝혀지다

이온채널이란 정확히 무엇일까? 이 구멍들이 세포막을 관통하는 단백질일 것이라는 추측은 1960년대부터 제기되고 있었지만, 결정적으로 이 구멍들에 대한 본격적인 연구가 이뤄진 것은 1970년대 초반 서독 괴팅겐 소재 막스플랑크 생물물리화학연구소의 물리학자 에르빈 네어Erwin Neher와 베르트 자크만Bert Sakmann에 의해서였다. 이들은 이 미세한 구멍들이 실제로 존재한다면 이온들이 세포막을 통과할 때 발생하는 미세한 전류를 탐지할 수 있어야 한다고 생각했다. 하지만 이 정도 수준의 전류는 토스터에 사용되는 전류의 약 1억 분의 1밖에 되지 않을 정도로 약하기 때문에 탐지를 위해서는 매우 민감한 장비가 필요했다.

연구 끝에 이들은 이 구멍을 한 개 또는 몇 개 정도 포함하는 뉴런을 분리할 수 있는 장치를 개발했다. 이온이나 이런 구멍은 너무 크기가 작아 당시의 장비로는 관찰이 불가능했지만, 이들은 이 장치를 이용해 살아있는 세포의 세포막에 있는 구멍 한 개에서 발생하는 전류를 측정해냄으로써 실제로 세포막에 구멍이 존재한다는 것을 밝혀냈다.

이들은 여기서 더 나아가 구멍이 작동하는 메커니즘도 밝혀냈다. 이들은 이 전류 펄스의 모양을 관찰한 결과, 이 구멍들이 오직 두 가지 상태, 즉 완전히 열려 있는 상태와 완전히 닫혀 있는 상태로만 존재하며, 부분적으로 열리거나 닫힌 상태로는 존재하지 않는다는 것을 밝혀낸 것이었다.[12] 또한 이들은 열려있는 구멍 하나로 칼륨이온

과 나트륨이온이 세포막을 통과하는 속도는 밀리초 당 1만~10만
개 정도로 엄청나게 빠르다는 것도 알아냈다.

그로부터 몇 년 후인 1978년, 캘리포니아공과대학의 윌리엄 애
그뉴William Agnew 교수 연구팀은 마침내 나트륨 채널이 체에 뚫려있
는 것 같은 구멍이 아니라 단백질이라는 사실을 증명했다.[13] 결과적
으로 이 연구결과는 분자생물학을 생체전기에 대한 관심을 차단하
는 적에서 생체전기 연구의 가장 좋은 친구로 만든 셈이었다. 왓슨
과 크릭의 DNA 발견으로 과학자들이 모든 단백질의 유전암호를 해
독할 수 있게 됐고, 단백질을 분리해 염기서열을 분석함으로써 세포
복제가 가능해졌기 때문이다. 이런 추세 전환은 이온채널을 본격적
으로 조작할 수 있다는 것을 의미했다. 이온채널이 닫힌 세포 또는
열린 세포만을 만들어 유기체에 어떤 영향을 미치는지 연구할 수 있
는 시대가 열린 것이었다.

그러던 1986년, 노다 마사하루Masaharu Noda라는 연구자가 "전압
개폐 나트륨 채널voltage-gated Sodium channel"을 최초로 복제하는 데
성공했다(전압 개폐 채널이란 채널 근처의 막 전위의 변화에 의해 활성화되는
채널을 말한다).[14] 그 후 과학자들은 단백질을 합성해 다양한 종류와
다양한 수의 이온채널을 가진 세포들을 만들어내기 시작했다.[15] 과
학자들은 특정한 종류의 채널들만 포함된 세포를 만들어내기도 했
으며, 결국 나트륨채널, 칼슘채널, 염소채널, 칼륨채널 같은 다양한
이온채널을 모두 만들어내는 데 성공했다. 세포막이 어떤 이온을 언
제 어떻게 통과시키는지 결정하는 단백질이라는 사실이 증명되면서
세포막이 투명한 커튼이라는 생각은 완전히 사라졌다.

그렇다면 이 단백질들은 어떻게 이렇게 복잡한 결정을 내릴 수 있는 것일까? 이 의문은 네어와 자크만이 노벨상을 수상한 해인 1991년에 생물물리학자 로더릭 매키넌Roderick MacKinnon에 의해 풀렸다.

매키넌이 발견한 엄청나게 복잡한 시스템을 설명하기 위한 비유는 비유 자체도 매우 복잡하고 다양하다. 하지만 나는 이온채널을 아이들이 가지고 노는 장난감에 비유하고 싶다. 둥근 모양, 삼각형 모양, 사각형 모양, 별 모양 등으로 만들어진 나무를 모양에 맞는 구멍에 집어넣는 장난감 말이다. 예를 들어, 이 장난감 상자에 뚫려있는 구멍 중 어떤 것은 그 구멍의 모양과 일치하지 않는 모양의 나무보다 실제로 크지만 그 구멍의 모양과 맞지 않는 나무가 그 구멍을 통과할 수는 없다. 나무와 구멍의 실제 크기와 상관없이 그 둘의 차원이 맞지 않기 때문이다.

매키넌이 세포막의 실체를 완벽하게 밝혀냄에 따라 과학자들은 생체전기 메커니즘을 이해할 수 있게 됐고, 세포막의 단백질이 어떻게 이온과 상호작용해 활동전위를 생성하는지 그리고 활동전위가 사라진 후 모든 것이 어떻게 원점으로 돌아가는지 이해할 수 있게 됐다. 이온채널에 대한 이해가 가능해짐에 따라 활동전위에 대한 완전한 이해가 가능해진 것이었다.

활동전위의 메커니즘은 나이트클럽이 운영되는 메커니즘과 놀라울 정도로 비슷하다.

나이트클럽에서 일어나는 일

지금부터 나는 세포의 안과 밖, 즉 전압이 생성되는 위치에만 초점을 맞출 것이다. 어쨌든 이 책은 생체전기에 관한 것이기 때문에 나머지 복잡한 상황들은 무시하고 설명을 하는 것을 이해해주기 바란다.

세포는 정교하게 관리되는 나이트클럽이라고 할 수 있다. 이 비유에서 이온은 고객, 이온채널은 나이트클럽 출입문을 지키는 기도 역할을 한다. 활동전위는 이 고객들과 기도들에 의해 세 단계로 조율된다(이 비유는 프랜시스 애시크로프트Frances Ashcroft의 책 《생명의 스파크 The Spark of Life》에서 빌려온 것이다).

1단계: 휴지전위 단계

활동전위가 통과하지 않는 상태의 신경세포는 "휴지전위"를 유지한다. 호지킨과 헉슬리가 발견한 70밀리볼트의 전위차가 바로 이 휴지전위다. 이 상태에서 세포의 내부는 외부에 비해 더 많은 음전하를 띤다.

이때의 클럽 내부는 양전하를 띤 칼륨이온으로 대부분 구성된다. 칼륨이온들이 좁은 세포 내부 공간에 빽빽하게 들어차 있는 이 상황에서 세포 내 칼륨이온의 농도는 세포 외부의 칼륨이온 농도보다 50배 정도 높다. 클럽 밖에는 클럽에 들어오려고 기다리는 고객들이 길게 줄을 서있다. 이 고객들 대부분은 세포 내부에 있는 칼륨이온들처럼 양전하를 띤 나트륨이온들이다. 하지만 안타깝게도 클럽의 문은 대부분 굳게 닫혀있다. 칼륨이온을 확실하게 선호하는 클럽 관리자들은 나트륨이온이 절대 들어올 수 없다는 입장을 고수하고 있다. 하지만 나트륨이온들은 그럴수록 더 클럽 안으로 들어가고 싶어 한다. 이 상황에서 몰래 클럽 안으로 들어간 나트륨이온들은 기도 역할을 하는 이온펌프ion pump에 의해 바로 클럽 밖으로 쫓겨나고, 나트륨이온이 있던 자리는 클럽 외부에 있던 칼륨이온 3개로 채워진다.

칼륨이온의 행동은 사람들의 행동과 비슷하다. 이 이온들은 클럽 안에서 놀다 지치면 클럽을 떠나기도 하는데, 이 칼륨이온이 떠난 자리에는 음전하가 남게 된다. 칼륨이온은 언제든지 클럽을 나갈 수 있다.

세포막의 휴지전위가 항상 -70밀리볼트로 유지되는 현상은 클럽 기도들의 감시, 나트륨이온들의 클럽 입장 욕구, 칼륨이온들의 거만함 그리고 다른 변수들이 상호작용한 결과라고 할 수 있다. (세포 내부의 전위가 외부보다 낮은 것은 클럽 밖의 나트륨이온들과 클럽 안의 칼륨이온들은 모두 양전하를 띠지만 클럽 밖에 있는 나트륨이온의 수가 클럽 안에 있는 칼륨이온의 수보다 훨씬 많기 때문이다.)

세포생물학자 로버트 캠피놋Robert Campenot은 활동전위가 발생하기 전의 세포는 일촉즉발의 상태에 있다고 표현하기도 했는데, 나는 이 표현이 매우 적절하다고 본다. 실제로 세포가 조금이라도 평형상태에서 벗어나면 모든 것이 혼란에 빠지게 되기 때문이다.

하지만 여기서 고려해야 할 사실이 하나 더 있다. 기도들이 지키는 출입문이 클럽으로 들어갈 수 있는 유일한 통로가 아니며, 전압 개폐 나트륨 채널이라는 비상문이 존재한다는 사실이다. 이 비상문은 휴지전위에 변화가 감지되면 폭발적으로 열리는 문이다. 이 현상은 클럽 외부의 전하가 특정한 수준에 도달하는 순간 그때까지 쌓였던 에너지가 방출되는 현상이다.[16] 즉, 이 현상은 클럽 밖에 있던 나트륨이온들이 소란을 일으키면서 클럽 안으로 대거 진입하기 시작하면서 대혼란이 벌어지는 현상이라고 할 수 있다.

2단계: 활동전위 발생 단계

세포막의 전위는 세포의 크기를 생각할 때 엄청나게 크다고 할 수 있다. 두께가 10나노미터에 불과한 세포막 안팎의 전위차가 70밀리볼트나 되기 때문이다. 만약 우리 몸 전체에서 이 정도의 전위차가 동시에 발생한다면 우리는 1000만 볼트 정도의 엄청난 전류를 느끼게 될 것이다. 우리는 1만 볼트 정도의 전기충격만 받아도 살아남기 힘들다.

이온채널을 지키는 기도들이 느끼는 활동전위는 이보다 훨씬 강력하며, 그 결과로 비상문이 활짝 열리게 된다. 이 혼란을 틈 타 나트륨이온들은 클럽 안으로 몰려든다. 막 전위의 변화가 클수록 더 많은 나트륨 채널이 열리며, 이렇게 더 많은 채널이 열릴수록 더 많은 나트륨이온이 클럽 안으로 밀려들고, 더 많은 나트륨이온이 채널들로 밀려들수록 세포막 안팎의 전위차가 더 커져 다시 더 많은 나트륨이온이 밀려드는 과정이 빠르게 반복돼 순식간에 나트륨이온들이 클럽을 접수하는 상황이 벌어진다.

3단계: 재분극 단계

이렇게 수백만 개의 나트륨이온이 클럽 안으로 몰려들면서 순식간에 세포 내부의 전위는 외부 전위보다 100밀리볼트 정도 높아지며, 그로부터 1밀리초도 안 되는 짧은 시간 안에 칼륨채널들이 열려 칼륨이온들이 클럽 밖으로 대거 이동하기 시작한다.

이때 클럽 안에서는 칼륨이온들의 이런 대탈출로 인해 세포막 전위가 휴지전위 수준으로 회복되기 시작한다. 이와 동시에 클럽 관리자들은 클럽을 빠져나가는 칼륨이온들을 말리기 위해 필사적인 노력을 하기 시작한다. 클럽 관리자들은 클럽 문을 다시 닫으라고 기도들에게 지시하고, 기도들은 문을 닫기 위해 진땀을 흘리기 시작한다. 대부분의 칼륨이온은 스스로 클럽 밖으로 나간다.[17] 클럽을 떠난 칼륨이온들을 설득해 클럽으로 다시 들어오게 만들기 위해서는 어느 정도의 시간이 필요하지만, 결국 클럽 관리자들은 떠났던 칼륨이온들을 다시 클럽 안으로 끌어들이는 데 성공한다. 하지만 이런 혼란은 언제든 다시 발생할 수 있다.

이온채널은 전위 변화에 의해 열리고 닫힌다.[18] 나트륨채널과 칼륨채널은 전위 변화에 반응함으로써 활동전위를 만들어내고, 활동전위 신호가 한 뉴런의 끝에서 다른 뉴런으로 전달되게 만든다. 화학물질인 신경전달물질의 행동도 본질적으로 이와 동일한 메커니즘을 통해 조절된다. 축삭의 맨 끝, 즉 활동전위가 종료되는 부분에는 다른 종류의 기도들이 존재한다. 전압 개폐 칼슘 채널들이다. 활동전위가 발생하면 이 채널이 열리면서 세포 밖의 염수에 있던 칼슘이온들이 축삭 맨 끝 부분으로 밀려들어가고, 그 결과로 (세로토닌, 도파

민, 옥시토신 같은) 신경전달물질이 축삭의 맨 끝 부분에서 분비돼 인접한 뉴런의 수상돌기 안으로 들어가면서 인접한 이 뉴런에서 활동전위가 다시 생성된다. 이 모든 전기적·화학적 과정은 결국 세포막의 전위, 즉 전기적 상태에 의해 조절된다.

우리의 모든 감각, 움직임, 감정 그리고 심장박동은 이런 신경임펄스 메커니즘에 의존하며, 신경임펄스를 일으키는 원동력은 전기다. 우리 몸에서 이런 메커니즘을 가능하게 하는 전기는 전기뱀장어에서처럼 별도의 기관에서 만들어지는 것이 아니라 세포 안에서 일어나는 메커니즘, 즉 단백질과 이온의 절묘한 상호작용에 의해 만들어진다.

이런 복잡한 현상을 일으키는 기본 메커니즘은 놀라울 정도로 간단하다. 이 메커니즘은 세포막 안이나 밖 어느 한쪽에 전하를 띤 이온들이 상대적으로 많아지면 전기장 내에서 단위 전하가 갖는 위치에너지인 전위가 발생하고, 세포막 전위가 변화하면 에너지가 방출되는 간단한 메커니즘이다. 이 메커니즘은 양극 간의 전위차에 기초해 작동하는 배터리의 메커니즘과 동일하다. 신경과 근육세포는 결국 충전 가능한 미세한 배터리라고 할 수 있다.

40조 개의 배터리

이후 분자생물학의 도구들을 이용해 이온채널을 제대로 연구할수 있게 되면서 놀라운 발견이 또 한 번 이뤄졌다. 신경세포가 아닌 세포에도 (특정 이온을 통과시키거나 그렇지 않는) 이온채널이 존재한다는 발견이었다. 이 놀라운 발견으로 과학자들은 몸 안에 있는 모든 세포에서 이온채널이 어떤 역할을 하는지, 어떤 전기적인 현상을 일으키는지에 대해 의문을 갖기 시작했다.

그러던 1984년, 이온채널을 연구하던 생리학자 프랜시스 애시크로프트는 인슐린을 분비하는 베타세포들의 활동을 정확하게 동기화하라는 전기적 명령을 내리기 위해 췌장이 특정한 칼륨이온채널을 이용한다는 사실을 발견했다. (이 전기적 명령의 전달속도는 칼륨이온의 이동 속도보다 10배 빠르다. 따라서 수많은 베타세포들이 동시에 활성을 가지게 만들 수 있는 유일한 방법은 전기적 명령을 이용하는 것이다.) 인슐린 분비가 적절하게 이뤄지기 위해서는 이 칼륨이온채널이 완벽하게 작동해야 한다. 애시크로프트는 2000년대 초반에는 앤드류 해터슬리Andrew Hattersley와 함께 이 칼륨이온채널이 항상 열려있는 돌연변이 세포가 다양한 종류의 당뇨병을 일으킨다는 것을 발견하기도 했다.

이와 비슷한 연구결과들은 그 후로 계속 발표됐고, 의학계에 즉각적인 영향을 미쳤다. 이온채널 물리학은 생체의학의 핵심적인 부분으로 부상했다. 또한 이 연구결과들 덕분에 현재의 과학자들은 근육과 신경세포 내 이온채널이 인체의 가장 기본적인 작동에 관여하는 방식을 연구하는 데 필요한 지식과 도구를 가질 수 있게 됐다. 더 중요한 사실은 이온채널이 작동하지 않을 때 어떤 일이 벌어지는지를 과학자들이 알아냈다는 것이며, 가장 중요한 사실은 과학자들이 전기를 더 정밀하게 조작할 수 있는 새로운 도구를 마침내 가지게 됐다는 것이다. 이 새로운 도구는 배터리 다음으로 향후 생체전기 연구자들에게 가장 중요한 도구가 될 것이 확실하다.

전기를 조작할 수 있는 약물에 대한 최초의 아이디어는 신경독neurotoxin에서 나왔다. 1960년대에 이뤄진 신경독 연구에 따르면 자연에서 발견되는 다양한 신경독 대부분은 나트륨과 칼륨 평형상태를 교란시키는 방식으로 세포들 사이의 정교한 통신 메커니즘을 혼란에 빠뜨린다. 즉, 신경독은 링거액과는 반대의 효과를 낸다는 사실이 밝혀진 것이었다.[19] (자격증을 가진 사람이 요리한 복어가 아닌) 복어를 함부로 먹어서는 안 되는 이유는 복어의 특정 부위에 테트로도톡신tetrodotoxin이라는 신경독이 들어있다는 데 있다. 테트로도톡신은 아주 적은 양이라도 인체에 들어가면 폐를 포함한 모든 신체기관의 근육을 즉각적으로 마비시켜 질식사를 일으킬 수 있다. 이는 나트륨 이온이 세포 안으로 유입되는 것을 테트로도톡신이 방해하기 때문에 발생하는 결과로 밝혀졌는데, 이 작동 메커니즘의 규명은 네러와 자크만의 이온채널 연구에 기초한 것이다.[20] 테트로도톡신이 이온채널에 끼어들어 문을 막으면 나트륨이 세포 안으로 유입되지 않게 되고, 칼륨도 세포 밖으로 나올 없기 때문에 활동전위 발생으로 이어지는 모든 과정이 멈추게 된다. 신경독 중에는 세포의 모든 문을 여는 효과를 내는 것도 있는데, 이렇게 되도 궁극적으로 같은 결과, 즉 세포가 다른 신경이나 근육에 신호를 전달할 수 없게 되는 결과가 발생한다. 이온채널이 정상적으로 기능하지 않는 세포는 살아남을 수 없다.

연구자들은 이온채널에 대한 이해를 기초로 신경독의 작용 메커니즘을 밝혀낸 뒤 이온채널을 닫거나 여는 방법으로 맞춤형 신경독을 만들 수 있을 것이라는 생각을 하게 됐다. (예를 들어, 애시크로프트와 해터슬리는 기존의 약물은 잘못된 이온채널을 닫는 방법으로 특정한 종류의 당뇨병을 치료할 수 있다는 것을 알아냈다.) 이온채널 약물의 시대가 시작된 것이었다.

현재 이온채널 약물은 현대의학의 기반을 이루고 있다. 독이 있는 뱀에 물렸을 때 이온채널 약물은 신경과 근육 사이의 소통을 인위적으로 증가시켜 치료를 가능하게 하며, 심장 부정맥 치료제의 기반이 되기도 한다. 현재 연구자들은 이온채널에 돌연변이가 일어나 발생한다고 추정되는 운동장애, 뇌전증, 편두통 및 일부 희귀 유전 질환의 치료에도 이온채널 약물을 사용할 수 있는 방법을 모색하고 있다.[21] 또한, 생물학 전반에 걸쳐 이온채널 물리학은 질병과 장애의 치료 및 개념화에 혁명을 일으켰다. 한 심장 전기생리학자는 "칼슘채널에 대해 제대로 이해하지 못한다면 심장의 활동전위에 대해서도 이해하기 힘들 것"이라고 말하기도 했다.[22]

이렇게 이온채널은 약물의 중요한 표적임에도 불구하고 이온채널에 대한 우리의 이해는 아직 불완전하며, 과학자들은 지금도 이온채널의 예상치 못한 변형을 계속 발견하고 있다. 이 변형 중 하나가 "간극연접gap junction"이다. 심장에서 처음 발견돼 현재는 우리 몸에 있는 1조 개의 세포 모두에 있는 것으로 추정되는 간극연접은 인접한 두 세포 사이에 뚫려있는 특별한 이온채널로, 인접한 두 호텔방을 연결하는 비밀통로 같은 역할을 한다. 심장세포에서 간극연접은 함께 작동해야 하는 세포들의 활동을 동기화하는 역할을 하지만, 심장세포의 세포막 외에도 피부세포, 뼈세포, 혈액세포 등 모든 세포의 세포막에도 존재한다. 이 모든 세포는 이 간극연접이라는 전기적 시냅스를 이용해 서로 소통하고 있다. 하지만 이런 소통의 목적은 무엇일까?

이런 새로운 이온채널은 단지 놀라운 존재에 그치지 않는다. 최근에는 정상세포가 암세포로 변하면서 전류를 방출한다는 연구결과도 발표됐다.[23] 더 넓은 차원에서 본다면, 현재 우리는 신경계가 느낌과 움직임에만 영향을 미치는 것이 아니라 장기의 기능과 면역체계도 조절한다는 사실을 알게 되면서 우리가 21세기 초반에는 제대로 인식하지 못했던 신경계의 다양한 특징들을 새로운 시각으로 조명하고 있다고 할 수 있다.

최근까지만 해도 생명체의 이런 전기적 특징들에 대한 연구는 좁은 범위의 하위 분야로 분리돼 있었다. 생체전기에 대한 연구가 신경과학과 전기생리학이라는 분야에 이렇게 한정돼 있었던 것은 과학자들이 생체전기가 신경에만 관련된다는 생각을 했기 때문이다.

일렉트롬의 놀라운 특징 중 하나는 동물전기가 동물에만 국한되지 않는다는 사실에 있다. 이온채널은 동물계, 식물계, 균계, 원생동물계 등 모든 계에 공통적으로 존재한다.

모든 생물계에 존재하는 전기

우리는 모든 생물계에 전기가 존재한다는 것을 생체전기에 대한 합리적인 설명을 할 수 있게 되기 전에도 어느 정도 알고 있었다. 예를 들어, 생리학자 엘머 런드Elmer Lund는 1947년에 해조류에서 전기장이 발생하는 것을 발견했다.[24] 생명체에서 전기장을 발견한 것은 그뿐만이 아니었다. 전기장은 파리지옥, 개구리, 인간의 피부, 박테리아, 닭의 배아, 물고기의 알, 귀리 묘목 등 수없이 많은 생명체에서 관찰됐다.

다양한 분야의 연구결과에 따르면 식물, 박테리아, 곰팡이는 인간이 사용하는 전기신호와 놀라울 정도로 비슷한 전기신호를 사용하며, 인간이 사용하는 방식과 이상할 정도로 유사한 목적으로 전기신호를 사용한다. 예를 들어, 박테리아는 전기 칼슘 파calcium wave를 이용해 생물막biofilm 형태의 정교한 군집을 만들어낸다(이런 전기 조절 신호를 교란시키는 방법에 대한 연구는 항생제 저항성을 가진 박테리아와의 싸움에서 매우 유용하다).[25] 곰팡이는 어떤 대상이 먹이원인지 아닌지 알아내기 위해 긴 덩굴손tendril에 전기신호를 흘리는 방식을 주로 사용한다.[26] 식물은 포식자에 대한 화학 방어력을 활성화하는 데 전기를 사용한다. 이와 비슷한 예는 수도 없이 많다.

지난 20년 동안 우리는 박테리아, 곰팡이, 원생동물의 전기신호가 우리 신경계의 신호와 매우 비슷하다는 사실을 관찰하면서 그 이유를 알아내기 위해 노력했다. 하지만 최근 들어 연구자들은 이 의문이 거꾸로 된 질문이라는 생각을 하기 시작했다. 현재 많은 연구자들은 제대로 된 질문은 그들이 왜 우리와 비슷한지가 아니라 우리가 왜 그들과 비슷한지, 그 유사성이 인간의 생체전기 연구에 어떤 의미를 지니는지 묻는 질문이어야 한다는 생각을 하고 있다.

뇌가 있든 없든 모든 동물은 서로 비슷한 이온들을 이용해 세포막 전위차를 생성하며, 모든 세포 간 통신은 그 전위차에 의해 이뤄진다. 동물은 이 전위차를 이용해 신경계가 명령과 조절 기능을 수행하게 만들고, 다른 계에 속한 생명체들, 즉 신경계가 없는 생명체들도 이 전위차를 이용해 신호를 전달하고 세포 간 소통을 한다. 플로리다대학 UF 스크립스 생물의학연구소의 전기생리학자 스콧 핸슨 Scott Hanson은 "모든 신호전달은 전위차 변화에 의해 이뤄진다고 본다."라고 말하기도 했다.

최근에는 우리 몸에는 적어도 두 개 이상의 전기 통신 네트워크가 작동하고 있다는 가설이 제기되면서 신경계와는 별도로 작동하는 통신시스템이 존재할지도 모른다는 과감한 생각이 주목을 받고 있다.

동물을 움직이게 만드는 힘, 즉 생체전기가 동물의 몸이 이용하는 전기 통신 네트워크에 의해서만 생성되는 것은 아니라는 증거도 계속 제시되고 있다. 실제로 우리 몸의 모든 세포는 이상한 전기적 힘과 전기적 힘의 작용을 통해 연결되고 있다. 피부세포, 뼈세포, 혈액세포, 신경세포 등 모든 생물학적 세포는 페트리 접시에 올려놓고 전기장을 가하면 모두 같은 방향으로 움직인다. 세포가 전기장을 어떻게 감지할 수 있는지는 아직 밝혀지지 않았지만, 눈으로 보기에는 마치 세포가 전기장을 감지할 수 있는 것처럼 보인다. 현재 우리가 아는 것은 전기장이 세포의 생체전기 특성에 영향을 미쳐 세포가 평소에는 하지 않던 일을 하도록 만드는 데 사용될 수 있다는 것이다.

이런 이유로 일부 과학자들은 생체전기를 후성유전학 epigenetics의 한 구성요소로 이해하기 시작했다. 후성유전학이란 환경이 DNA를 실제로 변화시키지 않으면서 유전자의 작동 메커니즘을 변화시키는 방식에 대한 연구를 말한다. 이와 관련해 물리학자 폴 데이비스는 "생물학적 정보 패턴과 흐름을 결정하는 후성유전학적 요소들이 점점 더 많이 발견되고 있다"고 말한다.[27] 데이비스는 아직 제대로 연구되고 있지는 않지만, 세포가 후성유전학적 정보를 관리하는 강력한 방법을 대부분 생체전기가 제공할 것이라는 생각을 하고 있다. 연구자들 중 일부는 생체전기가 후성유전학적 차원을 넘어 더 많은 역할을 한다고 생각하기도 한다. "후성유전"이라는 말은 "유전자를 넘어선다."는 뜻이다. 어쩌면 전기신호의 기능에 대한 연구는 일종의 "메타 후성유전학meta-epigenetics", 즉 후성유전학의 연구결과들을 뛰어넘는 연구가 될지도 모른다. 앞으로 몇 장에 걸쳐 살펴보겠지만, 전기유도는 유전자 발현에서부터 면역시스템 내의 염증 발생에 이르기까지 생명체에서 수없이 많이 일어나는 복잡한 현상들을 조절하는 역할을 한다.

생체전기 암호

우리가 일렉트롬에 대해 정교하게 이해하게 된다면 컴퓨터 하드웨어를 소프트웨어로 제어하듯 쉽게 게놈을 제어할 수 있게 될 수 있을지도 모른다. 실제로 터프츠대학의 마이클 레빈Michael Levin은 생체전기가 유전자를 제어할 수 있으며, 이전에는 너무 복잡해서 정밀한 제어가 불가능하다고 생각했던 생체 시스템을 원하는 대로 제어할 수 있는 방법을 제공할 수 있다는 증거를 발견한 사람 중 한 명이다. 레빈은 생체전기에 대해 더 깊게 이해하게 되면 생체전기 암호를 만들어낼 수 있을 것이라고 생각한다. 생체전기 암호는 유전자가 아니라 이온과 이온채널에 쓰인 암호다. 생체전기 암호는 세포의 성장과 사멸을 제어하는 프로그램을 실행하며, 자궁 안에 있는 태아에서 일어나는 복잡한 생물학적 과정을 제어한다. 생체전기 암호는 분열하는 세포를 잘라내 우리가 평생 동안 동일한 형태를 유지하도록 만든다. 생체전기 암호를 해독하고 조작할 수 있다면 인간의 신체 형태를 정밀하게 재설계해 선천적 결함이나 암으로부터 인간을 구할 수도 있다. (7장과 8장에서 자세히 설명할 것이다.) 우리가 유전자의 모든 특성을 세밀하게 밝혀냈듯이 생명체 조직의 전기적 특성을 세밀하게 밝혀낼 수 있다면, 즉 인간의 "일렉트롬" 지도를 완성할 수 있다면 우리는 인간의 생체전기 암호를 해독할 수 있다.

생명의 기원에 대해 생각할 때 가장 먼저 떠오르는 것은 당연히 유전암호다. 우리는 DNA와 RNA가 처음에 어떻게 진화해 번식 가능한 생명체를 만들어냈을지 의문을 가지지만, 대부분의 사람들은 세포막에 대해서는 별로 관심이 없다.

세포막은 여러 가지 이유로 중요하다. 첫 번째는 실용적인 이유다. 세상의 모든 DNA와 RNA, 생명에 필요한 모든 원소, 뉴클레오티드와 아미노산은 담길 수 있는 용기가 없다면 커다란 수프에서 떠다닐 수밖에 없다. 생명체의 구성 요소로 유용한 일을 하려면 이 모든 것을 하나로 묶어둘 무언가가 필요하다. 이것이 바로 가장 과소평가된 진화적 혁신인 세포막의 실체다.

하지만 세포막이 중요한 더 큰 이유는 따로 있다. 세포막이 생기면 세포 내부와 외부가 분리되기 때문이다. 우리가 알고 있는 모든 세포는 항상 서로 다른 종류의 이온을 포함하고 있기 때문에 막이 분리되는 순간 전위차가 발생하게 된다. 전위차 발생은 물리학적으로 당연한 현상이다. 그 후에는 모든 이온이 세포에 드나들 수 있도록 세포막에 통로를 형성하는 단백질만 있으면 된다.

이온채널은 약 30억 년 전에 처음 생겨난 것으로 추정된다. 식물, 곰팡이, 동물 등 모든 생명체는 진핵생물 조상으로부터 이온채널을 물려받았다. 신호전달은 나트륨채널의 발생과 함께 시작된 것이 아니라, 약 6억 년 전 최초의 신경계가 진화할 무렵에야 시작됐다.[28] 2015년에 신경생물학자 해럴드 제이컨Harold Zakon은 이온채널의 진화 역사에 대한 논문을 통해 현재 우리에게 있는 이온채널들과 동일한 이온채널들이 우리가 알고 있는 인류의 마지막 공통조상에게도 똑같이 존재했을 것이라고 추정했다.[29] 제이컨은 나트륨채널의 구성요소가 최초의 이온채널인 칼륨채널에서도 발견된다는 것도 알아냈다. 실제로 최초의 칼륨채널에는 나중에 나트륨채널, 칼슘채널 등 다른 대부분의 이온채널을 구성하게 되는 요소들이 포함돼 있었던 것으로 추정된다. 이와 관련해 제이컨은 "칼륨이 이온채널을 통과하게 만드는 힘은 매우 오래 전에 생겨나 지금도 거의 그대로 존재하는 힘이다. 이 힘은 박테리아와 인간에 공통적으로 존재한다. 이온채널은 우리 몸의 모든 세포에 존재하며, 지구상의 거의 모든 생명체에는 이온채널 형성을 담당하는 유전자가 존재한다."라고 말했다.

실제로 현재의 박테리아에서는 최초의 이온채널과 유사한 이온채

널이 발견된다. 최초의 이온채널 이후의 모든 이온채널과 이온펌프
는 최초의 이온채널을 가졌던 조상 생명체로부터 물려받은 것이다.

이제 결론을 내려 보자. 모든 생명의 기본은 이온들을 분리하고
통과시키는 세포막에 있다. 신경계는 이 기능을 발명하지 않았으며,
우리는 자연이 어떻게 전위차를 이용하는지 아직 완벽하게 이해하
지 못하고 있다. 거의 모든 종류의 세포가 이 자가 발전 전기를 가
지고 있다. 즉 전위차를 이용하지만, 전위차가 가진 놀라운 기능들
은 과소평가되고 있다. 실제로 생물학 교과서들은 생명체에서 전기
가 얼마나 중요한지, 얼마나 큰 의미를 가지는지 전혀 다루지 않으
며, 세포막을 통과해 이동하는 나트륨, 칼슘, 염소 같은 원소들이 생
명체에 어떤 의미를 가지는지도 구체적으로 설명하지 않는다. 만약
우주에 우리가 알고 있는 세포와 다른 종류의 세포가 존재한다고 해
도, 그 세포 역시 이런 원소들을 가지고 있을 것이다. 제이컨은 "아
마도 우주에 존재하는 모든 세포가 마찬가지일 것"이라고 말했다.

동물혼에 대한 실험이 처음 시작됐을 때 과학자들은 이런 사실을
전혀 모르는 상태에서 나중에 생체전기 암호로 밝혀지는 것들을 관
찰했다. 당시 과학자들은 이온채널이나 이온채널의 패턴에 대해서
전혀 몰랐다. 당시에 동물혼 연구에 이용할 수 있는 도구는 볼타 파
일 같은 것밖에는 없었다. 일렉트롬이 신경과 근육의 전기적 활동의
형태로 처음 발견된 이유가 바로 여기에 있다. 다음 세 장에서 설명
하겠지만, 이 발견이야말로 현재 우리가 전기를 이용해 심장, 뇌, 중
추신경계를 제어할 수 있다는 사실을 알게 된 계기를 제공했다고 할
수 있다.

3부

뇌와 몸의 생체전기

　　　　　20세기에 접어들자 더 좋은 도구들이 등장하면서 생체전기 신호의 패턴이 건강과 질병에 관련이 있을 수 있다는 연구결과가 발표되기 시작했다. 이는 곧 전기자극이 신체를 이해하는 데 사용될 수 있을 뿐만 아니라 잘못된 패턴을 건강한 패턴으로 대체해 몸 상태를 개선하는 데 사용될 수 있다는 생각으로 이어졌다. 전기를 이용해 건강을 회복할 수 있는 방법이 제시되기 시작한 것이다.

"신경계를 가진 생명체에서 전기법칙과 현상이 관찰됐을 때의

놀라움은 무기물이나 무생물체에서 전기법칙과 전기현상이

드러났을 때의 놀라움과는 비교할 수 없을 정도였다."

마이클 패러데이,《전기 연구 실험》

4장

심장에서 발견한 유용한 전기신호 패턴

동물전기를 이해하기 위해 갈바니가 개구리를 해부하거나 알디니가 참수된 죄수들에게 전기충격을 가했을 때 당시 사람들은 별로 거부감을 가지지 않았다. 하지만 개를 좋아하는 영국인들은 개를 대상으로 한 끔찍한 실험을 하는 것에 결국 분노를 터뜨렸다. 실제로, 1909년에는 동물 해부를 반대하는 단체의 한 회원이 영국 하원에서 잔인한 과학실험을 규탄하는 성명을 읽기도 했다.[1]

그해 5월, 이 회원은 왕립학회 과학자들이 일반 대중을 대상으로 연구결과를 시연하는 행사에도 참석했다(당시 한 신문보도에 따르면 이 행사는 과학자들이 일반인들에게 과학의 신비를 처음으로 체험하게 한 행사로 홍보됐다고 한다). 당시 시연된 실험 중에는 "날카로운 못들이 박힌 가죽 끈을 개의 목에 채운" 실험이 있었는데, 이 실험은 의회에서 청문회를 열게 만들 정도로 충격적인 것이었다. 실험을 지켜본 이 회원은 의회에 제출한 청문회 요청서에서 "이 불쌍한 동물은 꼼짝도 하지 못한 채 소금물이 담긴 유리병에 발을 담그고 있었고, 그 상태에서 유리병과 검류계가 연결됐다. 이런 잔인한 실험은 1867년에 제정된 동물학대법에 따라 금지되어야 하는 것이 아닌가?"라고 규탄했다.[2]

하지만 이 동물실험 반대자의 실험 묘사는 어느 정도 왜곡된 것으로 판명됐고, 결국 영국 내무부 장관 허버트 글래드스톤Herbert Gladstone이 나서 당시 상황을 설명하는 일까지 벌어졌다.[3] 글래드스톤은 실험에 사용된 동물이 실험용 동물이 아니라 그 실험을 진행한 과학자가 키우는 지미라는 이름의 잉글리시불독이라고 설명했다. 그는 "날카로운 못들이 박힌 가죽 끈"이라는 묘사에 대해서 그 가죽 끈이 비싼 황동장식이 박힌 목줄이라고도 밝혔다. 또한 그는 개가 발을 담그고 있던 유리병 속 용액도 개에게 해로운 용액이 아니라 그냥 소금물에 불과하다면서 "그 개는 바닷물에서 첨벙거리면서 놀 때처럼 즐겁게 유리병에 발을 담그고 있었다."고 설명하기도 했다. 이 모든 소동에도 불구하고 이 불독은 알디니가 실험대상으로 사용했던 죄수들보다 전기생리학 발전에 더 많은 기여를 한 개가 됐다. 이 불독의 주인이자 생리학자인 오거스터스 윌러Augustus Waller가 이 개를 이용해 세계 최초로 심장의 전기적 활동을 측정하는 데 성공했기 때문이다.[4]

심장의 전기신호 측정이 가능해지자 이전에는 파악하지 못했던 심장의 작동 메커니즘이 상당 부분 밝혀지게 됐고, 얼마 지나지 않아 생체전기신호 측정 능력은 현대의학의 초석이 됐다. 20세기 말에 이르자 과학자들은 월러가 꿈도 꾸지 못했던 도구를 사용해 신체의 다양한 기관에서 방출되는 전기신호를 발견해냈고, 사람의 신체와 정신의 건강과 질병에 대해 더 깊게 이해할 수 있게 됐다.

심전도 측정을 통한 의학의 발전

팔다리를 전류계에 연결하면 심장이 전기신호를 발생시키는 메커니즘을 알아낼 수 있을 것이라는 생각을 월러가 처음 하게 된 것은 1880년대 중반이었다. (월러의 이 혁신적인 연구 이전에 심장박동을 "읽을" 수 있는 유일한 방법은 노출된 장기에 전극을 직접 대는 것밖에는 없었다. 따라서 이 방법은 동물 또는 끔찍한 부상을 입었지만 생명을 유지하고 있는 환자에만 사용할 수 있었다.)

하지만 월러는 심장의 전기신호를 측정하는 일이 눈요깃거리에 불과하다는 생각을 하고 있었다. 당시 월러가 사용하던 장비들은 반응을 나타내는 데 긴 시간이 걸렸고, 결과도 부정확했다.[5] 이 장비들은 심장박동이 있다는 것 외에는 심장박동에 대해 많은 정보를 제공하지 못했다. 실제로 그의 시연을 참관한 사람들은 이 장치를 이용해 심장이 뛰고 있다는 확실한 증거를 서로에게 보여주는 일을 즐기곤 했다. 당시 심장박동을 측정하는 일은 점잖은 사람들이 하기에는 꽤 번거로운 일이었다. 신발과 양말을 벗고 의자에 앉아 캐비닛처럼 생긴 대형 검류계와 연결된 소금물 두 통에 한 손과 한 발을 각각 담가야 했기 때문이다. 월러는 사람들의 긴장을 풀어주기 위해 자신이 키우는 개 지미를 대상으로 먼저 시범을 보이기도 했다.

하지만 당시 월러가 생각하지 못했던 것을 생각해낸 과학자가 한 명 있었다. 네덜란드의 생리학자 빌렘 에인트호벤Willem Einthoven이 었다. 1889년 스위스에서 열린 생리학 학회에서 월러가 직접 심장 박동 측정 기술을 시연하는 것을 보게 된 에인트호벤은 월러가 할 수 없었던 일, 즉 전기신호의 윤곽을 읽을 수 있을 만큼 정밀하게 심 장박동을 측정할 수 있는 장치를 개발하기 시작했다.[6] 그 후 10여 년 동안 과학자들은 꾸준한 기술적 개선을 통해 더 정확하게 심장박 동을 측정할 수 있게 됐고, 1901년 에이트호벤은 "단선검류계string galvanometer"라는 당시 최첨단 전기신호 측정 장치, 즉 신체의 가장 미세한 전기신호까지 측정할 수 있는 장치를 개발해냈다. 간단하게 설명하자면, 이 검류계는 가느다란 실에 매우 밝은 빛을 비춰 흰색 종이에 이 실이 커다란 그림자를 드리우게 만든 장치였다. 이 장치 를 이용하면 심장이 뛸 때마다 그림자가 진동하는 것을 볼 수 있었 다. 후에 에인트호벤은 은을 입힌 석영을 이용한 실을 만들고, 움직 이는 사진판을 추가하고, 기계식 펜 기록기를 추가해 이 장치를 개 선했지만, 기본적인 작동 메커니즘은 동일했다.

월러나 에인트호벤이 이런 전기신호를 읽어낼 수 있었던 유일한 이유는 심장의 전기신호 하나하나는 작지만 이 신호들이 합쳐져 당 시의 단선검류계가 읽어낼 수 있을 정도로 매우 "시끄러운" 신호를 방출한다는 사실에 있었다. 실제로 활동전위를 방출하는 심장근육 하나하나가 방출하는 전기신호는 친구가 옆에서 흥얼거리는 콧노래와 비슷할 정도로 약하지만, 수많은 심장근육들이 동시에 활동전위를 방출할 때의 전기신호는 마치 100명의 합창단원들이 오르간 반주에 맞춰 부르는 헨델의 오라토리오 〈메시아〉의 마지막 네 소절이 울려 퍼질 때처럼 시끄럽다. 이렇게 시끄러운 전기신호를 방출하는 신체 부위는 몇 군데에 불과하다. 이는 우리 몸에 혈액을 공급하는 심장이 수축을 일으키기 위해서는 많은 심장 근육 섬유가 동시에 함께 움직여야 하기 때문에 일어나는 현상이다.

월러가 사용했던 검류계는 반응 시간이 길기 때문에 정확한 결과를 보여주지 못했지만, 에인트호벤이 만든 단선검류계는 건강한 심장과 아픈 심장을 구분할 수 있을 정도로 선명한 해상도의 톱니 파형을 만들어냈다. 에인트호벤은 1893년에 열린 네덜란드 의학 회의에서 이 뾰죽뾰죽한 파형을 "심전도electrocardiogram"라는 이름으로 소개했다. 오늘날 흔히 쓰이는 ECG라는 약자는 이 심전도를 줄여 부르는 말이다.[7]

하지만 에인트호벤이 만든 이 심전도 측정 기계, 즉 단선검류계는 엄청나게 덩치가 컸다. 이 장치는 무게만 해도 290킬로그램이었고, 방 두 개를 채울 만큼 컸으며, 작동을 시키려면 5명의 작업자와 특수 냉각장비가 필요했다.[8] 게다가 이전의 심장박동 측정기는 한쪽 발과 한 쪽 손을 소금물통에 담그면 됐지만, 이 장치는 한쪽 발과 양쪽 손을 담가야 했다. 하지만 그럼에도 불구하고 단선검류계는 충분히 역할을 했다. 20세기 초반의 의사들은 이 엄청난 크기의 장치를 이용해 환자의 심장 상태를 정밀하게 측정할 수 있었기 때문이다. 1908년에 심장 전기생리학자인 토머스 루이스Thomas Lewis가 대학병원에서 환자들에게 처음 사용한 뒤로 임상의들도 이 장치 사용법을 습득하기 시작했다. 이 장치를 이용해 심방세동atrial fibrillation(심방이 불규칙하게 수축하는 증상)을 비롯한 다양한 심장박동 이상 증상을 측정하고 설명할 수 있게 된 루이스는 그 후 임상 심전도 연구라는 새로운 분야의 토대를 구축하게 된다. 심전도 측정을 통해 의학은 이전과는 전혀 다른 방식으로 인체를 들여다볼 수 있게 되었고, 그 후 수십 년 동안 심장의 전기적 활동이 어떻게 신체의 혈액 흐름을 조정하는 능력에 중요한 역할을 하는지 정확히 설명할 수 있게 됐다.

전기로 제어되는 펌프

심장이 혈액을 펌프질하는 일은 특정한 세포들의 집단에 의해 조절된다. 심장의 오른쪽 윗부분에 위치하는 이 세포 집단은 동방결절 sinus node이라는 이름으로 불리며, 이 세포 집단은 그 자체가 완벽한 전도체다. 이 전도체는 심장 내 모든 세포의 활동을 정교하게 조절해 혈액이 심장 내의 특정한 방들로만 들어가고, 특정한 방들에서만 방출되도록 만든다. 혈액은 심방이라고 부르는 심장 상부의 두 방으로 들어가 심장 하부의 두 심실로 흐르고, 한 심실은 약 0.5초 후에 수축을 시작해 혈액을 폐로 보내고 다른 한 심실은 혈액을 몸 전체로 보낸다. 이 과정은 매우 정밀한 조절이 필요한 과정이며, 조절이 잘못되면 상당히 위험한 상황이 발생한다. 이 조절이 잘못되면 심장이 온몸의 혈액 분배를 적절하게 보내지 못해 사망을 초래할 수 있기 때문이다. 그리고 이 모든 과정은 모두 전기에 의존한다.

동발결절, 즉 전도체는 활동전위 방출로 이 모든 과정을 시작하지만, 이 경우의 활동전위는 신경계에서 관찰되는 활동전위와는 다른 종류의 활동전위다. 심장근육에는 골격근을 움직이는 신경 같은 신경이 없기 때문이다. 심장은 근육으로만 구성되며, 이 근육들은 매우 특이한 종류의 근육, 즉 우리가 통제하지 않아도 스스로 움직이는 일종의 자기 결정적 근육이다. 우리는 연습과 집중을 통해 심장 박동을 늦추는 방법을 배울 수 있지만, 눈을 감는 것처럼 심장박동을 멈추게 할 수는 없다. 심장근육도 신경세포처럼 활동전위를 생성한다. 하지만 이 활동전위는 화학적 연접에 의해 생성되는 전위가 아니다.

그렇다면 이 활동전위는 어떻게 세포에서 세포로 전달될까? 전도체의 신호는 모든 심장근육에 어떻게 전달될까? 이런 의문에 대한 답은 심장근육 세포들이 일반적인 시냅스가 아니라 (지난 장에서 언급한) 간극연접, 즉 인접한 두 세포 사이의 초고속 전기 통로를 통해 직접적으로 연결된다는 사실에 있다.[9] 붙어 있는 두 호텔방 사이의 통로와 비슷한 이 간극연접은 보통 열려 있기 때문에 신호가 순식간에 두 방 사이를 통과할 수 있다. 이는 한 세포가 알거나 경험하는 모든 것이 이 연결통로를 통해 바로 옆 세포로 즉시 전해진다는 뜻이다. 이 통신 형태는 신경전달물질과 세포 사이의 간극이 개입되지 않기 때문에 일반적인 화학적 시냅스를 통한 세포 간 통신 형태보다 약 10배 정도 속도가 빠르다.

심장으로 들어오는 혈액이 항상 정확히 0.5초 후에 심장 밖으로 나갈 수 있는 것은 이런 방식으로 심장박동의 리듬이 심장의 위쪽에서 아래쪽으로 전해지기 때문이다.

월러가 포착한 것이 바로 이런 방식으로 동기화되는 심장근육들의 진동이다. 하지만 월러가 처음 사용했던 장비는 너무 원시적이어서 세부사항을 볼 수 없었고, 자세한 측정은 에인트호벤이 단선검류계를 개발하고 나서야 이뤄졌다. 우리가 의학 드라마에서 자주 보는 심장 모니터의 톱니 모양 파형은 이 때 처음 등장한 것이다.

에인트호벤이 개발한 정교한 단선검류계는 정상적인 심장박동의 관찰보다는 비정상적인 심장박동을 관찰할 수 있게 해주었다는 점에서 훨씬 더 큰 의미가 있다. 이 단선검류계의 개발로 건강한 심장과 그렇지 않은 심장의 특징을 시각적으로 구분할 수 있게 됐을 뿐만 아니라 비정상적으로 심장박동이 느려지는 질환을 잡아낼 수 있게 됐기 때문이다. 서맥bradycardia이라고 불리는 이 증상은 혈액이 뇌를 비롯한 몸의 조직에 산소를 충분히 공급하지 못해 나타나며, 서맥 환자는 어지럼증이나 무력감을 느끼거나 실신할 수 있다.

사람들은 이 모든 신호들이 어떻게 이동하고 작동하는지에 대한 완전한 이해가 이뤄지기 훨씬 전부터 전기를 이용해 잘못된 신호를 정상화하려는 노력을 시작했다.

심박조율기의 등장

심박조율기pace maker의 기원은 1878년 프로이센에서 이뤄진 한 수술에서 찾을 수 있다. 당시 카타리나 세라핀Catharina Serafin이라는 여성 환자는 심장 근처에 생겨난 확산되던 악성종양을 제거하는 수술을 받고 있었고, 그 과정에서 얇은 피부로만 덮인 심장을 노출하고 있었다.[10] 이 수술을 진행하던 의사 후고 폰 짐센Hugo von Ziemssen는 뛰고 있는 심장을 기계적인 방법과 전기적인 방법으로 자극할 수 있는 드문 기회를 얻게 됐고, 이 경험을 계기로 심장에 직접 전기자극을 가하는 것이 가능하다는 사실을 깨닫게 됐다. 알디니 같은 과거의 연구자들은 심장을 전기적으로 조작할 수 있는 방법은 신경계를 통하는 방법밖에는 없다고 생각했었다.

세라핀의 심장을 대상으로 실험을 진행하는 과정에서 짐센은 자연적인 심장박동 펄스보다 약간 더 빠르게 진행되는 주기적 펄스를 가진 직류 전류, 즉 볼타 파일에서 나오는 일정한 전류와 동일한 전류를 가하면, 심장이 이 직류 생성기와 보조를 맞추려고 한다는 것을 알게 됐다. 자연적인 전기신호가 시작되는 심장 윗부분에 인공 전기 펄스를 주입하면 잘못된 리듬을 덮어쓰거나 멈춘 리듬을 소생시킬 수 있다는 사실이 처음 밝혀진 것이었다. 하지만 이 방법은 별로 효과가 없었다. 이 방법은 전극을 심장의 노출된 표면에 직접 댔을 때만 효과가 있었으며, 심장이 노출되지 않은 상태에서는 전혀 효과를 내지 못했다. 게다가 이런 전기충격 실험을 위해 가슴을 여는 수술을 받으려고 하는 사람은 아무도 없었기 때문에 결국 이 기술은 상용화되지 못하고 묻혔다.

의학계에서 이 기술이 본격적으로 사용되기까지는 30년이 넘는 시간이 지나야 했다. 결정적인 계기는 미국에서 감전사고로 사람들이 "일시적인 사망 상태"에 빠지는 일이 급격하게 늘어나던 상황과 관련이 있다.[11] 이 일시적인 사망 상태는 100여 년 전 알디니가 실험을 진행했던 대상자들이 빠져 있던 상태와 동일한 상태였다. 당시 미국의 상황은 매우 급박했다. 심장을 다시 뛰게 만들거나 잘못된 심장박동을 교정할 수 있는 방법은 이미 알고 있었기 때문에 남은 문제는 심장박동을 계속 유지시키는 방법을 찾아내는 것이었다. 곧 이를 위한 장치가 개발됐다. 하지만 이 장치는 정말 끔찍한 장치였다.

그것은 무게가 7.2킬로미터나 됐고, 손으로 핸들을 조작해 작동시키는 장치였다.[12] 이 장치가 생성한 전기는 심장에 꽂힌 바늘에 전선을 통해 연결됐다. 다행히 효과가 있었지만 실제로 임상에 적용하기는 쉽지 않았다. 바늘을 꽂을 정확한 위치를 찾는 것이 가장 중요했고, 잘못하면 치명적인 출혈이 발생할 수 있었기 때문이다. 1932년에는 이 장치와 장치의 발명자인 앨버트 하이먼Albert Hyman이 미국 의학협회로부터 거센 비난을 받기도 했다. 심장에 바늘을 꽂아 환자를 소생시키는 일은 "기적의 영역"에 속한다는 비난이었다.[13] 당시의 이런 회의적인 시각은 알디니 같은 연구자들이 과거에 진행했던 실험들이 남긴 부정적인 여파의 일부였다. 또한 미국의 의료업체 중에서 어떤 업체도 이 장치를 상용화하겠고 나서지 않게 됐다.

그럼에도 불구하고 1950년 무렵에는 더 많은 첨단 소재를 사용할 수 있게 된 의사들이 다른 형태의 심장 충격 장치들을 개발해냈다. 물론 이런 장치 모두가 개선된 형태는 아니었다. 사람들은 복잡하게 얽힌 전선들이 달린 이런 장치를 수레에 실어 이동시키면서 사용하기도 했고, 이런 장치의 전원을 벽에 달린 콘센트에서 공급받기도 했다(이 상황에서 정전이 되면 큰 문제가 됐고, 이런 일은 종종 일어나곤 했다.) 결국 이런 장치를 환자의 몸 안에 심기 위한 노력이 시도됐고, 그러기 위해서는 전원 공급 방식의 개선이 절실했다.

심박조율기의 진화

누군가 심장과 가까운 부위에 원자력을 전원으로 사용하는 장치를 심는 방법에 대해 말한다면 부정적인 생각이 먼저 들 것이다. 하지만 현재 이 방법을 연구하는 사람은 139명이나 된다.[14] 실제로 이미 1970년대에 몇몇 업체는 플루토늄으로 구동되는 심박조율기를 만들기 위한 시도를 했었다. 이 장치는 방사성동위원소인 플루토늄이 붕괴하면서 방출하는 열을 전기로 변환해 전원으로 이용하는 장치였는데, 당시 이 업체들은 이 장치가 "환자에게는 방사능을 거의 전달하지 않을 정도로 충분히 차폐돼 있기 때문에" 안심할 수 있다고 주장했다. 몸 안에 심을 수 있는 심박조율기의 배터리 설계는 그 후에도 점점 더 이상한 방향으로 흘렀고, 이런 배터리 중에는 마테우치가 개구리 허벅지살로 만든 배터리와 원리 면에서 다르지 않은 것도 있었다.[16]

그러던 1958년 윌슨 그레이트배치Wilson Greatbatch라는 연구자가 플루토늄보다 덜 불안정하고 오래 지속되는 동력원인 리튬이온 배터리를 사용하는 심박조율기를 발명했다. 현재 사용되고 있는 심박조율기는 이 심박조율기를 모태로 한 것이다.[17] 그레이트배치가 발명한 심박조율기는 수십 년에 걸쳐 개선됐고, 그 결과 몸에 심을 수 있는 작은 크기의 소형 심박조율기가 만들어졌다.

이 심박조율기는 원리가 매우 간단했으며, 본질적으로 하이먼의 심박조율기와 거의 같은 방식으로 작동했다. 다만 다른 점은 심장에 직접 바늘을 꽂을 필요가 없이 몸 안에서 문제를 일으키는 부위에 수술을 통해 전극을 심는다는 것이었다. 이 전극은 전하를 발생시키는 펄스 생성장치에 전선을 통해 연결돼 전기자극을 전달하는 역할을 했다. 이 메커니즘은 벤저민 프랭클린의 번개 실험 메커니즘과 비슷하다. 다만 대기의 번개 대신에 배터리로 구동되는 펄스 생성장치, 즉 심박조율기가 만들어내는 번개를 이용했을 뿐이다. 그 후 시간이 지나면서 초기에는 수레에 실어야 할 정도로 컸던 심박조율기가 지금의 동전 크기로 줄어들었고, 계속해서 작아지고 있다.

심박조율기는 서맥 환자처럼 심장박동이 느린 사람의 심장박동을 빠르게 만들기 위해 가장 많이 사용된다. 그야말로 작은 번개가 미세하고 규칙적인 전기충격을 심장에 가해 심장 자체의 생체전기를 덮어쓰면서 심장을 적절한 속도로 뛰게 만드는 것이다.

이 작은 번개는 동방결절(전기반응 도미노의 시작 부분을 담당하는 전도체)의 근육세포에 닿는 순간 근육세포의 막 전위를 강제로 변화시킨다.[18] 이 과정에서 근육의 극성이 감소함에 따라 전압 개폐 나트륨채널이 열려 활동전위가 방출되며, 활동전위의 방출은 연쇄적으로 심장박동의 나머지 과정들을 일으킨다.

현재 사용되고 있는 심박조율기 중 일부 첨단 모델은 전기자극을 전달하는 수준을 넘어, 몸 안에서 실시간으로 심장박동을 측정해 적절한 시점에 적절한 자극을 주는 기능을 하고 있다. 실시간 피드백에 반응하는 이런 기능을 가진 심박조율기는 폐쇄 루프 장치라는 범주에 속한다.

그레이트배치가 리튬이온 배터리를 이용하는 심박조율기를 발명한 뒤 상황은 급변하기 시작했다. 1960년대에 들어서자 20세기의 가장 큰 기술혁신 결과인 플라스틱, 트랜지스터, 마이크로 칩 등을 이용하는 심박조율기가 개발됐고, 심박조율기는 더 안정적이고 신뢰할 수 있는 장치가 됐다.[19] 심박조율기를 연구하는 공학자들과 과학자들 일부는 메드트로닉Medtronic이라는 의료기기 회사를 설립하기도 했고, 그 뒤로 20년 동안 심박조율기를 이용하는 환자의 수는 6명에서 거의 50만 명으로 빠르게 증가했다.

1960년대 후반, 위스콘신의 한 신경외과 의사는 메드트로닉의 이식형 심박조율기를 원래의 목적이 아닌 목적, 즉 만성통증 환자를 치료할 목적으로 사용하기 시작했다. 이 의사는 심박조율기를 환자의 척추에 심었지만, 그 후 심박조율기는 여러 부위를 거쳐 뇌라는 절묘한 위치에도 심어지게 됐다.

월러의 초기 연구결과도 심박조율기처럼 다양한 분야에서 응용되기 시작했다. 심전도는 의사들이 병원에서 심장질환을 진단하고 뇌의 활동을 최초로 기록할 수 있는 토대를 마련한 데 이어 오늘날에는 수면장애나 신경장애 등의 진단을 위해 다양한 임상분야에서 사용되고 있다. 또한 이렇게 진보된 뇌 진단 기술은 몸이 정보를 디지털화해 특별한 신경암호neural code를 만들어내는 수단이 바로 동물

전기라는 생각을 하게 만들었고, 이 생각은 20세기에 뿌리를 내리고 21세기에는 신경과학의 핵심 개념으로 확립됐다. 현재의 많은 사람들은 월러가 초기에 만들었던 장치의 후신인 이런 첨단 장치들을 이용해 사고 활동의 전기적 메커니즘을 규명하고 의식의 비밀을 풀 수 있는 날이 멀지 않았다고 확신하고 있다.

5장

기억과 감각을
인공적으로 만들어낼 수 있을까?

2016년, 실리콘밸리의 스타트업 기업 커널Kernel이 인공기억 구축 계획을 전격적으로 발표했다. 뇌손상을 입은 사람들의 정보 기억 능력을 회복시킬 수 있을 뿐만 아니라 궁극적으로는 모든 인간을 더 똑똑하게 만들 수 있는 뇌 내 이식형 마이크로 칩을 개발해 인공기억을 구축한다는 계획이었다. 이 아이디어에 1억 달러를 투자한 커널의 설립자 브라이언 존슨Bryan Johnson에 따르면 인공기억의 가능성은 무궁무진하다. 당시 존슨은 이렇게 말했다. "인간의 학습속도를 1000배 높일 수 있을까?[1] 어떤 기억을 남기고 어떤 기억을 지울지 선택할 수 있을까? 인간의 몸과 컴퓨터를 연결할 수 있을까? 뇌의 자연적인 기능을 모방할 수 있고, 신경암호를 완벽하게 다룰 수 있을까? 이 모든 일이 가능해진다면 과연 우리가 할 수 없는 것은 무엇일까?"

　과학기술 잡지를 자주 읽는 사람이라면 커널의 이 계획이 완벽한 계획이라고 생각할 수도 있다. 이 발표 이전 10여 년 동안 뇌 임플란트의 발전 속도는 놀라울 정도로 빨랐고, 존슨의 발표는 매우 유망해 보이는 이 분야의 연구결과에 기초한 것이었기 때문이다. 존슨은 세계 최고 수준의 생체의공학자 중 한 명인 서던 캘리포니아 대학의 시어도어 버거Theodore Berger를 수석 과학고문으로 영입해 이 프로젝트를 이끌게 했다. 버거는 20년 동안 쥐와 영장류의 뉴런을 대상으로 전기신호 연구를 해온 사람이었다. 버거는 뇌의 한 부분이 뇌의 다른 부분으로 보내는 암호를 해독할 수 있는 알고리즘을 만들어 일부 쥐에서 단기기억 형성 능력을 향상시키는 성과를 거두기도 했다.[2] 당시 버거의 연구는 커널의 막대한 현금 투자를 밑바탕에 두고 인간을 대상으로 하는 연구로 확장되려 하고 있었다. 사람들은 영화 〈매트릭스Matrix〉가 현실로 다가오고 있다고 생각했다.

　정말 그랬을까? 오래전부터 일부 과학기술 전문가들은 가까운 미래에 뇌 임플란트로 인간의 뇌 활동을 조절할 수 있게 될 것이라는 확신을 갖고 있었다. 존슨도 이런 사람 중 한 명이며, 실제로 그는 〈미디엄Medium〉(구독자가 6000만 명에 이르는 소셜 저널리즘 플랫폼)에 올린 글에서 "인류의 미래는 신경암호를 읽고 쓰는 방법을 배우는 우리의 능력에 달려 있다."라고 주장하기도 했다.[3] 이들은 왜 이런 생각을 하는 것일까? 과학자들과 기술기업들은 어떤 근거를 기초로 머지않아 우리가 우리의 마음을 PC처럼 원하는 대로 프로그래밍할 수 있게 될 것이라는 생각을 하게 됐을까? 결국 커널의 이 메모리 칩 프로젝트는 뇌의 내부적인 작동방식에 대한 현재의 이해가 불완전하다는 것을 보여주는 사례로 남게 됐지만, 이 문제를 완전히 이해하려면 먼저 사람들이 "신경암호"라고 부르는 것이 무엇인지 확실히 알아야 한다.

심장박동에서 신경암호로

심장의 근육은 자극에 반응하기도 하고 반응하지 않기도 한다. 이 사실은 1870년대부터 과학자들이 명확히 알고 있던 사실이다. 심장박동의 속도는 다양할 수 있지만, 심장박동 자체는 그렇지 않다. 심장은 크게 뛰거나, 작게 뛰거나, 반쯤만 뛰는 경우가 없다. 심장은 뛰거나 뛰지 않거나 둘 중 하나다. 근육수축에 대한 초기 실험에서 관찰됐듯이 모든 근육은 자극을 받으면 경련을 일으키거나 일으키지 않는 두 가지 경우밖에 보이지 않는다. 반쯤 경련이 일어나는 경우는 절대 없다. 뒤 부아레몽이 근육경련에 대해 "전부 아니면 전무all or nothing"라는 표현을 한 이유가 여기에 있다. 심장의 경우도 이런 이분법적인 구분에서 벗어나지 않는다. 심장이 하는 일은 오직 하나, 즉 박동밖에 없기 때문이다.

하지만 신경과 근육은 어떻게 이 동일한 시스템을 이용해 복잡한 정보를 뇌와 주고받을 수 있을까? 신경과 근육이 할 수 있는 일이 발화하거나 발화하지 않는 두 가지뿐이라면 신경과 근육은 어떻게 다양한 정보를 전달할 수 있을까? 신경과 근육이 매우 다양한 정보를 전달하는 것은 확실하다. 예를 들어, 우리는 팔을 가볍게 구부릴 수도 있고, 부분적으로만 구부릴 수도 있고, 완전히 구부릴 수도 있다. 또한 우리는 의자에 앉거나 부드러운 점퍼를 입었을 때 처음에 느껴지던 감각이 시간이 지나면 약해져서 전혀 느껴지지 않는다는 것도 경험에 의해 잘 알고 있다. 이런 행동과 감각은 "전부 또는 전무" 패턴과는 거리가 멀다.

1910년대 초 케임브리지대학의 공학자이자 전기생리학자였던 키스 루커스Keith Lucas는 근육과 신경이 실제로 이 "전부 또는 전무" 패턴을 가지는지 확인하기 위해 개구리 실험을 진행했고, 그 결과 자극의 강도가 특정한 역치threshold를 초과할 때만 근육섬유가 반응한다는 것을 확인했다.

이 실험결과에 따라 모든 근육이 이분법적 규칙에 따라 경련을 일으키거나 일으키지 않는 두 가지 패턴만을 보인다는 것은 확인이 됐다. 하지만 신경도 근육처럼 이분법적으로 행동하는지는 확실하지 않았다. 또한 만약 그렇다면 이 이분법적인 규칙에만 의존해 신경이 어떻게 복잡한 정보를 처리하는지 설명할 수 있어야 했다.

이 설명을 위해서는 두 가지 사실에 대한 의문을 먼저 풀어야 했다. 첫째, 모든 신경과 근육은 하나의 케이블로 각각 존재하는 것이 아니라 묶여있는 다발 형태로 존재한다는 사실이다. 이는 마치 대륙과 대륙 사이 해저를 따라 신호를 전달하는 케이블들의 다발과 비슷하다. 이 해저 케이블의 경우 신호는 하나의 케이블로만 전송되는 것이 아니라 광섬유 케이블 다발들이 촘촘하게 묶여 다양한 두께의 다발을 통해 전송된다. 몸 안에 있는 신경 "케이블"도 이 해저 광섬유 케이블 다발처럼 두께가 매우 다양하다. 예를 들어, 척수처럼 매우 두꺼운 케이블 다발도 있고, 신경 케이블 몇 십 개로만 구성되는 얇은 다발도 있다.⁴ 뇌는 근육이 수축해야 한다는 메시지를 신경을 통해 근육에 보낸다. 따라서 신경이 내는 소리는 항상 수많은 뉴런이 서로 소리치는 시끄러운 소리로 들리게 되고, 신경 연구 초기에는 뉴런 하나하나가 내는 개별적인 소리를 듣는 것이 불가능했다. 당시에는 신경섬유에서 살아있는 신경 하나를 떼어내는 것이 기술적으로 불가능했을 뿐만 아니라 활동전위를 감지할 수 있는 장치도 존재하지 않았기 때문이다.

또한, 여러 개의 뉴런으로 구성된 신경섬유가 내는 매우 큰 소리를 듣는다고 해도 그 소리는 사실 뉴런들이 자연스러운 대화 소리가 아니었다. 갈바니가 측정한 신경 신호나 근육 신호도 뉴런들이 내는 자연스러운 신호가 아니라 전기충격으로 신경을 인위적으로 자극함으로써 "유도된" 신호였다. (비유적으로 말하자면, 이 신호는 신경에 엄청난 크기의 전기충격을 가했을 때 분노한 신경이 지르는 비명 같은 것이었다.) 따라서 이런 전기충격 방법은 신경계가 자연적인 상태에서 어떻게 작동하는지에 대해 많은 것을 알려주기에는 한계가 있는 방법이었다고 할 수 있다.

훌륭한 물리학자들이 대부분 그렇듯이 루커스가 가장 먼저 한 일도 트리니티대학의 연구실에서 지루한 작업을 같이 할 똑똑한 제자를 찾는 것이었다. 루커스의 선택은 당시 생리학 박사과정을 밟고 있던 에드거 에이드리언Edgar Adrian이었다. 에이이드리언의 임무는 신경신호가 어떻게 전달되는지, 그리고 루커스가 근육에서 발견한 것과 같은 "전부 아니면 전무" 원리를 신경도 마찬가지로 따르는지 알아내는 것이었다.

이들은 우선 근육섬유에 있는 신경의 수가 적은 동물을 찾기 시작했다. 그 결과로 이들은 개구리의 근육이 10개의 신경 축삭만으로 신호를 전달받는 것을 발견했고, 개구리의 근육에 전기충격을 가했을 때 근육의 수축 양상이 전기충격의 강도에 따라 달라진다는 것을 알게 됐다. 하지만 신경 각각은 그렇지 않았다. 신경 하나하나는 전기충격의 강도와 관계없이 모두 동일한 반응, 즉 발화하거나 발화하지 않거나 둘 중의 하나의 반응만을 나타냈다. 이들은 자극의 강도를 높일수록 더 많은 신경섬유가 발화해 근육 수축을 더 많이 일으켰지만, 신경 하나하나의 반응은 이분법적인 규칙을 따른다는 것을 발견한 것이었다.

이 실험결과는 신경도 근육처럼 "전부 또는 전무all or nothing" 규칙을 따른다는 것을 보여주는 확실한 증거였다.[5] 하지만 이들의 연구는 제1차 세계대전 때문에 중단될 수밖에 없었다. 연구소를 떠나 왕립 항공연구소에 들어간 루커스는 새로운 나침반과 폭탄 조준기를 개발하는 데 자신의 능력을 사용했고, 그러던 1916년에 비행기 안에서 나침반 테스트를 수행하다 공중 충돌 사고를 당해 사망했다. 스승이 사망한 뒤 케임브리지대학으로 돌아온 에이드리언은 스승의 연구를 이어가야 한다는 생각을 더 굳히게 됐고, 개별적인 신경 임펄스를 측정하기 위한 연구를 계속했다. 당시 에이드리언은 개별적인 신경신호를 직접적으로 측정할 수 있을 정도로 강력한 장치는 없지만, 개별적인 신경신호를 증폭시켜 기존의 장치로 측정할 수 있게 만들 수 있으리라 생각했다.

에이드리언의 친구 중에는 전쟁 기간 동안 무선 라디오 수신기, 레이더의 초기 버전 그리고 오디오 신호를 증폭시킬 수 있는 새로운 장치인 진공관을 연구하던 알렉산더 포브스Alexander Forbes라는 미국인이 있었다. 당시 진공관은 전쟁 수요를 맞추기 위해 대량생산돼 가격이 저렴했고 쉽게 구할 수 있었다. 전쟁이 끝난 후 포브스는 진공관과 에인트호벤의 단선검류계를 결합해 새로운 장치를 만들었다. 이 장치는 신경의 미세한 활동전위를 50배나 증폭시킬 수 있는 장치였고, 그 후 몇 년 동안 이 장치는 신경 활동전위를 7000배까지 증폭시킬 수 있도록 개선됐다.[6] 전기자극에 의해 인위적으로 자극된 신경다발이 내는 신호가 아닌 자연 상태에서 신경다발이 내는 신호를 듣는 것이 가능해진 것이었다. 에이드리언은 이 장치의 설계도를 구해 자신의 연구목적에 맞춘 장치를 제작했고, 개구리를 대상으로 실험을 할 준비를 마쳤다.[7]

관건은 현장에서 바로 포착해 측정할 수 있도록 신경발화를 일으키는 일이었다. 개구리 근육의 "휴식" 상태를 측정하던 어느 날이었다. 휴식 상태의 신호를 측정했던 것은 나중에 그가 자연적인 신호를 측정해냈을 때 그 신호를 휴식 상태의 신호와 비교하기 위해서였다. 개구리 다리는 자극을 받지 않은 채 가만히 매달려 있었고, 아무 일도 일어나지 않고 있었다. 당연히 아무런 신호가 나타나지 않는 상태여야 했다. 하지만 에이드리언이 이 휴식 상태를 측정하려고 할 때마다 근육을 적극적으로 자극할 때와 똑같은 성가시고 설명할 수 없는 노이즈가 간섭하면서 진동을 일으켰다. 이상한 일이라고 생각한 에이드리언은 개구리를 유리판 위에 올려놓았는데, 그 순간 이 알 수 없는 신호가 멈췄다. 에이드리언은 개구리를 유리판에서 들어 올려 개구리 다리를 다시 줄에 걸었다. 다시 신호가 측정됐고, 그가 다시 개구리를 유리판에 올려놓자 신호는 다시 멈췄다.

그 순간 에이드리언은 자신이 보고 있는 현상의 의미를 깨달았다. 그는 개구리 다리가 줄에 매달리면 다리에 연결된 신경이 중추신경 계에 다리가 아래쪽으로 늘어나고 있다는 신호를 보낸다는 것을 알 게 된 것이었다. 즉, 에이드리언은 신경이 이 복잡한 정보를 전달하 기 위해 사용하는 신호를 찾아낸 것이었다.

그때부터 에이드리언은 하나의 신경을 따라 이동하는 이런 신호 중 하나를 측정할 수 있는 방법을 찾기 시작했고, 1925년에 결국 동 료인 잉베 조터만Yngve Zotterman과 함께 하나의 근육 안에 단 하나의 신경만을 남기고 나머지 신경을 모두 제거하는 데 성공했다. 이 감 각 뉴런은 단 한 가지 역할, 즉 근육이 얼마나 늘어나는지 느끼고 전 달하는 역할만을 하는 뉴런이었다. 후에 조터만은 "당시 우리는 다 양한 자극에 이 신경이 어떻게 반응하는지 빠르게 측정하느라 온 신 경이 곤두서 있었다."고 말하기도 했다. 이들이 이 단일 신경에서 측 정한 신호는 깨끗하고 일정한 소리, 즉 순수한 단일 활동전위의 소 리였다. 이 신호의 크기는 항상 같았다. 어떤 자극을 가해도 커지거 나 작아지지 않았다. 유일하게 변한 것은 발화 빈도뿐이었다. 근육 을 팽팽하게 만들수록 신호 발생 빈도가 높아졌고, 근육을 느슨하 게 만들면 신호 발생 빈도가 낮아졌다. 근육이 유리판 위에서 완벽 한 휴식 상태에 있을 때는 신호가 전혀 발생하지 않았다. 조터만과

에이드리언은 후에 "우리는 그때 우리가 보고 있던 현상이 이전에는 관찰된 적이 없다는 것을 알고 있었다. 그때 우리는 감각신경이 뇌에 정보를 전달하는 방법이라는 생명의 위대한 비밀을 발견했던 것이었다."라고 말했다.[8] 이 순간은 뇌가 팔다리로부터 정보를 얻는 방법이 최초로 밝혀진 획기적인 순간이었다. 이들은 환경에 대한 유용한 정보를 이런 신호가 뇌에 어떻게 알려주는지를 최초로 밝혀낸 사람들이었다. 하지만 사실 이 발견은 근육이 늘어나면 신호가 발생하고, 늘어나는 것이 중단되면 신호가 발생하지 않는다는 단순한 관찰결과, 즉 사람들이 매우 익숙하다고 느끼는 패턴을 보여주는 관찰결과에 기초한 것이었다.

전쟁 기간 동안 수없이 이뤄졌던 암호 해독, 신호 가로채기 등을 목격했던 에이드리언은 자신의 관찰결과 해석에 암호 해독 방법을 적용했다.[9] 에이드리언은 신경 정보 전달 메커니즘이 모스부호 시스템과 비슷하다는 생각에 다다랐다.

당시 신경 임펄스와 신경계는 19세기에 전신이 발명된 이래 대체로 정보통신의 관심에서 설명되고 있었다. 하지만 신경 임펄스가 짧은 펄스(대시가 없는 모스부호)들의 연속이라는 것을 발견한 뒤 에이드리언은 이 제한적인 신호가 복잡한 정보(근육이 늘어나는 느낌)를 전달할 수 있다는 사실에 충격을 받았다. 에이드리언은 "모든 신경섬유가 생성하는 파동은 모두 동일한 형태이며, 이 파동이 전달하는 메시지는 파동의 전하 방출 빈도와 방출 지속시간에 의해서만 변화한다. 실제로 감각 메시지는 연속된 점들로 이뤄진 모스부호보다 복잡성 면에서 거의 다르지 않다."라고 말했으며[10], 조터만의 설명도 이와 다르지 않았다. 그로부터 몇 년 후, 에이드리언은 단일 뉴런을 분리하는 과정에서 좌절했던 경험을 이야기하면서 "우리의 실험은 수많은 전선들로 이뤄진 전신케이블 다발을 통해 동시에 전송되는 신호들을 구별하는 작업 같았다. 그렇게 해서는 전선 하나의 암호를 해독해낼 수 없었다."라고 털어놓기도 했다.[11]

에이드리언은 다양한 논문과 책을 통해 신경계 그리고 생체전기신호의 기능, 생체전기 신호가 전달하는 메시지, 생체전기신호의 암호와 정보에 대한 대중의 인식을 변화시킨 사람이었다.

에이드리언이 생각한 암호 개념은 하나의 뉴런에서 시작돼 신경계 전체가 활동전위를 이용해 외부 세계를 뇌가 해석하게 만드는 암호 개념으로까지 확장됐다. 말초신경계가 뇌가 보내는 메시지를 사용하는 데에서 메시지의 존재를 확인한 에이드리언은 이어서 뇌가 이 신호를 수용하는 방식, 즉 뇌가 이 모스부호를 자신이 이해할 수 있는 언어로 해석하는 방법에 관한 연구를 시작했고, 이 연구로 노벨상을 받았다. 그는 수상 강연에서 뇌가 이 신호를 해독해 경험을 만들어내는 "중앙처리장치"라면 "뇌의 작동방식을 연구해 사람의 어떤 생각을 하는지 알아낼 수 있지 않을까?"라는 의문을 제기했다.[12]

사실 이 강연을 하기 전부터 에이드리언은 자신의 이런 의문에 설명을 제공할 수 있는 연구결과가 있는지 찾아내려고 했지만 결국은 찾아내지 못했는데, 어느 날 우연히 독일의 신경학 교수 한스 베르거Hans Berger가 발명한 새로운 장치를 통해 해답을 찾을 수 있을 것이라는 생각을 하게 됐고, 에이드리언과 동료 연구자들은 그때까지

아무도 베르거의 실험을 재현한 사람이 없었다는 사실에 충격을 받았다.[13]

한스 베르거의 뇌파 연구

오거스터스 월러가 소금물통에 불독의 발을 담그게 만들고 실험을 진행하기 거의 10년 전, 맨체스터의 생리학자 리처드 케이튼 Richard Caton은 사람들의 두피에 전극을 부착해 얻은 파형을 분석하고 있었다. 월러와는 달리 케이튼은 자신의 관찰결과가 중요한 의미를 가진다고 생각했다. 당시는 활동전위의 전기적 특성이 밝혀진지 몇 년 정도 지났을 때였고, 과학자들은 뇌의 작동 메커니즘도 고유의 전기적 특성을 가질 것이라는 추측을 조금씩 하고 있을 때였다. 1875년, 케이튼은 근육 활동이 없을 때에도 "미약한 전류"가 방출되는 것을 발견했는데, 이는 근육 운동만이 측정 가능한 뇌 활동을 생성할 수 있다는 당시의 지배적인 이론에 부합하지 않는 것이었고, 케이튼은 자신의 발견에 대해 완벽한 침묵을 지켰다.

케이튼의 이 발견은 그로부터 거의 50년이 흐른 다음에야 예나대학의 정신의학과 학과장이었던 한스 베르거에 그 의해 중요성이 제대로 인식됐다.[14] 베르거는 겉으로 보기에는 엄격하고 매력이 없는 사람이었다.[15] 그의 열정은 다른 곳에 있었기 때문이다. 그는 1890년대부터 개인적으로 엄청난 의미가 있는 프로젝트를 비밀리에 진행하고 있었다. 그의 이런 열정은 젊은 시절 군사 훈련에서 겪은 사고로 거슬러 올라간다. 1892년, 말을 타고 대포가 실린 수레를 끌던 베르거는 말에서 떨어져 대포와 부딪히기 직전까지 가는 사고를 당했다. 죽을 수도 있는 사고였다. 그날 밤 충격에 휩싸인 채 막사로 돌아온 베르거는 아버지가 보낸 전보를 읽게 됐다. 이 전보는 그가 사고를 당할 때쯤 그의 누나가 설명할 수 없는 공포감에 휩싸여 아버지에게 베르거의 안부를 묻는 전보를 쳐달라고 부탁해 도착한 전보였다.

베르거는 이 이상한 경험을 과학으로는 설명할 수 없었다. 이 엄청난 우연을 어떻게 이해해야 할지 고민하던 베르거는 자신이 느낀 강렬한 공포가 물리적 형태를 취해 누나에게 전달됐다는 결론을 내릴 수밖에 없었고, 그때부터 텔레파시의 정신 생리학적인 근거를 찾기로 결심한 것이었다.

1902년에 베르거는 케이튼이 전위계를 이용해 뇌에서 전류를 탐지하는 작업을 하고 있다는 것을 알게 됐고, 20년이 넘도록 뇌에서 나오는 신호를 찾고 있던 베르거는 결국 단선검류계를 구해 본격적으로 실험을 시작했다. 베르거의 첫 번째 실험대상은 뇌종양 제거후 두개골에 큰 구멍이 남은 열일곱 살 대학생 체델Zedel이었다. 베르거는 대학병원서 빌려온 단선검류계와 체델의 머리에 삽입된 전극을 연결했다. 당시 단선검류계는 대학병원에서 심전도 측정을 위해 사용되고 있었다. 그러자 갑자기 월러가 심장에서 측정했던 것과 같은 전기 흔적이 체델의 뇌에서도 측정되기 시작했다. 뇌에서 전기가 발생한다는 것을 보여주는 증거가 마침내 확보된 순간이었다.

하지만 베르거가 포착한 전기 신호들은 심장에서 포착되는 신호들보다 훨씬 더 다양하고, 희미하고, 노이즈가 많아 분석을 통해 특정한 패턴들로 분류하기가 쉽지 않았다. 결국 베르거는 훨씬 더 큰 단선검류계를 주문했다. 그 후로 5년에 걸쳐 집요하게 이 장치를 조율해 미세한 신체 움직임, 심장박동, 뇌혈류의 맥동 등을 나타내는 신호를 분류해냈다.

1929년이 되자 베르거는 이 장치를 이용해 두개골 결손, 뇌전증, 치매, 뇌종양 같은 장애를 가진 환자들과 건강한 대조군인 자신과 아들의 뇌파를 수백 건 기록할 수 있게 됐다.[16] 이렇게 관찰된 파형들은 같은 장애를 가진 사람들에게서 일관되게 나타났다. 더 흥미로운 점은 이 패턴들이 비슷한 방식으로 변화한다는 사실이었다. 예를 들어, 주의를 기울이고 있을 때와 눈을 감고 있을 때 파형의 모양이 달랐다. 뇌전증 환자가 발작을 일으킬 때는 그렇지 않을 때와 파형의 모양이 달랐다. 이런 패턴의 변화는 실제로 뇌의 내부 과정에 대해 무언가를 알려주는 것처럼 보였다. 마침내 베르거는 뇌의 정신 활동을 보여주는 "뇌 거울brain mirror"을 고안해냈다는 확신을 가질 수 있을 만큼 충분한 증거를 모았다. 베르거는 뇌의 전기적 활동을 엿보게 해주는 이 새로운 장치에 뇌전도EEG, electroencephalogram 측정 장치라는 이름을 붙였고, 측정을 시작한지 거의 5년이 지났을 때 결국 용기를 내 자신의 연구결과를 논문으로 발표했다.

하지만 이 연구결과에 반응은 싸늘했고, 논문은 학계에서 거의 무시당하다시피 했다. 당시 베르거는 별로 알려지지 않은 사람이었고, 연구도 혼자서만 비밀리에 진행했기 때문에 사람들은 베르거가 뭔가 획기적인 것을 발견했다고 생각하지 않았다. 당시 독일의 과학자들 대부분은 베르거가 발견했다고 주장한 뇌의 진동파가 실제로 뇌에서 나온 것인지조차 의심했다. 실제로 파리의 한 학술회의에서 베르거가 뇌파 그래프에 대해 설명을 하기 시작하자 청중의 절반이 자리를 박차고 나가버리기도 했다.

하지만 에이드리언은 베르거의 연구에서 가능성을 발견했다. 그는 곧바로 자신의 연구실에서 베르거의 실험을 재현하고 확장하기 시작했다.[17] 에이드리언은 뇌가 휴식하고 있을 때 1초에 8~13개 정도의 작은 톱니 모양 파형들이 지속적으로 생성되는 것을 발견하고, 이 파형들에 알파파alpha wave라는 이름을 붙였고, 정신활동이 강렬하게 일어날 때 발생하는 빠르고 불규칙한 파형들에는 베타파beta wave라는 이름을 붙였다. 에이드리언은 베르거의 연구를 널리 알렸고, 자신이 명명한 알파파를 "베르거파"라는 이름으로 부르기도 했다.[18] 또한 에이드리언은 왕립학회에서 자신의 뇌에 전극을 꽂고 자신의 생각에 따라 뇌파가 변화하는 모습을 보여주기도 했다.[19]

EEG 패턴을 읽어낼 수 있게 됨에 따라 미국 과학자들은 수면 상태와 각성 상태의 뇌, 주의 상태와 그렇지 않은 상태의 뇌, 심지어 건강한 뇌와 신경질환이 발생한 뇌를 구별할 수 있게 됐다.

독일에서는 대중의 상상력이 열광의 단계에 접어들기 시작했고, 1920년대 후반과 1930년대에는 인간 뇌의 전기적 활동을 측정할 수 있는 능력이 정신의 해독을 가능하게 할 것이라는 추측이 광범위하게 이뤄지기 시작했다. 당시 독일의 한 저널리스트는 "오늘은 뇌가 비밀 암호로 글을 쓰고, 내일은 과학자들이 그 글에서 신경정신학적 상태를 읽을 수 있게 될 것이며, 모레는 뇌의 언어로 편지를 쓸 수

있게 될 것"이라고 쓰기도 했다.[20]

하지만 이런 열광은 오래가지 못했다. 어느 순간 낙관적인 분위기는 사라지고 최악의 시나리오만 남게 됐기 때문이다. 한 라디오 프로그램은 "미래의 전기생리학적 문제"에 대해 우려를 표명하기도 했다.[21] 당시 독일인들의 일반적인 생각을 반영한 신문 만화는 미래의 중독자는 코카인과 모르핀 대신 전기에 중독될 것이라고 경고했고, 혼란스러운 눈동자 사이로 비춰지는 파장에 노출된 사람의 뇌를 잔인하게 묘사한 한 만화는 국가에 의한 세뇌를 상상하게 만들었다. 이 만화의 제목은 "전기 진동에너지가 뇌에 침투됐을 때의 문제점" 이었다.[22]

EEG를 이용해 이득을 취하려는 기회주의자들도 등장했다. 물론 지금도 이런 사람들이 있다. 베르거의 발견은 돌팔이의사들에게도 새로운 기회를 제공했다. 당시 이런 돌팔이의사들이 판 엉터리 의료기기를 구매한 어떤 사람은 베르거에게 자신이 새로 산 말의 기질을 EEG를 통해 알아낼 수 있는 방법을 문의하기도 했고, 튀빙겐에 여성병원을 운영하던 한 의사는 EEG를 이용해 임신부의 신경학적 특성을 확인하려는 시도를 하기도 했다.[23] 베르거는 이런 사람들의 행태에 대해 분노했다.

1938년이 되자 베르거가 만든 장치는 독일을 넘어서 전 세계로 확산됐다. 뇌파 측정은 뇌전증 발작, 수면단계, 약물반응 등을 연구하는 데 매우 유용했다. 특히 당시 전쟁 수행으로 기술이 비약적으로 발달하고 있던 미국에서 뇌파 측정기술은 미국인들의 개방적인 사고에 힘입어 이론적, 기술적, 실용적 측면에서 놀라운 속도로 발전했다.[24] 대학에 새로운 뇌파 연구실이 문을 열면 전국 각지에서 저명한 인사들이 모여들었다. 하지만 이 시기는 독일이 다른 나라들과 과학기술 연구결과를 공유하던 시기가 아니었기 때문에 베르거는 자신의 뇌파 측정 기술이 미국 신경과학의 지형을 얼마나 바꾸고 있는지 전혀 알지 못했다. 그는 단지 자신의 발명품이 자국에서 불러일으킨 "돌풍"을 목격했을 뿐이었다. 1941년, 에이드리언이 노벨위원회에 베르거를 추천하는 편지를 작성하고 있을 때, 절망과 우울증에 빠져 있던 베르거는 스스로 목숨을 끊었다.

EEG 기술은 17년 동안 발전을 거듭했지만 어느 날 발전이 정체됐고, 그 상태는 40년 동안 이어졌다. 이 기간 동안 과학자들은 뇌에 숨겨진 암호를 해독하는 일 대신 뇌에 전기를 가하는 방법에 더 집중했다.

뇌를 컴퓨터라고 생각하게 된 계기

엔지니어들이 방 크기의 컴퓨터를 만들기 시작하던 무렵에도 이미 컴퓨터는 일종의 뇌로 생각되고 있었다. 1944년, 전자제품 제조업체인 웨스턴일렉트릭Western Electric은 새로운 대공 유도 시스템 광고를 〈라이프Life〉에 실으면서 "이 전기 두뇌인 컴퓨터는 모든 것을 생각한다."라고 선언하기도 했다. 따라서 당시 사람들은 컴퓨터가 뇌의 일종이라면 뇌도 컴퓨터의 일종일 수 있다는 논리적 비약을 할 수밖에 없었다.

미국의 신경생리학자 워런 맥컬럭Warren McCulloch도 이런 생각을 한 사람 중의 한 명이었다. 그는 이미 신경이 가지는 "전부 또는 전무" 발화 패턴에 숨겨진 메시지를 찾는 에이드리언의 연구에 대해 잘 알고 있었다. 또한 맥컬럭은 컴퓨팅의 기초가 되는 이진법 코딩에 익숙해지면서 뇌와 컴퓨터의 상관관계에 대해 더욱 관심을 가지게 됐다. 컴퓨터에서 이진법 규칙은 "참 또는 거짓인 진술" 사이에서 0 또는 1 중 하나를 선택하는 규칙을 말하며, 뇌에서는 "뉴런이 발화하거나 발화하지 않는 것"을 뜻한다. "전부 또는 전무" 패턴의 신경 발화가 뇌의 이진 코드 버전이 될 수 있었을까?

이 두 분야의 어휘는 곧 서로 겹쳤다. 이후 수십 년 동안 맥컬럭과 그의 동료들은 전기공학적인 측면에서 신경계가 어떻게 작동하는지에 대한 설명을 하기 위해 노력했고, 신경학자들은 "뇌 회로brain circuit" 같은 용어를 사용하기 시작했고, 전기생리학에서는 "회로 circuit", "피드백feedback", "입력input", "출력output" 같은 용어를 이용해 신경계의 작동 방식을 설명하기 시작했다. 이 과정에서 컴퓨터를 프로그래밍하기 위해 입력하는 코드에 대한 생각과 뇌 작동을 지배하는 원칙에 대한 생각이 서로 섞이기 시작했다.

이렇게 두 가지 생각이 섞이기 시작하면서 탄생한 새로운 연구 분야가 탄생했다. 사이버네틱스*cybernetics라고 불리는 이 분야는 제2차 세계대전 중에 처음 등장했으며, 기계와 생명체 모두에서의 통신

● 사이버네틱스cybernetics는 인공두뇌학이고, 뒤에 나오게 되는 사이버키네틱스 Cyberkinetics는 고유명사로 인공두뇌를 연구하는 미국의 기업이다. - 편집자

과 자동제어시스템을 연구하는 분야다. 하지만 사이버네틱스는 마인드 컨트롤 수단으로 인식되기도 했다. 사이버네틱스의 주요 개념은 인간(또는 동물)이 인지하고 경험하는 모든 것이 신경계의 회로에 의해 뇌를 통해 전달되는 코드일 뿐이라면 기계를 제어할 수 있는 것처럼 인간의 마음도 제어할 수 있어야 한다는 것이다. 사이버네틱스 열풍에 굴복한 것은 과학자들만이 아니었다. 이 새로운 지식은 곧 시대정신에 완전히 스며들었다. 엔지니어들은 인간의 뇌를 모델링한 운영체제를 갖춘 로봇을 만들었고, "빛을 감지하거나" 스스로 충전 스테이션으로 돌아갈 수 있는 기능을 통해 로봇에 의식과 같은 특성을 부여했다.[25] 노버트 위너Nobert Wiener가 1948년에 《사이버네틱스: 동물과 기계의 제어와 통신Cybernetics: Or Control and Communications in the Animal and the Machine》라는 책을 출판할 무렵 사이버네틱스는 이미 상당한 인기를 끌고 있었고, 이 책은 후에 과학사학자 매튜 콥Matthew Cobb이 "대부분의 독자가 이해할 수 없고, 오류로 가득 찬 방정식들로 가득 찬 책"이라는 평가를 내리기는 했지만, 당시에는 세계적인 베스트셀러가 됐다.[26] 이 책은 아이디어 자체가 너무 설득력이 있어서 사실에 근거했는지에 대해 신경 쓸 필요가 별로 없는 책이었기 때문이다. 당시 사람들은 뉴런의 특정 회로를 활성화하는 것만으로 동물을 로봇처럼 움직일 수 있다는 아이디어가 너무 매력적이어서 검증에는 별 관심이 없었다.

　하지만 인간의 회로를 제어할 수 있는 방법이 당시에 있었을까? 사이버네틱스 연구자들은 이 의문에 대답을 피하면서 과거에 흔히 사용되던 방법으로 사람들을 혹하게 만들었다. 이 방법은 사람들에게 전기충격을 주는 것이었다.(에드거 에이드리언도 전기충격의 유혹에 빠진 적이 있다.[27] 실제로 제1차 세계대전 기간 동안 런던에서 의학 공부를 마친 그는 동료와 함께 프랑스와 독일에서 유행하던 전기요법의 일종인 "충격 요법"을 적용해 영국 병사들의 포탄 쇼크를 치료하고 가능한 한 빨리 전선으로 복귀하도록 만들려고 했다.[28] 하지만 병사들이 증상이 호전되는 경우보다 재발하는 경우가 더 많다는 것을 깨달은 에이드리언은 1917년 이 방법을 포기하고 후에 노벨상을 받게 될 연구로 돌아갔다.)

처음에 뇌 전체에 전기충격을 가했지만 별 효과를 보지 못했던 전기 치료사들은 뇌 전체에 무차별적으로 전기충격을 가하는 대신 특정 뇌 회로에 충격을 가하는 방법을 이용하기 시작했다. 그에 따라 특정 뇌 영역에 대한 관심이 높아졌다. 1940년대에는 뇌전증 발작을 일으키는 뇌 부위를 찾던 신경외과 의사 와일더 펜필드Wilder Penfield가 뇌 깊숙한 곳에 매우 특정한 경험과 기억을 담당하는 영역이 있다는 놀라운 단서를 발견했다. 펜필드는 뇌전증 증상을 일으키는 뇌 조직을 잘라내기 전에 먼저 대뇌의 여러 부위를 전기적으로 자극해 문제 부위를 찾아냈다. 그러자 이상한 행동이 뒤따랐다. 그의 환자들은 갑자기 어릴 적에 부르다 성인이 되면서 잊어버린 노래를 부르기 시작하거나, 강력한 유령의 향기를 맡았다고 말하기도 했다. 일부 뇌 영역의 전기적 활성화는 감각을 뇌 깊은 곳에 있는 어두운 벽장에서 밝은 곳으로 노출시키는 역할을 한 것이었다.[29]

뇌 회로에 무엇이 암호화되어 있는지에 대한 힌트를 얻은 다른 과학자들은 사람과 동물의 뇌를 열어 전극을 삽입하는 방법으로 더 정밀한 제어를 시도했다. 초기 접근 방식은 뇌의 쾌락 중추와 보상 회로에 초점이 맞춰졌다. 이 접근 방식은 강력한 결과를 가져왔다. 쥐의 뇌의 정확한 지점에 전극이 닿으면 쥐는 26시간 동안 아무것도 하지 않고 깨어 있기도 했다.[30]

포유류의 뇌에서 이런 제어 스위치가 발견되자 그동안 예상되던 윤리적 문제들이 실제로 발생하기 시작했다. 1960년대 후반, 뉴올리언스 툴레인 대학의 정신과 의사인 로버트 히스Robert Heath의 진료실에 한 환자가 찾아왔다. 이 환자는 1960년대 보수적인 루이지애나의 문화적 분위기에서 동성애를 치료받기를 간절히 원했다. 히스가 B-19라고 불렀던 이 사람은 히스의 전문가적인 도움을 요청했을 때 이미 자살 충동을 느끼고 있었다. 히스는 환자의 욕망을 여성에게로 돌리기 위해 이 사람에게 자극장치를 이식했다. B-19가 자가 자극기를 조절하는 동안 히스는 실험실에서 이성애 포르노를 무제한 시청하도록 했다.[31] 히스는 "B-19가 거의 도취와 환희에 이를 정도로 자극을 받았으며, 자극장치를 떼어내려고 하자 극렬하게 저항했다."는 기록을 남기기도 했다. 얼마 후 B-19는 치료의 효과를 확인해보고 싶어 했고, 히스는 이를 위해 매춘부를 진료실로 불렀다. 당시 히스의 기록에 따르면 "이 젊은 여성은 협조적이었고, 환자는 매우 성공적인 경험을 했다."[32] 하지만 치료는 결정적인 효과를 내는 데는 실패했다. B-19는 장기적으로 이성애 관계를 유지했지만 남성과의 성관계를 중단하지 못했기 때문이다. 단순히 인간의 보상 회로를 자극하는 것만으로는 한계가 있는 것으로 보였다. 히스의 이 실험은 1972년 한 지역 잡지에 의해 "나치 실험"이라고 비난받기에 이르렀고, 히스의 연구에 대한 대중의 관심도 싸늘하게 식어갔다.[33] 하지만 당시 히스의 방법은 이미 무엇인가를 "실행"시키는 것이 아닌 "멈추게" 만드는 방법이었다는 점에서 매우 중요한 의미를 갖는다.

예일대학의 신경생리학자 호세 델가도José Delgado는 사이버네틱스가 태동하던 시기에 전기자극에 대한 연구를 통해 공격성, 고통, 사회적 행동의 신경학적 근원을 탐구한 스페인 출신 학자다. 또한 델가도는 고양이, 붉은털원숭이, 긴팔원숭이, 침팬지, 황소의 뇌에 이식할 수 있는 맞춤형 전기 장치를 제작하기도 했다.[34]

1960년대 중반, 델가도는 공격성과 관련된 신경활동이 일어나는 뇌 영역을 조사하기 위해 스페인 코르도바의 한 목장을 방문했다. 그는 실험을 위해 카예타노Cayetano와 루세로Lucero라는 이름의 투우 소 두 마리를 선택했다. 이 두 소는 모두 몸무게가 220킬로그램이 훨씬 넘는 소였다. 델가도는 루세로 뇌의 특정 부분에 배터리로 작동하는 전극을 삽입했는데, 이 부분은 움직임부터 감정까지 모든 것에 관여하는 다목적 영역이었다. 그런 다음 그는 루세로를 화나게 만들었고, 황소가 돌진하는 마지막 순간에 델가도는 무선 조정 장치의 버튼을 눌러 전극을 작동시켰다. 이 전극은 루세로의 꼬리핵 caudate nucleus(대뇌 반구 속에 있는 회백질 덩어리)에 전기충격을 가했고, 루세로는 전기충격과 동시에 돌진을 멈췄다.

신경과학 전공자라면 이 유명한 실험을 담은 오래된 사진을 한 번쯤 봤을 것이다. 이 사진에서 델가도는 칼라가 있는 셔츠 위에 브이넥 스웨터를 입은 채 울타리 안에서, 자신을 향해 달려오는 황소를 정면으로 응시하고 있다. 그는 안테나가 달린 휴대용 라디오처럼 보이는 무언가를 들고 있는데, 먼지 구름에 가려 딱딱한 발굽이 거의

보이지 않을 정도로 급정거한 것 같은 황소 앞에 당황하지 않은 표정을 짓고 있다.[35]

델가도가 만든 장치는 황소의 돌진만 막은 것이 아니었다. 먹이를 먹고 있던 황소는 델가도가 리모컨을 눌렀을 때 먹기를 멈추기도 했다. 황소가 걷고 있을 때도 리모컨 버튼을 누르면 황소는 걸음을 멈췄다. 델가도는 자신이 이 뇌 영역에서 보편적인 "멈춤" 버튼을 발견했다고 생각했다. 분노에서 평화로 갑자기 전환된 황소의 모습에 〈뉴욕타임스〉는 이 실험에 대해 "뇌를 외부적으로 통제해 동물의 행동을 수정한 실험"이라고 평가했다.[36]

델가도는 인간, 침팬지, 고양이 등 여러 동물을 대상으로 임플란트를 사용해 공격성, 수동성 및 사회적 행동의 제어에 대한 탐구를 계속했다. 1969년에 델가도는 자신의 실험과 그 의미를 다룬 책《마음에 대한 물리적 제어: 정신적으로 문명화된 세상을 향해Physical Control of the Mind: Toward a Psychocivilized Society》를 출간했다. 이 책은 순식간에 악명을 떨쳤는데, 그 이유는 강제수용소에서 다섯 달을 보내는 동안 사이버네틱스에 경도된 그가 인간이 곧 "마음을 정복하게" 될 것이며, 인류는 "너 자신을 알라"라는 고대의 격언에서 벗어나 "너 자신을 구축하라"라는 새로운 격언을 따라야 한다고 주장했기 때문이었다. 또한 이 책에서 그는 신경 기술을 현명하게 사용하면 "덜 잔인하고, 더 행복하며, 더 나은 인간"을 만드는 데 도움이 될 수 있다고도 주장했다.[37]

하지만 당시에는 아무도 이런 추상적인 이유로 인간의 뇌에 정지 스위치를 이식하는 것에는 동의하지 않았다. 하지만 곧 훨씬 더 설득력 있는 사용 사례가 등장하게 된다.

뇌를 위한 심박조율기

1982년 어느 조용한 아침, 조지George라는 환자가 긴장성 정신분열증catatonic schizophrenia 진단을 받고 정신과 병동에 막 입원했다. 이 병명은 적합해서가 아니라 다른 병명이 없었기 때문에 붙여진 것이었다. 환자는 반응이 없었지만 여전히 깨어 있는 것처럼 보였고, 이는 당시의 모든 기존 틀을 벗어난 조합이었다. 정신과의사들은 환자에게 신경학적 장애가 있다고 확신했고, 신경과의사들은 환자에게 정신과적 장애가 있다고 확신했다. 결국 최종 판단은 신경과 과장 조셉 랭스턴Joseph Langston에게 넘겨졌다.

랭스턴은 마시던 커피를 내려놓고 환자의 뇌파 기록을 살펴본 뒤 직접 환자를 진료하기 시작했다. 처음에 랭스턴은 조지가 물 한 컵도 제대로 들지 못할 정도로 심하게 떨고, 수년 후 경직된 상태로 진행될 것으로 예상되는 끔찍한 신경 퇴행성 질환인 파킨슨병의 모든 증상을 보인다는 결론을 내렸지만, 잠시 후 두 가지 이유로 그 진단이 옳지 않다고 생각하게 됐다. 환자는 40대 초반에 불과했기 때문에 파킨슨병으로 진단하기는 힘들어 보였기 때문이다. 게다가 이 환자의 증상은 수년 또는 수십 년에 걸쳐 서서히 발생한 것이 아니라 말기 증상이 말 그대로 하룻밤 사이에 나타난 것이었다.

서른 살에 불과했던 조지의 여자 친구도 같은 상태로 발견되면서 미스터리는 더욱 깊어졌다. 결국 랭스턴 교수팀은 이와 비슷한 환자 5명을 더 찾아냈고, 이 환자들 모두 최근에 헤로인 또는 헤로인이라고 생각되는 약물을 복용했다는 공통점을 밝혀냈다. 하지만 랭스턴 교수팀이 발견한 약물은 헤로인과는 거리가 먼 약물이었다. 이 약물은 아마추어 화학자들이 실수로 합성한 MPTP1-methyl-4-phenyl-1,2,3,6-tetrahydro pyridine라는 화합물이었다. 의학 문헌을 검색한 결과 MPTP에 대한 기존 연구가 여러 건 발견되었지만, 그 결과는 조지와 그의 여자친구에게 별로 좋은 결과가 아니었다. MPTP는 흑질substantia nigra이라는 뇌의 깊은 부위를 파괴함으로써 파킨슨병과 유사한 돌이킬 수 없는 증상, 특히 강직성 동결 증상을 유발하는 것으로 밝혀졌기 때문이다.

이 약물이 영향을 미치는 뇌 부위의 발견은 상당히 중요한 의미가 있었다. 1970년대에 몇몇 신경외과 의사들은 만성 통증과 간질에 대한 이식형 전극을 실험하고 있었다. 이들은 두개골을 뚫고 회백질 깊숙이 침투성 전극을 밀어 넣었다. 뇌에서 문제가 되는 부분을 태우거나 잘라내는 기존의 접근 방식과 달리 이 방법은 조절이 가능하고 되돌릴 수 있다는 점에서 정신과수술을 대체할 수 있는 가능성이 있는 방법이었다. 즉 이 방법을 이용하면, 전기가 너무 적으면 더 많이 공급하고, 너무 많으면 다시 줄일 수 있었다.

이 과정에서 의사들은 문제적 증상을 보이는 환자들에게서 두 가지 패턴을 발견하기 시작했다. 첫째는 전기자극만으로도 증상을 완화하는 데 충분하다는 것이었고, 두 번째는 전기 자극의 펄스가 빠를수록 환자의 증상이 더 많이 개선된다는 것이었다.

이런 패턴은 매우 흥미로웠지만, 환자들이 집에서도 전극 치료를 할 수는 없었다. 이 장치는 하이먼의 초기 심박조율기처럼 덩치가 컸고, 대형 전원에 연결해야 사용할 수 있었기 때문이다.[38] 게다가 특정 뇌 영역을 자극하는 것이 모든 사람에게 효과가 있는지 또는 특정한 환자들에게만 효과가 있는지 확인하기 위한 대규모 임상시험도 이뤄지지 않은 상태였다. 효과가 있는지 여부에 대한 유일한 평가 수단은 장치를 이식하는 외과의의 확신뿐이었다.[39] 그럼에도 불구하고 대중의 관심이 높아지면서 대형 의료기기 제조업체인 메드트로닉은 심박조율기를 뇌 이식에 적합하도록 조정하는 작업을 시작했다. 메드트로닉은 실험용 장치를 전문 센터에 보냈고, DBS(뇌 심부자극술)라는 이름으로 상표등록을 하기도 했다. 하지만 이 장치의 용도는 여전히 소규모의 일회성 실험에 국한돼 있었다. 그러던 중 조지의 놀라운 사례 연구가 그르노블 대학병원의 알림루이 베나비드Alim-Louis Benabid에게 알려지면서 모든 것이 바뀌었다.[40] 베나비드는 정신과 수술에 앞서 정확한 뇌 영역을 파악하기 위해 이식형 전극을 사용한 몇 안 되는 정신외과 의사 중 한 명이었다. 그는 파킨슨병 환자에게서 관찰한 명확하고 분명한 효과, 즉 수술실에서 실시간으로 증상이 진정되는 효과에 매료된 사람이었다. 조지의 사례 연구의 중요성을 파악한 그는 메드트로닉의 새로운 뇌조율기를 구해 환자 몇 명에게 이식했다. 결과는 극적이었다. 뇌의 해당부위에서 나오는 잘못된 신경암호를 차단함으로써 떨림이 해결되었고, 환자는 원하는 대로 팔다리를 다시 움직일 수 있게 됐다. 메드트로닉은 베나비드에게 대규모 임상시험을 의뢰했고, 이 임상시험으로 임상의가 확신이 없는 상태에서 전기자극을 가하는 일이 사라지고 승인된 의료기기를 이용해 뇌의 문제적 부분들을 정밀하게 치료할 수 있는 가능성이 크게 높아졌다.

그 후 메드트로닉은 큰 성공을 거둔 뇌조율기 사업을 확장할 방법을 찾기 시작했다. 베나비드의 연구에서 새로운 기회를 발견한 메드트로닉은 실험을 거듭한 결과, 심부 전극에 전류를 흐르게 하자 떨림이 즉각적으로 가라앉는 극적인 효과를 발견했다. 수술 전에는 찻잔도 들어 올릴 수 없던 사람들이 이제 자신 있게 차 한 잔을 끓일 수 있게 됐다. 유럽 규제 당국은 1998년에 이 임플란트를 파킨슨병 치료제로 승인했고, 미국 식품의약국FDA도 2002년에 이 치료법을 승인했다. 환자에게 이 임플란트 이식을 시작한 의사 중 한 명은 "이 임플란트는 새로운 삶을 제공한다."고 극찬하기도 했다. 심박조율기가 뇌 속으로 들어가면서 뇌심부자극술이 탄생한 것이었다.

현재 파킨슨병, 본태성 진전증essential tremor(원인이 분명하지 않은 떨림증), 근육긴장이상증dystonia 등으로 인한 근육경련을 완화하기 위해 16만 개 이상의 "뇌조율기"가 환자에게 이식돼 있다.[41] 이 수술은 사실 매우 간단하다. 먼저 두개골에 구멍 두 개를 뚫는다. 그런 다음 마른 스파게티면 한 올 크기 정도의 금속 전극 두 개를 각각 증상을 일으키는 뇌 부위에 밀어 넣는다. 마지막으로 머리와 목을 관통해 와이어를 밀어 넣어 쇄골 근처의 피부 바로 밑에 미리 심어놓은 스톱워치 크기의 뇌조율기에 닿게 만든다. 수술 후 의사는 이 뇌조율기가 증상 완화에 적절한 펄스와 파장을 방출하도록 몇 주에 걸쳐 조정하게 된다.

그 후 많은 참가자를 대상으로 한 대규모 임상시험에서 의사들은 어떤 뇌 부위에 전기충격을 가할지 파악함으로써 문제를 일으키는 부위가 방출하는 잘못된 신호를 성공적으로 중단시키는 데 성공했다. 의사들은 심박조율기로 제어할 수 있는 질환의 범위를 넓히기 위해 이런 방식으로 제어할 수 있는 다른 뇌 영역도 찾기 위한 소규모 실험들을 다양하게 진행했고, 그 결과로 심각한 질병 하나에 대한 치료방법이 떠오르게 됐다.

1999년 벨기에 뢰번 가톨릭대학KUL 연구팀은 중증 강박장애 환자 4명을 대상으로 뇌 내 속섬유막internal capsule, 뇌의 각 대뇌 반구의 하내측inferomedial 부분에 위치한 백색질white matter 구조에 DBS 전극을 이식했고, 그 결과 그 중 3명의 증상이 개선되는 결과를 얻었다.[42] 다른 질환들에 대한 더 많은 임상시험이 연이어 진행되었는데, 이 역시 10명 이하의 소규모 임상시험이 대부분이었다. 이런 임상시험은 규모는 작았지만, 내 동료인 앤디 리지웨이Andy Ridgway가 2015년에 〈뉴사이언티스트New Scientist〉에서 언급한 것처럼 이 임상시험들은 미디어의 헤드라인을 장식했다.[43] DBS를 통해 13세 자폐증 청소년이 처음으로 말을 할 수 있게 되었고[44], 투렛병Tourette's syndrome 환자들이 뼈를 깰 정도의 신체적 틱 증상에서 벗어날 수 있게 됐다. 또한 DBS는 비만 환자의 과식을 막고 거식증 환자의 폭식을 막기도 했다.[45] 이렇게 소규모 임상시험이 확산되면서 뇌조율기에 대한 기대는 불안증, 이명, 중독, 소아성애 등의 치료로 확산되고 있다.[46]

메드트로닉은 우울증 치료에 베팅했다. 하지만 우울증 치료에 관심을 보인 업체는 메드트로닉만이 아니었다. DBS를 이용한 우울증 치료 가능성은 2001년에 신경과학자 헬렌 메이버그Helen Mayberg가 난치성 우울증(어떤 치료에도 반응하지 않는 우울증) 치료에 DBS를 적용할 수 있을 것이라는 생각을 하면서 싹트기 시작했다. 2018년에 내가 샌디에이고에서 열린 국제신경윤리학회 심포지엄에서 메이버그를 만났을 때 그녀는 DBS가 "파킨슨병으로 인한 뇌기능 이상 증상을 차단할 수 있다면 DBS가 우울증에 특화된 영역의 활동도 차단할 수 있을 것이라는 생각을 했다."고 말했다. 메이버그는 뇌의 "슬픔 중추sadness center"라고 불리는 브로드만 영역 25Brodmann's area 25로 알려진 뇌 영역에 집중했다. 메이버그와 그녀의 동료들은 이곳에서 너무 많은 활동이 일어나면 부정적인 기분이나 삶의 의욕 상실과 같은 증상을 유발한다고 생각했고, 이 영역을 동결하는 방법을 시행했다. 처음 6명의 환자 중 4명이 극적인 호전을 보였다.[48] 또한 그 후 20건의 소규모 임상시험에서는 환자의 60~70%가 증상이 개선됐다. 메이버그는 리지웨이에게 "매우 위험한 상태에 있던 사람들이 다시 회복되고 있다."고 말하기도 했다. 세계 곳곳에서 진행된 다른 임상시험들에서도 우울증은 비슷한 개선 효과를 나타냈다.

이런 흥미로운 결과가 충분히 쌓이자 메드트로닉의 라이벌 업체인 세인트 주드 메디컬St. Jude Medical은 과감하게 대규모 임상시험에 자금을 지원했다. 이 임상시험은 파킨슨병 이후 처음으로 DBS를 상업적으로 적용하는 것으로 정점을 찍을 것이 거의 확실해 보였다. 12개 이상의 의료센터에서 200명의 참가자가 임플란트를 이식받았다. 그 소문은 엄청났다. 하지만 그로부터 6개월 뒤 임상시험이 중단됐다. 시간과 비용을 낭비할 것이 분명한 임상시험을 중단시키기 위한 FDA의 무용성 분석futility analysis을 통과하지 못했다는 소문이 관련업계에서 퍼지기 시작했다. 끔찍한 부작용으로 인한 자살 시도가 있었다는 소문도 돌았다.[49] 이런 소문은 위약과 임플란트 사이에 차이가 없다는 것을 암시하는 소문이었고, 따라서 이 기술의 미래에 대해 비관적인 시각이 늘어나기 시작했다.[50]

나중에 밝혀진 바에 따르면 이 이야기는 처음에 알려진 것보다 더 복잡하고 이상한 이야기였다. 2018년에는 데이비드 돕스David Dobbs라는 저널리스트가 〈애틀랜틱Atlantic〉에 기고한 심층 리포트에 따르면 이 사례는 실제로 효과가 있는 것처럼 보였던 치료법이 그렇지 않은 임상시험에 의해 방해받은 사례로 보였다. 하지만 이 치료법이 효과가 있었던 사람들에게 이 치료법은 거의 마술에 가까울 정도로 극적이며 즉각적인 결과를 가져다준 선물과도 같았다. 각성 상태에서 수술을 받은 한 환자는 심부자극기를 켠 순간 놀랍다는 반응을 보였고, 효과가 지속적으로 유지되기도 했다. 메이버그는 실험이 끝난 후 여러 언론 매체와의 인터뷰에서 "자극을 계속 주었기 때문에 좋아진 상태가 계속 유지된 것"이라고 말하기도 했다. 뢰번 가톨릭대학병원에서 진행된 뇌 자극 실험에서 좋은 반응을 보인 환자들은 15년이 지난 후에도 여전히 강박 장애를 통제할 수 있었다. 또 다른 임상시험 참가자는 "누군가 내 뇌를 대청소하고 불필요한 생각을 모두 제거한 것 같았다"라고 벨기에 국영 라디오 쇼 "인비지빌리아Invisibilia"의 진행자 알릭스 슈피겔Alix Spiegel에게 말하기도 했다.[51]

하지만 누가 기적을 경험하고 누가 그렇지 않을지 예측하는 것은 불가능했다. 또한 몇 가지 이상한 부작용도 있었다.[52] 우울증과 파킨슨병에서 전기자극의 표적이 되는 뇌의 깊고 오래된 영역은 운동과 기분 조절 외에도 훨씬 더 많은 일에 관여한다. 이 영역은 학습, 감정, 보상, 중독과도 관련이 있다. 이런 기능을 방해하면 예측할 수 없는 결과가 초래된다. 암스테르담대학의 의사들이 담당하던 중증 강박장애로 치료를 받던 한 네덜란드 남성은 뇌 임플란트를 이식한 지 불과 몇 주 만에 조니 캐시Johnny Cash의 "링 오브 파이어Ring of Fire"라는 노래를 우연히 처음 듣게 됐다. 쌍둥이 전극이 뇌 깊숙이 침투하기 전 50년 동안 그는 비틀즈와 롤링스톤즈 같은 밴드의 록 음악만을 즐겨듣던 사람이었다. 하지만 그날, 즉 조니 캐시의 음악이 쾌락 중추에 닿았던 날 이후 그의 음악 취향은 완전히 바뀌었고, 조니 캐시의 음악 외에 다른 음악은 듣고 싶어 하지도 않게 됐다. 이 환자는 조니 캐시의 CD와 DVD를 모두 구입하기도 했다. 하지만 전기자극기가 꺼지자 이 환자는 다시 조니 캐시의 음악에 흥미를 잃게 됐다.[53]

하지만 이 정도의 부작용은 심각한 것이 아니었다. 예를 들어, 임플란트를 이식받은 파킨슨병 환자 중 일부는 과도한 도박 충동이나 과잉 성욕과 같은 충동 조절 장애 증상을 보이기도 했다.[54]

이런 사례들은 뇌의 정확한 영역의 기능에 대한 모든 복잡한 이야기에도 불구하고 아무도 DBS가 어떻게 작동하는지 정확히 알지 못한다는 다소 불편한 비밀을 드러낸다.[55] 2018년에 발표된 한 학술 보고서는 DBS가 효과적이지만 "잘 이해되지 않은" 치료법이라며 이런 문제는 파킨슨병을 비롯한 움직임 관련 질환의 치료법으로 수십 년 전에 승인된 치료법에서도 비슷하게 발생한다고 지적했다.[56] 이와 관련해 미국 국립보건원NIH 원장을 역임한 킵 루트비히 Kip Ludwig는 "신경암호를 실행하는 뉴런이 멜로디를 연주하는 피아노라고 생각한다면, DBS는 망치로 피아노를 연주하는 것과 같다."라고 말하기도 했다.

현재로서 DBS 치료법이 한계가 있는 것은 분명하다. 특정 뇌 영역에 전기자극을 가하면 일부 질병을 광범위하게 제어할 수 있지만, 우울증처럼 일시적인 질환을 안정적으로 치료할 수 있는지는 아직 확실하지 않다. 확실한 지식을 얻기 위해서는 전기충격에 대한 반응으로 뇌의 암호가 어떻게 변화하는지 알아야 하고, 그러기 위해서는 먼저 신경암호를 해독해야 한다.

신경암호 읽기

1970년대에 이르러 프랜시스 크릭은 자신이 분자생물학을 발명하다시피 했음에도 불구하고 분자생물학에 지루함을 느끼고 있었다. 생명의 청사진을 밝혀낸 그가 도전한 또 다른 커다란 미스터리는 '의식'이었다. 1977년 그는 케임브리지대학을 떠나 캘리포니아에 있는 솔크 연구소Salk Institute로 향했고, 그곳에서 신경과학에 대한 매우 유망하지 않은 접근 방식에 관심을 돌려 "정보 처리를 직접적으로 다루는 새로운 이론"과 행동과 그 행동을 일으키는 신경발화를 연결할 수 있는 연구를 하기 시작했다.

1994년, 그는 그간의 자신의 연구결과를 요약한 책《놀라운 가설 The Astonishing Hypothesis》을 발표했고, 이 책은 후에 신경과학과 철학에 폭발적인 영향을 미치게 된다. 이 책에서 그는 "다양한 형태의 의식을 이해하려면 그 신경적 상관관계를 알아야 한다는 결론을 내릴 수 있다"라며[57] 우리가 생각하거나 느끼거나 보는 모든 것은 "사실 방대한 신경세포들의 네트워크와 이 신경세포들과 관련된 분자들의 행동에 지나지 않는다."라고 주장했다.[58] (그는 신경세포와 분자들의 행동이 유전자들의 행동과 어떻게 구체적으로 다른지는 언급하지 않았다.) 크릭의 이런 야심찬 생각은 책의 부제인 "영혼에 대한 과학적 탐구The Scientific Search for the Soul"에 그대로 드러나있다.

크릭의 이 책이 출간되기 전 20년 동안 "신경암호"라는 용어를 언급한 논문 중에서 동료심사peer review를 거친 논문은 10편도 채 되지 않았다. 하지만 이 책이 출간된 후 신경과학자들은 다양한 행동과 사고의 신경학적 특징을 찾아내는 데 점점 더 많이 눈을 돌렸고, 감각체계sensorium 연구자들 사이에서는 신경암호에 관한 연구가 새로운 유행으로 자리 잡게 됐다.

당시 과학자들은 신경암호가 정확하게 어떤 뜻인지 알지 못했다. 크릭이 이 책을 집필하던 당시에도 신경과학계에서는 이 용어의 정의에 대한 논쟁이 진행 중이었다. 당시에는 개별 뉴런이 전달하는 모스부호에 정보가 암호화돼 있다는 에이드리언의 생각을 지지하는 사람들이 여전히 존재했지만, 신경암호에 대한 새로운 이론도 제기되고 있었다. "함께 발화한다면 그 신경세포들은 연결되어 있는 것이다"라는 말로 요약되는 뇌가소성brain plasticity 이론이 바로 그 이론이다. 뇌가소성 이론은 언어에서 발레에 이르기까지 다양한 기술을 배울 때 서로 다른 뉴런이 어떻게 함께 작동하는지를 간결하게 설명한 덕분에 보편적인 개념으로 자리를 잡게 됐고, 1997년에 이르러서는 실제로 신경암호는 개별 뉴런이 아니라 동시에 함께 발화해 시간과 공간에 걸쳐 일관된 패턴을 만드는 다양한 뉴런들에 의해 형성된다는 연구결과들이 발표되기도 했다.[59]

하지만 신경암호를 측정하기란 정말 어려운 일이었다. 그 무렵 과학자들은 뇌에 860억 개라는 엄청난 수의 뉴런이 있다는 것을 알게 됐고, 당시의 도구로는 그 모든 뉴런의 활동을 동시에 읽을 수도 없었다(앞으로도 그럴 가능성이 높다.) 하지만 21세기에 접어들면서 선택의 여지가 생겼다.

집중 상태와 그렇지 않은 상태의 비밀 등 수많은 뇌의 비밀을 알려준 EEG가 그 도구였다. 과학자들은 수면에 대한 이해를 증진하기 위해 수십 년 동안 이러한 EEG 측정값을 사용해왔다. 게다가 뇌파 측정은 두개골을 열지 않고 두피에 전극 몇 개만 대면 할 수 있기 때문에 과학자들이 대량의 데이터를 수집하기도 쉬운 방법이었다. 한스 베르거의 실험실에서 처음 시작된 뇌파 측정은 후에 두개골에 수십 개의 전극을 부착하는 방법으로 발전해 뇌의 미묘한 변화를 읽어낼 수 있게 된 상태였다. 이렇게 뇌파 측정 기술이 발달하면서 알파파와 베타파 외에도 델타파와 감마파가 발견돼 다양한 수면단계에 대한 정교한 분석이 가능해지기도 했다. 또한 과학자들은 이런 파형들의 교란이 수면장애나 신경장애와 연관이 있다는 것을 알게 됐고, 심지어는 뇌종양의 위치를 찾아내기도 했다. 점점 더 강력해지는 컴퓨터 처리 능력과 개선된 신호처리 알고리즘에 힘입어 과학자들은 뇌파를 이용해 뇌의 패턴을 더욱 세밀하게 분석할 수 있게 됐다. 예를 들어, 우울증은 알파파의 과도한 진동과, 파킨슨병은 베타파의 부족과, 알츠하이머병은 진폭이 큰 감마파의 부족과 상관관계를 가지는 것으로 밝혀졌다. 이밖에도 다양한 연구를 통해 한스 베르거가 상상할 수 없었던 파형과 감정과의 다양한 연관관계가 밝혀졌다.[60]

그 후 뇌피질전도electrocorticography, ECoG 검사라는 또 다른 뇌파 측정 방법이 등장했지만, 이 방법은 매우 적은 수의 사람들에만 적용할 수 있는 것이었다. ECoG 측정은 뇌의 노출된 주름에 전극을 직접 대고 피질의 전기 활동을 기록하는 방법이다. 하지만 그러기 위해서는 두개골을 열어야 하기 때문에 실제로 이 측정에서 데이터를 얻는 일은 매우 드물다. 게다가 이 측정 방법을 적용할 수 있는 환자들은 이미 연구와 상관없이 두개골을 연 경험이 있는 사람들밖에 없었다. 이 환자들 중 일부는 자신의 뇌에 그물망을 씌우고 특정 생각과 신경과의 상관관계를 읽을 수 있도록 허락하기도 했지만, 여전히 연구자들은 특정한 개별 뉴런의 활동은 측정할 수 없었다.

이를 위해서는 침습적인 뇌 관통 전극이 필요했고, 1990년대에 들어서 인간의 뇌에 삽입할 수 있는 전극의 사용이 승인됐다. "유타 어레이Utah array"이라는 이름의 이 전극은 96개의 미세한 전극이 촘촘하게 박힌 정사각형 모양의 금속판이다. 유타 어레이는 뇌의 주름에 삽입돼 뉴런의 대화를 측정하거나 특정 뉴런을 집중적으로 관찰할 수 있었다. 하지만 유타 어레이는 침습 정도가 가장 높은 전극이었다. 이 전극으로 뉴런 활동을 판독하기 위해서는 두개골을 열거나 두개골에 구멍을 뚫어야 할 뿐만 아니라 혈액–뇌 장벽blood-brain barrier●을 관통해야 했고, 그 상태에서 전극을 전원에 연결해야 했기 때문이다. 따라서 이 장치를 사용해도 윤리적으로 문제가 되지 않는 대상은 동물밖에는 없었지만, 나중에는 치명적인 뇌 손상을 입어 마지막으로 이 방법에 기대를 걸었던 환자들이 실험대상이 되기도 했다.

2004년, 크릭의 친구이자 의식과 신경의 상관관계에 대한 그의 생각에 큰 영향을 준 이론 신경과학자 크리스토프 코흐Christoph Koch는 이런 도구를 비롯한 새로운 도구로 신경암호의 작동 메커니즘을 해독해 의식, 언어, 의도에 대한 과학적 이해가 곧 가능해질 것이라고 예측했다.

20세기 말에 접어들자 언론들도 이런 낙관적인 생각과 관련한 보도를 쏟아내기 시작했다. 예를 들어, 1993년에는 뇌졸중으로 몸이 마비된 여성의 대뇌피질에 침습적 전극을 삽입해 컴퓨터가 이 여성이 사각형 안에 배열된 글자 중에 정확하게 어떤 글자에 집중하고 있는지 만드는 실험이 성공했다는 보도가 나왔고, ECoG 측정 장치로 사람들이 "네", "아니오", "덥다", "춥다", "목마르다", "배고프다", "안녕하세요", "잘 가세요" 같은 말을 할 때 발생하는 전기 신호를 탐지해냈다는 기사가 실리기도 했다.[61]

이런 보도들은 코흐의 예측처럼 실제로 뇌의 전기신호를 사용해

● 혈액-뇌 장벽은 혈관내피세포와 그 주위를 둘러싸 지탱하는 생체 장벽으로 뇌 기능에 필수적인 물질만 출입을 허용해 외부 물질의 침입으로부터 뇌를 보호하는 역할을 한다. – 역자

사람들의 마음을 들여다볼 수 있는 일이 가능해졌다는 생각을 사람들에게 심어줬다. 2022년까지 매년 최소 50편의 동료심사 논문에서 "뉴런암호"라는 용어가 사용됐다. 이 논문들 대부분은 뇌의 생체전기 신호로 어떤 행동, 생각, 감정을 탐지해낼 수 있는지에 관한 것이었다.

이런 연구들은 우리에게 또 다른 의문을 제기했다. 뇌의 전기신호를 측정해 뇌의 상태를 읽을 수 있다면, 뇌의 전기신호를 바꾸면 어떤 일이 일어날까? 뇌를 다시 프로그래밍할 수 있을까?

신경암호 작성

2004년 6월 22일, 작은 바늘꽂이 모양의 금속이 네이글Nagle이라는 환자의 운동피질에 삽입됐다. 정확히는 환자의 왼손과 왼팔을 제어하는 운동피질 영역이었다. 사고로 목 아래 하반신이 마비된 이 환자는 신경과학자 존 도너휴John Donoghue가 브레인게이트BrainGate라는 이름의 임상시험에 참여시켜 유타 어레이를 이식받은 것이었다. 유타 어레이의 삽입으로 환자는 자신의 의지만으로 컴퓨터 커서를 움직일 수 있게 됐다. 커서를 왼쪽으로 움직이고자 할 때 사람의 뇌에 있는 운동뉴런은 환자의 손가락을 왼쪽으로 움직이게 만드는데, 유타 어레이는 이 운동뉴런의 신호를 포착한 다음 그 신호를 기계 언어로 변환해 기계가 커서를 움직일 수 있게 만든 것이었다. 이 환자는 2005년에는 〈와이어드Wired〉 잡지 기자와 "퐁Pong"이라는

컴퓨터 게임을 벌여 승리를 거두기도 했다.[62]

도너휴의 계획은 이보다 훨씬 더 큰 것이었다. 도너휴는 전기신호로 로봇 팔을 움직일 수 있다면 환자가 실제로 자신의 팔을 제어하게 만들 수도 있을 것이라고 생각했다. 실제로 2005년에 그는 〈와이어드〉와의 인터뷰에서 자신의 최종 계획은 "손상된 신경계를 완전히 우회해 실제 근육 조직을 활성화할 수 있는 자극 장치를 만드는 것"이라고 밝혔다.[63] 뇌와 팔다리를 단절시킨 척수 손상을 치료하는 대신 브레인게이트 임플란트가 의도한 목적지까지 직접 전기신호를 전송해 팔다리를 다시 움직이게 만든다는 이 계획은 매우 야심차고 흥미진진한 계획이었다(프랑켄슈타인 같은 느낌을 약간 주긴 한다).

이 아이디어에는 신경우회neural bypass이라는 이름이 붙여졌고, 그로부터 10년 뒤 이 아이디어는 TED 강연에서 소개됐다.[64] 이 강연을 한 채드 부턴Chad Bouton은 마치 TV 진행자처럼 유려한 언변으로 "이 방법은 뇌의 특정 부분에서 발생하는 신호를 뇌나 척수의 손상부위를 우회해 근육에 전달함으로써 근육의 움직임을 다시 살려내는 방법"이라고 설명했다. 브레인게이트 프로젝트의 신호알고리즘의 처리 방법을 개발한 엔지니어인 부턴은 "하지만 우리는 여전히 환자들을 다시 움직일 수 있게 만들지 못했다."라며 치명적인 척추 부상을 입은 사람들이 다시 걸을 수 있도록 돕겠다는 자신의 희망이 좌절됐다고 강연에서 말하기도 했다. 브레인게이트 프로젝트를 주관하던 회사인 사이버키네틱스Cyberkinetics가 2008년에 이 프로젝트를 접자 부턴은 뉴욕 주 맨헤셋 소재 파인스타인 연구소Feinstein Institute로 자리를 옮겨 신경우회를 연구하기 시작했다. 미국 국방부가 자금을 지원하는 프로젝트를 진행하면서 그는 바텔연구소Batelle Institute, 오하이오주립대 연구팀 등과 함께 연구그룹에 합류했고, 2014년에는 다이빙 사고로 사지마비가 된 이언 버크하트Ian Burkhardt라는 청년의 운동피질에 컴퓨터 칩을 이식하는 데 성공했다.

부턴처럼 운동 제어 능력을 복원하는 연구를 하는 연구자들에게 신경암호를 해독하는 일은 에드거 에이드리언이 신경에서 생성되는 활동전위를 측정했던 연구의 수준을 훨씬 넘어서는 것이었다. 860억 개의 뉴런으로 가득 찬 뇌에서 모든 동작에 관여하는 10억 개 정도의 스파이크 동작을 일일이 찾아내어 분석할 수는 없었기 때문이다. 대신 부턴은 특정 의도가 측정될 때 뉴런 그룹이 발화 타이밍을 어떻게 동기화하는지를 보여주는 패턴에 초점을 맞춰야 한다고 생각하고, 이 패턴에 "공간−시간 관계spatio-temporal relationship"라는 이름을 붙였다. 부턴은 이 패턴을 수집한 다음 기계 언어로 번역해 버크하트의 손목을 감싸고 있는 전극이 움직이도록 만들었다. 이 방식은 브레인게이트 프로젝트에서처럼 로봇 팔다리에 달린 모터를 작동시키는 대신, 각 전극이 환자의 팔에 있는 미세한 근육들을 자극하는 방식이었다.

이 방식은 뇌 신호가 근육을 자극하는 방식과 완벽하게 동일한 방식은 아니었지만, 어느 정도 효과가 있었다. 이 장치의 도움으로 버크하트는 물 컵을 손에 들고 입술에 댄 다음 물을 마실 수 있게 됐다. 이언 버크하트는 자신의 뇌에서 수집한 신경암호와 컴퓨터 칩을 이용해 근육활동을 "재생"시킨 최초의 환자가 된 것이었다.[65] 버크하트는 이 정교한 신호처리 장치를 이용해 "기타 히어로Guitar Hero"

라는 컴퓨터 게임을 할 수 있을 정도였다.[66]

하지만 부턴은 아직 만족하지 못했다. 무엇을 만지고 있는지 감각이 없는데 움직일 수 있기만 한다면 아무 소용이 없다는 생각을 했기 때문이다. 부턴은 실용적인 측면에서의 개선이 이뤄져야 한다고 생각했다. 그로부터 몇 년 후 파인스타인 연구소에서 만난 부턴은 "우리에게는 아주 단순한 일로 느껴지지만, 손에서 촉감이나 압력, 미끄러지는 느낌 등을 받을 수 없다면 환자는 자신이 물체를 확실하게 잡았는지 알 수 없다."라고 말했다. 실제로, 물체를 잡고 있다는 느낌이 없으면 갑자기 컵을 떨어뜨려 뜨거운 커피를 몸에 쏟을 가능성이 높다(통증 인식이 부족하면 의사의 진찰이 필요한 2도 화상을 입었다는 사실도 인지하지 못할 수 있다). 이런 일이 일어나지 않게 하려면 장치를 이식받은 환자는 컵을 집는 순간부터 놓는 순간까지 오로지 컵을 잡는 데만 집중하는 훈련을 해야 한다. 부턴은 "임플란트를 이식한 한 남성이 있었는데, 물건을 집어 들 수는 있었지만 다른 일을 하거나 다른 생각을 하려고 하면 들고 있던 물건을 떨어뜨리곤 했다."라고 말했다. 커피 한 모금을 마시고 싶을 때마다 그렇게 해야 한다고 상상해 보자. 만약 잡고 있는 것이 커피 잔이 아니라 아이의 손이라고 생각하면 더 끔찍한 일이 일어날 수도 있을 것이다. 감각이 없다면 일상생활의 모든 활동이 무의미해지기 때문에 이 장치는 반 정도만 성공한 장치라고 부턴은 말했다.

다행히도 감각을 담당하는 감각운동피질은 의도를 담당하는 뇌 영역 바로 근처에 있다. 하지만 감각 경험을 복제하기 위해 뇌에 정확한 전기 스파이크 패턴을 입력하는 것은 뉴런들의 발화를 읽어내는 것과는 차원이 다른 훨씬 어려운 일이었다.

그로부터 6개월 후, 피츠버그대학 연구팀에게 도움을 주던 네이선 코플랜드Nathan Copleland라는 마비환자가 손가락이 5개 달린 로봇 팔 옆에 눈을 가리고 누웠다. 연구원이 로봇의 "손가락" 중 하나를 건드릴 때마다 코플랜드는 자신의 손 어디에서 촉감이 느껴지는지 확인했다. 연구원이 로봇의 검지를 만지자 그는 "검지"라고 말했고, 그에 이어 로봇의 "중지"와 "약지"를 만졌을 때도 정확하게 접촉 위치를 말했다.[67] 코플랜드는 일반적인 브레인게이트 스타일의 운동피질 임플란트 외에도 손가락의 감각에 반응하는 신경세포가 있는 뇌 영역에 두 개의 전극을 일렬로 이식했다(각 임플란트는 참깨 크기 정도였다). 연구자가 로봇의 손가락을 찌를 때마다 이 작은 전극은 해당 뉴런에 정확하게 전기신호를 보냈다.[68]

이 메커니즘은 시어도어 버거Theodore Berger의 관심을 끌었지만, 그가 개발한 전극은 감각을 이식하는 대신 인공적인 기억을 촉발시키기 위한 전극이었다.

인공 기억 구축

버거의 목표는 기억을 처리하고 부호화하는 뇌의 영역인 해마hippocampus의 기능을 모방하는 것이었다. 그는 특정 행동에 대응되는 뇌 패턴을 기록한 다음 자신이 "다중 입력/다중 출력multiple-input/multiple-output, MIMO 알고리즘"이라는 이름을 붙인 알고리즘을 사용해 이 패턴을 다시 뇌에 공급하는 방식으로 행동을 재현하게 해주는 마이크로 칩을 오랫동안 연구해온 사람이었다.

버거는 해마가 기억을 저장하지 못하도록 일시적으로 쥐의 뇌를 손상시켜 치매와 비슷한 효과를 내도록 만드는 방법으로 MIMO를 테스트했다. 이 테스트에 앞서 버거는 실험대상 쥐가 특정 과제를 성공적으로 수행하는 모습을 녹화해놓은 상태였고, 뇌가 손상된 쥐는 그 특정 과제를 수행할 수 없는 상태가 됐다. 그 뒤 버거는 해마가 손상된 이 쥐에게 이전에 기록된 MIMO 패턴을 입력했고, 쥐는 뇌가 손상된 상태에서도 이전에 수행했던 특정 기억 과제를 다시 수행할 수 있었다.[69]

버거는 자신이 인공 기억prosthetic memory을 만들어냈다고 생각했다(물론 버거의 생각에 동의하지 않는 사람도 많았다). 버거와 그의 공동 연구자들은 이 결과를 담은 논문에서 "기억의 신경 암호화 과정에 대한 충분한 정보가 있다면 신경 임플란트로 인지기능을 회복시키거나 강화할 수 있다."는 결론을 내렸다. 그뿐만이 아니었다. 이 연구자들은 한 쥐에게서 가져온 암호를 다른 쥐에게 주입하는 실험에도 성공했는데, 이 실험 성공으로 버거는 자신이 모든 생명체의 기억 형성 과정을 제어하는 보편적인 암호의 정체를 밝혀냈다는 생각까지 하게 됐다.[70] 버거는 붉은털원숭이를 대상으로 실험을 진행해 같은 결과를 얻었다.[71] 이 실험은 원숭이가 잘못된 선택을 하려는 것처럼 보일 때마다 MIMO를 활용해 개입한 실험이었다. 실험결과 "올바른 결정"을 유도하는 암호로 자극을 받은 원숭이는 15%의 확률로 더 나은 선택을 했다. 버거는 이 실험결과를 기초로 MIMO가 특정 동물에만 국한되지 않으며, 언젠가 사람들이 감자튀김을 먹으려고 할 때 올바른 결정을 유도하는 임플란트가 감자튀김 대신 샐러드를 먹게 만드는 자극을 줄 수 있을 것이라고 주장했다.

버거는 미국 국방부의 연구개발 부문을 담당하는 방위고등연구계획국DARPA의 보조금에 오랫동안 의존해 왔으며, 그의 연구는 기억과 외상성 뇌 손상의 신경과학적 메커니즘을 이해하려는 미 국방부의 노력과 잘 맞아떨어졌다(미 국방부는 급조폭발물IED로 인한 부상 또는 전쟁 부상으로 뇌가 손상된 사람들의 뇌 기능을 회복시키기 위한 다양한 연구를 지원하고 있다). 하지만 이 기관이 인간의 뇌에 이식할 수 있는 인공 기억 장치 연구를 위한 자금을 지원하고 있었음에도 불구하고,[72] 연구기간이 너무 짧고 자금이 충분하지 않아 인간을 대상으로 한 실험은 불가능한 상태였다. 이 상황에서 등장한 사람이 바로 브라이언 존슨이었다. 당시 존슨은 온라인 결제업인 페이팔PayPal을 매각해 8억 달러를 확보한 뒤 흥미로운 투자 대상을 찾고 있던 참이었다.[73]

버거의 연구에 대해 알게 된 존슨은 기억 구축용 메모리 칩을 현실화할 신생 스타트업인 커널에 바로 1억 달러를 투자했다. 존슨은 신경암호를 이용해서 무한한 일을 할 수 있다는 생각을 했던 것이었다. 존슨은 모든 감각이 궁극적으로 뇌의 여러 영역에 도달하는 전기신호로 귀결된다면, 그 신호를 모방해 처음부터 기억을 만들 수 있을 것이라는 생각에 기초에 과감한 투자를 했다.

당시 엔지니어들은 더 많은 뉴런에 접근하는 것이 관건이라고 생각했다. 전극 32개를 이용해 감각 기억을 전송하는 데 성공했다고 밝힌 연구자들도 있었다. 하지만 존슨은 기자들에게 거의 2000개에 이르는 전극을 포함하는 인공 기억 임플란트 개발을 계획하고 있으며, 5000개에서 1만 개의 전극으로 구성되는 임플란트를 만드는 것도 가능하다고 말했다. 이에 질세라 곧 스페이스엑스SpaceX와 테슬라의 창업자인 일론 머스크Elon Musk도 수천 개의 뉴런을 동시에 읽고 그 뉴런들에 암호를 쓸 수 있는 뇌 임플란트를 개발하겠다고 발표했다(항상 야심찬 계획을 발표하는 머스크는 이 임플란트를 이용해 인공지능과 "공진화"할 수 있는 방법을 모색하고 있다고 말하기도 했다). 이런 계획들은 조작할 수 있는 뉴런이 많을수록 신경암호를 더 정확하게 작성할 수 있고, 신경암호를 더 정확하게 작성할수록 뇌 인터페이스가더 강력해지는 매우 간단하고 선형적인 진전에 대한 예측을 기초로한 것이었다. 따라서 엔지니어들은 더 많은 뉴런을 읽고 더 많은 뉴런에 암호를 기록하기 위해서는 전극의 수만 늘리면 된다는 생각을하고 있었다.

하지만 단순히 전극을 "추가"하는 것만으로는 부족했다(자세한 내용은 9장 참조). 커널이 버거를 영입한 지 얼마 지나지 않아 존슨은 MIT 합성생물학 연구소의 애덤 마블스톤Adam Marblestone을 영입했고, 마블스톤 그리고 그와 함께 커널로 자리를 옮긴 연구자들은 버거의 연구와 커널의 목표를 비교 검토하던 중 문제점을 발견했다. 첫째, 버거는 유타 어레이를 구성하는 전극보다 훨씬 적은 총 16개의 전극을 가진 장치로 연구를 진행하고 있었다. 둘째, 알고리즘이 기억을 복원했다는 버거의 주장은 버거가 진행한 작은 규모의 간단한 실험들의 결과를 지나치게 긍정적으로 해석한 결과로 볼 수도 있었다. 당시 마블스톤은 "신경암호를 읽어냈다는 버거의 주장은 특정 언어의 '예'와 '안녕하세요.' 같은 간단한 말 정도만 해독한 뒤에 그 언어를 모두 해독했다고 말하는 것과 같다. 버거의 실험결과는 기술적으로는 정확하지만 과대평가됐을 가능성이 있다."라고 말했다.

그러던 중 인간을 대상으로 한 실험이 실패하자 결국 버거와 마블스톤의 협력은 깨지고 말았다. 하지만 마블스톤은 그럼에도 불구하고 너무 비관적인 생각을 가질 필요는 없다며 "우리는 아직 신경암호에 대해 많이 알지 못하고, 정밀하게 신경암호를 읽고 쓸 수 있는 기술이 부족한 상태다. 따라서 신경암호 연구를 인간에게 적용하는 일이 절대적으로 불가능하다고 말할 수는 없다."라고 말했다. 하지만 이런 말은 투자자들에게 전혀 설득력이 없었다. 존슨은 버거의 연구를 확장해 상용화할 수 있는 제품을 만들 수 없다는 것을 깨닫고 결국 인공 기억 생성 칩 개발을 포기했다.

신경암호에 대한 브라이언 존슨의 생각이 바뀐 것은 결국 하드웨어 문제 때문이었다. 마블스톤은 "한동안 커널은 DBS와 비슷한 의료 기기를 만드는 것을 고려하기도 했지만, 파킨슨병 치료 외에는 DBS 같은 장치가 할 수 있는 확실한 일을 찾을 수 없었다."라고 말했다.

그 후 마블스톤은 존슨에게 신경암호 작성을 포기하는 대신 두개골을 열지 않고도 할 수 있는 연구에 집중할 것을 권유했고, 커널은 뇌 신호를 읽어내기 위한 연구를 시작했다. 커널은 임플란트나 케타민ketamine(수면마취제로 사용되는 향정신성의약품)을 이용해 뇌를 자극하는 방식으로 정신 활동의 신호들을 측정할 수 있는 장치를 개발하기 시작했다. 이 장치는 신경과학자 헬렌 메이버그Helen Mayberg가 연구하던 폐쇄 루프 장치의 일종으로, 전기자극 같은 자극이 뇌에 가해지는 동안 뇌에서 생성되는 신경암호를 읽어내는 장치, 즉 자극의 결과로 뇌에서 어떤 일이 일어나는지 알려주는 장치였다.

인공 기억 생성 칩의 개발은 좌절됐지만, 신경암호의 부분적인 해독은 이언 버크하트에게 큰 도움이 됐다. 2020년에 바텔연구소 연구원들은 버크하트에게 이미 이식된 임플란트를 이용해 감각신경 신호들을 감지하는 방법으로 그의 감각 피드백 메커니즘을 어느 정도 복원하는 데 성공했기 때문이다.[74] 그 후 버크하트는 〈매스웍스 MathWorks〉 기자와의 인터뷰에서 "이 시스템을 사용하는 동안에는 손으로 잡은 물건을 떨어뜨리지 않는다는 것을 알 수 있다. 내겐 엄청난 일이다."라고 말했다.[75]

브레인 칩의 미래

그렇다면 언제쯤이면 뇌의 생물학적 기능을 강화해주는 개인 맞춤형 외피질exocortex을 살 수 있게 될까? 유타 어레이는 발명된 이래로 구조가 거의 변하지 않은 유일한 FDA 승인 장치로, 현재로서는 신경암호를 읽거나 쓰려는 사람들이 이용할 수 있는 유일한 도구다. 여기서 확실하게 짚고 넘어가자면, 유타 어레이는 연구용으로만 승인된 장치로 아직까지 일반인들에게는 적용이 불가능하다. 게다가 여러 가지 규제 장벽 때문에 뇌의 언어를 해독할 수 있을 정도의 임플란트는 아직 개발되지 못하고 있다. 유타 어레이와 비슷한 장치들이 쥐(또는 원숭이) 실험에서 흥미로운 결과를 도출해 언론에 크게 소개된 적은 있지만, 이 장치들은 시장에 출시되지 못하고 아직까지 멈칫거리고 있다. 그 이유는 실험동물의 복잡한 신호를 읽을 수 있는 하드웨어와 인간 지원자의 뇌에 실험적으로 삽입할 수 있는 하드웨어 사이에는 큰 차이가 있다는 사실에 있다.

뇌와 컴퓨터를 연결하는 우표 크기의 유타 어레이는 아직 많은 부분에서 부족하다. 이 장치는 기껏해야 뇌의 가장 윗부분에 위치한 뉴런 중에서 수백 개 정도의 뉴런에서 나오는 신호만 읽을 수 있기 때문이다. 이 장치로 뇌에 있는 모든 뉴런을 읽어내는 것은 불가능하다는 뜻이다. 또한 이 칩에 두개골 밖의 신호처리 장치를 연결하는 전선의 수가 2개를 넘으면 감염 위험이 상당히 높아지기도 한다. 게다가 이 칩이 생성해내는 데이터의 양도 현재의 컴퓨터가 저장할 수 있는 수준을 넘어선다.[76]

브레인게이트 임플란트 같은 놀라운 임플란트는 많은 사람들의 관심을 받았지만, 미디어의 보도 이후 일부 환자들에게서는 장치의 작동이 멈추기도 했다. 도너휴의 브레인게이트 실험에 참여한 또 다른 사지마비 환자인 얀 슈어만Jan Scheuermann은 임플란트를 이식한 뒤 로봇 팔 사용법을 몇 년 동안 학습해 겨우 익숙해졌지만, 어느 날부터 임플란트가 제대로 작동하지 않기 시작하면서 마치 다시 사지가 마비되는 것 같은 느낌을 받았다고 말하기도 했다. 연구자들이 이 환자에게 한 설명에 따르면 이는 면역반응 때문에 일어난 현상이었고, 어느 정도 예측이 가능한 현상이었다.[77] 뇌가 바늘꽂이 모양의 금속 임플란트에 대해 금속을 침입자로 인식해 뇌 조직으로 임플란트를 봉쇄하는 반응을 보인 것이 놀라운 일은 아니었다. 이런 문제점들을 생각할 때 유타 어레이가 미래의 브레인 칩이 될 가능성은 매우 낮아 보인다.

이런 면역반응 문제를 피할 수 있는 장치, 즉 유타 어레이를 대체할 수 있는 장치 개발이 시도된 적이 있었다. 1990년대에 신경과학자 필 케네디Phil Kennedy는 100개의 핀을 뉴런들에 꽂아 뉴런들의 대화를 엿듣는 방식이 아니라 그 반대의 방식, 즉 뉴런이 사용자에게 다가오도록 만드는 방식을 이용했다. "신경영양 전극neurotrophic electrode"이라는 이름의 이 전극은 성장인자growth factor(체내에서 세포의 성장, 증식, 분화를 조절하는 단백질계통의 생리활성물질) 등 신경세포를 유혹하는 요소들이 주입된 황금 전선과 연결된 원뿔 모양의 유리였다. 뉴런들은 면역반응을 일으키지 않으면서 성장해 전극 안으로 들어가 전극과 얽히게 되고, 이렇게 되면 이론상으로는 몇 년 동안 전극의 기능이 유지될 수 있었다. 게다가 이 전극은 무선 작동이 가능했다.

1998년에 케네디는 뇌졸중으로 움직일 수도 말을 할 수도 없었던 조니 레이Johny Ray라는 베트남 참전용사에게 이 전극을 이식했다. 그 결과 환자의 의식은 완전히 회복됐지만 여전히 환자는 말은 하지 못했다. 하지만 케네디가 개발한 전극은 조니 레이가 천천히 키보드를 눌러 커서를 움직이는 방법으로 단어를 조합할 수 있게 만들 정도로 정확하게 그의 뇌 신호를 잡아냈다. 당시 이 실험결과가 발표되자 언론은 케네디를 알렉산더 그레이엄 벨에 비유하면서 그의 연구를 극찬했다. 하지만 이런 찬사는 오래가지 못했다. 한두 명의 피험자가 반응을 보이지 않아 케네디가 새로운 지원자를 찾지 못하게 되자 FDA는 신경영양 전극의 인간 대상 실험 승인을 취소했다. 케네디는 신경영양 전극에 어떤 물질을 넣었는지도 명확하게 밝히지 않았다. 하지만 유타 어레이가 있었기 때문에 연구자들은 별로 걱정을 하지 않았다. 하지만 케네디는 2010년대에 들어서자 절박해지기 시작했다. FDA를 설득해 다시 승인을 받기에 충분한 데이터를 확보하기 위한 마지막 노력으로 그는 자신의 몸을 최후의 실험대상으로 선택했다. 2014년에 케네디는 중앙아메리카의 작은 나라인 벨리즈로 가 신경외과 전문의에게 자신의 (인체 사용이 금지된) 전극을 (완벽하게 건강한) 뇌에 이식받기 위해 3만 달러를 지불했다. 미국에서는 이 수술이 불법이었기 때문이었다.

케네디는 11시간 반에 걸친 수술을 무사히 받았고, 수술 후 며칠 동안은 그가 치료하던 감금증후군locked-in syndrome(전신마비로 외부자극에 반응하지 못하는 상태) 환자들과 비슷한 상태로 지내야 했지만 몇 년이 지나자 거의 완벽하게 건강을 회복했다. 하지만 안타깝게도 이 전극은 그로부터 몇 달 뒤 문제를 일으키기 시작했다. 케네디는 다시 수술을 통해 측정 장치와 전송 장치를 뇌에서 제거했지만, 전극은 너무 깊이 박혀있어 안전한 제거가 불가능했다.[78]

이런 일이 발생한 상황에서 FDA가 케네디의 승인 재신청 서류를 검토할 리는 없었다. 당시 케네디는 논문을 작성할 수 있을 만큼 충분한 데이터를 확보했으며, 자신의 뇌에 주입된 전극이 더 이상 해로운 영향을 끼치지 않고 있다고 주장했다. 하지만 당시에는 케네디가 만든 전극 외에도 다른 전극들이 개발된 상태였고, 그 중 "뉴로픽셀Neuropixel"이라는 이름의 전극은 DBS 임플란트를 이식 받은 환자들에게서 데이터를 수집하는 데 이미 사용되고 있었다.[79] 당시 뉴로픽셀은 승인을 받지는 못했지만, 케네디의 신경영양 전극과 비슷한 구조로 뇌의 더 깊은 곳에 있는 뉴런의 활동까지 기록할 수 있었다. 또한 그 무렵에는 "신경 먼지neural dust"라는 이름의 장치도 등장했다. 케네디의 신경영양 전극과 비슷한 구조를 가진 이 초소형 압전 센서piezoelectric sensor(압력이 가해질 때 발생하는 전하를 탐지해내는 장치)는 음파 반사를 이용한 장치로, 뇌 곳곳에 주입돼 뉴런들에서 방출되는 전하를 탐지할 수 있는 장치다.[80] 일론 머스크가 로봇 재봉틀을 이용해 돼지에게 주입한 "뉴럴 레이스neural lace"도 한 번쯤은 들어본 적이 있을 것이다. 가장 최근에 등장한 장치는 "뉴로그레인neurograin"이다. 뉴로그레인은 더 나은 ECoG 데이터를 얻기 위해 개발돼 2021년에 공개된 소금알갱이 크기의 마이크로 칩이다.[81] 현재 뉴로그레인은 엄청난 자금 투자를 받으면서 확산되고 있다. 언론보도에 따르면 뉴로그레인에 자금을 지원한 투자펀드 블랙록BlackRock은 심박조율기보다 뉴로그레인이 더 널리 사용될 것이라고 전망하고 있다.[82]

이런 뇌 인터페이스의 개발이 더 진전되기 위해서는 세 가지 본질적인 문제가 해결되어야 한다. 그 중 하나는, 우리는 뇌가 실제로 어떻게 작동하는지에 대해 잘 알지 못한다는 문제다. 이와 관련해 노스캐롤라이나대학의 신경과학자 플라비오 프롤리치Flavio Frohlich는 "이러한 많은 대화에서 우리가 잊고 있는 것은 뇌에 대한 우리의 지식이 매우 적다는 사실이다. 실제로 시각처리 과정과 같은 기본적인 과정을 비롯한 수많은 과정이 독립적으로 검증되지 않고 있다."라고 말한다. 존슨이 개발을 하려고 하는 장치는 이 부분에서 도움이 될 수 있다. 현재 커널은 뇌수술이 필요 없는 새로운 종류의 뇌 판독 헤드기어를 개발 중이다. EEG와 fMRIfunctional magnetic resonance imaging(기능적 자기공명영상)의 장점을 결합한 자기뇌파검사MEG, magnetoencephalography 장치가 그것이다. MEG 장치는 마치 구글 스트리트뷰처럼 뇌에서 전기활동이 일어나는 위치를 보여준다. MEG는 액체질소 냉각이 필요한 초전도체를 필요로 하기 때문에 MEG 장치는 에인트호벤의 초기 ECG 장치처럼 매우 몸집이 크다. 존슨은 액체질소 냉각 방식 대신 레이저 냉각 방식을 사용해 크기 문제를 해결했다. 남은 문제는 노빌리가 해결하려고 했던 초기 검류계의 문제, 즉 지구 자기장의 과도한 간섭을 해결하는 것이었다. 마블스톤은 "지구 자기장은 우리 뇌의 자기장에 비해 엄청나게 강하다."라고 말한다. 현재 사용되고 있는 MEG 헤드기어가 컴퓨터 카트게임 〈슈퍼마리오〉의 캐릭터들이 쓴 헬멧처럼 크고 우스꽝스러워 보이는 이유가 여기에 있다. 어쨌든 이 헤드기어가 유용한 것만은 사실이다.

현재의 뇌 임플란트와 실리콘밸리에서 개발되는 애플리케이션 사이에는 아직 채워야 할 간극이 많이 남아있다. 기억처럼 복잡하고 주관적인 기능은 출력을 읽은 다음 수많은 뉴런을 조작해야 하기 때문에 이 방법으로 뉴런에 영향을 미칠 수 있을 것 같지는 않다. 또한 뇌가 반격을 시작하기 전에 실제로 얼마나 많은 핀을 사람의 뇌에 꽂을 수 있는지에 대한 문제도 있다. 실험에 자원할 때마다 실험실에서만 마비가 일시적으로 완화되는 이안 버크하트와 같은 사람들의 운명을 생각하면 이 모든 것이 추상적으로 들리기도 한다.[83] 로봇팔을 사용하는 능력을 점차 잃은 얀 슈어만은 〈MIT 테크놀로지 리뷰〉의 안토니오 레갈라도Antonio Regalado 기자에게 가끔 연구자들이 쥐의 귀나 꼬리 같은 것을 로봇팔로 만지게 한 다음 자신의 반응을 관찰하는 일이 씁쓸하게 느껴진다고 털어놓기도 했다.[84] 뇌 임플란트가 더 발전하려면 버크하트와 슈어만 같은 사람들이 더 많아져야 할 것이다.

앞에서 언급한 문제들을 해결하지 못한다면 그 어떤 정부도 충분히 많은 수의 사람을 대상으로 하는 대규모 임상시험을 승인하지 않을 것이다. 그럼에도 불구하고 뇌 임플란트의 미래는 이런 문제들에 의해 결정적으로 제한을 받지는 않을 것이다. 극단적인 주장에 대해 헛소리라고 말할 수 있는 권한을 부여받은 사람이 많지 않기 때문이다. 신경공학만큼 주제가 불투명하고 여러 분야를 넘나드는 지식이 필요한 분야도 드물며, 일부 부도덕한 스타트업들은 이런 혼란을 이용해 근거 없는 주장을 기반으로 사업을 벌이고 있다. 커널의 사례는 회사가 원하는 방향이 아니라 과학이 원하는 방향으로 나아갔다는 점에서 드문 예외다.

그리고 이러한 도전은 뇌에만 적용되는 것이 아니다.

신경암호는 신체 전반에 걸친 훨씬 더 큰 생체전기 신호 시스템의 한 측면에 불과하기 때문이다.

6장	치유의 불꽃: 척추 재생의 신비

2007년, 브랜든 잉그램Brandon Ingram은 보행기에 손을 뻗으면서 휠체어에서 몸을 일으킨 다음 몸을 바로 세운 후 카펫이 깔린 거실을 가로질러 조금씩 걷기 시작했다. 많은 노력과 도움이 필요했지만 결국 그는 복부근육을 사용해 자신의 다리를 스스로 제어하는 데 성공했다.[1]

잉그램은 이전에는 결코 할 수 없었던 일을 해낸 것이었다. 그로부터 5년 전 잉그램은 고속도로 교통사고로 차에서 튕겨져 나와 척수손상을 입었고, 의사들은 그에게 다시는 걸을 수 없을 것이라고 말했었다.

그런데도 그는 걷고 있었다. 여전히 휠체어가 필요하기 때문에 기술적인 면에서는 다소 어려움이 있었지만, 척추를 다쳤을 때 잃은 훨씬 더 중요한 다른 능력, 즉 자세를 바꾸고 감각을 느끼는 능력은 되찾았다. 잉그램은 〈보스턴 글로브Boston Globe〉와의 인터뷰에서 "매우 운이 좋았습니다."라고 말하기도 했다.[2]

잉그램은 인디애나 주 퍼듀대학에서 척추부상 환자를 모집하는 새로운 임상시험이 진행 중일 때 사고를 당했다는 점에서 운이 좋은 사람이었다. 사고를 당하고 며칠 만에 신경외과 의사가 그의 부러진 척추 뼈 사이에 전기장을 방출하는 전극 임플란트를 삽입할 수 있었기 때문이다. 연구진은 이 전기장이 손상 부위에서 절단된 운동신경과 감각신경의 끝부분을 서로 서서히 연결시켜 뇌의 신호가 다시 그 두 신경 사이를 흐를 수 있게 만들 생각이었다. 잉그램의 척추에 이식된 임플란트는 몇 달 뒤에 제거됐고, 그로부터 1년 후 연구진이 잉그램을 비롯한 이 임플란트 임상시험 참가자들의 상태를 다시 조사했을 때 대부분은 상당한 호전된 상태였다.

하지만 잉그램이 다시 걸을 수 있게 됐던 때부터 12년이 지난 2019년, 이 임플란트를 발명한 과학자가 사망했고, 그의 사망과 함께 이 진동 전기장 자극장치oscillating field stimulator에 대한 수많은 전문지식도 사라졌다. 이 장치는 그 어떤 약물이나 기술도 해내지 못한 일을 해낼 수 있는 것으로 안전성이 입증되었고, 미국 규제 당국의 대규모 임상시험이 잠정 승인된 상태였지만, 잉그램의 발언이 〈보스턴글로브〉에 보도된 직후에 바로 연구가 중단됐다.[3] 그때까지 이 장치의 혜택을 받은 사람은 14명에 불과했고, 수년간 개발이 번번이 막힌 끝에 이 장치를 세상에 내놓기로 했던 회사가 파산하면서 추가 개발은 결국 무산됐다.

지금도 이 상황에 대해 안타까움을 표시하는 사람들이 있다. 영향력 있는 업계 잡지 〈뉴로테크 리포트Neurotech Reports〉를 운영하는 제임스 카부오토James Cavuoto는 "이로 인해 척추 손상 연구가 10년 정도 뒤처졌다고 생각한다. 이런 연구를 하고자 하는 연구자와 투자자들을 겁주지 않았다면 오늘날 우리는 어디에 있었을까?"라고 말한다. 학계의 기득권 세력에 의해 무시당했고, 기능의 원리를 이해하지 못하고, 전문적이라기보다는 개인적인 욕망에 사로잡힌 경쟁자들의 공격을 받았던 진동 자기장 자극장치는 당시 사람들이 생물학과 전기의 결합에 대해 생각하던 방식보다 너무 앞서 나갔고, 너무 낯설어서 성공하기 어려웠다는 것이 카부오토의 생각이다.

이 장치의 실패 이유는 이 장치가 활동전위가 아니라 1970년대까지 공식적으로 그 존재가 인정되지 않았던 생체전기장을 이용하고자 했기 때문이다. 피부, 뼈, 눈 등 우리 몸의 모든 기관에서는 동일한 전기신호가 방출되고 사용된다. 새로운 연구와 도구가 생체전기장의 생리적 토대를 밝혀내기 시작하면서 생체전기장의 내부 작동 메커니즘과 의학 적용 가능성을 조명하기 시작했다. 2020년대에는 생체전기장을 조작하기 위한 더 많은 장치와 기술이 등장할 것이다. 하지만 지금까지 그랬듯이 이 이야기를 완전히 이해하기 위해서는 (아주 잠깐이지만!) 처음으로 돌아가야 한다.

라이오널 재프의 연구실

생체전기장 연구는 히드라충hydroid, 조류algae, 귀리 묘목처럼 뇌가 없는 수많은 유기체들이 자체적으로 전기장을 생성한다는 관찰 결과에서 시작됐다. 라이오널 재프Lionel Jaffe는 신경계 외의 분야를 연구하려는 전기생리학자가 거의 없던 1960년대에 이 수수께끼를 풀기 위해 노력한 사람이다. 하지만 물리학자의 영혼을 가진 하버드 출신의 식물학자였던 재프는 이 과정에서 더 크고 통합적인 이론을 추구했다.

그 시작은 갈조류brown algae였다(정확히 말하면 푸쿠스속의 녹갈색 갈조류다). 재미있는 사실은 갈조류에 체다 치즈보다 나트륨이 최대 8배, 바나나보다 칼륨이 11배 더 많이 함유돼 있다는 것이다. 어쩌면 앞으로 우리 모두가 갈조류를 식품으로 먹게 될지도 모른다. 하지만 생물학자들이 갈조류를 좋아하는 이유는 따로 있다. 갈조류는 정자와 난자를 바닷물로 직접 배출하는 성적인 유기체이기 때문에 자궁을 힘들게 관찰하지 않고도 수정 직후부터 전체 발달 과정을 연구할 수 있기 때문이다. 갈조류는 어느 쪽이 햇빛에 노출되느냐에 따라 한쪽과 다른 쪽에서 다르게 자란다.

전기적 특성을 면밀히 조사하기 위해 재프는 갈조류 잎을 여러 개 채취해 퍼듀대학 온수 욕조에 넣은 다음 잎에서 방출되는 정자와 난자가 섞이게 만들었다. 재프는 이렇게 얻은 배아들을 좁은 튜브에 넣고 햇빛 효과를 내기 위해 조명을 비췄다. 배아들이 자라면서 전기장이 방출되는지 확인하기 위해서였다. 실험 결과, 실제로 전기장이 확인됐다. 배아 위쪽에서는 양전하, 아래쪽에서는 음전하가 관찰됐기 때문이다. 이제 재프는 이런 현상이 일어나는 이유를 밝혀내는 데 도움을 줄 똑똑한 연구자들이 필요했다.

퍼듀대학은 전기생리학 분야에서 세계 최고의 대학 중 하나였기 때문에 인재가 풍부했다. 재프는 물리학과에서 가장 똑똑한 학생들을 데려오기로 했다. 첫 번째 스카우트 대상은 재프의 첫 수업에서 감동을 받아 진공물리학을 포기한 켄 로빈슨Ken Robinson이었다. 당시 상황에 대해 로빈슨은 내게 "재프 교수님은 내가 아는 그 누구보다 물리학과 수학을 정확하고 직관적으로 이해하고 있는 분이었다. 경외감을 느낄 정도였다."라고 말했다.

다음 스카우트 대상은 리처드 누치텔리Richard Nuccitelli였다. 누치텔리 역시 재프의 강의를 듣고 고체공학을 포기한 학생이었다. 그로부터 50년 후 누치텔리는 이렇게 말했다. "세포가 전류를 만들 수 있을 거라고 누가 생각이나 했겠어요?" 지금도 그는 그때 느꼈던 감동을 잊지 못하고 있다. 누치텔리는 물리학 공부를 포기한 뒤, 연구실 동료들을 따라잡기 위해 한 학기에 배울 생물학 내용을 벼락치기로 공부했고, 연구실 동료들은 그런 그를 반갑게 맞았다. 후에 그는 "재프 교수님은 제가 본 사람 중 가장 재능 있는 기술자였습니다."라고 말했다. 1974년에 누치텔리는 진동 탐침vibrating probe이라는 완전히 새로운 전류 측정 장치를 만들어냈다. 진동 탐침은 기존의 전류 측정 장치들에 비해 100배 정도 더 민감하고 강력했다. 이 장치를 이용해 재프의 연구팀은 갈조류 수정란의 표면에서 소용돌이치는 미세한 전류를 제대로 조사할 수 있었다. 이 전류는 활동전위를 일으키는 전류보다 훨씬 더 약한 전류였다. 연구팀은 이 전류에 "생리전류physiological current"라는 이름을 붙였다. 활동전위는 카메라 플래시처럼 진동하는 반면, 생리전류는 전구처럼 안정적으로 유기체에서 빛났다.

전기장은 갈조류가 태양 쪽으로 올바르게 성장할 수 있도록 방향을 잡아주는 것처럼 보였다. 그렇다면 전기장은 다른 생물들에게는 어떤 효과가 있을까?

이 의문을 풀기 위해 재프는 갈조류의 수정란에서 자연적으로 방출되는 희미한 생리전류의 세기와 같은 세기의 전기장을 만들어 다른 생물들에 적용했다.

첫 번째 실험대상은 개구리의 척수뉴런이었다. 연구팀의 생물물리학자 무밍 푸Mu-ming Poo는 갈바니의 실험 이후 몇 백 년 동안 사용되고 있던 개구리의 척추 신경세포를 선택했다. 푸는 이 신경세포를 페트리접시에 집어넣은 뒤 자기장을 가했다. 그러자 흥미로운 일이 일어나기 시작했다. 뉴런이 신경돌기neurite(신경세포 세포체에서 뻗어 나온 돌기들의 총칭. 축삭과 수상돌기는 신경돌기의 일종이다)를 성장시키면서, 신경돌기들이 양극positive electrode 쪽으로 점점 더 빠르게 움직이기 시작했다. 신경돌기는 전기장의 양극 쪽을 선호하는 것으로 보였다.[4]

이온들이 자신이 선호하는 전극 쪽으로 이동하는 것은 이미 잘 알려져 있었지만, 연구팀은 이온뿐만 아니라 세포 전체도 선호하는 전극 방향으로 움직이는 현상을 관찰한 것이었다. 사실 이런 현상은 재프의 연구팀이 처음 관찰한 것은 아니었다. 이런 전기주성 현상

electrotaxis(전기장 안에서 세포가 이동하는 현상)은 이미 1920년대부터 관찰되고 있었기 때문이다.[5] 이 현상은 당시 사람들을 경악하게 만들었다. 그때는 세포들이 전기장을 쫓아 페트리접시 안에서 이동하는 현상을 그럴듯하게 설명할 수 있는 방법이 없었기 때문이다. 사람들은 이 현상을 제대로 이해되지 않은 화학적 효과로 치부하고 무시하기 위해 최선을 다했다. 이 현상을 제대로 연구할 수 있는 도구와 새로운 지식은 재프의 연구실에서 최초로 탄생한 것이었다.

재프의 연구실에서 수행된 실험과 도출된 이론은 신경과학 분야 외부에서 이뤄진 성과였기 때문에 이전에는 여러 개별 학문에 흩어져 있던 세포 전기생리학 연구들이 통합되는 결정적인 계기로 작용했다. 수많은 과학자들이 재프의 연구실을 제2의 고향으로 생각했다. 또한 재프는 자신과 함께 연구하는 과학자들에게 놀라울 정도로 헌신적인 태도를 보였다. 로빈슨은 진실을 추구하는 재프의 두려움 없는 접근방식에 감동했고, 나와의 인터뷰에서 "그는 데이터를 가설에 맞추지 않고, 데이터에 맞춰 가설을 세운 사람이었다. 그는 데이터와 일치하지 않는 결과가 나오더라도 화를 내는 법이 없었다. 그는 항상 데이터가 우리에게 하는 말의 의미를 정확하게 찾아내야 한다고 말하곤 했다."라고 말했다. 무밍 푸는 후에 캘리포니아대학 버클리 캠퍼스 교수 겸 중국과학원 교수가 됐고, 현재는 신경과학계의 거장으로 자리 잡았다. 재프의 연구실은 이런 연구자들의 마음의 고향이었다. 이제 리처드 보겐스Richard Borgens가 등장할 차례다.

리처드 보겐스의 등장

리처드 보겐스Richard Borgens가 재프의 연구실에 제출한 지원서류에는 몇 년이 비어 있었다. 재프는 그 이유를 물었다. 보겐스는 대답 대신 자신이 속한 밴드인 〈브릭스Briks〉의 레코드판을 건넸다.[6]

보겐스는 콧수염이 인상적인 텍사스 출신의 젊은이였다. 그는 빈티지 자동차, 빈티지 총, 양서류(어릴 적부터 아버지의 수족관에서 물고기가 다리를 물어뜯은 후 다리가 다시 자라는 도롱뇽의 모습에 매료되어 있었다)를 좋아했다. 보겐스는 켄 로빈슨이나 무밍 푸처럼 수준 높은 대학 출신도 아니었다.[7] 1960년대 후반, 그는 노스텍사스대학에서 학부 과정을 시작했지만, 곧 대중음악으로 방향을 틀었다(그의 밴드 동료 대부분은 쿡 카운티 주니어 칼리지에 다녔는데, 이 학교는 "학문적인 소질이 없는 학생들이 다니는 곳"이라는 평가를 받을 정도로 수준이 낮은 학교였다.[8]) 보겐스가 보컬과 리드기타를 맡았던 밴드의 음악은 당시의 사회 분위기와 어울렸다. 이 밴드는 어느 정도 열성팬들을 확보하기도 했고, 발표한 곡 중 몇 곡은 전국적인 히트를 치기도 했다. 주말이면 보겐스는 스티비 레이 본Stevie Ray Vaughan(블루스 음악 역사상 가장 영향력 있는 음악가 중 한 명이자, 역대 최고의 기타리스트 중 한 명인 텍사스 출신의 뮤지션)의 형이나 돈 헨리Don Henley(밴드 "이글스Eagles"의 보컬과 드럼을 맡았던 싱어송라이터)와 같이 무대에 서곤 했다. 이 밴드의 팬 중 한 명은 그로부터 40년이 지난 뒤에 이 밴드에 대해 "그때 우리는 그들이 위대한 밴드 중 하나가 될 것이라는 확신을 가지고 있었다. 하지만 베트남전쟁이 불러일으킨 광기 때문에 당시 사람들은 이 밴드의 음악

을 제대로 평가하지 못했다."라고 회상하기도 했다.[9]

보겐스의 생각이 바뀐 것은 의무병으로 복무를 마치고 제대한 직후였다. 밴드를 그만둔 뒤 대학을 졸업한 보겐스는 생물학 석사과정을 마치고 퍼듀대학 박사학위 과정에 지원했다. 나중에 그는 재프의 연구실에서 박사학위를 받기 위해 연구를 하던 사람들을 보며 "나도 저런 일을 하면서 학위를 받을 수 없을까"라고 생각했다고 회상했다. 보겐스는 재프의 연구실에서 유일하게 물리학자가 아니었지만 연구실 사람들도 보겐스도 전혀 개의치 않았다. 재프와 마찬가지로 보겐스도 시스템의 부분들을 연구하기보다는 시스템 전체의 작동방식을 이해하고 싶었다. 학문에 대한 그의 접근방식은 연구실의 다른 동료들에 비해 약간 덜 엄격한 편이이긴 했지만, 동료들은 보겐스의 이런 접근방식을 곧 이해하게 됐다. 누치텔리는 "보겐스는 촌놈처럼 보였지만 정말 똑똑했다."라고 회상하기도 했다. 보겐스와 누치텔리는 스트링 베이스를 연주한다는 사실을 서로가 알게 된 후 둘은 금세 친구가 됐다. 누치텔리는 "우리는 연구실 사람들을 약 올리는 내용의 노래를 함께 여러 곡 만들기도 했다."라고 말했다.

하지만 이 둘이 함께 한 연주는 대부분 전기장을 이용한 연주였다. 보겐스는 자신을 실험 동물학자라고 부르기를 좋아했다.[10] 한동안 그는 전기장을 이용해 뱀의 다리를 자라게 하는 프로젝트에 몰두했다. 당시 무밍 푸는 전기장과 신경돌기를 이용한 전기주성 연구를 포기하고, 설명이 더 쉽고 더 과학적이라고 인정받던 화학적 연구 쪽으로 돌아선 지 오래된 상태였다. 하지만 재프의 연구실의 다른 연구원들은 퍼듀대학을 떠난 뒤에도 평생 생리학 연구를 열정적으로 이어갔다(나중에 로빈슨은 코네티컷대학으로, 누치텔리는 캘리포니아 대학으로, 보겐스는 예일대학으로 옮겨 생리학 연구를 계속했다). 1981년, 로빈슨과 그의 제자 로라 힝클Laura Hinkle은 페트리접시에 담긴 세포가 신비한 화학신호에 반응하는 것이 아니라 전기장에 반응하다는 것을 결정적으로 증명하는 논문을 발표했다.[11] 이들은 전기장의 방향을 바꾸는 것만으로 신경세포의 성장을 원하는 방향으로 "돌릴 수 있다"는 것을 발견했다. 이 방식은 매우 효과적이고 예측 가능했기 때문에 전기장의 위치를 계속 변경함으로써 복잡한 패턴을 "그릴" 수도 있었다. 이들은 전기장을 조작해 신경세포의 축삭을 이동시키는 방법으로 자신들의 이니셜을 그리는 게임을 하기도 했다.[12]

이들은 이렇게 전기장 조작이 가진 힘을 발견하기 시작하면서 새로운 연구결과를 또 하나 발표했다. 이들이 진동 탐침으로 측정한 전류가 조직 재생regeneration 메커니즘과도 관련이 있다는 연구결과였다. 이 전류는 양서류의 절단된 사지의 양쪽 절단 단면에서 관찰됐는데, 이는 전류가 조직 재생을 일으키는 원인이 될 수 있는 가능성을 제시하는 것이었다.[13] 1981년, 보겐스는 이들의 이 연구를 살아있는 척추동물로 확장했다. 그의 첫 번째 실험대상은 칠성장어 애벌레였다.[14] 이 바다생물의 독특한 점은 척수가 절단될 경우 자발적으로 재생하는 능력이 있다는 것이다. 이 과정은 일반적으로 약 4~5개월이 걸리며, 치유 과정에서 뒤 부아레몽이 자신의 상처 전류를 측정했을 때처럼 부상 부위에서 발생한 생체전기장과 전류를 선명하게 관찰할 수 있다.

보겐스는 이 전류를 증폭시킬 수 있는지 알고 싶었고, 재생 중인 뉴런에 그가 전기장을 가하자 치유 시간을 3배나 단축할 수 있었다. 이 방법이 효과가 있었고 전기장이 척추 치유 과정을 가속화할 수 있었던 이유는 이 방법이 절단된 축삭에서 고사die-back라는 과정이 일어나는 것을 막았기 때문이었다. 고사는 포유류나 양서류의 척추 손상을 치유하는 데 가장 큰 장애물 중 하나다. 신경세포는 절단이 된 후 다시 자라나는 과정을 시작되기 전에 절단된 단면이 쭈그러드는 반응을 나타낸다. 이런 고사 과정을 막을 수 있다면 척추 손상 후에 다양한 문제들이 발생하는 것을 방지할 수 있다.

손상을 입고 죽어가는 세포는 독성 물질을 배출해 주변의 건강한 세포들을 죽이게 된다. 그렇게 되면 이 과정에서 생성된 잔해들을 정리하고 이물질들을 잡아먹는 대식세포macrophage와 백혈구가 손상 부위로 진입하게 된다. 하지만 대식세포와 백혈구는 항상 과도하게 잔해들과 이물질들을 잡아먹기 때문에 결국 체액으로 가득 찬 큰 낭포cyst가 생성된다. 그 후 흉터 조직이 생성되기 시작하는데, 이 흉터 조직은 축삭의 재생을 물리적으로 방해하는 또 다른 요인이 된다. 포유류 성체에서는 세포가 손상을 입었을 때, 나쁜 일이 일어났으니 들어오지 말라는 신호를 대식세포와 백혈구에 분명하게 전달하는 억제 분자들이 손상된 부위에서 활동하기 시작한다. 척추동물 중에서 척수 재생이 가능한 동물이 거의 없는 데에는 이런 이유가 있다.

보겐스는 척추동물에서 일어나는 이 과정을 막을 수 있는 방법을 생각하기 시작했다. 그는 이 모든 과정이 시작되기 전에 손상 부위에서 축삭이 먼저 빠르게 자라날 수 있게 만들 수 있다면 세포 재생 가능성이 훨씬 더 높아질 것이라고 생각했다. 뉴런을 직류 전기장

안에 넣으면 더 빨리 음극을 향해 성장한다는 사실은 무밍 푸가 이미 밝혀낸 상태였다. 이는 전기장으로 축삭의 성장 방향을 바꿀 수 있다는 뜻이었다. 전기장을 이용해 보겐스는 끊어진 축삭이 다시 연결되는 것을 막는 억제 신호들을 축삭이 무시하도록 유도했다. 그리고 이 실험은 페트리접시에 담긴 신경세포가 아닌 복잡한 환경 안에 있는 살아있는 칠성장어를 대상으로 한 것이었다.

1982년 퍼듀대학으로 돌아온 보겐스는 이 칠성장어 연구결과를 포유동물로 확장하기 시작했다. 보겐스는 전극을 이용해 기니피그의 절단된 척수를 다시 봉합하려는 시도였다. 이 실험의 결과도 칠성장어 실험과 같았다. 이번에도 그는 병변 부위에서 축삭이 재생되는 것을 관찰할 수 있었기 때문이다. 하지만 이 실험에서 보겐스는 칠성장어 실험에서는 발견되지 않았던 문제에 부딪혔다. 기니피그의 척추 재생은 항상 일어나지는 않았고, 재생의 양상도 음극 전극이 손상 부위 위쪽에 주입됐을 때와 아래쪽에 주입됐을 때가 달랐기 때문이다.

척수는 2차선 고속도로와 비슷하다. 감각 축삭은 감각을 전달하기 위해 뇌로 올라가고, 운동 축삭은 뇌에서 내려와 명령을 전달한다. 따라서 음극을 손상 부위 위쪽에 주입하면 모든 축삭이 음극 쪽으로만 자라게 된다. 이는 손상 부위에 있는 감각 축삭들만 다시 서로 연결이 된다는 뜻이다. 반면, 음극을 손상 부위 아래쪽에 놓으면 운동 축삭들만 다시 서로 연결된다. 하지만 보겐스는 뉴런은 양극보다 음극 쪽으로 8배 더 빠르게 성장한다는 것을 밝혀낸 로빈슨의 개구리 실험 결과가 마음에 걸렸다. 고민하던 그는 전기장을 일정하게 가하는 대신에 카메라 플래시처럼 짧은 시간 간격으로 간헐적으로 가한다면, 즉 두 전극의 전하를 계속 음극과 양극으로 변화시키는 방법으로 음극 전극이 손상 부위의 한쪽에 15분 동안 전기장을 가하게 한 다음, 손상 부위의 반대쪽에 다시 15분 동안 전기장을 가하게 만드는 일을 반복하면 이 문제를 해결할 수 있을 것이라고 생각했다. 놀랍게도 이 방법은 효과가 있었다. 보겐스는 두 발자국 앞으로 나아갔다가 한 발자국 뒤로 물러나는 일종의 진행 패턴을 만들어 결국 모든 축삭 조각들이 서로 융합되도록 유도하는 데 성공했고, 그 결과 기니피그는 운동기능과 감각기능을 회복했다.[15] 그는 이 새로운 방식의 장치에 "척수 진동 장 자극장치OFS, oscillating field stimulator"라는 이름을 붙였다.

그 무렵 보겐스와 로빈슨은 퍼듀대학으로 돌아와 스승인 라이오널 재프가 시작한 연구를 계속할 준비를 마친 상태였다. 당시 재프는 퍼듀대학을 떠나 우즈홀 해양 생물학연구소Woods Hole Marine Biological Lab 산하 기관으로 새로 설립된 국립 진동탐지 연구소National Vibrating Probe Center로 자리를 옮겨 갈조류 연구에 매진하고 있었다. 하지만 보겐스와 로빈슨은 연구 방법에 대한 생각이 서로 달랐다. 로빈슨과 달리 보겐스는 의학적 응용 방법, 즉 인간의 척수 손상을 치료할 수 있는 방법을 찾고 있었다. 보겐스는 전기장을 이용해 기니피그의 척수신경세포를 재생시킬 수 있다면 인간의 신경세포 재생을 통해 치명적인 척수 손상도 치료할 수 있을 것이라는 생각을 하고 있었다.

당시는 이런 연구를 하기에 매우 좋은 시기였다. 오랫동안 부진을 면치 못했던 척수손상 연구에 대한 낙관론이 유명인사들의 잇따른 부상에 힘입어 다시 고개를 들기 시작했기 때문이다. 당시는 미국 최고의 미식축구팀 중 하나인 〈마이애미 돌핀스〉의 유명한 수비수 닉 부오니콘티Nick Buoniconti의 아들 마크 부오니콘티Marc Buoniconti 가 대학 미식축구 경기 중에 치명적인 부상을 당한 직후였다. 1985년, 닉은 "마비 치료를 위한 마이애미 프로젝트 연구재단" 설립에 상당한 규모의 자금을 지원했다. 이 연구재단은 척수손상 문제에 대처하기 위해 미국과 캐나다에서 설립된 재단 중 하나였고, 당시 이런 연구재단들은 모두 상당한 자금 지원과 미디어의 관심을 받고 있었다.[16] 1986년부터 2018년까지 이 연구재단에서 행정직원으로 일했던 데브라 보너트Debra Bohnert는 "보겐스는 이런 재단들이 주최한 척수손상 연구 지원을 위한 자선 만찬에 참석해 자신이 척수를 재생시킬 수 있는 방법을 찾아낼 자신이 있다고 말하곤 했습니다. 그의 설득으로 우리 재단은 그가 은퇴할 때까지 계속 그의 연구를 지원했습니다."라고 말했다. 보겐스의 열정은 이런 자선 만찬에 참가한 자선가들에게 깊은 인상을 심어줬고, 1987년에는 척수손상으로 휠체어에 의존하던 캐나다의 한 백만장자가 보겐스의 연구에 사용해달라며 거액의 연구자금을 퍼듀대학에 지원하기도 했다. 보겐스는 이 자금을 퍼듀대학 수의과대학 마비 센터를 설립하는 데 사용했다.

　자금이 유입돼 마비 센터가 세워지면서 보겐스는 다음 목표를 설정했다. 그는 OFS를 임상시험에 사용하고 싶었지만, 기니피그나 쥐를 대상으로 한 실험의 결과로 FDA의 임상시험 승인을 받는 것은 불가능했다. 이 동물들은 척수의 지름이 인간의 척수 지름에 비해 엄청나게 작아 전기장이 미치는 영향도 적었기 때문에 FDA가 보겐스의 실험 결과를 무의미하다고 평가할 수 있었다.

결국 보겐스가 선택한 대상은 개였다. 보겐스는 해부학적인 구조 면에서 이 동물들보다 개가 인간에 더 가까운 데다 실제로 개가 입은 부상을 전기장을 이용해 치료할 수 있을 것이라고 생각했기 때문이다. 보겐스는 개가 당하는 척수부상은 주로 교통사고에 의한 것이라는 점에서 사람이 당하는 척수부상과 비슷하며, 개가 당하는 척수부상은 실험실에서 메스로 절개해 인위적으로 일으킨 부상이 아니라는 점에서 사람을 대상으로 하는 실험을 위한 준비 단계가 될 수 있을 것이라고 생각했다. (물론 보겐스가 개인적으로 개를 좋아한다는 사실도 이 판단에 영향을 미쳤다.)

생각을 굳힌 보겐스는 마비된 개를 위한 보조 장치를 만드는 업체인 도기 카트Doggy Kart와 연락을 취했다. 척추부상을 당해 뒷다리를 쓰지 못하는 개가 몸 뒷부분에 달고 다니는 작은 카트가 바로 이것으로, 개는 앞다리만을 이용해 이 카트를 끌어당긴다. 이 상황은 지나가는 사람들에게는 유쾌하게 보일지 모르지만, 사실 개와 그 주인에게는 매우 우울한 상황이다. 반려견이 마비되면 주인은 하루에 여러 번 반려견의 장과 방광을 손으로 짜 대소변을 배출시켜야 하기 때문이다. 이런 경우 수의사는 일반적으로 안락사를 권장한다.

보너트가 일하던 연구재단은 반려견의 척수에 자극장치를 심는 수술에 동의하는 개 주인에게 수술비를 지원했다. 보너트는 당시 개 주인들에게 카트를 제공하면서 "개가 수술을 받아 회복되면 다시 카트를 돌려주세요."라고 말했다고 회상했다. 첫 번째 실험은 24마리의 개를 대상으로 진행됐으며, 그 중 13마리에 자극장치를 이식됐다.[17] (여기서 중요한 사실은 당시로서는 신경돌기가 보겐스가 기대한 대로 성장했는지 테스트할 수 없었다는 것이다. 반려견은 칠성장어가 아니기 때문에 실험이 끝난 다음 척추를 해부해 신경돌기가 전기자극에 얼마나 잘 반응했는지 알아낼 수는 없었다. 단지 개의 행동을 통해 의미 있는 변화가 있었는지 여부를 파악할 수 있을 뿐이다) 그로부터 6개월 후, OFS 수술을 받은 개 중 7마리가 다시 걸을 수 있게 되었고, 그 중 2마리는 한 번도 다친 적이 없는 개와 거의 비슷하게 걸을 수 있게 됐다. 나머지 개들은 모두 배변 기능을 비롯한 다양한 기능을 회복했다. 수술의 결과는 영구적이었다.[18]

1990년 초 보겐스는 이런 성공을 바탕으로 실험을 확대했다. 사람들은 전국 각지에서 자신의 개를 보내왔다. 보겐스는 인디애나대학의 신경외과 의사인 스콧 샤피로Scott Shapiro를 영입해 더 많은 동물에게 OFS 장치를 자극장치를 이식했다. 1995년에는 척수부상이 치료된 개가 300마리에 육박했다. 보겐스는 〈시카고트리뷴Chicago Tribune〉과의 인터뷰에서 "치료를 받지 않았다면 이 개들의 90%는 죽었을 것"이라고 말했다.[19] 보너트는 "당시 우리가 회수한 카트의 수는 엄청났다."라고 말했다.

마비로 안락사 위기에 처한 개들을 구하는 일은 보겐스의 연구를 널리 알리는 데에도 도움이 됐다. 이런 성공은 사람들의 관심을 끌었고, 퍼듀대학에는 언론의 관심과 지원금이 넘쳐났다. 이런 성공에 힘입어 1999년에는 척수손상 연구를 위해 매년 50만 달러를 퍼듀대학에 지원하도록 하는 조항이 인디애나 주 법에 삽입되기도 했다.[20]

또한 그 이듬해에는 인디애나폴리스 모터 스피드웨이Indiapolis Moror Speedway의 회장 메리 헐먼 조지Mari Hulman George가 270만 달러를 퍼듀대학에 기부하면서 임상시험 진행을 위한 충분한 자금이 확보 됐다.[21] 샤피로와 보겐스는 FDA의 승인을 받기 위한 긴 과정을 시작 했다. 샤피로는 당시 상황에 대해 "2년이라는 시간과 책 4권 분량의 서류가 필요했지만, 결국 우리는 10명의 환자에게 10개의 자극장치 를 이식할 수 있도록 승인을 받았습니다."라고 말했다.

퍼듀대학은 인간을 대상으로 한 실험의 시작을 알리는 성대한 발 표 행사를 열었다. 이 행사장에서는 4년 전 척추파열로 하반신이 마 비됐다 보겐스 연구팀에 의해 회복된 유콘Yukon이라는 반짝이는 갈 색 강아지가 무대를 돌아다녔다.[22] 이 강아지의 주인 데이비드 가이 슬러David Geisler는 절망적인 상태에서 사랑하는 반려동물을 센터 에 데려와 임상시험에 참여할 자격이 있는지 평가받던 암울한 상황 을 이렇게 회상했다. "당시 나는 너무 절망해 많이 울었습니다. 그러 다 OFS 수술을 시키게 됐고, 수술 후 우리 강아지가 다시 꼬리를 흔 드는 모습을 보면서 이제 회복이 되고 있다는 것을 알 수 있었습니 다."[23] 임상시험 발표 행사가 진행되던 날 이 강아지는 계단을 뛰어 오르내릴 정도로 충분히 회복이 된 상태였다. 희망이 가득 찬 이 행 사는 〈LA타임스〉에 의해 크게 다뤄졌다.[24] 이제 임상시험이라는 어 려운 작업이 본격적으로 시작된 것이었다.

임상시험에 참가한 브랜든 잉그램과 9명의 자원자들은 모두 치 료 시작 시점에서 21일 안에 치명적인 척수부상으로 마비가 된 환자 들이었다. 보겐스와 샤피로는 이 환자들에게 심박조율기 크기의 자극장치를 이식한 뒤 15주 동안 경과를 지켜봤다. 보겐스와 샤피로는 그 기간 동안 이 장치의 진동으로 칠성장어, 쥐, 기니피그에서처럼 손상부위에서 축삭이 다시 연결돼 개에서처럼 다양한 기능과 감각이 회복되기를 기대했다.

15주가 지난 뒤 보겐스와 샤피로는 장치를 제거했고, 그 후 1년 동안 이 환자들의 상태를 추적하면서 주기적으로 어떤 변화가 일어나는지 조사했다. 안타깝게도, 잉그램처럼 걸을 수 있게 된 환자는 거의 없었다. 하지만 이 척추수술의 최종적이고 유일한 목표가 환자를 걷게 만드는 것은 아니었다. 설문조사에서 이 척추손상 환자들은 보행능력을 완전히 회복하지는 못했지만, 매우 기본적인 기능을 회복했다는, 예를 들어, 다른 사람의 도움을 받지 않고 화장실에 가거나, 감각을 되찾거나, 욕창을 예방하기 위해 자세를 미세하게 바꿀 수 있게 됐다는 응답을 했다.

그로부터 1년 뒤 참가자 중 한 명을 제외한 모든 참가자가 손과 다리에서 감각을 느낄 수 있을 정도로 회복이 진행됐다. 주로 가벼운 촉감과 통증, 성기능, 고유 수용성 감각(신체가 자신의 위치를 감지하는 감각) 등이 회복됐다. 장과 방광 기능을 회복한 사람은 아무도 없었다. 하지만 이 환자들은 실망하지 않았다. 처음부터 보겐스는 이 수술로 확실하게 다시 걸을 수 있게 될 것이라고 말하지 않았기 때문이다. 당시 상황에 대해 보너트는 나와의 인터뷰에서 "보겐스는 우리에게도 매우 신중하게 말하기를 당부했다. 그는 '환자들에게 마비를 치료할 수 있다는 말을 절대로 하면 안 됩니다. 어느 정도 기능을 회복될 것'이라고만 말해야 합니다."라고 말했다. 이 수술로 하지

기능을 일부 회복한 환자는 잉그램을 포함한 두 명이었다. 샤피로는 "무엇보다도 중요한 사실은 이 환자들에서 회복된 기능이 그 후로도 계속 유지됐다는 것"이라고 말했다.

이 결과는 2005년에 〈신경외과 저널Journal of Neurosurgery〉의 표지에 실릴 정도로 대단했다. 이 임상시험은 효능이 아닌 안전성만을 평가하는 1상 임상시험이었기 때문에 기능적 개선은 "중요하지 않았다." 하지만 그 정도의 평가만 해도 충분했다. 이 장치는 사망, 감염, 고통스러운 부작용이라는 첫 번째 장애물을 통과했다는 것을 인증 받았기 때문이다. 결국 OFS의 안전성이 입증된 것이었다.

하지만 이 장치가 상용화되기 위해서는 몇 차례의 임상시험이 추가적으로 성공해야 했다. 이런 장치는 FDA의 승인을 받지 못하면 미국에서 판매될 수 없다. FDA가 사람을 대상으로 사용을 승인하지 않으면 결코 시장에서 판매되지 못한다는 뜻이다.

결국 이 장치가 FDA의 안전성 승인을 받았다는 소식은 사람들에게 전해지지 않았다. "혁신적인 신경 복구 연구, 인간에게 희망을 주다." 같은 제목의 기사들만 간헐적으로 보도됐을 뿐이었다.[25] 이런 기사들은 혼자서 옷을 입거나, 샤워를 하거나, 다른 사람의 도움을 받지 않고 차에 탈 수 있게 된 잉그램의 사례를 그 후로도 2년 동안 간간이 다루는 데 그쳤다.[26]

첫 번째 임상시험에 대한 안전성 분석에 기초해 FDA는 중증 척수손상 환자 10명을 대상으로 하는 두 번째 임상시험을 승인했다.[27] 이 임상시험과 첫 번째 임상시험은 매우 중요한 측면에서 차이가 있었다. 이 임상시험의 목표는 단순히 이 장치가 안전한지 확인하는 수준을 넘어서 실제로 이 장치가 얼마나 잘 작동하는지 확인하는 것이었다. 모든 과학 연구에서 가장 중요한 방법은 일부 사람들에게는 실제 장치를, 다른 사람들(위약 대조군)에게는 아무 효과가 없는 가짜 자극장치를 제공하는 것이다. 위약 대조군이 표준적인 임상시험의 핵심인 이유는 위약 대조군이 실험되는 기술과의 대비를 제공한다는 사실에 있다. 위약 대조군의 개선도와 실제 장치를 사용한 사람들의 개선도 사이에 큰 차이가 있는 경우에만 더 큰 규모의 임상시험으로 넘어가 장치의 효과가 실제로 발생하는 효과인지, 그 효과가 얼마나 큰지 더욱 정밀하게 확인할 수 있다.

이 모든 단계를 체계적으로 준비한 사람은 신경외과 전문의 스콧 샤피로였다. 그는 다음 소규모 무작위 대조 임상시험에 참여하겠다는 의사를 밝힌 다른 의료센터의 신경외과 전문의 3명과 함께 이 작업을 진행했다. 샤피로의 그 다음 계획은 80명의 환자를 대상으로 하는 조금 더 큰 규모의 임상시험을 진행해 그 중 40명에게 OFS 수술을 진행하는 것이었다. 샤피로는 명확한 계획에 기초해 순차적으로 일을 진행해야 한다고 생각했다.

하지만 보겐스의 생각은 달랐다. 25년 동안 이 연구를 진행하면서 점점 노쇠해지고 있었던 보겐스는 마음이 급했다. 게다가 그는 이미 지쳐 있었고, 언론의 찬사에 흥분해 체계적인 생각을 하기가 힘들었다. 그는 OFS를 하루빨리 시장에 내놓고 싶었다. 하지만 OFS는 메드트로닉과 같은 대형 의료기기 제조업체에 판매하기는 힘든 제품이었다. 이런 회사 입장에서는 흔하지 않은 부상을 치료하는 의료기기를 판매하는 것이 수익성이 떨어지는 일이었기 때문이다. 게다가 더욱 설득력이 없었던 것은 이러한 부상의 대부분이 의료보험에 가입하지 않은 남성들에서 발생한다는 점이었다(척수부상 환자들은 대부분 총상을 입거나 다이빙을 하다 부상을 입은 남성들이다). 그럼에도 불구하고, 이 장치를 돈 많은 대기업에 판매하면 FDA 서류작업은 걱정할 필요가 없다고 생각한 보겐스는 논문이 저널에 게재된 지 3개월 후, 동료들과 함께 안다라 라이프 사이언스Andara Life Science라는 스타트업을 설립하고 OFS에 대한 지적재산권 매각 작업을 시작했다. 그로부터 1년 뒤 이들은 적당한 회사를 찾았고, 그 회사는 순식간에 안다라 라이프 사이언스가 보유한 모든 지적재산권을 흡수했다.[28] 이 회사가 바로 브레인게이트 프로젝트를 주관한 사이버키네틱스였다.

보겐스의 연구과 명성 덕분에 퍼듀대학에는 주정부의 자원금과 민간지원금이 넘쳐났다. 메리 헐만 조지는 추가로 600만 달러를 퍼듀대학에 지원했다. 업계관계자들은 최초의 신경재생 장치가 시장에 출시될 날을 손꼽아 기다렸고, 〈뉴로테크 비즈니스 리포트〉의 편집자 제임스 카부오토James Cavuoto는 OFS가 "신경기술의 지평을 바꾼 장치"라는 찬사를 보내기도 했다.[29] 하지만 OFS는 아직 판매승인을 받지 못했기 때문에 임상연구에 참여한 자원자들만 구입할 수 있었다(이 부분에 대해서는 샤피로가 세부 사항을 꼼꼼히 검토 중이었다). 빠르게 투자금을 회수하고 싶었던 사이버키네틱스는 FDA에 "인도주의적 사용을 위한 장치Humanitarian Use Device(미국 내 연 4000명 미만으로 진단되는 환자들을 위한 의료기기를 말한다.)" 승인 신청을 했다. 이 승인이 이뤄지면 사이버키네틱스는 2007년 말까지는 OFS를 시장에 출시할 수 있었다. 당시 사이버키네틱스 측은 보겐스와 보너트에게 FDA의 승인이 형식적인 절차에 불과하다고 말했다. 후에 보너트는 "그들은 FDA를 다루는 법을 잘 안다며 우리에게 걱정하지 말라고 말했어요."라고 회상했다. 실제로 사이버키네틱스는 승인 신청을 한 다음 해에는 OFS 장치를 시장에서 판매할 수 있을 것이라고 예상했다.

배교자

켄 로빈슨은 걱정이 되기 시작했다. 보겐스와 샤피로의 논문을 읽으면서 음극과 양극을 정확히 15분 간격으로 전환하기로 결정한 이유가 무엇인지 알 수 없었기 때문이었다. 그 결정의 근거를 찾기 위해 논문을 뒤지던 로빈슨은 자신의 이름을 발견하고 놀라지 않을 수 없었다. 자신은 전혀 다루지 않았던 아이디어를 마치 자신이 다룬 것처럼 보겐스와 샤피로가 논문에 썼기 때문이었다. 로빈슨은 이들이 논문에서 자신의 생각을 잘못 해석했다고 생각했다.

로빈슨은 포유류 뉴런이 양서류 뉴런과 같은 방식으로 생리학적 영역에 반응하는 것을 본 적이 없었다. 포유류 뉴런에서 자기장이 효과를 내려면 10~100배 정도 강해야 했기 때문이다. 제브라피시zebrafish(잉어과에 속하는 물고기)를 대상으로 로빈슨이 전기장 실험을 반복한 이유도 바로 여기에 있었다. 이 실험은 보고용으로 사용될 형식적인 시험이었고, 결과가 충분히 예측되는 실험이기도 했다. 하지만 막상 실험이 진행되자 제브라피시 뉴런은 전기장에 전혀 반응하지 않았다. 후에 로빈슨은 당시 상황에 대해 "이 실험결과에 우리는 망연자실했다. 양서류 뉴런 실험에서 발생한 결과가 어류 뉴런 실험에서 발생할 것이고, 더 나아가 포유류 뉴런 실험에서도 발생할 것이라고 우리는 예측했지만, 실제로는 그렇지 않았다. 모든 것을 처음부터 다시 생각해야 한다는 생각이 들었다."라고 말했다.

2007년, 로빈슨은 샤피로에게 보낸 장문의 편지를 통해 그의 연구팀이 개구리 축삭의 양방향 성장을 실제로 직접 관찰한 적이 있는지 물으며 불안감을 드러냈지만, 샤피로는 답장을 하지 않았다. 로빈슨은 그의 실험에 윤리성에 대한 문제가 있는 것은 아닌지 걱정하기 시작했다. 나중에 로빈슨은 "그들의 실험은 근거가 충분하지 않았다."라고 말했다.

로빈슨은 위약 대조군이 없었던 보겐스와 샤피로의 안전성 시험 결과를 신뢰할 수 없었다. 실제로 이 안전성 시험의 대상 중에서 OFS 치료를 받지 않은 사람들(위약 대조군)은 단 한 명도 없었기 때문에 위약효과를 설명하는 것도 불가능했다. 게다가 척수 신경돌기의 성장에 대해 지원자들이 스스로 보고한 개선 효과를 확인할 객관적인 방법도 없었다. (대상자가 사람이기 때문에) 해부를 통해 확인할 수는 없었기 때문이다. 설상가상으로, 샤피로와 보겐스가 사용한 비교 그룹은 이 안전성 시험과는 전혀 관련이 없는 다른 실험의 비교 그룹이었다. 물론 10명의 피험자 중 누구도 해를 입지는 않았다. 하지만 로빈슨은 "그 실험은 누구에게도 해를 끼치지 않았더라도 비윤리적이었다."고 지적했다. 그는 필요한 기초작업을 생략했다는 것 자체가 자극장치의 설계가 완전히 자의적이었다는 것을 의미하며,

이것만으로도 이 실험이 비윤리적이라고 할 수 있다고 말했다. 로빈슨이 보기에는 회사를 설립해 이 장치를 판매하려고 시도한 것도 이들의 범죄성을 강화한 요인이었다.

이 주장은 로빈슨과 그의 동료 피터 코미Peter Cormie가 편지에 대한 응답을 충분히 기다렸다고 판단한 한 2007년에 발표한 논문에 실렸다.[30] 이 논문은 결국 보겐스의 연구를 무력화시키기는 했지만, 가장 즉각적인 효과는 로빈슨을 재프의 제자들로부터 멀어지게 하는 것이었다. 그 단절은 너무나 즉각적이고 완전해서 현재 은퇴해 오리건 주에 살고 있는 현재도 로빈슨은 "배교자apostate"라고 불리고 있다. 일반적으로 배교자라는 말은 종교적 신념에 등을 돌린 사람에게만 사용되는 말이다. 하지만 로빈슨의 논문은 그 후로 보겐스의 연구에 쏟아지게 되는 폭발적인 비판의 서막에 불과했다.

예상과는 달리 사이버키네틱스의 안다라 라이프 사이언스 인수는 임상시험의 길을 열어주지 못했다. 사실 아무도 보겐스에게 인수 사실을 말해주지 않았다. 보겐스는 "당시 나는 인수에 대해 전혀 모르고 있었다."라고 말했다. 그 무렵 보겐스는 안다라의 매각 작업에서 물러나 환자 두 명에게 OFS 장치를 이식하느라 정신없이 바쁜 상태였다. 후에 보겐스는 "어느 날 갑자기 사이버키네틱스 사람들이 회사로 들이닥쳐 내 연구문서와 장치들을 모두 가져가더니 회사의 문을 닫아버렸습니다."라고 말했다.

당시 아무도 몰랐던 사실은 2007년 당시 파산 직전이었던 사이버키네틱스가 상업용 제품을 절실히 원하고 있었다는 것이다. 샤피로는 "그들은 12명의 환자를 대상으로 '동정적 사용compassionate use(오랜 시간 생명을 위협받는 환자, 치료가 거의 불가능하면서 다른 치료방법이 없는 환자에게 개발 중에 있는 약물이나 기기나 허가되지 않은 약물이나 기기를 적용할 수 있도록 하는 제도)' 제도를 이용해 FDA 승인을 얻으려고 했다. 하지만 나는 그 방법으로는 승인을 얻을 수 없다는 것을 알고 있었다."라고 회상했다. 결국 FDA는 "인도주의적 사용을 위한 장치" 승인을 하지도 않았고, 2상 임상시험을 위해 환자에게 OFS 장치를 이식하는 것도 허가하지 않았다.

하지만 보겐스는 이런 사실들을 전혀 알지 못했다. FDA는 그렇게 시간을 끌면서 승인을 지연시킴으로써 OFS 프로젝트가 자금이 고갈돼 폐기되기를 바랐던 것으로 보인다. 하지만 FDA도 나름대로 사정이 있었다. FDA는 미국에서 가장 자금이 부족하고, 업무가 과중하며, 부당하게 악의적인 비난을 받는 규제기관 중 하나다. FDA는 모든 약품과 기기가 규정을 준수하고 사람을 죽이지 않는지 확인하는 임무를 맡고 있다. 업계 친화적인 정치 행정부는 FDA가 혁신을 방해하는 것을 실제로 즐긴다고 생각하기 때문에 FDA에 대한 지원을 줄이려고 한다. 하지만 FDA가 제 역할을 제대로 하지 못하면 질 그물망 임플란트 사고나 유방 보형물 누출 사고 같은 일이 발생할 수밖에 없다. 코로나19 팬데믹 기간 동안 결함이 있는 인공호흡기가 사람을 죽이기 전에 리콜된 것은 FDA 덕분이었다.

하지만 OFS 장치가 시련을 겪을 당시의 FDA는 오늘날의 FDA와는 매우 달랐고, 이는 OFS 장치의 종말에 어느 정도 역할을 했다.

제임스 카부오토와 마찬가지로 제니퍼 프렌치Jennifer French도 FDA의 안다라 기기 승인 처리 방식에 불만을 품었다. FDA에서 환자보호 업무 담당자였던 프렌치는 내부에서 이 모든 과정을 지켜본 사람이었다. 프렌치는 척추 부상에 대해서도 잘 알고 있었다. 프렌치 자신이 1998년 스노보드 사고로 척추가 영구적으로 손상된 후 사지가 마비된 사람이었기 때문이다. 1999년에 프렌치는 마비 환자에게 일시적으로 일어서고 움직일 수 있는 능력을 회복시켜주는 "이식형 신경 보철물Implanted Neural Prosthesis"이라는 첨단 전기 임플란트 임상시험에 자원한 최초의 환자가 됐다. 이 임플란트는 정밀하게 배치된 전극을 통해 근육과 신경에 전류 펄스를 주입하는 방식으로 작동한다. 이 최첨단 신경공학 장치의 임상시험에 참여하면서 프렌치는 환자들이 필요로 하는 것과 연구자들이 제공하는 것 사이의 격차에 대한 독보적인 통찰력을 얻게 됐다. 프렌치는 신경질환을 앓고 있는 사람들을 위한 옹호 활동에 참여하게 됐고, 특히 사이비기술과 실제로 유망한 기술을 선별해내는 작업에 참여했다.

프렌치에게 OFS의 감각 회복 능력은 가장 강력하고 통계적으로 유의미한 결과였다. 척추부상을 입은 사람들에게 감각은 절대적으로 중요한 우선순위다. 감각은 피부가 찢어지는 욕창을 예방하는 데에도 매우 중요하다. 피부에서 감각을 없애는 욕창은 방치하면 감염으로 인한 패혈증을 발생시킬 수 있다. 실제로 패혈증은 척수손상 환자의 사망 원인 중 상위 두 가지 원인 중 하나다. 하지만 제품의 효능에 대한 증거를 평가할 때 FDA는 임상시험에 참여한 환자들이 기기가 삶에 미치는 영향에 대해 말하는 것보다는 더 "객관적인" 척도를 중시하기 때문에 2007년에 FDA가 기기를 평가하는 데 사용한 측정 항목에는 감각이 포함되지 않았다. 이와 관련해 프렌치는 "감각은 블랙박스와 같은 것"이라고 설명한다. FDA가 원하는 증거는 임상의가 환자의 감각이 아닌 환자의 운동능력만을 평가해 내린 판단이었다. 오늘날에는 프렌치와 같은 사람들의 노력 덕분에 상황이 바뀌었고, FDA는 환자가 보고한 결과를 예전보다 훨씬 더 중요하게 생각하고 있다.

하지만 당시만 해도 FDA는 상황을 제대로 평가하지 못했다. 당시 FDA는 이 장치가 실제로 사람들을 다시 일어서게 하는 것도 아니었는데, 왜 더 많은 임상시험을 위한 승인을 받기 위해 서두르는 것인지 이해하지 못했다. 당시의 또 다른 문제는 오늘날과 달리 FDA가 승인에 필요한 안전성 및 유효성 데이터를 수집하는 데 필요한 수많은 문서들의 작성 기준을 업체에게 알려주는 시스템을 구축하고 있지 못했다는 사실에 있었다. 업체들은 스스로 알아서 승인에 필요한 문서들을 작성해야 했다.

이 와중에도 사이버키네틱스는 계속해서 승인을 기대했지만, FDA는 몇 달씩 계속 약속을 미루고 연기했다. 카부오토는 "당시 FDA는 결정을 내리는 데 오랜 시간이 걸렸다."라고 말했다. FDA는 업체가 제출한 환자 보고서를 검토하는 동안에도 심의과정에서 수많은 다른 의견들을 검토했다. 이 연구결과에는 로빈슨의 논문도 포함돼 있었겠지만, 세계적으로 유명한 신경과학자가 주요 신문에 발표한 글도 분명히 포함되었을 것이다. 예를 들어, 2007년에 듀크대학의 미겔 니콜렐리스Miguel Nicolelis는 〈보스턴글로브〉와의 인터뷰에서 OFS에 대해 "이 회사에 대해 할 말이 없다. 급하게 수익을 올리거나 주가폭락을 막으려는 최근의 시도 뒤에는 확실한 과학적 근

거가 보이지 않는다."라고 말하기도 했다.[31]

하지만 미겔 니콜렐리스는 보겐스의 생체전기장 연구에 대해 잘 모르는 상태에서 이런 말을 한 것이었다. 이와 관련해 카부오토는 "니콜렐리스가 아는 것은 안다라가 만든 OFS에 관한 것이 아니라, 사이버키네틱스의 창립자 중 한 명인 존 도너휴의 연구결과였다. 니콜렐리스는 도너휴를 싫어했다."고 말했다. 실제로 니콜렐리스와 도너휴는 둘 다 뇌-컴퓨터 인터페이스의 개척자였지만, 도너휴는 〈뉴욕타임스〉 같은 미디어에 자주 칼럼을 기고하는 대중적인 학자였던 반면, 니콜렐리스는 그런 도너휴를 못마땅하게 생각하고 있었다. 카부오토는 "니콜렐리스는 OFS 기술에 대해 전혀 몰랐다. 그가 아는 것은 그 기술을 존 도너휴가 만든 회사가 보유하고 있다는 사실밖에 없었다."라고 말했다.

OFS에 관한 니콜렐리스의 비판이 신문에 실린 직후 카부오토는 FDA에게 니콜렐리스의 말을 들을 필요가 없다는 내용의 글을 언론에 발표했다. 하지만 당시는 상황을 돌이키기에는 이미 너무 늦은 상태였다. 카부오토는 니콜렐리스의 인터뷰가 사이버키네틱스를 침몰시키는 데 일조했다고 생각한다. 그는 "FDA는 시간을 끌었고, 사이버키네틱스는 자금이 바닥났다. 투자자들은 투자를 철회했다. 그게 끝이었다."라고 그는 말했다. 그리고 2008년에 경기침체가 닥쳤다. 사이버키네틱스, 안다라, 인도주의적 기기 승인 면제 등 모든 것이 사라졌다.

15년이 지난 지금도 카부오토는 기기 자체뿐만 아니라 그 당시의 상황에 대해 여전히 가슴 아파하고 있다. 그는 "FDA가 사이버키네틱스의 문을 닫게 만든 것은 관련 연구자들과 투자자들에게 보낸 메시지, 이런 연구를 하면 인정을 받을 수 없다는 것을 알리는 분명한 메시지였다."라고 말했다. 당시 FDA의 결정이 미친 영향이 10년이 지난 지금까지도 이어지고 있다고 주장하는 카부오토는 "나는 이 사건이 이 분야를 10년 정도 후퇴시켰다고 본다."고 말했다.

여정의 끝

한편, 당시 퍼듀대학 연구소도 2상 임상시험을 제대로 진행하지 못하고 있었다. 보너트는 "FDA가 임상시험 시작을 허락하지 않았다. FDA는 계속 더 많은 정보를 요청했는데, 우리는 그 이유를 알 수 없었다. 보겐스에게 '누구를 열 받게 한 겁니까?'라고 말했던 기억만 난다."라고 말했다. 하지만 보겐스는 이 모든 일에도 불구하고 결코 포기하지 않았다. 보겐스는 남은 조각들을 재조립하기 위해 계속 시도를 했고, 그와 샤피로, 그리고 나중에 그의 박사후과정 연구원이었던 지안밍 리Jianming Li는 OFS 연구를 되살리기 위해, 최소한 이 기술이 망각되는 것을 막기 위해 엄청난 노력을 기울였다. 2012년, 샤피로는 자신이 어렵게 구한 4명의 추가 참가자에 대한 실험 결과가 포함된 OFS 결과를 담은 논문을 발표하기도 했다. 그는 2014년에도 비슷한 내용의 논문에 대한 리뷰를 유럽의 한 저널에 발표했는데, 이는 이 연구를 학문적으로 계속 유지하기 위한 노력의 일환이었다.[32]

하지만 결국 보겐스도 오래 버티지는 못했다. 로빈슨 밑에서 박사학위를 받았지만 그의 OFS 비판 논문 발표 이후 보겐스와 인연을 끊은 앤 라즈니첵Ann Rajnichek은 당시를 이렇게 회상했다. "FDA는 보겐스에게 너무나 많은 서류를 요구했고, 결국 보겐스는 포기할 수밖에 없었다. 어느 날 그는 손을 들고 팔을 최대한 높이 뻗으며 '나는 이 일을 해내기 위해 말 그대로 이만큼의 서류를 FDA에 제출했다.'라고 말하더니 '더 이상 의지가 없다.'라고 말했다."

보겐스의 연구는 당시 연구교수였던 지안밍 리가 이어받았다. 그는 OFS 전자장치를 현대화하고 전극 배치를 최적화하는 작업을 진행했다. 2001년 이후 기술 발전으로 장치 설정 변경 기능, 새로운 알고리즘, 앱을 사용한 디바이스 제어 등 단계적인 업그레이드가 이뤄졌다. 하지만 그때 이미 보겐스는 이미 OFS 기술에서 벗어나 신경세포를 융합할 수 있는 약물 연구에 초점을 맞추고 있었다.[33]

그러던 2018년, 보겐스는 전립선암 진단을 받았고, 퍼듀대학을 그만두어야 했다. 보너트는 퍼듀대학 학장 중 한 명이 보겐스에게 은퇴를 강요했다고 말한다. 해고되지 않은 부서의 다른 직원들도 모두 명예퇴직을 했다. 보겐스는 2019년 말에 세상을 떠났다.

그 후에도 리는 마비 연구센터와 OFS를 살리기 위해 스승의 연구를 이어가려고 노력했다.[34] 원래 특허가 만료되었기 때문에 리는 새로운 특허 출원을 준비하고 일부 발전된 내용을 발표했다.[35] 케이스 웨스턴대학Case Western Reserve University과의 잠정적인 협력으로 새로운 버전의 OFS를 인간에게 테스트하기 직전이었다. 그때 코로나19가 닥쳤다.

이 혼란 속에서 리는 해고됐고, 마비 연구센터에는 새로운 소장이 부임했다. 그는 OFS에 대한 추가 연구를 배제하는 방향으로 센터의 임무를 변경했다. 보너트는 "사람들을 도울 수 있는 방법을 연구하던 리의 노력이 계속 이어지지 못하는 상황이 너무 슬펐다."라고 회상했다. 샤피로는 2021년에 인디애나대학교에서 은퇴했다. 현재 퍼듀대학에 남아 있는 리처드 보겐스의 흔적은 텍사스 주기 모양으로 칠해진 사무실 문밖에는 없다.

수많은 의문이 남는다. 안다라가 사이버키네틱스에 인수되지 않았다면 어땠을까? 경기침체로 타격을 입지 않았다면 사이버키네틱스는 성공할 수 있었을까? 보겐스가 초기에 중요한 단계를 건너뛰었다는 로빈슨의 지적은 옳은 지적이었을까? 보겐스의 아이디어는 시대를 너무 앞서간 아이디어였을까?

OFS 장치는 뉴런에 작용하지만 신경암호나 활동전위 같은 익숙한 개념과는 전혀 관련이 없는 장치였다. OFS 장치는 생물학자들에게는 이해가 되지 않는 전기를 이용한 상처 치유 메커니즘이었고, 전기마술에 대한 오래된 기억을 불러일으켰다. 리처드 누치텔리는 "보겐스가 연구한 것은 정말 최첨단의 기술이었다. 척수를 재생하고 새로운 성장을 유도하는 것은 기존의 전기생리학자들에게는 전혀 새로운 기술이었다. 그들은 이 기술에 전혀 관심이 없었고, 활동전위에만 집중한 사람들이었다."라고 말했다.

최근 들어 척수자극에 대한 연구가 다시 언론의 조명을 받고 있다.[36] 하지만 이 새로운 연구는 활동전위를 중심으로 전통적인 척추 연결방식에 기초한다. 이 방식은 절단된 축삭을 다시 연결하는 대신 척수에 남아있는 온전한 축삭에 강렬한 전기를 가해 운동 기능을 주도하는 활동 전위를 전달하도록 하는 방식이다. 이 연구에 따르면 손상되지 않은 몇 개의 남은 경로가 뇌에서 흔히 볼 수 있는 가소성 plasticity을 나타낼 수 있는 것으로 밝혀졌다. 손상된 뉴런을 다시 융합하는 것이 아니라 이러한 방식으로 현재 척추 손상 연구에서 전기가 널리 사용되고 있는 것으로 보인다. 물론 약간의 성공도 있었다. 이 기술 개입 전에는 걷지 못했던 소수의 사람들이 걷고 있다. 카부오토는 "안다라의 OFS 장치가 승인됐다면 더 다양한 접근법을 통해 이 모든 일이 몇 년 전에 일어났을 것이다. 그렇게 됐다면 아마도 지금쯤 척추 부상 후에 더 많은 사람들이 걸어 다니고 있을 것이다."라며 안타까워한다.

보겐스의 장치가 실제로 이러한 원리에 따라 작동했을까? 아니면 오늘날의 장치 중 일부가 OFS가 했던 방식으로 축삭을 재연결하기 때문에 실제로 작동하고 있는 것일까? 문제는 어떤 메커니즘이 브랜든 잉그램의 움직임을 회복시켰는지에 대해 보겐스가 옳았는지 테스트할 방법이 많지 않다는 것이다. 개와 마찬가지로 사람을 해부해 효과를 확인할 수는 없기 때문이다.

하지만 신체의 다른 생체전기 영역을 대상으로 한 연구들에 따르면 이 문제는 곧 해결될 수 있을 것으로 보인다. 이 연구들은 리처드 보겐스가 이제 막 완전히 이해되기 시작한 세포의 생체전기적 특성을 활용했다는 것을 분명하게 드러내고 있다. 보겐스의 OFS 기술을 적용했던 척추 부위뿐만 아니라 다른 부위에서도 이 기술이 적용될 수 있는 가능성도 커지고 있다. 모든 살아있는 세포는 동일한 전기적 특성을 가진다. 보겐스의 연구방식에 약간의 문제가 있었는지는 몰라도 그가 무언가 근본적인 것들을 활용하고 있었던 것은 분명하다. 그리고 이 연구가 마침내 성숙해지기 시작하면서, 생리학적 전기장이 어떤 방식으로 신체를 고치는지에 대한 연구 그리고 생리학적 전기장이 더 나은 기능을 할 수 있도록 새로운 장치를 만드는 방법에 대한 연구가 활발하게 이뤄지고 있다.

보겐스의 연구는 소규모 실험들을 통해 계속 복제되고 있으며, 2018년에는 슬로바키아의 한 연구그룹이 OFS를 정확하게 재현하기도 했다. 이 연구팀은 전기장 유도를 이용해, 뒤엉킨 축삭들이 부상 부위에서 떨어져 있던 다른 축삭들과 연결되도록 만드는 데 성공함으로써 보겐스가 쥐 실험을 한 지 30년이 지난 지금, 향상된 이미지와 분석 기술을 통해 OFS가 정확히 어떤 일을 하는지 확인해냈다. OFS 연구는 완전히 끝난 것이 아니었다. 보겐스의 직관이 옳다는 것이 지금 밝혀지고 있다.

모든 생체조직은 배터리다

보겐스가 수십 년 동안 생체전기장 연구를 하는 동안 다른 연구자들은 매우 약한 생리적 전기장에 반응하는 다양한 세포들을 발견하고 있었다.

콜린 맥케이그Colin McCaig는 신경과 근육이 약한 전기장 아래에서 스스로 정렬한다는 확실한 증거를 구축하기 시작했다. 그는 자신의 주장에 비판적인 사람들을 납득시키기 위해서는 "생리학적 전기장"이 신경과 근육 외의 다른 종류의 조직에서도 동일한 작용을 한다는 것을 보여주어야 한다고 생각했고, 한때 로빈슨의 제자였던 앤 라즈니첵 그리고 중국 최고의 외상외과 의사와 공동연구를 진행했던 민 자오Min Zhao를 스코틀랜드 애버딘대학 연구실로 초빙했다. 이 두 사람은 함께 생체전기가 신체 곳곳에서 심오한 영향을 미친다는 사실을 입증하기 시작했다. 음극에 끌리는 다른 조직에는 어떤 것들이 있었을까?

이들은 거의 대부분의 조직이 음극에 끌린다는 사실을 밝혀냈다. 이들은 보겐스가 손상된 축삭을 치료하기 위해 사용했던 미세한 전기장, 무밍 푸가 척수 신경돌기의 성장을 유도한다는 것을 발견한 전기장이 피부세포, 면역 세포, 대식세포, 뼈세포 등 거의 모든 종류의 세포를 음극으로 이동하게 만든다는 것을 입증해냈다.

특히 자오는 이런 전기장이 발휘하는 힘의 엄청난 강도에 충격을 받았다. 멕케이그의 연구실에 도착했을 때만 해도 자오는 과학 연구에서 늘 그렇듯이 복잡한 생물학적 과정의 수많은 요소 중에서 또 하나의 흥미로운 요소를 연구하는 데 자신이 투자하게 될 것이라고 생각했었다. 자오는 물론 이런 연구가 중요하긴 하겠지만, 그다지 스릴 넘치거나 큰 영향을 끼치지는 않을 것이라고 생각했다. 그는 이 연구가 세상을 바꾸는 정도로 중요한 연구가 될 것이라고는 꿈에도 생각하지 않았다. 일반적으로 생물학은 너무 많은 요인이 얽혀 있어 어느 한 가지 요인의 중요성만 명확하게 짚어내기 쉽지 않다. 특히 성장인자, 사이토카인cytokine(면역체계의 전달체 역할을 하는 단백질) 등 다양한 물질들이 서로 상호작용해 이뤄지는 상처 치유과정에서는 더욱 그렇다. 자오는 "당시 나는 누구나 자신이 가장 좋아하는 분자가 있고, 그 분자가 중요한 역할을 한다는 것을 보여줄 수 있다고 생각습니다."라고 말했다. 하지만 자오의 이런 생각은 상처치유 실험을 위해 자기장을 가동시키는 순간 물거품처럼 사라졌다.

자오는 놀라지 않을 수 없었다. 미세한 전기장이 성장인자나 유전자 또는 이전에 사람들이 상처 치유 과정에서 결정적인 역할을 한다고 생각하던 모든 물질을 압도하는 영향력을 가지고 있다는 것을 알게 됐기 때문이다.[37] 자오는 세포가 다른 모든 물질의 영향보다 전기장의 영향을 가장 크게 받는다는 것을 그때 처음 알게 됐다.[38] 이 현상은 세포의 후성유전학적 특징을 명확하게 드러내는 것이었다. 후에 자오는 "그때 나는 우리가 다른 사람들의 생각과는 달리, 심지어는 나의 예측과 달리, 엄청나게 중요한 일을 하고 있다는 것을 깨달았다."라고 회상했다.

하지만 안타깝게도 당시 연구자들은 이들의 연구에 전혀 관심을 갖지 않았다. 조직재생, 태아 발달 등에 관한 이들의 연구는 분명 획기적이었지만, 다른 전기생리학자들 사이에서는 거의 무시당했다.[39] 전기생리학자들은 "전기는 그런 역할을 하지 않는다."는 입장을 견지하면서, 마치 비과학적인 동종요법 연구를 바라보듯이 이들의 연구를 거부감을 가지고 바라보았다. 하지만 이들은 전혀 굴하지 않고 계속 연구를 진행했다. 사실 이들의 연구는 이제 막 시작됐을 뿐이었다. 이들에게는 페트리접시 안에서 움직이는 개별 세포가 중요한 것이 아니었다. 결국, 우리 몸에서는 개별 세포의 이동이 중요한 것이 아니라 서로 상호작용하는 세포들이 이루는 조직과 기관이 중요하기 때문이다. 세포조직에는 신경조직과 근육조직 외에도 결합조직과 상피조직(피부)이 있다. 이들의 연구는 이런 조직이 손상을 입었을 때 왜 전기가 쏟아지는지에 대한 오래된 의문에 해답을 제시할 것으로 기대됐다.

피부는 수십억 개의 세포로 이루어진 정교한 집합체다. 피부는 상피세포들로 구성된 3개 층으로 구성되며, 이 3개 층 중 바깥쪽 층을 표피epidermis라고 부른다. 간단하게 설명하자면, 피부는 몸 전체를 덮는 거대한 세포막이라고 생각할 수 있다. 전기적 관점에서 보면 더욱 그렇다.

상피조직은 스스로 전압을 생성한다. 이 전압은 "시스템 전체가 정상 작동한다."는 신호로 해석할 수 있다. 피부가 온전할 때는 전위차가 생성돼 피부 바깥쪽 표면이 피부 안쪽 층에 대해 항상 음의 전위를 갖게 된다.

하지만 정말 흥미로운 일은 피부를 잘랐을 때 벌어진다. 표피의 상피세포층을 잘라내면 간극 접합이 제공하는 깔끔한 경로를 통해 잘 이동하던 나트륨이온과 칼륨 이온이 여기저기로 엉뚱하게 새어 나오게 된다. 전선이 끊어져 전기가 사방으로 흐르게 되는 것이다. 전류가 흐르던 깔끔한 통로가 사라지거나 와해됐기 때문에 이온들이 사방으로 쏟아져 나오게 되는 것이다.

서문에서 설명했듯이, 이 전류는 뺨 안쪽을 깨문 다음 상처 부위에 혀를 댔을 때 느껴지는 상처 전류다. 이 때 따끔거리는 느낌이 드는 것은 혀가 전압을 감지했기 때문이다. 켄 로빈슨은 퍼듀대학에서 강의할 때 훨씬 더 극적인 실험을 하곤 했다고 라즈니첵은 회상한다. 로빈슨은 다이얼이 0에 맞춰진 전류계의 모습을 강의실 스크린에 띄운 뒤, 전류계와 연결된 소금용액 비커 두 개에 손가락을 집어넣어 다이얼이 흔들리지 않는다는 것을 보여줬다. 그런 다음 로빈슨은 "따라하지 마세요."라고 말하면서 면도날을 꺼내 자신의 손가락에 상처를 낸 다음 피가 흐르는 손가락을 비커에 다시 담갔고, 바늘은 빠른 속도로 흔들리기 시작했다. 라즈니첵은 "우리는 그때 눈앞에서 전류를 관찰했고, 로빈슨이 이런 실험을 학생들 앞에서 할 때마다 탄성이 쏟아져 나오곤 했다."라고 회상했다.

이렇게 누출된 전류는 인체 내에서 어느 정도 거리에 걸쳐 그 영향력을 느낄 수 있는 전기장을 형성한다. 이 전기장은 주변 세포들에게 도난 경보기, 나침반 등을 합친 것과 같은 역할을 한다. 무밍푸와 앤 라즈니첵이 인위적으로 생성된 전기장을 사용해 페트리접시 안에서 이동시킨 세포들처럼, 상처 전류에 의해 자연적으로 생성되는 전기장은 세포 전체가 상처 부위로 이동하도록 유도한다. 또한이 전기장은 구조를 재건하는 각질세포와 섬유아세포, 청소부(대식세포)와 같은 신체의 비상 근무자들을 안내하고 지시한다. 이들은 모두 협력해 표피를 다시 봉합한다. 더 멋진 사실은 전기장이 세포를 상처의 중앙으로 유도한다는 것이다. 이 중앙 부분이 바로 우리 몸에서 이동하면서 다른 세포를 돕는 세포들이 모이는 커다랗고 붉은 과녁인 자연적 음극이다.

상처 치유 과정은 이렇게 시작된다. 그리고 상처 회복이 진행됨에 따라 상처 전류와 관련 전기장이 사라지기 시작한다. 상처가 완전히 치유되면 더 이상 상처 전류는 감지되지 않는다. 전기장은 모든 상피세포에서 이런 메커니즘을 통해 작동한다.

하지만 상피세포에는 피부세포만 있는 것이 아니다.

좀 더 쉽게 설명하자면, 피부 상피는 우리 몸의 내부와 외부를 감싸는 전기 랩이라고 할 수 있다. 우리 몸 전체는 피부라고 부르는 다층 전기 상피로 둘러싸여 있으며, 모든 장기도 전기 수축 랩으로 싸여있다.

장기에 따라 이 랩은 외부에 있기도 하고 내부에 있기도 하다. (엄밀히 말하면 내부에 있는 경우 내피endothelium라고 부르지만, 이 내피도 여전히 같은 물질이다.) 심장 같은 일부 장기는 내부와 외부가 모두 이 랩에 싸여 있다. 이 랩은 신장과 간을 감싸고 있으며, 입, 혈관, 폐, 눈, 비뇨생식기, 소화관, 질, 전립선 등 모든 기관의 속이 빈 부분을 감싸고 있다. 즉, 이 랩은 몸 안 어디에나 존재한다. 세포막이 세포 안으로 들어오고 나가는 것을 결정하는 경계를 만드는 것처럼, 상피의 주요 역할은 상피가 감싸고 있는 기관으로 들어가고 나가는 것을 결정하는 것이다.(물론 이 과정에서 순환계도 역할을 한다.) 상피와 내피는 모두 전기를 띠고 있기 때문에 배터리라고 할 수 있다. 우리 몸의 모든 기관은 전압을 가지고 있으며, 그 전압을 사용한다. 심장이 배터리라는 사실은 심장이 말 그대로 전기장을 사용해 박동을 조절하기 때문에 쉽게 이해할 수 있을 것이다. 누치텔리는 이 현상에 대해 "전기적 수축electrical contraction"이라는 용어를 사용한다. 심장만 배터리인 것은 아니다. 신장 배터리도 있고, 가슴 배터리(유선의 내강)도 있고, 전립선 배터리(알렉산더 폰 훔볼트의 실험 참조)도 있다. 전류가 상피를 통과하는 모든 곳에는 배터리가 있다.

눈도 배터리라고 생각하기는 힘들겠지만, 사실 눈은 가장 멋진 배터리다. 눈에는 각막과 수정체가 손상됐을 때 치유 과정을 가속화하는 데 도움이 되는 매우 강력한 상처 전류가 발생한다.[40] 실제로 망막 상피조직은 신체에서 가장 전기적으로 활성이 강한 중 조직 중 하나다. 우리가 무엇이든 볼 수 있는 이유는 1970년대 연구자들이 "어두운 전류dark current"라고 명명한 여러 층에서 소용돌이치는 전류와 전기장 덕분이다.[41] 록 그룹 〈핑크 플로이드Pink Foyd〉에 대한 오마주처럼 들리지만, 어두운 전류는 말 그대로 어둠 속에서만 흐르는 전류라는 뜻이다. 조명을 켜면 나트륨채널이 닫히고 다양한 신호들이 색각을 활성화하기 때문이다.

신경, 근육, 피부에는 모두 전류가 흐르는 것으로 확인됐다. 이제 남은 것은 뼈나 혈액과 같은 결합조직이었다. 결합조직은 다른 조직들을 결합하고 지지하는 역할을 한다. 이 조직들에도 전기가 흐를까?

당연히 그렇다. 그렇지 않다면 이 책을 쓰지도 않았을 것이다.

뼈에도 전기가 흐른다. 뼈는 압전성 물질, 즉 한 가지 형태의 에너지(예를 들어 달리기로 인해 일어나는 뼈의 압축)를 받아 다른 형태로 변환할 수 있는 조직이다. 예를 들어, 발로 땅을 밟을 때 뼈가 받는 압력은 뼈를 더 강하게 만드는데, 이는 뼈세포가 이런 기계적 활동에 반응하면서 생성하는 전하가 뼈를 강하게 만드는 전기신호로 변환되기 때문이다. 또한 뼈는 부러질 때 강한 상처 전류를 방출하는데, 이 전류는 골절 부위에서 발생해 뼈가 상처를 치유하는 데 도움이 된다.

결론적으로 말하면, 전기적 구성 요소를 인식하지 않고는 살아있는 시스템에 대해 이야기할 수 없다. 우리는 전기 없이는 아무것도 아니다.

신체가 자연적으로 자체 전기를 사용해 상처를 치유한다면, 심박조율기나 DBS(뇌심부자극술)와 같은 방식으로 상처를 치유할 수 있는 방법을 찾아낼 수 있지 않을까?

생체전기 연구의 현실 적용

생체전기를 조작하는 것만으로도 신체의 자연적인 회복 과정을 방해할 수 있다는 것은 이제 확실한 사실로 굳어지고 있다. 실제로, 스코틀랜드의 연구자들은 채널 차단 약물을 사용해 나트륨이온의 이동을 억제하는 방식으로 쥐의 상처 전류가 보내는 전기 신호를 차단하면 상처가 치유되는 데 더 오랜 시간이 걸린다는 사실을 발견했다.[42]

그렇다면 그 반대의 과정도 가능할까? 우리 몸의 자연적인 전기를 증폭해 치유 과정을 가속화할 수 있을까? 지난 10년간 이뤄진 다양한 임상시험들은 이 의문에 대한 답이 "그렇다."라는 것을 점점 더 많이 드러내고 있다. 가장 끔찍한 상처 중 하나는 아마도 심한 욕창일 텐데, 이 상처는 치유하는 데 수개월에서 수년이 걸릴 수 있으며 피부 아래 조직, 근육, 뼈를 공격한다. 사람의 상처를 치료하기 위해 전기자극을 사용하는 대부분의 연구는 이러한 종류의 상처를 대상으로 이루어졌으며, DBS 같은 방법이 도움이 되지 않을 때 최후의 수단으로 사용된다. 이런 실험들을 수년 동안 수행한 후 두 그룹의 과학자들이 메타분석을 수행한 결과, 전기자극으로 자연적인 상처 전류를 증폭하면 치유 속도가 거의 두 배로 증가한다는 결론을 내렸다.

이 효과는 피부에만 나타나는 것이 아니었다. 1980년대에 들어서는 이 미세한 전류가 골절의 치유를 가속화할 수 있다는 연구결과가 발표되기 시작했고, 일부 연구자들은 이 전류가 골다공증 치료에도 도움이 될 수 있다는 연구결과를 내놓기도 했다.[43] 또한 전기자극은 상처 부위에서 새로운 혈관이 더 빨리 자라도록 돕는다는 것이 밝혀졌고, 눈을 대상으로도 진지하게 연구되기 시작했다. 전기자극은 피부 이식을 돕는 데도 효과적인 것으로 나타났는데, 이는 전기자극이 새로운 피부가 자리 잡는 데 도움을 주기 때문인 것으로 보인다.

하지만 이러한 모든 유형의 실험 결과는 대체로 긍정적이지만, 일관성이 없고 예측할 수 없다는 단점이 있다. 이에 대해 노스다코타 대학에서 생체전기 상처 드레싱을 연구하는 마크 메설리Mark Messerli는 "문제는 최적화가 제대로 이뤄지지 않았다는 점."이라고 지적했다. 전기가 상처의 치유 속도를 높이는 메커니즘을 우리가 아직 제대로 이해하지 못하고 있기 때문에 자극을 강화하거나 개선하기 힘들고, 심지어는 자극을 표준화하기도 힘들기 때문이라는 설명이다. 환자에게 전기자극을 사용하고자 하는 의사들은 어려움을 겪는 이유가 여기에 있다. 메설리는 "상처 치유를 최적화하려면 상처 치유 메커니즘이 어떻게 작동하는지 이해해야 한다."라고 말했다.

2006년에 민 자오와 유전학자 요제프 페닝어Josef Penninger는 상처에 전기장을 가했을 때 어떤 유전자가 발현되는지 찾아내기 위한 최초의 통제실험을 통해 이런 이해를 크게 발전시켰다.[44] 언론에서 크게 다루기도 한 이 연구는 전기와 유전자의 연관관계를 밝힌 최초의 연구이자 전기가 후성유전학적으로 몸에 영향을 미친다는 것을 최초로 증명한 연구이기도 하다.

다음으로 해야 할 일은 인간의 상처에서 실제로 전기장을 측정하는 방법을 찾는 것이었다. 당시까지 전기치료는 전류가 사람의 생체전기에 어떤 영향을 미치는지에 대한 확실한 이해를 바탕으로 이뤄지고 있지 않았다. 이 문제를 해결하려면 사람에게서 흐르는 상처 전류가 정상적인 전류인지 그렇지 않은 전류인지 식별할 수 있는 장치가 필요했다. 당시는 건조한 상태의 포유류 피부에서 전기장을 측정할 수 있는 장치는 현재까지 개발되지 않은 상태였기 때문에 생체전기는 통제된 실험실 환경에서 젖은 상태의 개구리 피부에서만 측정되고 있다. 그러던 2011년, 리처드 누치텔리가 사람의 피부에도 사용할 수 있는 비침습적 장치 "더마코더Dermacoder"를 개발해 상처 전류를 정밀하게 관찰할 수 있는 길을 열었다. 더마코더는 전기장의 세기와 상관없이 이 기기에서 가장 가까운 위치에 존재하는 전기장을 측정할 수 있는 장치다. 더마코더를 피부에 대면 이 장치는 피부 표면의 전압을 측정해 상처의 깊이를 알아낸다.[45] 사용자는 이를 통해 상처의 지형적 지도 즉, 3차원 전기 지도를 얻을 수 있다. 라즈니책은 "이 도구는 의사가 실제로 사람 몸에 대고 사용할 수 있는 최초의 도구"라고 말했다.

더마코더는 전기가 상처 치유에 어떤 영향을 미치는지에 대한 이해를 증폭시켰다. 누치텔리는 상처에서 발생하는 전기장의 세기와 치유 진행 과정 사이에 강한 상관관계가 있음을 발견했다. 그는 상처가 생겼을 때 전기장의 세기가 정점에 달했다가 상처가 치유되면서 서서히 감소하고, 치유가 완료되면 감지할 수 없을 정도로 약해진다는 사실을 발견한 것이었다. 하지만 누치텔리의 연구에서 더 흥미로운 점은 사람의 상처 전류의 세기와 치유 능력 사이의 관계였다. 상처 전류가 약하게 흐르는 사람은 상처 전류가 강하게 흐르는 사람보다 치유가 더디게 진행됐다. 무엇보다 흥미로운 점은 상처 전류의 세기가 나이가 들면서 약해져 65세 이상에서는 25세 미만보다 절반 정도만 강한 신호를 방출한다는 사실이다.[46]

이렇게 생체전기에 대한 정교한 측정이 이뤄지면서 더 좋은 실험 결과들이 발표되기 시작했다. 예를 들어, 2015년에 누치텔리와 크리스틴 풀러Christine Pullar는 상처에 가하는 전기자극을 더마코더를 이용해 정교하게 조절해 새로운 혈관의 형성을 가속화시킴으로써 환자들의 치유 속도를 높이는 데 성공했다.

전기 치유

상처 치유를 가속화하는 아이디어는 이제 임계점을 향해 달려가고 있는 것으로 보인다. 2020년, DARPA는 차세대 상처 치유 밴드를 개발하기 위해 자오를 비롯한 여러 연구자들에게 1600만 달러를 지원했다. 이 시스템은 채소를 칼로 자르다 손을 베었을 때 붙이는 반창고 같은 것과는 거리가 멀다. 이 밴드는 치명적인 외상을 치료하기 위한 것으로, 한 번에 여러 종류의 조직에서 생체전기 치유를 유도하고 모든 조직에서 치유 속도를 높이는 것을 목표로 한다.

현재 이 밴드는 1차 개념증명, 즉 이온채널을 개별적으로 제어해 세포가 특정한 전위차를 유지하게 만드는 것이 가능하다는 증명이 이뤄진 상태다.[47] 이와 함께 전기잉크로 만든 회로를 상피에 그리는 방식의 웨어러블 전기 문신도 개발되고 있다. 이 전기 문신은 상처 전류가 치유 과정에서 흐르는 위치를 3차원으로 정확하게 추적하는 장치다. 이런 장치들은 살아있는 조직에 대해 지형도와 같은 수준의 정보를 제공하기 때문에 관찰 및 진단에 매우 유용하다. 즉, 이 장치들은 상처 전류를 구성하는 다양한 요소들의 정확한 움직임을 구글 지도처럼 실시간으로 추적하는 데 사용할 수 있으며, 비슷한 정밀도로 외부 전류를 상처 부위에 전달할 수도 있다. 또한 상처 부위에 다목적 전기장을 무작정 쏜 다음 효과를 기대하는 것이 아니라, 필요한 곳에 정확한 방식으로 전기장을 전달할 수도 있다.

자오는 이런 전기 전도성 신체지도electrical conductivity body map가 모든 집의 배선이 공통 표준을 준수하는 것처럼 우리 모두에게서 비슷하다고 생각한다. 그는 "전원 플러그를 벽의 아무 곳에나 꽂을 수는 없지요."라고 말한다. 리처드 보겐스는 라이오널 재프의 생리학적 전기 연구결과를 시대를 앞서 급진적으로 적용한 사람이었다. 하지만 보겐스는 임상시험을 서두르면서 치유과정에서 생체전기가 하는 역할에 대한 이해 그리고 생체전기를 매핑하고 측정할 수 있는 정밀한 도구의 확보 없이 연구를 밀어붙인 사람이기도 했다.

이런 보겐스의 개별적인 뉴런들의 연결 연구에 비해 생체전기를 이용해 상처를 치유할 수 있다는 생각은 그리 급진적으로 보이지는 않는다. 지난 10년 동안 새로운 연구들이 쏟아져 나오면서 상처 치유를 위해서 보겐스처럼 뉴런 수준에서 미세하게 연구할 필요는 없다는 생각이 힘을 얻고 있다. 개별 뉴런을 조작하지 않아도 신체의 통제 시스템을 깨울 수 있는 방법이 있기 때문이다.

어떤 이온채널을 켜거나 꺼야 하는지 정확하게 알아낼 수 있다면 손상된 팔다리를 치료하는 것보다 훨씬 더 많은 일을 할 수 있으며, 더 나아가 팔다리를 처음부터 다시 자라게 할 수도 있을 것이다.

4부

탄생과 죽음의 비밀

● ● ●   21세기가 시작될 무렵, 우리는 움직이는 모든 이온에 암호화된 신호가 부상을 치료하는 것 이상의 역할을 한다는 생각을 하기 시작했다. 뉴런만이 통신을 관장하는 메시지를 보낸다는 기존의 견해는 점차 사라지기 시작했고, 모든 세포가 전기 통신을 주고받는다는 새로운 아이디어가 등장했다. 치유를 유도하는 동일한 생리적 영역이 놀랍도록 일관된 청사진에 따라 처음부터 스스로를 형성하는 우리 몸의 능력을 만들어내는 것으로 밝혀졌으며, 이 영역은 암세포가 체내에서 확산되는 과정에서도 핵심적인 역할을 한다는 추정이 제기되고 있다. 이 전기 언어를 이해하면 우리가 어떻게 만들어지고 어떻게 만들어지지 않는지에 이르기까지 삶의 가장 근본적인 정신적 질문과 난치성 문제에 대한 열쇠를 얻을 수 있다.

"우리 몸에는 수조 개의 세포가 있다···
하지만 눈, 코, 입, 팔꿈치 등 모든 조직에 있는 유전자는 모두 똑같다.
그렇다면 이렇게 똑같은 것들이 하는 역할이
수없이 다양한 이유는 무엇일까?"

미나 비셀 Mina Bissell

7장 │ 우리 몸을 만들고 회복시키는 생체전기

발가락이 새로 날 수 있을까?

지난 10년 동안 마이클 레빈Michael Levin은 학회 강연을 할 때나 논문을 작성할 때 뒷다리를 들고 앉아있는 작은 흰색 쥐의 그림을 사용해왔다. 이 작은 쥐의 얼굴에는 마치 〈모나리자〉의 미소 같은 미묘한 미소가 보이는 것 같다.[1] 이 쥐가 신비하게 보이도록 만드는 또 다른 원인은 작은 상자에 싸여 있는 왼쪽 앞다리다. 상자 안의 발에 달린 발가락이 네 개일지, 다섯 개일지 알 수 없기 때문이다.

터프츠 대학의 레빈 연구실에는 실제로 여러 마리의 쥐가 있는데, 각각 작은 상자 하나씩을 왼쪽 앞다리에 착용하고 있다. 이 쥐들은 모두 발가락 한 개가 절단된 상태다. "바이오리액터bioreactor"라는 이름의 이 상자는 발가락 절단 후 남은 조직의 전기 통신을 조작하기 위한 장치와 연결돼 있다. 이 상자 중 하나에는 발가락이 잘린 자리에서 새로 난 발가락이 있을 가능성이 있다. 아직 결과는 나오지 않았지만, 결과가 나온다면 한 과학 분야 전체의 미래를 완전히 바꿀 가능성이 있다.

"재생의학regenerative medicine"이라는 용어는 외상이나 노화로 인해 상실된 신체 부위를 대체하기 위해 사람들이 시도해 온 다양한 연구를 가리키는 포괄적인 말이다. 이 용어가 생긴 지는 30년 정도밖에 되지 않았다.[2] 이 분야는 마치 프랑켄슈타인의 괴물처럼 임플란트 및 이식의학, 보철의학prosthetics, 조직공학tissue engineering 등 다양한 분야들이 합쳐져 만들어진 분야다. 이 모든 분야를 일관된 프레임워크로 통합한 것은 줄기세포의 발견과 그 응용 가능성이었다.

줄기세포가 주목을 받는 이유는 다양한 종류의 세포로 분화할 수 있는 줄기세포의 독특한 능력에 있다. 줄기세포는 마치 어린아이와 비슷하다. 줄기세포는 처음에는 무한히 가변적이지만 성숙하고 성장하면서 근육이나 신경, 뼈와 같은 특정한 역할로 특화되기 때문이다. 인간이 형성된 지 3~5일 된 인간의 주머니배blastocyst(포유동물의 발생과정 중 초기 발생 단계에 형성되는 구조)였을 때 우리는 모두 줄기세포였다(실제 이 때의 줄기세포의 수는 약 150개다). 성인이 되었을 때는 줄기세포가 많이 남아 있지 않으며, 그 줄기세포들은 대부분 골수에서 생성된다. 1998년에 인간 배아에서 이런 마법의 세포를 추출해 실험실에서 다른 세포로 변형시킬 수 있게 되자, 이전에는 금속이나 플라스틱으로 교체하거나, 면역반응을 억제해야 하는 사용할 수 있는 이식 장기를 사용하는 대신 줄기세포를 이용해 모든 장기나 신체 부위를 수리하거나 대체할 수 있다는 아이디어가 제시됐다. 그로부터 얼마 뒤 줄기세포는 노화나 사고 등으로 손상된 간, 관절, 심장, 신장, 눈 등 원하는 모든 장기를 재생하는 데 사용할 수 있게 됐다.[3] 그러자 태아 조직을 의약품의 구성 요소로 사용한다는 것에 대한 반대여론도 일어났지만, 성인 신체의 다른 세포들도 줄기세포처럼 사용할 있다는 연구결과들이 발표되면서 사람들이 새로운 희망을 가지게 되면서 줄기세포에 대한 언론보도는 계속 이어졌다. 줄기세포가 신경질환, 요통 등도 치료할 수 있다는 연구결과가 발표되면서 사람들은 줄기세포가 생물학적 기적을 일으킬 수 있다는 기대를 갖게 됐다.

하지만 지난 30년간의 이런 놀라운 언론 보도들에도 불구하고 아직까지 줄기세포에 대한 기대는 현실에서 충족되지 않고 있다. 이와 관련해, 피츠버그에서 맥고완 재생의학 연구McGowan Institute for Regenerative Medicine를 운영하는 스티븐 바딜락Stephen Badylak은 "지난 30년 동안 줄기세포 치료법이 질병이나 부상에서 다른 치료법보다 더 큰 효과를 나타낸 적은 단 한 번도 없다."고 말했다. 레빈이 줄기세포 연구와는 완전히 다른 연구에 매진하는 이유가 여기에 있다. 레빈은 개별 세포 구축과 관련된 분자 수준의 미세하고 복잡한 화학적 상호작용에 집중하는 대신, 애초에 쥐(그리고 쥐의 발가락)를 만들어낸 생체전기 스위치를 켤 수 있는 방법을 연구하고 있다. 그는 부상이나 질병으로 잃어버린 모든 것을 다시 자라게 하는 능력은 유전자에 기록된 것이 아니라, 신체가 어떤 모양인지 스스로에게 이야기하는 데 사용하는 전기적 언어로 제어할 수 있다는 아이디어에 기대를 걸고 있다. 레빈은 이 전기언어의 암호를 해독한다면 신체 일부가 자연스럽게 재구축되도록 만들 수 있다고 생각한다. 이런 전기 스위치의 존재에 대한 최초의 생각은 우리가 전기 스위치로 무엇을 해야 하는지 알기 훨씬 전인, 거의 1세기 전으로 거슬러 올라간다.

삶의 불꽃

해럴드 색스턴 버Harold Saxton Burr의 실험이 오늘날 이뤄졌다면 당장 비난을 받았을 것이다. 하지만 1930년대에는 예일 대학 생물학연구소의 책임자가 자신의 밑에서 일하는 여성 연구원들에게 매일 전압을 측정하고 이를 생리주기와 비교하여 차트로 만들어 달라고 요청하는 일이 가능했다.

버는 예일대 의대에서 평생을 보내면서 20세기 중반에 수많은 논문을 발표한 학자였다. 그의 평생의 사명은 모든 생물학적 시스템이 전기적 특성을 보이는지, 그렇다면 그 이유는 무엇인지 알아내는 것이었다. 생물학적 전기 활동의 전체 범위를 파악하기 위해 그는 30년 동안 박테리아부터 나무, 여성에 이르기까지 다양한 대상들을 연구해 그들이 방출하는 미묘한 전기적 힘을 측정하고 매핑했다. 버가 이 연구를 시작할 당시에는 EMGelectromyography(근전도 검사)와 EEG(심전도 검사)가 이미 널리 사용되고 있었지만, 그는 이 크고 확실한 파형들 자체에는 관심이 없었다. 버는 이 모든 소음 속에 숨겨진 다른 신호, 즉 사라지거나 약해지지 않으면서 지속되는 희미한 전기신호를 발견했기 때문이다. 그는 이 신호에 대해 더 많은 것을 알고 싶었다. 이 신호를 정확하게 측정하기 위해 그는 처음 3년 동안 오거스터스 윌러가 사용했던 심장박동 감지 장치보다 훨씬 민감한 전위계를 만들기 위해 노력했다. 초기 조사를 위해 그는 실험실의 연구원들에게 전압 측정에 응해 달라고 요청했다. 전해질 용액으로 채워진 컵에 두 개의 전극을 꽂은 다음 각자의 검지를 집어넣어 두 손가락의 전압 차이를 파악하는 방식이었는데, 이는 켄 로빈슨이 상처 전류를 증명하기 위해 했던 방식과 비슷했다. 다만 상처를 낼 필요가 없다는 점에서는 달랐다. 버가 개발한 민감한 전위계는 미세한 전압 차이를 잡아냈다. 당시 버는 "두 손가락 사이에 전압 차이가 있다는 것이 즉시 분명해졌다."라는 기록을 남겼다.[5] 그는 이 일정한 직류 전기장이 우리 몸의 한쪽은 음극, 다른 한쪽은 양극인 개인별 전기 분극을 가지고 있다는 증거라고 생각했고, 이 생체전기장에 "전기역학장electrodynamic field(L장L-field)"이라는 이름을 붙였다. 이 전기역학은 인간이 배터리라는 최초의 증거였다. 이 신호가 진짜인지 확인하기 위해 버와 그의 동료들은 조건을 다양하게 바꾸면서 실험을 10번 반복했다. 만족할 만한 결과가 나오자 버는 본격적인 연구를 시작했다. 남성 연구원들은 매월, 매주, 매일 전기장 측정을 하도록 지시받았다. 그 결과를 검토해보니, 버는 남성의 다양한 자기장 강도를 스펙트럼에 따라 그래프로 그릴 수 있다는 사실을 발견했다. 어떤 남성은 10밀리볼트에 달하는 강력한 전압 변화를 일관되게 보였고 어떤 남성은 2밀리볼트를 간신히 넘기는 데 그쳤지만 개인의 전기장 세기는 거의 비슷하게 유지됐다.

그때부터 버는 실험실의 여성 연구원들에게로 눈을 돌렸다. 여성들은 전기장 신호가 더 가변적일 수 있다는 생각에서였다. 그는 여성들에게 실험에 참여해 달라고 요청했다.[6] 그리고 놀랍게도 이 여성들에게서 "매달 24시간 동안 전압이 크게 상승하는 현상"을 발견했다. 이 현상은 이 여성들의 생리주기의 대략적인 중간 지점에서 발생했기 때문에 버는 이 전압 상승과 배란의 관련성을 떠올렸다.

아무리 1930년대라고 해도 인간 여성을 대상으로는 더 이상 이런 실험을 더 진행할 수 없었기 때문에 버는 토끼를 대상으로 자신의 가설을 테스트했다. 토끼의 배란은 예측이 가능하다. 자궁경부를 자극하면 9시간 후에 난자가 배출되기 때문이다. 연구팀은 토끼의 배란, 복부 개방, 나팔관 압출이라는 실제 현상을 동시에 직접 관찰하면서 토끼 난소의 전압을 읽는 다소 끔찍한 실험을 진행했다.[7] 당시 버는 "놀랍게도, 난자가 방출되는 난포 파열 순간에는 전위계의 바늘이 급격하게 움직였다. 이 실험은 전기적 변화가 배란과 관련이 있다는 것을 충분히 증명할 수 있을 때까지 여러 번 반복됐다."라고 기록했다.[8]

당시에는 살아 숨 쉬는 여성을 대상으로 이런 실험을 정확히 재현하는 것은 불가능했다. 하지만 다행히도 버는 진단 목적 개복수술을 앞둔 젊은 여성을 실험 대상으로 찾아냈고, 이 여성은 연구팀의 실험수행에 동의했다. 이 여성이 수술을 기다리는 56시간 동안 연구진은 전위계로 이 여성의 체온을 지속적으로 측정했다. 버는 한 전극을 바깥쪽 복벽 중심부에, 다른 전극을 안쪽 자궁경부 근처의 질관

vaginal canal 벽에 대고 두 전극 사이의 전압 차이를 관찰했다. 이 여성에게서 토끼 실험에서 관찰한 결과와 동일한 결과가 나타나자 이 여성은 바로 개복수술을 위해 수술실로 보내졌다. 계획대로 난소가 제거됐고, 정밀 검사 결과 배란의 징후인 최근 파열된 난포가 발견됐다.

버에게 이 결과는 토끼에서 발생하는 현상이 이 여성에게서도 동일하게 발생한다는 것을 보여주는 확실한 증거였다.[9] 그는 같은 맥락에서 몇 가지 연구를 더 수행했고[10], 1937년에 시사주간지 〈타임Time〉은 "버는 이 전기장치로 노벨상을 받을 가능성이 있다."라고 보도했다.[11] 이 기사를 쓴 기자는 이 장치에 대해 "휴대할 수 있을 정도로 작은 상자 안에는 네 가지 종류의 전기 배터리, 섬세한 전위계, 두 개의 라디오 진공관, 11개의 저항, 한 개의 그리드 리크grid leak(전자관의 격자에 접속된 커패시터의 전하를 방전시키기 위한 저항), 4개의 스위치가 들어 있다."라고 자세히 묘사했다.[12] 버는 개인용으로 장치를 만들려는 사람에게 배선도를 공유하겠다고 제안했지만, 기자에게 "라디오 세트 구성에 완전히 익숙한 숙련된 기술자만이 조립해야 한다."라고 주의를 당부했다. 이 복잡한 장치는 여성의 난소가 언제 난자를 생산할지 알려주는, 그 누구도 해내지 못한 일을 할 수 있었기 때문에 그만한 가치가 있었다. 〈타임〉은 이 장치가 아이를 가지려는 가족에게 큰 도움이 될 것이라고 설명했지만, "이 장치가 임신하고 싶지 않은 여성들에게도 도움을 줄 수 있을 것으로 보인다."라는 경고도 잊지 않았다. 오늘날의 말로 직접적으로 표현하면 이 장치가 피임에 도움이 될 수 있다는 뜻이다.

한편, 이 즈음 코넬대학에서 동물행동학을 전공한 마거릿 알트만 Margaret Altmann을 비롯한 여러 과학자들은 암퇘지와 암탉의 발정기에서 동일한 생체전기적 상관관계를 발견해냄으로써 버의 발견이 다른 동물에서도 적용된다는 것을 확인했다.[13] 그리고 이런 일들은 결국 당시 하버드의대병원 산부인과 과장이자 유명한 불임 전문의 존 록John Rock의 관심을 끌게 된다. 록이 관심을 가지게 된 것은 버의 가설이 논란을 불러일으켰기 때문이다. 당시에는 모든 여성이 월경이 시작되기 14일 전, 즉 월경 주기의 한가운데서 시계태엽 인형처럼 배란이 일어난다는 이론이 지배적이었다. 이 이론은 확실한 과학적 근거에 기초한 것이 아니라 제1차 세계대전 후 귀국한 참전용사들에 대한 역학 연구와 그들의 아내가 얼마나 빨리 "임신"하는지에 대한 연구에서 나온 것이었음에도 불구하고 당시에 지배적인 이론으로 빠르게 자리를 잡은 이론이었다.

버의 연구결과에 따르면 "월경 주기 중간 배란"이라는 규칙은 좋은 경험 법칙이었을지 모르지만, 여성 개개인의 월별 배란 시기는 매우 다양할 수 있었다. 실제로 그의 데이터에 따르면 한 달에 한 번 이상 배란을 하는 여성도 있었고, 가임 기간이 매우 다양한(연속해서 매월 같은 기간에 배란을 하지 않는) 여성도 있었다. 따라서 버는 모든 여성이 월경 시작 14일 전에 배란을 한다는 이론에 기초해 임신을 기대하는 것은 매우 어렵다고 생각했다. 또한 이 이론에 의존한다면 여성이 원하지 않을 때 임신이 될 수도 있다고 버는 생각했다.

존 록은 정자 동결 기술과 체외수정 기술을 개척한 불임 전문가였고 가톨릭 신자였다. 하지만 그는 가톨릭 교회의 입장과는 달리 여성이 자신의 임신을 스스로 통제할 수 있어야 한다는 입장이었고, 나중에 최초의 피임약 개발에 결정적인 역할을 하면서 교황에게 피임약의 승인을 위해 로비를 벌이기도 했다(로비는 실패했다).[14] 1930년대 후반 가톨릭교회에서 조건부로 도덕적이라고 인정한 유일한 피임법은 여성이 자신의 과거 생리를 추적해 가장 임신 가능성이 낮은 달의 시간을 예측하는 리듬조절법(월경주기법. 과거의 성과가 미래의 결과를 보장한다는 확고한 믿음이 필요함)이었다. 록은 임신 클리닉을 운영하며 고객에게 이 방법을 가르친 사람이었다.

하지만 리듬조절법을 신뢰할 수 있으려면 평균적인 여성이 일정한 간격으로 배란을 해야 하는데, 실제로는 생리 21일째에 배란하는 여성이 생리 중간에만 성관계를 삼가면 불임 여성이 늘어날 수 있었다. 버의 실험을 본 록은 재빨리 병원에 여러 가지 측정 장치를 설치하고 10명의 여성을 대상으로 실험을 진행해 버의 연구결과를 확인하기로 했다.

록의 초기 연구결과는 상당히 긍정적이었지만, 결국 그는 1년 만에 생각이 바뀌었다. 전압 차이의 다양한 형태에서 여러 가지 불일치를 발견한 후 그는 연구를 포기했다. 록은 버의 연구가 잘못되었다는 결론을 내린 것이었다. 록은 월경 주기의 중심에서 그렇게 멀리 떨어진 임의의 시간에 배란이 일어날 수 있는 방법이 없다고 생각했다. 이 문제를 다룬 마지막 논문에서 록은 전기신호에 대한 버의 연구 결과를 일축하고, 이런 편차가 신뢰할 수 있는 표준에서 벗어난 이상 현상에 의한 관점으로 선회했다.[15]

록은 여성의 생식기관에 대한 자신의 지식에 확신을 가지고 있었

지만, 오늘날 우리는 버의 주장이 옳았다는 것을 알고 있다. 리듬조
율법은 결국 엉터리로 밝혀졌다. 또한 그 후에 실제로 전기적 변화
중 일부가 생식 능력과 밀접한 관련이 있다는 것이 밝혀졌다. 염소
이온농도가 배란 직전에 급상승한다는 것이 밝혀진 것이 그 예라고
할 수 있다.[16] 특히 자궁경부 점액과 타액에서 이런 현상이 매우 분
명하게 나타나기 때문에 염소이온 농도 확인을 통해 배란 여부를 알
수 있게 됐다. 이런 체액들을 현미경으로 관찰하면 말 그대로 염소
결정 침전물이 양치식물fern(관다발을 가진 식물 가운데 꽃이 피지 않고 씨
도 없는 대신 포자로 번식하는 종류를 말한다)이 나타내는 패턴과 비슷한
패턴으로 결정을 형성하는 것을 볼 수 있다.[17] 이는 가임능력을 나타
내는 확실한 지표다.(실제로 버는 자신이 개발한 장치를 이용해 그의 친구
한 명이 임신에 성공한 사례를 기록으로 남기기도 했다.)[18]

　버의 초기 실험이 현대의 기준에 봤을 때 어긋났던 것은 사실이지
만, 버에게 선견지명이 있었던 것은 확실하다. 체내 생체전기에 관
한 그의 이론이 그 후 50년 만에 모두 검증됐기 때문이다.

배아 발달과 전기

　1930년대와 1940년대에 소수의 복제 연구가 수행된 것을 제외하
면, 배란 전압에 대한 버의 연구를 반복한 사람은 아무도 없다. 따라
서 그가 정확히 어떤 신호를 감지했는지 확실하게 말할 수는 없다.
하지만 그 이후 거의 한 세기 동안 수행된 다른 실험들을 통해 난자

와 정자 모두 놀라울 정도로 왕성한 전기적 활동을 하는 살아있는 세포라는 사실이 밝혀졌다. 버와 재프의 연구에서 보았듯이, 인간의 난자는 자궁 밖에서 편리하게 모든 생식 단계를 거치는 해조류나 개구리의 난자보다 자연적인 상태에서 연구하기가 훨씬 더 어렵다. 동물의 발달에 대한 연구가 개구리를 대상으로는 많이 이루어졌지만 인간을 대상으로는 거의 이뤄지지 못하는 이유가 여기에 있다. 난포나 고환에서 아직 잠자고 있는 어린 난자(난모세포)와 어린 정자(정자)는 강한 신호를 발산하지 않는다. 하지만 성숙함에 따라 모든 종의 난자는 전기 활동이 증가하며[19], 난자가 모체에서 떨어질 준비를 하기 직전에 마치 전기 스위치를 켠 것처럼 힘차게 신호가 방출되기 시작한다. (실제로 이 신호의 강도는 시험관 아기 시술에 가장 적합한 난자를 결정하는 데 사용된다.[20]) 나폴리 소재 안톤 도른 동물학연구소Stazione Zoologica Anton Dohrn의 생물학자 엘리사베타 토스티Elisabetta Tosti는 일종의 신호 스위치가 난자의 막을 통과하는 이온의 양과 종류에 변화를 일으켜 난자가 과분극 상태가 된다는 사실을 발견했다.

정자에도 난자와의 만남을 준비시켜주는 비슷한 신호 스위치가 있다. 1980년대에 성게 정자를 연구한 결과, 정자에는 칼륨채널과 염소채널 등 뉴런에서 흔히 볼 수 있는 채널이 가득 차 있으며, 뉴런에서와 마찬가지로 이런 채널을 차단하면 정자가 목표물에 도달하지 못한다는 사실이 밝혀졌다. 예를 들어, 인간 정자에서 가장 중요한 전류 중 하나는 칼슘이온채널에서 발생하는 전류인데, 이 전류는 정자가 생식관의 험난한 지형을 통과하는 데 도움이 되는 터보 부스트를 제공한다.[21] 칼슘이온채널을 제거하면 정자는 한 자리에서 꿈틀거리며 아무데도 가지 못한다.(이 메커니즘은 남성 피임을 위한 잠재적 수단으로 연구되고 있기도 하다.)

정자가 난자와 만난 후에는 정자의 역할이 하나라고 생각할 수 있지만, 실제로 정자는 두 가지 역할을 한다. 우리는 정자가 남성의 게놈을 난자로 옮긴다는 것을 학교에서 배워 잘 알고 있다. 하지만 정자가 난자에 착상하려면 먼저 난자의 세포막에 있는 또 다른 전기 스위치를 눌러야 한다. "활성화" 과정이라고 부르는 이 과정은 게놈이 있든 없든 추가 발달이 일어나기 위해서는 반드시 일어나야 하는 과정이다. 이 과정은 침대 옆 조명을 켜는 것과 우주선의 첫 번째 단계에서 엔진을 연소시키는 것이 다른 것처럼 정자의 성숙 과정과 다르다. 정자가 난자에 처음 닿으면 엄청난 칼슘 전류가 난자를 가로질러 흐르게 되며, 이 시점부터 다른 정자가 난자로 들어오는 일은 거의 불가능해진다.

이 과정은 정자가 진입하지 않은 상태의 난자에 칼슘 전류를 주입해도 일어나며, 이 경우에도 난자는 활성화돼 배아로 변하기 시작한다. 이 과정이 바로 처녀생식parthenogenesis 과정이다. 처녀생식은 (정상적으로) 정자가 유도하는 칼슘 파동을 인위적으로 모방함으로써 정자나 게놈 없이도 난자가 분열을 시작하는 과정을 말한다.[22] 윤리적 논란이 있을 수 있기 때문에 이런 생식 과정이 인간 배아에 얼마나 영향을 미치는지 알 수 없지만, 토끼의 난자에서는 배아가 발달의 3분의 1 정도 단계에 도달하기도 했다.(세계 최초의 포유류 복제동물인 돌리는 처녀생식을 통해 복제되지는 않았지만, 복제 과정에서 난자 활성화를 위해 이런 인위적인 전기충격 방법이 사용됐다.[23])

264

이 이야기의 핵심은 난자에서 수정에 이르는 임신의 모든 단계에서 이온채널과 이온채널이 생성하는 전류가 생명의 불꽃을 피우는 데 근본적인 역할을 한다는 것이다. 하지만 여기서 무엇보다도 중요한 사실은 이 전류가 우리의 형태 형성에 결정적인 영향을 미친다는 사실이다.

인간 조립 설명서

레고 세트에는 일반적으로 상세한 단계별 조립 설명서가 함께 제공되므로 레고 조각을 어떻게 조립해야 하는지 의심할 여지가 거의 없다. 또한 레고 세트는 조립하려는 최종 구조물의 큰 청사진을 보면 특정 조각이 어디에 들어맞는지 한눈에 파악할 수 있다.

배아가 형성되는 과정은 레고 블록으로 성을 만드는 과정과 비슷하다. 성에는 포탑과 가고일, 해자가 필요하듯이 배아에게는 두 개의 다리와 두 개의 눈, 심장이 필요하다. 다만 레고 블록으로 만드는 성과 달리, 배아 조립 상자에는 최종적으로 어떤 모양이 되어야 하는지 보여주는 그림이 없고, 사용설명서도 들어있지 않으며, 우리 생각대로 배아를 만들어 낼 수도 없다. 우리는 레고 조각이 저절로 조립되기를 기다리며 가만히 앉아서 기다려야 한다. 우리 몸의 세포들은 스스로 조립되기 때문이다. 더욱 놀라운 사실은 세포들이 대체적으로 동일한 방식으로 조립이 된다는 점이다. 즉, 모든 사람의 몸의 형태와 비율은 사람이라는 종 특유의 형태와 비율을 갖는다(닭,

개구리, 쥐 같은 종들도 모두 종 특유의 몸 형태와 비율을 가진다.)

그렇다면 초기 전구세포들progenitor cells은 어떻게 눈알, 다리, 손가락 등을 올바른 위치에 올바른 순서로 형성하는 방법을 알고 우리를 구성할 수 있었을까? 손가락이나 지느러미, 부리가 너무 크거나 작거나 길이가 너무 다르지 않은지 확인할 수 있는 청사진을 누가 제공했을까? 무엇보다도, 조립을 언제 멈춰야 하는지 어떻게 알았을까?

이 모든 과정이 DNA에 의해 제어된다는 생각을 할 수도 있을 것이다. 하지만 그 생각은 잘못된 생각이다. 게놈을 구성하는 염기 A, T, C, G와 그 염기들의 서열을 샅샅이 검색해 그 암호를 풀어낸다고 해도 몸의 해부학적 구성에 대한 정보는 전혀 찾을 수 없다. 아기가 가질 머리카락 색깔, 피부색, 눈동자 색깔에 대한 정보 등 다양한 정보를 유전자에서 찾을 수 있지만, 유전자는 아이의 눈이 몇 개가 될지, 안구가 머리 앞쪽에 생겨날지 아닐지, 팔과 다리가 각각 두 개이고 서로 떨어져 있을지 알려주지는 않는다. 즉, 유전자 지도를 읽는 것만으로는 유기체의 형태에 대한 예측을 할 수가 없다.

그렇다면 우리의 형태를 결정하는 무엇일까?

어렸을 때부터 수정란에서 어떻게 사람이 만들어질 수 있는지 궁금해 하던 마이클 레빈도 이 의문을 풀기 위해 노력하는 사람 중 하나다. 라이오널 재프와 해럴드 색스턴 버가 오래 전에 수행한 오래된 연구를 알게 된 그는 재프가 해조류 주변에서 소용돌이치는 이온 전류와 버가 측정한 해조류의 전기장이 생물의 해부학적 구조를 결정하는 데 결정적인 초기 역할을 할지도 모른다는 생각을 하기 시작했다. 레빈은 이렇게 거대한 의문을 어디서부터 풀기 시작해야 할지 몰랐다. 우연히도 그 무렵 하버드 의대에서 박사학위 과정을 밟던 그는 논문을 위한 주제가 필요하기도 했다. 1990년대 초만 해도 인간이 자궁에서 어떻게 형성되는지, 예를 들어, 배아가 어떻게 왼쪽과 오른쪽을 구분하는지에 대한 의문 등은 전혀 풀리지 않고 있었다. 이에 대한 이론은 여러 가지가 있었지만, 그 이론들 모두 결정적인 근거가 부족했다. 대학원생이던 레빈은 이 의문을 자신이 풀 수 있을 것이라고 생각했고, 세포들이 뇌가 없는데도 어떻게 왼쪽과 오른쪽을 구분할 수 있는지 연구하기 시작했다. 발달 과정에서 왼쪽과 오른쪽을 구별하는 능력은 우리의 생존에 매우 중요하다. 겉으로 보기에 우리는 두 개의 눈, 두 개의 귀, 두 개의 팔, 두 개의 다리 등의 한쪽이 다른 쪽과 똑같아 대칭이라는 착각을 할 수 있다. 하지만 내부적으로는 전혀 그렇지 않다. 실제로 심장과 위는 몸의 왼쪽에, 간, 맹장, 췌장은 몸의 오른쪽에 있다. 2만 명 중 한 명 정도는 이 배치가 반대로 돼 있는 사람도 있지만[24], 그렇다고 해도 건강에 문제가 되지는 않는다.(주요 기관들이 정상 위치가 아닌 반대로, 즉 거울 위치에 있는 선천성 질병을 내장역위증situs inversus이라고 한다.)[25] 하지만 특정 장기의 일부분이 정상인들과 다른 위치에 있다면 문제가 생긴다. 신체 내부 장기의 일부분이 비대칭적이면, 특히 이 비대칭이 심장의 정교한 혈관 배치에 영향을 미치면 선천성 심장질환을 비롯한 치명적인 질환들이 발생할 수 있기 때문이다.

올바른 패턴, 뒤집힌 패턴, 뒤죽박죽 패턴 중 어떤 것이 질환의 원인인지에 대한 의문은 오랫동안 풀리지 않는 의문이었다. 심장은 왜 오른쪽이 아닌 왼쪽에 있을까? 몸은 어떻게 몸이 이런 식으로 발달하는 것을 알 수 있을까? 장기를 구성하는 분자들에 대한 분석으로는, 즉 유전자에 대한 분석으로는 이 의문을 풀 수 없었다. 본질적으로 유전정보는 공간에 관한 정보가 아니다. 게놈은 왼쪽과 오른쪽을 구분할 수 없기 때문이다. 레빈은 오래된 이온전류 관련 논문을 연구하면서 전기가 세포의 극성을 확립하는 데 어떤 식으로든 근본적인 역할을 하는 것 같다는 생각을 하게 됐지만, 어떻게 전기가 이런 역할을 하는 지 알 수 없었다.

이런 의문을 풀기 위해 노력한 사람은 재프만이 아니었다.[26] 수십 년에 걸친 연구를 통해 모든 종의 발달 중인 배아를 드나드는 모든 이온이 발견됐고, 배아로 분화하기 시작하는 수정란과 난할구 blastomere(수정란이 쪼개져 생기는 작은 세포)에 이온채널이 존재한다는 사실도 발견됐다. 재미있는 사실은 배아 발달 과정에서 이온들과 세포 내 이온채널들이 신비로운 과정을 통해 변화를 겪는다는 것이다. 이 과정에서 이온과 이온채널이 새로 생겨나기도 하고, 사라졌다 다시 나타나기도 하면서 방출하는 전류의 세기가 강해지기도 하고 약해지기도 하기 때문이다.

이온과 이온채널의 이런 이상한 행동이 가지는 기능적 중요성을 보여주는 단서 중 하나는 이런 행동을 방해했을 때 어떤 일이 일어나는지 관찰을 함으로써 얻을 수 있었다. 이탈리아의 생물학자 엘리사베타 토스티는 겉으로는 별로 중요해 보이지 않는 나트륨전류의 흐름을 방해하면 "공간적 방향을 잃은 것처럼 보이는 비정상적인 배아인 "로제트rosette"가 발생한다는 사실을 발견한 뒤 수정 중과 수정

후의 전류가 올바른 배아 발달에 매우 중요하다는 결론을 내렸다.[27] 또한 칼륨전류를 방해해도 발달 결함이 유발될 수 있다는 연구결과도 발표됐는데, 이는 이온의 움직임이 배아 발달 과정에서 핵심적인 역할을 한다는 추가적인 증거였다. 하지만 이런 흥미로운 조각들을 하나의 완전한 전체로 조립하지는 못했다.

21세기가 시작될 무렵, 레빈이 하버드 대학 포시스연구소Forsyth Institue에서 풀려고 했던 의문이 바로 이 의문, 즉 전기는 어떻게 세포의 극성을 결정하는지에 관한 것이었다. 결국 레빈과 켄 로빈슨은 우리가 3장에서 다뤘던 나이트클럽 기도의 한 종류인 양성자 펌프 proton pump를 발견해냈다. 양성자는 수소이온이다. 이 양성자라는 기도는 수소와 칼륨의 비율을 엄격하게 유지시키는 역할에 특화돼 있다. 예를 들어, 수정되지 않은 개구리 알의 표면 전체에는 이 양성자 펌프가 고르게 분포돼 있다.

하지만 레빈과 로빈슨은 수정이 일어난 후 이 양성자 펌프들에서 이상한 점을 발견했다. 모든 이온채널이 수정란의 한쪽으로 쏠리기 시작했고, 그곳에서 이온펌프들이 작고 빽빽한 무리를 이루고 있었다. 이런 모습은 아무도 관찰한 적이 없는 것이었다. 이온펌프들이 수정란의 한쪽에 모였다는 것은 수소이온들이 그 부분을 통해서만 세포에 드나들 수 있다는 것을 뜻했다. 이로 인해 전압이 발생했다. 개구리 배아가 단 4개의 세포로만 구성된 상태에서, 즉 수정 직후의 상태에서 이런 현상이 일어났다. 이 현상이 이들이 찾던 답을 제공했을까?

과학자들은 원인을 발견했다고 생각하면, 그 다음 단계로는 자신의 생각을 반증할 수 있는 실험을 찾아내려고 한다. 레빈과 로빈슨은 수정 후 양성자 펌프가 완벽한 대칭을 벗어나 표류하는 것을 방지하면 어떤 일이 일어나는지 알아보기로 했다. 이를 위해 이들은 발달 중인 배아에 양성자 펌프 칼륨채널을 추가해 배아 표면에서 이온채널들이 골고루 분포되도록 만들었다. 이들은 이렇게 이온채널 분포를 고르게 만들면 배아가 왼쪽과 오른쪽을 구분하는 능력에 혼란이 발생할 것이라고 예측했고, 그 예측은 옳았다. 양성자 펌프를 추가한 배아는 심장이 오른쪽에 발생할 확률과 왼쪽에 발생할 확률이 같아질 정도로 엉망이 됐다. 양성자 펌프는 왼쪽과 오른쪽을 구분하는 능력에 핵심적인 역할을 한다는 것이 확인된 것이었다.

또한 이들은 이온펌프의 추가가 막 전위도 변화시켰다는 것도 확인했다. 이상한 일이었다. 3장에서 살펴본 것처럼, 막 전위의 변화는 신경이 활동전위를 보내는 방식이다. 그런데 왜 새로운 배아가 막 전위를 바꾸고 있었을까? 아직 신경이 발달하지도 않았는데 왜 이런 일이 일어나고 있었을까? 레빈은 이 막 전위의 변화가 배아가 자신을 수성하는 세포들에게 다른 종류의 조직이 되라고 지시하는 데 사용하는 시스템의 일부일지 모른다고 생각했다. 모든 세포가 똑같은 유전자를 가지고 있다면 세포마다 서로 다른 일을 할까? 어떻게 어떤 세포는 뼈세포가 되고 어떤 세포는 피부세포나 신경세포가 될까?

유령 개구리

2003년, 데이니 스펜서 애덤스Dany Spencer Adams는 메사추세츠주에 있는 스미스 대학에서 정년보장이 되는 정교수가 되기 위해 열심히 연구 활동을 하던 생물학과 조교수였다. 하지만 발달하는 생물체의 생체역학을 연구하던 그녀는 자신의 일이 만족스럽지 않다고 느끼기 시작했다. 잠 못 이루는 밤을 지새우던 그녀는 결국 정년보장 교수가 되겠다는 꿈을 접고 좀 더 흥미로운 일에 도전하기로 결심했다.

그러던 중 애덤스는 좌우 비대칭을 연구하는 박사후연구원 구인 광고를 보게 됐다. 그 일은 자신의 경력에는 크게 도움이 될 것 같지 않았지만 그녀는 호기심이 생겨 보스턴으로 차를 몰고 갔다. 한 시간 만에 레빈은 그녀에게 연구원 자리를 제안했고, 그녀는 그 자리에서 자신이 그 일을 하게 될 것이라고 생각했다.

애덤스는 레빈과 로빈슨이 발견한 양성자 펌프로 연구를 시작했다. 첫 번째 단계는 이온을 제어해 막 전위를 조절할 수 있는 도구로 만드는 것이었다. 당시 로빈슨과 레빈은 개구리 배아의 전압을 조절해 내장 역위증을 일으키는 데 성공한 상태였다. 이들은 많은 올챙이들이 장기 패턴이 거꾸로 되어 있을 뿐만 아니라 머리와 얼굴에도 이와 비슷한 기형을 가지고 있다는 것을 알게 되면서 이 현상에는 어떤 분명한 패턴이 존재한다고 생각하고 있었다. 이는 막 전위가 내부적인 비대칭을 일으키는 수준을 넘어 훨씬 더 많은 것을 결정한다는 레빈의 가설을 뒷받침하는 강력한 증거였다. 레빈은 막 전위가 몸 전체의 구조를 결정할 수도 있다는 생각을 하고 있었던 것이었다.

여기서 더 나아가려면 육안으로 추적할 수 있는 방법으로 막 전압 변화를 관찰해야 했다. 레빈의 연구팀은 공간뿐만 아니라 시간에 따라 변화하는 막 전위를 관찰할 수 있는 방법을 찾아내야 했다.

애덤스는 이 전압 차이를 눈으로 확실하게 관찰하기 위해 전기 민감성 염료를 사용하기로 했다. 전기 민감성 염료를 이용하면 전압 차이를 색의 밝기로 표현할 수 있었기 때문이다.[28] 애덤스는 높은 전위는 밝은 흰색, 낮은 전위는 검은색, 그 사이의 전위들은 여러 가지 밝기의 회색으로 표현하기로 했다. 애덤스는 이 염료를 세포에 주입함으로써 세포가 분열하고 증식하는 과정까지 모두 추적할 수 있었다. 배아 발달의 모든 전기적 단계를 관찰할 수 있게 된 것이었다.

앞에서도 언급했지만, 뉴런은 외부보다 내부가 70밀리볼트 정도 전압이 낮다. 하지만 이는 뉴런을 비롯한 많은 성숙한 세포에서는 사실이지만 배아 줄기세포(발달 초기 단계에서 증식하는 작은 세포)에서는 그렇지 않다. 실제로 줄기세포의 휴지 전위는 0에 가깝다(이는 세포막 내부와 외부의 전하가 거의 같다는 것을 뜻한다. 대혼란이 일어나고 있는 신경세포의 세포막 안팎의 전위차도 0에 가깝다.) 신경세포 안팎의 전위차가 0이 되는 순간은 매우 짧지만, 줄기세포 안팎의 전위차는 언제나 0으로 유지된다.

하지만 이 0이라는 전위차는 줄기세포가 다른 무언가로 바뀌는 순간 변화하기 시작한다.[29] 신경세포의 전위차(70밀리볼트)에 대해서는 앞에서 다룬 바 있다. 피부세포의 전위차도 이와 같다. 하지만 뼈세포 전위차는 90밀리볼트나 되며, 지방세포의 전위차는 50밀리볼트 수준이다. 이 세포들의 공통점은 이온채널을 이용해 막 전위를 휴지전위 상태로 유지한다는 데 있다. 줄기세포가 다른 종류의 세포로 분화할 수 있는 것은 이 막 전위가 낮기 때문이다. 하지만 줄기세포가 뼈세포, 신경세포 또는 피부세포로 변하면 전위차는 70밀리볼트로 계속 유지된다.

애덤스는 전기 민감성 염료를 사용해 이런 모든 전기적 현상이 동시에 실시간으로 전개되는 것을 관찰할 수 있었다. 도시 곳곳에서 서로 다른 시간에 불이 켜지는 것처럼 배아 표면 곳곳에서 전위차가 높아지는 패턴이 관찰된 것이었다. 배아세포의 전위차는 거의 항상 0에 가까웠지만 특정 시점에서는 30~50밀리볼트까지 높아지기도 했다. 이 현상은 보기에는 아름다웠지만 기존의 그 어떤 이론에도 부합하지 않는 현상이었다.

그러던 2009년 어느 가을날 저녁, 하루 종일 배아세포의 반짝임을 지켜보던 애덤스는 배아의 이런 활동을 카메라가 기록하게 만들기로 생각했다. 배아세포들이 꿈틀거리는 흐릿한 영상만 기록될 것 같아 기대는 별로 하지 않았다. 하지만 다음 날 아침 애덤스는 "입이 떡 벌어질 정도로" 놀라지 않을 수 없었다.[30]

밤새 녹화된 영상에는 개구리의 배아 표면 일부가 과분극돼(음전하를 띠게 돼) 탈분극 상태인 다른 영역들과 극명한 대비를 이루며 밝게 반짝이더니 갑자기 무작위적인 밝은 전기 패턴들이 발생해 입 부분에 두 개의 눈이 생긴 것 같은 형태를 만들어내고, 그 패턴들이 사라진 지 얼마 뒤 입 부분에 실제로 두 개의 눈이 생기기 시작하는 장면이 담겨 있었다. 마치 유령 개구리 같았다.

애덤스는 특정한 전기패턴이 발생했던 자리에서 정확하게 개구리 몸의 특정 부위들이 발달하는 것을 확인한 것이었다. 전압 변화의 관찰로 어떤 조직이 어떤 형태로 발달할지 완벽하게 예측할 수 있게 된 것이었다. 이 영상은 전기신호가 해부학적 구조의 발생 위치를 결정하는 암호라는 놀라운 사실을 확실하게 보여주는 영상이었다.[31]

이제 중요한 의문은 전기신호가 정상적인 머리와 얼굴의 형성에 필수적인 것인지, 아니면 그저 무의미한 표시등에 불과한지에 관한 것이었다. 이를 알아내기 위해 애덤스와 레빈은 전기를 차단했을 때 정상적인 발달이 영향을 받는다는 것을 증명해야 했다. 이들은 특정한 이온전류의 흐름을 방해하면 특정한 조직이 발달하지 않을 것이라고 예측한 뒤 실험을 진행했고, 자신들의 예측이 맞았다는 것을 확인했다. 이들은 이온전류를 방해하자 유전자 발현에 변화가 생겼고, 얼굴이 기형적인 모습으로 발달하는 것을 확인한 것이었다.[32]

그렇다면 이들이 방해한 것은 정확하게 무엇이었을까? 그리고 어떻게 아직 완전히 형성되지 않은 이 새로운 세포들이 서로의 전압이나 형성할 부분에 대해 서로 통신할 수 있었을까? 막 전위는 어떻게 세포에서 세포로 퍼져나갔을까? 여기서 앞서 다뤘던 간극연접에 대해 생각해보자. 간극연접은 난자와 정자가 만나 수정란이 만들어지는 순간에 형성되기 시작한다. 간극연접은 신경계와는 전혀 무관하며, 세포와 세포를 연결하는 일종의 세포 인트라넷 역할을 한다.[33] 분열하는 모든 새로운 세포는 간극연접을 통해 이미 주변 세포와 연결돼 있는 상태다. 신경세포가 시냅스를 발달시키기 훨씬 전에, 막 전위가 낮은 배아세포는 시냅스를 통한 소통보다 훨씬 더 빠른 전기적 소통을 시작한다.

레빈은 이 간극연접이 유기체가 스스로의 형태를 결정하는 방식에 관계가 있을 것이라고 오랫동안 생각해오던 사람이었다. 생명체의 좌우패턴 대칭에 대해 연구하던 초창기에 그는 간극연접을 방해하면 좌우 비대칭이 깨진다는 사실을 발견했다. 레빈은 그 후에는 박사후 과정 연구원 타이사쿠 노기Taisaku Nogi와 함께 간극연접이 플라나리아planarian(몸길이 최대 3.5cm, 너비 4mm 정도의 납작한 편형동물)라는 기이하게 생긴 작은 바다 벌레의 놀라운 재생 능력의 원천이라는 사실도 별견했다. 이 작고 납작한 벌레는 아무리 잘게 자르더라도 다시 자랄 수 있으며, 완전히 정상으로 돌아오는 데 일주일 정도밖에 걸리지 않는다. 노기와 레빈은 간극연접이 수천 개가 넘는 세포들의 재생을 이렇게 빠르게 일으키는 원인이라는 것을 알아낸 것이었다.

두 종류의 동물을 대상으로 한 실험에 기초해 노기와 레빈은 간극연접이 신경계 없이도 세포들 사이에서 장거리 메시지를 전달할 수 있다고 생각했다. 어떤 면에서 본다면 간극연접은 신경계보다 더 효율적으로 보였다. 두 세포가 이런 방식으로 연결되면 각각의 세포는 다른 한 세포의 내부 정보에 직접적으로 접근할 수 있는 특권을 갖게 되는 셈이기 때문이다. 즉, 이는 한 세포가 알고 있거나 경험한 것은 간극연접이라는 이 연결 문을 통해 이웃 세포도 알고 있거나 경험할 수 있도록 즉시 확산된다는 뜻이다. 이 효과는 거의 텔레파시 수준에 가깝다.

이온전류가 막 전위를 제어한다는 사실이 밝혀지면서 모든 것이 어떻게 작동하는지 명확해졌다. 막 전위는 세포가 어떤 조직 그룹에 결합하는지를 결정하고, 세포가 어떤 조직으로 변하는지를 결정하며, 세포는 이웃 세포로부터 받은 신호에 따라 자신의 정체성을 바꾸며, 이 모든 과정은 전기에 의해 시작된다는 것이 밝혀진 것이다.

이 결과를 기초로 레빈은 생체전기 암호에 대한 이론, 즉 막 전위는 정보를 전달하며, 간극연접은 몸 전체에 걸쳐 (신경계가 아닌) 전기적 네트워크를 형성해 정보를 몸 전체에 보낸다는 이론을 본격적으로 구축하기 시작했다.

레빈은 이 정보가 암호의 형태를 띤다고 생각했다. 레빈은 이 암호가 세포의 성장과 사멸을 제어하는 프로그램을 실행해 자궁에서 우리를 만드는 복잡한 생물학적 과정을 제어한다고 생각했다. 생체전기 암호는 우리가 평생 동안 동일한 형태를 유지하게 해주며, 분열하는 세포를 잘라내 우리가 계속 알아볼 수 있는 모습을 유지할 수 있게 만든다는 것이 그의 생각이었다. 또한 그는 생체역학적인 요소나 생화학적 요소 등도 중요한 역할을 하지만, 신경암호가 행동과 지각을 지배하고 유전암호가 유전형질을 지배하는 것처럼 생체전기 암호는 자신의 형태를 결정하기 위해 몸이 사용하는 암호라고 봤다. 하지만 이 생각에는 증명이 필요했다. 레빈은 이런 신호를 바꾸면 세포가 평소에는 하지 않던 일을 할 수 있다는 것을 보여줘야 했다. 쉽지 않은 일이었다.

2007년 애덤스와 레빈 그리고 대학원생 셰리 오Sherry Aw는 올챙이의 특정 칼륨채널을 조작하던 중 실수로 생체전기 신호를 변화시켜 올챙이에서 오른쪽 팔 두 개가 추가적으로 자라게 만들었다.[34] 이는 우연히 발생한 일이었지만, 이들은 의도적으로 이런 일을 일으킬 수도 있다는 생각을 하게 됐다. 오는 "신체의 모든 구조에는 그 구조의 생성을 유도하는 특정한 막 전위가 존재한다."라는 가설을 세운 뒤, 막 전위 조작을 통한 구조 생성 유도를 시도했다.[35] 이들은 2011년에 진행한 실험에서 유령 개구리 배아에서 눈이 형성되기 전에 애덤스가 보았던 것과 동일한 과분극 상태를 모방하기 위해 발달 중인 개구리 장의 조직 패치에서 막 전위를 조절했고, 결국 개구리의 배에서 눈이 자라게 하는 데 성공했다. 이들은 같은 방법으로 개구리의 꼬리에도 눈이 자라나게 만들었다. 애덤스는 "막 전위를 조작하면 개구리의 어떤 부분에서도 눈이 자라게 만들 수 있다."라고 말했다.

개구리의 몸 아무 곳에나 새로운 눈을 만들 수 있다면 인간에서도 그럴 수 있을까?

도롱뇽처럼 재생이 가능할까?

과거에 사람들은 히드라, 도롱뇽, 게 등 일부 동물에서 조직 재생이 가능하지만 포유류에서는 그렇지 않다고 알고 있다. 하지만 20세기에 들어서면서 재생에 대한 연구가 확대되면서 조직 재생이 생각보다 훨씬 많은 동물에서 가능하다는 사실이 밝혀졌다.

현재까지 밝혀진 바에 따르면, 이론적으로는 자연의 모든 생물체에서 조직 재생이 가능하다. 예를 들어, 작은 민물생물인 히드라의 경우는 잘게 조각조각 잘라내도 그 조각 하나하나가 완벽한 기능을 갖는 독립적인 생명체로 재탄생할 수 있다. 앞에서 언급한 민물 편형동물 플라나리아도 마찬가지다.

이런 생명체들은 자신을 반으로 찢는 방식으로 번식한다.[36] 만약 인간에게 이런 능력이 있다면 내가 손가락 조각을 잘라 바다에 던지면 그 손가락은 일주일 후 그 조각은 또 다른 나로 자랄 것이다. 실제로 히드라를 반으로 자르면 꼬리 끝에서 새 머리가 돋아나고 머리 끝에서 새 꼬리가 돋아나는 것을 확인할 수 있다.

불가사리는 히드라와 플라나리아의 능력을 모두 가지고 있다. 불가사리는 잘린 팔에서 새로운 몸을 재생할 수 있을 뿐만 아니라, 일부 종은 중추신경계 전체를 처음부터 다시 자라게 할 수도 있다. 또한 불가사리는 번식을 하기 위해 몸을 반으로 찢으며[37], 자신의 잘린 다리를 이용해 적을 물리치는 것으로도 알려져 있다.

도롱뇽salamander은 팔다리, 꼬리, 턱, 척수, 심장 등 놀라울 정도로 많은 조직과 장기를 재생할 수 있다. 도롱뇽의 일종인 아홀로틀axolotl은 뇌를 포함한 신체의 모든 부위를 흉터 없이 스스로 치료할 수 있다. 개구리도 올챙이일 때는 팔다리와 꼬리, 심지어 눈까지 재생할 수 있지만 개구리로 변한 후에는 이 능력을 잃게 된다.

인간에게도 이런 재생 능력이 있다. 적어도 자궁을 나오기 전까지는 그렇다. 하지만 자궁을 나오는 순간부터 인간의 재생 능력은 나이와 신체 부위의 위치에 따라 크게 달라진다.

수정란은 재생 능력 면에서 플라나리아와 비슷하다. 수정란을 둘로 자르면 잘려진 두 세포는 일란성 쌍둥이로 계속 발달한다.[38] 수정란의 이런 능력은 빠르게 감소하지만 태아 상태가 돼도 이 놀라운 재생 능력을 어느 정도 유지가 된다. 또한 태아 수술이 일상화된 1980년대 후반에 밝혀진 바에 따르면 태아의 부상은 대부분 흉터를 남기지 않는다.[39] 그러나 출생 후에는 이런 놀라운 능력은 빠르게 사라진다. 다만, 7세에서 11세 사이까지는 손가락 끝을 절단돼도 완전한 재생이 이뤄지기는 한다(정확하게 이 시기에만 이 부분에서 완전한 재생이 일어난다는 것을 보여주는 수많은 실험적 증거가 있다).

하지만 이 현상이 기록된 과학문헌은 별로 많지 않은데, 그 이유는 우리가 생각할 수 있는 것과는 전혀 다른 것이다. 재생연구소를 이끌고 있는 라스베이거스 대학의 교수 아이선 쳉Ai-Sun Tseng은 손가락 재생에 관한 자신의 연구결과를 강의에서 설명할 때 있었던 일을 이렇게 떠올렸다. 쳉의 강의를 듣던 학생 한 명이 "제 손가락도 그랬어요."라고 말했다. 필리핀에서 자란 이 학생은 손가락 네 개가 손가락 마디 위에서 모두 잘려나가는 사고를 겪은 학생이었다. 당시 그는 열한 살이 되기 전이었기 때문에 네 손가락은 모두 완벽하게 다시 자라났다. 하지만 이렇게 손가락이 재생된 것은 나이 때문만이 아니었다. 그의 가족은 너무 가난해 병원에 갈 수 없었기 때문에 상처 부위를 싸서 물로 씻은 다음 깨끗하게 유지했고, 결국 네 손가락 모두 손톱과 함께 완벽하게 재생이 됐다. 그로부터 수십 년 후 쳉이 이 학생의 손가락을 살펴보았을 때는 재생된 손가락과 그렇지 않은 손가락과 구별할 수 없을 정도였다. 몇 년 후 한 학술회의에서 쳉은 동료 연구자들에게 이 이야기를 들려줬는데, 그 중 한 명은 소아외과 의사였다. 이 의사는 대부분의 부모는 이와 비슷한 상황에 직면했을 때 마지막으로 남은 이 재생능력을 믿지 못한다며, "부모들은 상처를 그대로 놔두면 감염이 될 것이라고 걱정하기 때문에 의사에게 상처를 봉합해 달라고 부탁한다. 하지만 이 때 상처를 봉합하면 상처조직이 생겨나기 때문에 손가락이 자연스럽게 재생될 수 있는 가능성이 차단된다. 유년기에 일어나는 재생에 대해 우리가 조금이라도 알게 된 것은 의료혜택을 받지 못하는 개발도상국이나 가난한 나라의 아이들 때문이다."라고 쳉에게 말했다.

재생 속도는 나이와 신체 부위에 따라 달라진다. 예를 들어, 간은 약 2개월에 한 번씩 재생된다. 장 내벽은 7일마다 완전히 벗겨졌다가 다시 재생된다. 즉, 우리가 7일 후에 먹게 될 음식은 방금 먹은 음식과는 전혀 다른 세포들에 의해 처리된다.[40] 폐에 있는 줄기세포 중 일부는 정기적으로 세포분열을 한다. 심지어 눈의 수정체도 재생된다. 하지만 나이가 들어감에 따라 이 모든 조직은 죽음에서 부활하는 능력을 상실하게 된다. 예를 들어, 10대에는 14일마다 피부 외층이 재생되지만 중년 후반에는 재생 시간이 28~42일로 길어진다. 물론 대부분의 조직은 전혀 재생되지 않는다. 실제로, 잘린 코나 손은 절대로 재생되지 않는다.

그렇다면 인간에게 재생 가능 시기와 관련된 유전적 정보가 존재한다고 할 수 있는데, 그 유전적 정보의 존재 목적은 무엇일까? 아이들에게서 왜 손가락 끝은 다시 자랄 수 있지만 코는 자라지 않을까? 지난 수십 년 동안 다양한 분야의 연구자들은 이런 재생 능력이 모든 동물에게 숨어 있으며, 이를 통해 잃어버린 팔다리를 다시 자라게 하거나 다른 장기를 재생할 수 있는 능력이 있다는 사실을 밝혀냈다. 하지만 어떻게 이 능력을 발휘할 수 있을까? 다시 한 번 전기로 눈을 돌려보자.

신체 지도 해킹

라이오널 재프는 팔다리를 재생하는 동물과 상처에 흉터만 남기고 끝내는 동물이 방출하는 전류 사이에 큰 차이가 있음을 발견했다.[41] 2000년대 초 켄터키 대학의 베티 시스켄Betty Sisken은 재생이 이뤄지는 동물에서 관찰된 전기장과 똑같은 특성을 가진 전기장을 재생이 이뤄지지 않는 동물의 조직에 주입했다. 그러자 팔다리가 절단된 양서류, 병아리 배아, 쥐 같은 다양한 동물에서 팔다리의 싹이 자라나기 시작했다. 또한, 팔다리뿐만 아니라 연골, 혈관과 같은 복잡한 조직과 팔다리가 기능하는 데 필요한 모든 것이 재생되기 시작했다.[42] 하지만 아쉽게도 이 싹들은 실제 팔다리가 되지는 못했다. 하지만 그 후 레빈의 연구실에서 아이선 쳉은 이온채널 조작을 통한 막 전위 조절에 성공했고, 그 후로 이 분야에서는 엄청난 진전이 이뤄지고 있다.

쳉과 레빈은 재생 과정을 미세하게 조절하는 대신 생체전기를 조정해 애초에 신체부위가 만들어진 과정을 처음부터 다시 시작할 수 있을 것이라고 생각했다. 쳉은 조정할 수 있는 이온채널을 찾기 시작했다. 그러던 중 재생에 중요한 나트륨채널 한 종류를 발견했다. 더 좋은 소식은 이 이온채널에 작용할 수 있는 이온채널 약물이 이미 개발되었다는 것이었다. 모넨신Monensin이라고 불리는 이 약물은 여분의 나트륨을 세포 안으로 운반할 수 있다. 쳉은 세포에 나트륨을 가득 채우면, 재프가 수년 전에 발견한 전위차를 모방해 올챙이처럼 재생이 정상적으로 이루어지지 않는 동물도 재생을 다시 시작할 수 있을 것이라는 생각을 하게 됐다. 이 방법은 효과가 있었을 뿐만 아니라, 그 효과도 매우 빠르게 발생했다. 나트륨채널 약물 욕조에 한 시간 동안 올챙이를 담그자 8일 만에 꼬리가 재생됐다. 레빈은 쳉이 보고한 이 결과를 쉽게 믿을 수가 없었다. 한 시간이라는 시간이 너무 짧게 느껴졌기 때문이다. 하지만 쳉의 말이 맞았다. 후에 쳉은 그 짧은 시간 동안의 올챙이를 약물 욕조에 담근 실험으로 "모든 세포가 재생 가능하다."라는 생각을 하게 됐다고 말했다.[43]

이 결과는 생체전기 암호에 대한 쳉의 생각을 확인시켜준 놀라운 결과였다. 쳉은 개별 세포들을 복잡한 조직으로 만들기 위해 조율하는 데 필요한 모든 까다로운 화학적 과정, 전사 네트워크transcription network(전사란 DNA로부터 RNA를 만들어내는 과정을 말한다), 다양한 힘들의 신호를 비교적 간단한 전기적 명령을 이용해 활용할 수 있음을 보여줬다. 유전자는 하드웨어였고, 이 하드웨어는 소프트웨어 명령인 이온흐름을 조작해 제어할 수 있었다. 쳉과 레빈은 이 실험 직후 "생체전기 암호 해독"이라는 새로운 아이디어를 소개하는 중요한 논문을 발표했다.[44]

후속연구를 통해 팔다리가 여러 개인 개구리가 만들어졌고, 재생 과정에서 생체전기가 역할을 한다는 것을 보여주는 실험들이 성공적으로 진행됐다. 이 실험 중 가장 놀라운 것은 플라나리아를 둘로 자른 다음 그 두 조각에 생체전기를 가해 각각의 조각에서 꼬리 대신 머리가 생겨나게 만든 실험이었다. 이 실험결과에 대한 언론의 관심은 바로 돈으로 이어졌다. 먼저 DARPA에서 레빈의 실험실에 있는 생쥐를 위한 작은 재생 상자를 만들 수 있는 충분한 자금을 지원해주겠다고 연락이 왔다. 그 후 레빈의 연구팀은 개구리에게도 생체전기를 적용해 성체 개구리에게 새로운 다리를 자라게 만드는 데 성공했다. 새로 난 다리는 완벽하지는 않았지만 개구리는 이 다리를 헤엄치는 데 사용했고, 몇 달 후에는 그 다리에서 발가락까지 자랐다. 2016년에는 마이크로소프트의 억만장자 폴 앨런Paul Allen이 1000만 달러에 이르는 거액을 레빈의 연구팀에 기부했다.

이제 우리에게 남은 질문은 하나다. "언제쯤 인간에게 이 연구결과를 적용할 수 있을까?"

전기 재생의학

현재 스티븐 바딜락Stephen Badylak은 지금까지 수행된 재생의학 프로젝트 중 가장 큰 프로젝트 중 하나를 이끌고 있다. 이 프로젝트는 8개 기관에서 다양한 분야의 15명의 연구자가 참여하고 있으며, 미군의 지원을 받고 있다(미군은 전쟁터에서 부상을 입은 병사들을 치료하는 데 도움이 될 수 있는 방법을 찾고 있다). 이 프로젝트의 목표는 유전자 발현부터 기계적 특성에 이르기까지 모든 수준에서 부상의 생리적 상태를 포괄적으로 이해하고, 이 상태를 변경해 치유가 기본 흉터 조직 형성이 아닌 발달을 모방할 수 있도록 만드는 시스템을 구축하는 것이다. 이 프로젝트가 "스타워즈와 비슷한 프로젝트"라고 말하는 바딜락은 이 프로젝트에서 생체전기가 중요한 역할을 할 것이라고 확신하고 있다.

생체전기 연구자들은 재생의학계에서 이상한 사람들로 취급당하고 있다. 이들의 패러다임은 인간 생리학의 주요 동인인 유전학에 집중하는 21세기 초반의 과학 연구 추세에 잘 맞지 않기 때문이다. 레빈의 연구에 대한 모든 신문 기사에는 "글쎄, 두고 봐야 알겠지"라는 식의 유전학자들의 평가가 항상 첨부돼 있다. 현재 학계는 실험실에서 성장시킨 장기에 대한 임상시험과 직접 관련된 조직공학이나 유전학과 같은 전통적인 연구 분야가 중심을 이루고 있기 때문에 레빈의 연구 같은 생체전기 연구에 대해서는 비판적인 시각이 제기되곤 한다.

10여 년 전 레빈의 연구팀이 실험결과를 공개하기 시작했을 때만 해도 많은 생물학자들은 이 개념에 대해 공개적으로 적대적인 반응을 보였다. 하지만 현재는 주류 연구자들이 생체전기 패턴과 유전자 사이의 구체적인 관계를 탐구하기 시작하면서 상황이 어느 정도 변화한 상태다. 예를 들어, 1995년 초기 배아 발달의 유전자 제어에 관한 연구로 노벨상을 수상한 크리스티아네 뉘슬라인폴하르트 Christiane Nüsslein-Volhard도 제브라피시zebrafish(감청색 가로줄무늬와 노란빛 지느러미를 가진 몸길이 3~4cm 가량 되는 열대 민물고기)에 줄무늬가 생기는 데 영향을 미치는 것으로 보이는 생체전기에 대해 연구하고 있다.[45]

나는 생체전기 연구가 재생의학 발전에 확실하게 기여할 수 있다고 본다. 장기 이식을 받으려면 신체가 새로운 장기를 거부하는 것을 막기 위해 평생 면역 억제제를 복용해야 하는데, 이는 건강에 영향을 미칠 수 있다. 금속 임플란트는 시간이 지남에 따라 느슨해지고, 인공 조직 지지체scaffold는 염증을 유발할 수 있으며, 인공 피부에는 땀샘이나 모낭이 없다는 치명적인 결점이 있다.

한때 사람들은 이 모든 문제를 줄기세포로 해결할 수 있다고 생각했다. 하지만 언론의 환호에도 불구하고 줄기세포 연구는 다소 실망스러운 결과를 가져왔다. 줄기세포를 어떻게 자극해 원하는 세포가 되게 하고, 필요한 곳으로 이동하게 하고, 새로운 형태로 유지하게 할 수 있을지가 과제였다. 현재 이를 위한 대부분의 연구는 생화학적 제어에 초점을 맞추고 있다. 하지만 줄기세포를 식별하고, 성장시키고, 유도하고, 적절한 표적에 안전하게 전달하는 만들려는 노력은 모두 실패했다. 사실 줄기세포가 우리 몸에 들어오면 어떤 일이 일어날지 예측할 수 없다.

그렇기 때문에 현재 줄기세포는 실험용 의약품으로만 사용되고 있으며, 줄기세포 사용으로 인한 끔찍한 결과들이 언론에 보도되고 있기도 하다. 예를 들어, 교통사고 후 척추를 치료하기 위해 후각 줄기세포를 주입받은 한 여성은 결국 척추에 코의 전구체가 자라게 됐다.[46] 얼굴에 활력을 되찾기 위해 줄기세포를 주입받은 또 다른 환자는 눈꺼풀에 뼈가 자라나 눈을 뜨거나 감을 때마다 딸깍거리는 소리("작은 캐스터네츠가 딸깍거리는 것 같은 날카로운 소리")를 들어야 했다.[47] 이 사람은 이 뼈가 눈을 뜨는 데 방해가 되기 시작하자 제거 수술을 받지만, 언제 다시 뼈가 자라나 캐스터네츠 소리를 낼지 몰라 불안해하고 있다. 시력 개선을 위해 체지방에서 세포를 채취해 눈에 이식한 여성 중 3명은 잘못 설계된 임상시험 때문에 영구적인 실명 상태에 빠지기도 했다.[48] 이런 사례들 때문에 미국에서는 재생용 줄기세포 사용이 금지됐다. 현재 미국 정부는 의사들이 불법적으로 줄기세포 치료를 하지 못하도록 법적 규제를 가하고 있다.[49]

생체전기 의학은 이런 문제들을 해결할 수 있는 방법을 제시할 수 있을 것으로 보인다. 레빈의 제자인 사라 순델라크루즈Sarah Sundelacruz의 연구에 따르면 줄기세포의 생체전기 파라미터를 조정하여 줄기세포의 최종 정체성에 영향을 미칠 수 있다. 순델라크루즈는 줄기세포의 생체전기 특성을 분석해 줄기세포가 모양을 잘 유지할 수 있는지, 아니면 원하지 않는 세포로 되돌아갈지 알아내는 방법을 최근에 개발한 사람이다. 이 접근법은 줄기세포를 우리가 원하는 특정한 신체 내 위치에서 성장하도록 만드는 데에도 사용될 수 있다. 또한, 민 자오의 연구팀은 전기자극을 사용해 줄기세포가 뇌 손상 부위의 대체 뉴런으로 성장하도록 유도했는데, 이는 이전에는 거의 불가능했던 일이다.[50]

하지만 세포의 정체성을 형성하는 생체전기 신호가 잘못되면 어떤 일이 발생할까? 그 결과는 치명적일 수 있다.

8장 | 생체전기와 암

치유되지 않는 상처

1940년대 후반, 스미스 칼리지의 동물학자 실반 메릴 로즈Sylvam Meryl Rose는 암세포를 한 동물에서 다른 동물에 이식해 키메라 chimera(유전 형질이 다른 세포가 함께 존재하는 생물체)를 만들어내기 위해 고군분투했다. 그는 개구리에서 빠르게 자라는 신장 종양을 배양해 떼어낸 다음 도롱뇽의 다리 피부에 이식했다(이전 장에서 언급했듯이, 개구리는 발달 중 짧은 기간을 제외하고는 재생이 불가능하지만 도롱뇽은 사지 전체가 다시 자랄 수 있다). 종양 이식 후 이 불쌍한 도롱뇽은 악성 종양으로 인해 죽었지만, 로즈는 종양을 이식한 다리를 잘라내 이식된 종양을 정확하게 이등분하면 다리가 다시 자라나는 것을 관찰했다. 재생되는 사지의 싹은 종양의 남은 부분을 이용해 암세포를 정상적인 세포로 변화시켰던 것이었다.[1] 이는 재생되는 다리가 암세포를 흡수했기 때문에 일어난 일이었다.

로즈의 실험은 재생과 암 사이의 기묘한 연관성을 최초로 밝혀낸 실험이었고, 이와 비슷한 실험은 그 후로도 다른 연구자들에 의해 계속 진행됐다.[2] 이런 실험 중 가장 놀라운 실험은 벌거숭이두더지쥐naked mole rat의 초능력 3종 세트를 발견한 것이었다. 2018년에 발표된 연구결과에 따르면 이 설치류 동물은 암에 걸리지 않을 뿐만 아니라 흉터 없이 치유되는 것처럼 보이며[3], 알려진 생물학적 노화 법칙을 무시한다.[4] 이 동물은 사육 상태에서 최대 30년까지 살 수 있다(일반적인 쥐는 1년 정도밖에 살지 못한다). 또한 이 동물은 다른 포유류 동물에 비해 치료가 빠르게 일어난다는 사실도 밝혀졌다.

이 기이한 이야기는 상처 치유, 재생, 암 사이의 많은 이상한 연관성을 주는 이야기 중의 하나다. 우리는 생체전기 신호가 상처 치유와 사지 재생의 중요한 요소라는 사실을 재프와 보겐스 이전부터 알고 있었다. 하지만 생체전기 신호가 필요한 것을 더 많이 생성하는데 그치지 않고, 필요하지 않은 것도 더 많이 생성할 수 있다면 어떨까? 전기와 암 사이의 복잡한 관계에 대한 적절한 연구가 수행되기까지는 오랜 시간이 걸릴 것이다. 암의 전기적 특성을 밝혀내려고 했던 최초의 연구자들이 빅토리아 시대부터 사람들을 혼란에 빠뜨리던 돌팔이의사들 때문에 연구의 어려움을 겪었던 일을 생각해보면 이런 연구가 앞으로 얼마나 더 힘든 과정을 거쳐야 할지 상상할 수 있을 것이다.

암의 전조신호로서의 생체전기

로즈가 도롱뇽 다리를 자르고 있을 무렵, 해롤드 색스턴 버와 그의 동료들은 맨해튼 벨뷰 병원의 산부인과 의사인 루이스 랭먼Louis Langman의 방문을 받았다. 당시 인공수정 방법을 연구하던 랭먼은 버의 전기 배란 감지 기술이 인공수정 성공률을 높이는 데 도움이 되기를 바랐다.[5] 배란의 전기신호에 대한 가톨릭 의사 존 록과의 치열한 논쟁에서 막 벗어난 버는 기꺼이 도움을 줬고, 랭먼에게 올바른 기기 사용법을 알려줬다. 결과는 좋았다. 랭먼은 전기 측정법을 이용해 여성의 임신을 도울 수 있는 비율을 높일 수 있었기 때문이다. 하지만 곧 랭먼이 버에게 접근한 이유는 여기에만 있지 않았다. 랭먼이 정말로 알고 싶었던 것은 이 기술이 고객의 생식기관에 있는 암을 찾아내는 데도 도움이 될 수 있는지 여부였다.

버는 랭먼과 함께 자신이 만든 장치를 이용해 실험을 시작했다. 100명의 여성을 대상으로 치골 위 하복부에 한 전극을, 다른 전극은 자궁경부 위나 옆에 부착하는 실험이었다.[6] 난소 낭종이나 기타 암이 아닌 질환으로 문제가 발생한 것으로 판명된 여성은 거의 항상 양성 반응을 보였다. 하지만 악성종양이 있는 여성은 매번 자궁 경부 부위의 전기적 "현저한 음성반응"을 보였다.[7] 그 후 병리 검사를 통해 이 진단결과를 확인한 랭먼은 암 조직이 명백한 전기적 신호를 방출하는 것을 발견했다.

랭먼은 약 1000명의 여성에게 실험을 반복해 자신의 이론이 맞는지 확인했다. 결과는 이번에도 좋았다. 환자 중 102명에게서 특징적인 전압 반전이 나타났다. 랭먼은 수술 검사를 통해 이 102명 중 95명이 암에 걸렸다는 사실을 확인했다.[8] 더욱 놀라운 사실은 증상이 심해져 병원을 찾았을 때 정확한 진단을 받을 수 있을 정도로 종양이 진행되지 않은 경우가 많았다는 점이었다. 암을 제거한 후에는 전위계에서 전기적 극성이 "건강한" 양성 지표로 바뀌는 것이 보통이었지만 항상 그런 것은 아니었다. 버와 랭먼은 전기적 극성이 음성을 유지하는 것은 암이 완전히 제거되지 않았거나 암세포가 전이되었음을 뜻한다고 생각했다. 이들은 몸 어딘가에서 암 덩어리가 여전히 사악한 신호를 보내고 있기 때문에 음성 신호가 계속 검출된다고 생각했다.

특히 이상하게 느껴진 것은 생식기 내부의 전극이 악성 조직에 직접 닿지 않아도, 심지어 그 근처에 닿지 않아도 이상 징후를 감지할 수 있다는 점이었다. 마치 신체의 건강한 조직을 통해 먼 거리에서 조난 신호가 전송되는 것과 비슷했다.

이 실험을 80년 가까이 지난 지금에 와서 평가하기는 쉽지 않다. 하지만 1940년대에 악성종양을 탐지할 수 있는 잠재적으로 신뢰할 수 있는 비수술적 방법이 발견되었다가 기억 속에 묻혀 버린 것은 분명해 보인다. 랭먼과 버는 "이 연구에서 사용된 방법은 분명히 다른 진단 절차의 보조적인 방법이며, 어떤 의미에서도 기존의 진단 방법을 대체하는 것으로 간주되어서는 안 된다."라고 기꺼이 인정했다.[9] 그러나 그러면서도 이들은 다른 사람들이 이 신생 기술을 개선해 암을 조기 진단하는 데 도움을 주길 희망한다고 다소 담담하게 말했다. 그로부터 25년 후 출간된 회고록에서 버는 아무도 자신의 연구를 잇는 후속 연구를 하거나 자신의 실험을 복제하지 않았다는 사실에 실망감을 드러내기도 했다.

지금 생각해보면 그 이유를 쉽게 알 수 있다. 암조직의 전위 차 사이의 관계를 설명할 수 있는 사람이 아무도 없었기 때문이다. 랭먼과 버의 연구결과는 제대로 이해되지 않았고, 신경과학의 범위를 벗어난 이 생체전기 연구는 무시됐다. 게다가 그로부터 4년 뒤 제임스 왓슨과 프랜시스 크릭이 DNA의 이중나선 구조를 발견했다는 발표를 하면서 생체전기에 대한 관심은 더욱 줄어들었다. 종양학은 유전자를 중심으로 재편되기 시작했다. DNA가 유전의 핵심이라는 사실이 밝혀진 지 얼마 지나지 않아, DNA를 손상시키고 돌연변이를 일으키는 모든 것이 암을 유발할 수 있다는 이론이 정설이 됐다. 1970년대와 1980년대에는 비정상적인 유전자에 대한 활발한 연구가 이어졌다.[10] 당시는 이런 과학의 흐름을 생체전기 연구가 거스르기에는 좋은 시기가 아니었다.

거의 공상 과학소설처럼 들리는 이야기

1940년대에 랭먼과 버가 전기 암 진단 기술을 연구하는 동안 비에른 노르덴스트룀Björn Nordenström은 폐암환자와 유방암환자의 엑스레이에서 계속 발견되는 미묘한 이상 징후에 의아해하며 눈썹을 찡그리고 있었다. 스톡홀름 카롤린스카 연구소의 진단방사선과 전문의였던 그는 폐암 조직 내부의 혈관을 검사하기 위해 엑스레이 영상을 사용했는데, 이 영상에서 계속 나타나는 신비하고 불규칙한 패턴에 대해 의문을 가지기 시작한 것이었다.[11]

이 엑스레이 영상에서 그가 주목했던 것은 종양과 병변 주위의 뾰족한 불꽃 같은 형상이었다.[12] 동료들은 이 형상이 촬영 중에 우연히 생긴 것이라고 말했지만, 노르덴스트룀은 그 설명이 만족스럽지 못했다. 결국 1983년에 그는 이 관찰을 기초로 이론을 하나 만들어냈다. 버와 랭먼과 마찬가지로 노르덴스트룀도 정상 조직과 종양 사이에서 신비한 전기적 차이를 발견했고, 이것이 이온이 흐르는 방식의 차이에서 비롯된 결과이자 그가 발견한 불꽃 형상을 만들어낸 것이라는 결론을 내리고 이 형상에 "코로나 구조corona structure"라는 이름을 붙였다. 그는 코로나 구조와 이를 유발하는 이온의 흐름이 모두 혈류처럼 전통적인 혈관계와 함께 존재하는 신체 전반의 전기 순환 시스템의 일부라고 생각했다. 그는 이 시스템이 혈액을 포함한 "전도성 매체 및 케이블"의 이온을 몸 전체의 걸쳐 배치된 회로를 통해 운반한다고 생각했다. 그는 우리의 전기 순환계가 혈액 순환계만큼 복잡할 뿐만 아니라 신체의 다른 모든 생리 활동과도 연관돼 있지만 눈에 보이지 않았기 때문에 그때까지 이를 놓치고 있었다고 생각했다.

노르덴스트룀은 논란의 여지가 있는 이 가설을 일반적으로 과학 이론이 널리 퍼지는 통로인 권위 있는 학술지를 통하지 않고 발표하기로 했다. 1983년, 그는 자비를 들여 이 가설을 358쪽에 이르는 방대한 분량의 책으로 출판했다. 그 책의 제목은 《생물학적으로 닫힌 전기회로: 추가적인 순환계에 대한 임상적, 실험적, 이론적 증거Biologically Closed Electric Circuits: Clinical, Experimental and Theoretical

Evidence for an Additional Circulatory System》였다.[13] 당시 어떤 출판사도 이 책의 출판에 관심을 가지지 않았기 때문이었다.

하지만 당시 연구자 중 일부는 이 책의 내용에 관심을 가졌다. 4명의 학자가 특이한 아이디어를 담은 책에 자신의 명성을 걸고 기꺼이 서문을 써주었다. 엑상 마르세유 대학의 생화학자 자크 오통 Jacque Hauton은 서문에서 "이 책은 길게 설명할 필요가 없을 정도로 과학적인 장점이 있는 책이다. 저자의 연구는 그 중요성을 다 헤아릴 수 없을 정도로 중요한 연구이며, 이 책은 생물학에 대한 이해의 진화에 있어 중요한 지점을 형성한다."라고 말했다. 서문을 쓴 다른 3명의 학자들도 이 책에 이와 비슷한 찬사를 보냈다.[14]

하지만 당시는 이온채널이 나트륨이온을 세포 안팎으로 운반하는 것이 처음 관찰된 지 불과 7년밖에 지나지 않았던 시점이었다. 따라서 암세포에 밀리초 수준의 짧은 시간 동안 생체전기가 흐른다는 생각은 받아들이기 힘든 것이었다. 1986년 미국 국립암연구소의 부소장 그레고리 커트Gregory Curt는 〈로스앤젤레스타임스〉와의 인터뷰에서 "이 이론은 결함이 있는 것 같다"면서 "암 생물학에 대해 우리가 아는 바에 따르면 전기장의 변화가 종양에 영향을 미친다는 증거는 없다"라고 노르덴스트룀의 이론을 비판했다. 하지만 당시 노르덴스트룀은 이미 생물학적으로 폐쇄된 전기회로의 원리를 이용해 암을 촉진하는 전기신호를 차단하는 환자 치료를 시작하고 있었다. 그는 양전하를 띤 전극 바늘을 종양에, 다른 음전하를 띤 전극 바늘을 건강한 조직에 삽입하고 몇 시간 동안 10볼트의 직류를 조직에 흘렸고, 종양이 줄어들기 시작할 때까지 이 과정을 반복했다.

노르덴스트룀은 〈로스앤젤레스타임스〉와의 인터뷰에서 자신이 실험한 환자들은 "외과의들로부터 암이 너무 진행되어 치료가 불가능하다고 거부당한 환자들"이라고 말했다.[16] 그는 1978년부터 1981년 사이에 20명의 절망적인 환자를 치료했지만 그 중 13명이 사망했다. 하지만 그는 이 환자들에게서 종양세포의 크기가 줄어들었고, 심지어는 완전히 사라지기도 했다고 주장했다. 처음 20건의 사례에 대한 간략한 설명은 1984년 〈생체전기 저널Journal of Bioelectricity〉에 실렸다.[17] 그는 〈로스엔젤레스타임스〉와의 인터뷰에서 너무 바빠서 주류 저널에 자세한 설명을 싣지 못했다고 주장했고, 설령 주류 저널을 통해 설명을 한다고 해도 그 설명은 너무 복잡해 다른 학자들이 이해하지 못할 것이라고 말해 다른 연구자들의 빈축을 샀다. 게다가 그는 이 인터뷰에서 "사람들이 논란의 여지가 있다고 말하는 것은 이해하지 못한다는 또 다른 표현이다."라고 말하기까지 했다.

그의 이런 태도에서는 사이비과학의 요소가 확실하게 발견된다. 이 태도는 현재의 과학적 사고와 완전히 동떨어진 이론을 적절한 통로를 통해 발표하는 것을 거부하는 태도였고, 치료법이 제대로 검증되기 전에 치료를 시행해야 한다는 고집이 엿보이는 태도였다. 노르덴스트룀은 돌팔이의 모든 특징을 보여주고 있었다. 이런 태도 때문에 당시의 주류 과학자들은 그의 이론에 더 비판적으로 변했다. 하지만 일부 똑똑한 학자들은 그 반대의 생각을 가지기도 했다. 이런 생각을 가졌던 과학자 중 한 명인 모튼 글릭먼Morton Glickman은 〈로스앤젤레스타임스〉와의 인터뷰에서 "일반적인 의학 논리를 따르지는 않지만 그의 이론은 여러 분야의 다양한 과학적 사실에 부합한다."라고 말했다.[18] 당시 예일의대 방사선과 교수였던 글릭먼은 편두통을 유발할 정도로 복잡한 생물학적으로 폐쇄된 전기회로에 대한 노르덴스트룀의 설명을 이해하는 데 1년이라는 시간이 걸리긴 했지만 "내 생각에는 그의 이론이 사실로 밝혀질 가능성이 매우 높다."라고 말했다.

서양의 과학자들은 대체적으로 노르덴스트룀의 이론에 비판적이었지만, 보이지 않는 힘이 인체를 돌아다닌다는 그의 이론은 중화인민공화국에서 상당한 관심을 불러 일으켰다. 1987년, 그는 베이징으로 초청을 받아 중국 공중보건부에서 자신의 기술을 시연했다.[19] 당시 시연에 대한 정보는 많지 않지만, 그 후 공중보건부는 병원에서 노르덴스트룀의 기술을 가르치기 위해 공격적인 교육 캠페인을 진행했다는 기록은 남아있다. 1988년부터 1993년까지 중국 내 969개 병원에서 1336명의 의사가 참여한 교육 세미나가 42차례나 열렸다.[20] 그는 1993년까지 약 5000명의 환자를 치료했고, 2012년에는 1만 건 이상의 양성종양을 치료했다.[21]

언론의 반응은 회의적이었다. 1988년 10월 21일, 미국 ABC 방송의 탐사보도 프로그램인 〈20/20〉은 암에 대한 놀랍고 새로운 접근법에 대해 다뤘다.[22] 이날 진행자 바바라 월터스Barbara Walters는 서두에서 "흥미로운 의학적 혁신에 대한 보도는 〈20/20〉이 수년간 수행해 온 역할"이라며 "사기에 넘어가지 않기 위해" 이 프로그램이 거치는 검증 과정을 설명했다. 당시 미국을 대표하던 유명한 저널리스트였던 월터스는 이어 "거의 공상과학 소설처럼 들리는 이야기입니다. 전기가 인체에서 매우 중요한 역할을 한다는 이론이지요. 이 이론은 의학에 혁명을 일으킬 수 있고, 심지어 암을 치료하는 새로운 방법을 제공할 수 있다고 하는군요."라고 말했다.

그렇다면 우리는 이 이론을 어떻게 받아들여야 할까? 월터스가 이 프로그램에서 보인 불안감에서 알 수 있듯이, 돌팔이와 혁명가를 구분하는 것은 당장은 매우 어려울 수 있지만, 수십 년이 지나면 명확해지는 경향이 있다. 하지만 노르덴스트룀의 경우는 그렇지 않았다. 그는 어느 날 사라졌기 때문이다. 그는 자신의 연구를 계속하기 위해 중국으로 이주한 것으로 추정되며, 소문에 따르면 2006년에 사망했다.[23] 그의 주장을 지지했던 소수의 연구자들도 세상을 떠났다. 대부분의 사람들은 그를 잊어버렸다. 내가 인터뷰한 연구자 중에서 지금은 구하기 힘든 노르덴스트룀의 책을 가지고 있는 사람도 있었다. 글릭먼이 그랬던 것처럼 노르덴스트룀의 이론이 언젠가 입증될 것이라고 믿는 이 사람들은 내게 그 책의 일부를 사진으로 찍어 보내주기도 했다.

노르덴스트룀의 이론 중 일부는 당시에는 사람들이 이해하지 못했지만 지금은 확실한 과학적 사실로 입증된 상태다. 그 중 하나는 이온채널이 모든 세포에 존재한다는 주장이다. 실제로 현재는 이온채널의 활동이 세포와 조직의 막 전위를 결정함으로써 세포와 조직의 행동을 조절하며, 심지어 암세포의 활동과도 관계가 있다는 것이 확실하게 입증된 상태다.

암세포에 존재하는 이온채널

어느 날 술집에서 세 번째 잔을 들고 있던 무스타파 잠고즈는 당장 암세포를 패치 클램프patch clamp(세포막 전위의 변화를 측정하는 데 필요한 회로소자가 포함된 분석기기)에 넣고 싶은 충동에 사로잡혔다. 그는 노르덴스트룀이나 버에 대해서는 전혀 들어본 적이 없었다. 당시 그는 임페리얼 칼리지 런던의 신경생물학자였을 뿐 암 연구자도 아니었다. 이날은 학술회의가 끝난 뒤 잠고즈가 동료들과 함께 술잔을 기울이며 이야기를 나누던 1990년대 초반의 어느 날이었다.

평생 이온채널을 연구해온 잠고즈는 이날 동료들과 암세포의 전기적 행동에 대해 이야기를 나누다 유레카의 순간을 맞이했다. 나중에 그는 "갑자기 큰 깨달음이 찾아왔다. 그날 나는 그때까지 아무도 암세포의 전기 신호를 연구한 사람이 없다는 것을 알게 됐다"라고 말했다. 그는 동료들에게 부탁해 세포 몇 개를 얻은 뒤 본격적인 연구에 착수했다. 잠고즈 본인은 몰랐겠지만, 당시 그는 자신의 경력에서 가장 복잡하고 좌절을 많이 주었던 7년간의 연구를 시작한 것이었다.

다행히도 그는 복잡함과 좌절에 익숙한 사람이었다. 잠고즈는 그리스와 터키가 오랫동안 영토 분쟁을 벌여온 키프로스에서 자랐다. 키프로스는 1878년부터 1960년까지 영국의 식민통치를 받았기 때문에 잠고즈가 태어났을 때만 해도 동네 구석구석에는 여전히 영국 특유의 붉은색 전화기와 우체통이 있었다. 어린 시절 내내 그는 임페리얼 칼리지에 진학하는 것이 꿈이었고, 10대 시절에는 라디오 송

신기를 처음부터 직접 만들기도 했다. 그 과정에서 그는 하루에 수십 번씩 감전되곤 했다. 하지만 당시 그는 전기가 인체에서 어떻게 작용하는지 관심이 있었기 때문에 일부러 감전되기도 했다. 이 특이한 아이는 햇살 좋은 키프로스에서 영국 켄트의 낡은 기숙학교로 진학했고, 장학금을 받으면서 임페리얼 칼리지 진학을 준비했다. 당시 임페리얼 칼리지 물리학과는 광자 같은 물리적 자극이 파란색과 같은 주관적인 감각 경험으로 변환되는 과정을 탐구하는 시각 연구 분야인 시각 심리물리학 연구로 유명한 학교였다. 잠고즈는 이 학교 전기생리학 실험실에서 증폭 장치를 만들어냈고, 그 결과로 박사학위를 받았다.

그로부터 20년 동안 그가 연구한 주제는 망막의 전기생리학적 반응이었다. 그는 "망막은 중추 신경계의 아름다운 모델입니다."라고 말한다. 눈에서 망막을 떼어낸 다음 전극을 삽입하고 불빛을 비추면 개별 세포가 반응하는 것을 볼 수 있다. 그는 망막세포에 처음으로 전극을 꽂고 빨간 불빛을 비췄을 때를 아직도 기억한다. 이 상태에서 그는 세포가 즉각적으로 반응해 약한 탈분극 상태에 이르고, 내부 전압이 주변 환경과 같아져 이온이 자유롭게 세포 안팎으로 드나들 수 있게 되는 것을 관찰했다. 그런 다음 파란색 빛을 비추자 세포는 반대 방향으로 반응하여 과분극을 일으켜 내부와 외부 사이의 큰 전기적 차이를 다시 만들었다. 이는 이온의 움직임이 엄격하게 제어됐다는 뜻이었다. 그는 "이 세포는 자신이 보고 있는 색을 알고 있었다. 이는 오실로스코프에서 전압이 변화하는 것을 관찰할 수 있었기 때문에 알 수 있었다."라며 당시에 느꼈던 놀라움에 대해 말했다.

잠고즈가 이 실험을 수행한 것은 성인의 시냅스 가소성에 대한 연구가 시작되던 1990년대 중반이었다. 시냅스 가소성 이론이란 뇌의 연결성을 변화시키는 능력이 어린 시절에 끝나지 않고 노년기까지 지속된다는 이론이다.[24] 실제로 잠고즈의 연구는 망막을 모델로 삼아 성인 망막세포가 연결을 변화시키고 다양한 조건에 적응할 수 있다는 증거를 수집해 이 이론에 대한 증거를 제공했다. 이 연구로 그는 신경생물학 교수직을 얻었고, 그날 밤 술집에서 맞았던 유레카의 순간이 없었다면 평생 이와 관련한 연구를 계속했을 것이다.

하지만 잠고즈의 관심은 이제 온통 암세포에 있었다. 그날 저녁 대화를 나누던 동료 중 한 명이 쥐의 전립선 종양에서 추출한 세포들을 그 자리에서 그에게 건넸다. 연구실로 돌아온 잠고즈는 망막 자극에 사용하는 전기생리학적 자극을 이 세포들에게 가했고, 그 결과 그는 이 세포들에서 활발한 전기적 활동이 일어난다는 것을 발견했다. 하지만 이 전기적 활동은 건강한 세포에서 일어나는 전기적 활동과는 전혀 다른 것이었다. 건강한 세포가 암세포로 변하면 뼈세포나 피부세포 또는 근육세포라는 이전의 정체성을 버리고 줄기세포와 유사한 원시적인 상태로 돌아간다는 사실은 오래 전부터 알려져 있었다. 하지만 이렇게 확실하게 새로운 정체성을 가지게 돼 필요한 곳으로 이동하는 줄기세포와 달리 암세포는 "성장"을 거부한다. 암세포는 여기저기로 표류하며 미친 듯이 증식하고 소비할 뿐, 주변의 건강한 세포들에게 도움을 주지 않는다. 잠고즈가 암세포들에서 관찰한 전기적 활동은 이러 암세포의 "탈분화de-differentiation(이미 분화된 세포가 그 분화된 특징을 상실하고 분화 이전의 단계로 돌아가는 현상)" 특성을 완벽하게 보여주는 것이었다. 이 암세포들의 막 전위는 정상적인 세포들의 막 전위인 70밀리볼트가 아니라 영구적으로 탈분극된 줄기세포가 가진 막 전위인 0밀리볼트였다.(이 관찰을 잠고즈가 처음 한 것은 아니지만, 이 관찰결과를 이전 수십 년 동안의 연구결과와 연결시킨 것은 잠고즈가 처음이었다.)

하지만 잠고즈의 관심을 끈 것은 이런 전기적 활동뿐만이 아니었다. 그는 암세포가 이보다 훨씬 더 놀라운 일을 하고 있다는 것을 발견했기 때문이다. 탈분극된 암세포가 어떻게든 스파이크를 일으키고 있었다. 잠고즈는 "이 스파이크는 정상적인 세포들에서 발견되는 매우 일반적인 활동전위였다."고 회상한다. 잠고즈는 암세포들이 이렇게 활동전위를 일으키는 이유에 대해 알고 싶었다. 그는 이 암세포들이 신경세포가 아니라 장이나 피부에서 추출한 세포였는데도, 건강한 세포에서 암세포로 변형되는 과정에서 어떻게든 신경세포처럼 발화하는 능력을 얻게 되는 이유를 밝혀내고 싶었다. 하지만 이 암세포들이 방출하는 스파이크는 신경세포가 방출하는 활동전위처럼 두드러지지도 안정적이지도 않았다. 이 활동전위는 그보다 훨씬 더 혼란스러웠고, 흔들리고 깜빡이며 이전에는 간질 발작에서만 볼 수 있었던 일관성 없는 패턴을 보였다. 이 이상한 활동전위는 암세포에서 무슨 일을 하고 있는 것일까?

잠고즈는 이런 현상이 신경이 활동전위를 방출할 수 있게 만드는 나트륨채널과 같은 계열의 전압 개폐 채널이 작용한 결과라는 것을 밝혀냈다. 이런 이온채널의 행동 변화로 정상세포가 암세포로 변하는 현상과 관련이 있는지 연구한 사람은 그때까지 아무도 없었다.

이런 비정상적인 스파이크 채널이 암세포가 공격적으로 변하면서 전이되는 원인일까? 이 질문이 바로 잠고즈가 첫 번째 논문에서 던진 질문이었다. 잠고즈와 그의 동료들은 이 논문을 세계 최고의 과학 저널인 〈네이처Nature〉에 제출했지만 네이처 편집자들은 이 관찰 결과를 일시적인 현상으로 치부하며 논문 게재를 거부했다. 하지만 잠고즈와 그의 공동 저자들은 결국 잘 알려지지 않은 비뇨기과 학회에서 이 연구결과를 발표했다. 이들은 이 학회가 작은 학회이긴 하지만 그 정도면 충분하다고 생각했다.[25] 1993년의 일이었다. 이때 잠고즈는 신경생물학 연구를 완전히 접었다. 망막은 더 이상 그의 관심 대상이 아니었다. 잠고즈의 관심은 오로지 암에만 집중돼 있었기 때문이다.

그로부터 7년 동안 잠고즈는 계속 "공격적으로" 관련 논문을 발표했다. 그의 논문들은 점점 더 영향력이 있는 저널에 실리기 시작했다. 잠고즈는 전기생리학, 생체전기, 기초 생리학에 대한 관심을 보이는 사람이면 누구에게나 자신의 이론을 설명했다. 잠고즈는 낭포성 섬유증cystic fibrosis(폐, 간, 췌장, 비뇨기계, 생식기계 및 땀샘 등 신체의 여러 기관을 침범하는 유전질환), 간질, 심장 부정맥, 심지어 위장 질환 등이 다양한 이온채널의 병리학적 돌연변이를 원인으로 발생한다는 것이 계속 밝혀지고 있는 상황에서 암만 예외일 수는 없을 것이라고 생각했다. 언젠가 잠고즈는 동료 연구자들에게 "전기는 우리가 일어나서 움직일 수 있게 해주기도 하지만 암세포도 일어나 움직이게 만들기도 합니다."라고 말하기도 했다. 그는 이온채널들이 암세포 전이에 미치는 정확한 역할을 규명하기 위해 계속 동료들을 괴롭힌 사람이기도 한다.

암에 대한 현재의 지배적 이론에 따르면 암은 유전자의 비정상적인 발현으로 인해 발생하며, 세포가 건강한 상태에서 암세포로 전환되는 초기 단계는 일반적으로 유전적 결함과 돌연변이에 의한 것이다. 하지만 사람이 암으로 사망하는 것은 이 과정에 의한 것이 아니다. 암으로 인한 사망 대부분은 암세포가 신체의 다른 부위를 침범할 때 발생하기 때문이다.[26] 암세포의 이런 침범은 이온채널이 중요한 것으로 역할을 한다고 알려진 기본적인 세포 행동들(이동, 증식, 부착 등)에 의해 촉진된다. 누군가의 전립선 종양에 있는 유전자를 보고 그 종양이 다른 세포들을 괴롭히지 않고 가만히 있을 것인지, 아니면 우리 몸을 돌아다니기 시작할 것인지 DNA를 통해 결론을 내리는 것이 항상 가능한 것은 아니다. 따라서 잠고즈와 그의 연구팀은 활동전위에 단서가 있을지도 모른다는 의문을 품기 시작했다. 잠고즈는 활동전위가 암의 공격성과 상관관계가 있다면 활동전위 측정은 매우 유용한 암 진단 도구가 될 것이라고 생각했다.

세기가 바뀌면서 사람들은 이 생각에 관심을 갖기 시작했다. 다른 연구자들도 이미 이온채널과 암을 연결 짓고 있었다. 암세포의 전기적 특성과 특정 유전자를 연결하는 데 수십 년을 보낸 이탈리아의 병리학자 안나로사 아르칸젤리Annarosa Arcangeli가 대표적인 연구자였다.[27] 피렌체 대학에서 아르칸젤리는 생물학자들에게 전기와의 관련성이 있다고 이미 알려진 "hERG"라는 유전자의 암 유발 관련성을 밝혀냈다. 이 유전자는 이온채널을 암호화하는 방식으로 칼륨전류를 제어해 심장박동을 조정하는 역할을 수행한다고 알려져 있다.[28] 아르칸젤리와 잠고즈는 신중하고 재능 있는 과학자였으며, 더 많은 연구자들이 연구에 참여하기 시작하면서 이온채널이 암 진행의 핵심 요소라는 압도적인 증거가 축적되기 시작했다.[29] 갑자기 이온채널 연구는 흥미로운 학문적 발견이나 새로운 진단법 차원에서 벗어나 매우 유망한 치료법이 될 수 있다는 생각이 널리 퍼지게 됐다.

현재 이온채널 약물은 매우 가능성이 높은 암 치료 수단이 된 상태다. 현재 시판 중인 이온채널 약물의 약 20%는 이온채널을 차단하거나 개방하는 등 다양한 방식으로 이온 채널을 표적으로 삼고 있다.[30] 이온채널이 암 증식에 중요한 역할을 하는 것으로 밝혀진다면, 이온채널을 적절하게 차단하면 암을 막을 수 있을까? 기존의 이온채널 약물 중 하나가 암의 공격을 막을 수 있는 열쇠를 쥐고 있을까?

한 가지 문제가 있었다. 잠고즈가 암을 더 공격적으로 만드는 것으로 밝혀낸 특성은 활동전위를 담당하는 동일한 전압 개폐 나트륨 채널에 의해 제어되기 때문에 차단이 불가능했다. 물론 암이 전이되는 것을 막을 수는 있지만, 그렇게 되면 신경계도 멈추게 돼 심장과 뇌에 나쁜 영향을 미칠 수 있었다.

암 치료에서 가장 어렵고 골치 아픈 문제 중 하나는 암세포에만 존재하는 표적을 겨냥하면서 정상적이고 건강한 세포는 건드리지 않는 방법을 찾아내는 일이다. 멜 그리브스Mel Greaves는 "과학자들은 아주 오래 전부터 암세포의 특성을 찾아내고 있었다. 하지만 더 깊이 파고들어갈수록 이런 특성들이 암에만 국한된 것이 아니며, 암세포가 완벽하게 정상적인 특성을 악용하는 것일 뿐이라는 것을 알게 되는 경우가 많다."라고 말한다. 런던 암 연구소의 종양학자인 그리브스는 어린이 백혈병을 유발하는 원인에 대한 연구로 2018년 기사 작위를 받은 암 연구계의 전설적인 존재다.[31] 기자들이 암 연구에 대한 문의할 때 가장 먼저 연락하는 학자 중 한 명이 그리브스다.

하지만 잠고즈는 더 깊이 파고들었다. 그 결과, 그는 암세포가 일반적으로 태아의 세포에만 존재하는 특별한 유형의 이온채널을 사용하고 있다는 사실을 발견했다. 이 이온채널은 세포 증식을 촉진하고 무에서 유를 창조하는 데 필요한 다른 과정을 빠르게 진행한다. 하지만 아기가 태어날 무렵에는 이 강력한 이온채널은 활동이 종료돼 삭제되며, 활동전위를 방출하는 것과 같은 일상적인 활동만 수행하는 정상적인 "성인" 버전의 이온채널로 대체된다.

잠고즈가 연구한 전립선암 세포에는 태아에 존재하는 이런 이온채널들이 가득 차 있었다. 그는 이 상태의 세포를 "배아 스플라이스 변이체embryo splice variant"라고 불렀다. 이전에 건강했던 세포가 암세포로 변하면서 무언가에 의해 이런 이온채널이 다시 생긴 것이었다.

이 공격적인 배아 스플라이스 변이체가 정상적으로 생명을 유지하는 일반적인 나트륨채널과 어떻게 다른지 알아냄으로써 잠고즈는 제거해도 정상적인 신체 기능에 해를 끼치지 않는 표적을 찾을 수 있었다. 그 후 몇 년 동안 그는 다른 전이성 암에서 이와 동일한 변이를 찾아내고, 암 환자의 생체조직 검사 기록을 샅샅이 뒤져 대장암, 피부암, 난소암, 전립선암에서 스플라이스 변이체(또는 그와 비슷한 변이체)를 찾아냈다.[32] 이번에는 이러한 변이를 억제하는 항체를 연구하기 위해 영국 암 연구재단으로부터 보조금을 받는 데 많은 설득이 필요하지 않았다.

무스타파 잠고즈와 안나로사 아르칸젤리는 더 이상 사람들이 자신들의 아이디어를 받아들이도록 하기 위해 애쓸 필요가 없어졌다. 잠고즈의 이온채널이 우연의 일치로 치부된 지 20년이 지난 지금, 이온채널과 암을 연구하는 분야는 폭발적으로 성장했다.[33] 현재 세계 곳곳에서 연구자들은[34] 기존 약물 중에서 숨겨진 보물을 찾느라 분주하게 노력하고 있다.[35] 상황이 이렇게 변화하면서 나트륨채널과 칼슘채널 외의 다른 이온채널들, 즉 염소채널과 칼륨채널에 대한 연구결과를 암 치료에 적용하기 위한 시도도 활발하게 이뤄지고 있다. 2018년 인터뷰에서 잠고즈는 다양한 유형의 채널이 오케스트라처럼 복잡하게 함께 작동하는 그림이 떠오르고 있다고 말했다. 그는 "나트륨채널은 수석 바이올리니스트가 될 수 있지만, 완전한 교향곡을 만들기 위해서는 다른 연주자들도 이해해야 한다."라고는 말한다.[36] 실제로, 아르칸젤리의 hERG 채널은 현재 제약회사들 사이에서 큰 관심의 대상이 되고 있다. 아르칸젤리는 2019년 〈바이오일렉트릭Bioelectric〉 편집자들과의 만남에서 이온채널을 표적으로 하는 새로운 치료법이 미래의 암 치료법이 될 것이라고 예측하기도 했다.[37]

잠고즈는 현재 임상시험을 시작하기 위해 자신의 회사를 운영하고 있다. 하지만 다른 많은 과학 분야에서와 마찬가지로 코로나19 팬데믹으로 인해 모든 것이 멈춘 상태다. 잠고즈가 현장에서 직접 암 환자를 치료하는 의사가 아님에도 불구하고 희망의 끈을 놓지 않으려는 사람들은 지금도 계속 그에게 연락을 하고 있다. 잠고즈는 "이 사람들은 도움이 절실한 사람들"이라고 말한다. 암 진단을 받은 사람들에게는 이제 새로운 선택지가 주어져야 한다.

암과의 전쟁에 동참한 새로운 연구자들

암 치료에서 가장 효과적이라고 현재 일반적으로 받아들여지고 있는 방법은 조기 발견이다. 암이 몸의 다른 곳으로 전이되면 생존율이 떨어지기 시작한다. 멜 그리브스는 2018년 〈BMC 생물학〉 저널에 그 이유를 설명하는 이론을 발표했다. 방사선요법이나 화학요법으로 종양을 성공적으로 파괴하면 이론상으로는 이긴 것이다. 세포가 하나도 남아 있지 않으면 암이 없는 것이다. 하지만 단 하나의 암세포라도 살아남았다면, 그 암세포는 이전에 받은 모든 치료에 면역이 생긴 암이다. 이 세포는 향후 종양의 모체가 되며, 종양이 증식함에 따라 이 세포에서 자란 모든 세포는 동일한 저항력을 갖추게 된다.(약물 내성에도 동일한 논리가 적용된다.[38]) 게다가 이 새로운 암세포들의 배치는 원래의 암세포보다 더 끈질기고 공격적이라는 연구결과도 있다. 이와 관련해 런던 소재 프랜시스 크릭 연구소의 종양학자인 찰스 스완튼Charles Swanton은 〈뉴사이언티스트〉와의 인터뷰에서 "우리는 우주의 기본 법칙 중 하나인 자연선택 법칙과 싸우고 있다."라고 말했다.[39]

새로운 전투 계획을 수립하기 위해 2013년에 멜 그리브스는 암 진화 연구 센터를 설립했다. 그는 런던의 사이언스 미디어 센터에서 강연을 통해 내성 문제를 해결하기 위한 새로운 아이디어를 제시했다. 일부 진행성 암, 특히 고령 환자의 경우 치료를 목표로 모든 암세포를 추적하는 대신 만성질환처럼 접근해야 한다는 것이었다. 그는 내게 "대부분의 암은 60세가 넘어 발병합니다. 암을 만성질환으로 생각해 치료하면서 암이 공격적으로 변하는 것을 막는다면 암환자들은 10년 또는 20년을 더 살 수 있을 것입니다."라고 말했다. 이런 치료법은 말기 암 환자들을 몇 달 더 생존시키기 위해 사용하는 치료법보다 훨씬 더 개선된 치료법이 될 것이다(말기 암 치료에 드는 천문학적인 의료비와 암 환자의 삶의 질을 저하시키는 독성약물도 사용할 필요가 없어질 수도 있다). 하지만 그리브스의 이런 생각에 동의하지 않는 사람도 많았다. 그는 "이 생각 때문에 수없이 논쟁을 벌여야 했다."라고 말했다. 실제로 〈더 타임스The Times〉의 한 기자는 그와 인터뷰를 하면서 이 생각이 자신이 들어본 것 중 최악의 아이디어라고 말하기도 했으며, 기사도 같은 맥락에서 썼다. 〈데일리텔레그래프Daily Telegraph〉는 그리브스를 "암 치료 시도를 그만두어야 한다고 말하는 종양학자"라고 비웃기도 했다.

하지만 시간은 그리브스의 편이었다. 오늘날 많은 과학자들은 암을 조기에 발견하는 것이 가장 중요하긴 하지만, 조기 발견이 이뤄지지 않았다면 "통제하는 것이 훨씬 더 현실적인 목표"라는 생각에 동의한다.

유전체학genomics은 암 치료에 혁명을 일으켰고 암에 대한 심층적인 이해를 크게 향상시켰다. 유전자 연구는 성인 백혈병의 판도를 바꾼 치료법을 비롯해 놀라울 정도로 효과적이고 강력한 진단 및 치료 도구를 탄생시켰다.

하지만 이런 성공과 암이 유전자에 의해 발생하는 질환이라는 생각은 별개로 생각해야 한다. 그리브스는 "진화가 단순히 유전자의 진화로만 구성되는 것이 아닌 것처럼 암 역시 유전자에 의해서만 발생하는 질환이 아니다."라고 말한다. 세포는 환경에 반응하기 때문에 게놈만으로는 완전히 설명할 수 없는 방식으로 많은 속성을 빠르게 변화시킬 수 있다. 그는 "따라서 유전체학이 전부라고 말하는 것은 잘못된 것입니다."라고 말한다.

이제 남은 의문은 이것이다. 일렉트롬이 암에 영향을 미친다면 일렉트롬에 관한 지식으로 우리가 할 수 있는 일은 무엇일까?

전기적 특성 감지

해럴드 색스턴 버와 루이스 랭먼이 전기적 특성 측정을 통한 암세포 탐지 가능성을 처음 언급한 이후 수십 년 동안 많은 연구를 통해 생체전기적 특성을 이용해 암세포와 건강한 세포를 구별할 수 있다는 사실이 밝혀졌다. 이 아이디어는 암세포가 체내 전류의 흐름을 방해하는 특성을 가지고 있다는 관찰결과에 기초한다. 버와 랭먼이 이 아이디어를 처음 제시할 때만 해도 암이 이런 특성을 가진다는 생각은 매우 생소했지만, 현재 이 특성은 "생체임피던스 bioimpedence"라는 말로 널리 알려져 있다.[40] 생체임피던스라는 용어는 헬스장이나 스파에서 체지방성분을 측정하는 저울에서도 흔히 볼 수 있다(물론 이런 저울을 사용하는 대부분의 사람들은 주로 체지방과 근육의 정확한 비율에 관심이 있긴 하다). 이런 저울은 생체전류가 "임피던스(저항)"가 높은 지방세포는 통과하지 못하지만 근육처럼 가는 조직은 통과할 수 있다는 원리에 따라 작동한다. 물론 암세포에도 고유한 생체전기 신호가 있다.

신체의 어느 부위에서든 암세포를 제거할 때 수술실에서의 외과의의 목표는 암세포를 전혀 남기지 않는 것이다. 하지만 의사들이 암세포와 건강한 조직을 구분하는 것은 쉬운 일이 아니다. 영상장치를 비롯한 다양한 장치들은 종양의 위치를 제공하지만 실제로 종양을 살에서 잘라내는 행위는 고도로 숙련된 의사들의 추측에 의존한다. 종양 전체를 깨끗하게 제거할 확률을 높이기 위해 외과의는 종양뿐만 아니라 종양 주변의 정상 조직도 몇 센티미터 정도 넉넉하게 잘라내곤 한다.

수술 후 잘라낸 살덩어리는 임상병리과로 보내지고, 임상병리과 전문의는 암세포가 환자의 몸에서 완전히 제거됐는지 확인하기 위해 수술 시 함께 제거된 종양 주변의 건강한 조직("마진margin")을 검사한다. 문제는 결과가 나오는 데 며칠이 걸릴 수 있으며, 분석 결과 양성 마진 반응(암세포가 주변 조직에 존재할 때 발생하는 반응)이 발견되면 환자에게 두 번째 또는 세 번째 수술과 이를 보강하기 위한 더 많은 치료를 해야 한다.[41]

최근에는 다양한 임상시험을 통해 외과의가 첫 수술에서 종양 전체를 제거하는 데 도움이 되는 몇 가지 새로운 기술이 개발되고 있다. 샌프란시스코의 한 스타트업이 개발한 "클리어엣지ClearEdge"는 유방암 경계선 탐지에 생체임피던스를 사용하는 기기다. "마진 탐지 장치margin probe"라는 의료기기에 통합된 이 장치는 수술 후 환자가 마취 상태인 동안 외과의가 방금 제거한 종양 주변 부위의 생체전기적 특성을 측정하는 데 사용된다. 즉, 이 장치는 생체임피던스를 "신호등"처럼 이용해 암세포는 빨간색, 불확실한 세포는 노란색, 정상 세포는 초록색으로 나타내 외과의의 수술에 도움을 주는 장치다. 이 기술은 영국의 여러 병원에서 임상평가가 완료됐으며, 2016년에 에든버러 대학교 의과대학과 에든버러 웨스턴 종합병원의 외과의사들은 이 기기를 사용해 절제 부위의 암을 성공적으로 식별했으며, 반복 수술의 필요성을 줄일 수 있다고 보고했다.[42] 시간이 많이 걸리는 기존의 암 검사 방법과 비교했을 때 이 기기는 매우 유용한 기기라고 할 수 있다.

그렇다면 클리어엣지는 현재 어디에 있을까? 왜 지금은 아무도 이 기기에 대한 이야기를 하지 않는 것일까? 이 기기를 시험해 본 외과의사 중 한 명인 마이크 딕슨Mike Dickson은 이 기술이 사용하기 쉽고 그 결과도 꽤 좋았지만 후속 연구가 이루어지지 않았다고 말했다. 그는 "이 회사는 벤처 자금에 의존하고 있었다. 이 기술은 훌륭하게 보였지만 이 회사는 이와 비슷한 마진탐지장치들도 개발하고 있었다. 그중 일부는 너무 복잡했고, 일부는 정확도가 떨어졌으며, 일부는 그냥 사라지기도 했다."라고 말했다.

데이니 스펜서 애덤스는 유령 개구리 얼굴을 시각화하는 데 도움이 된 생체전기 염료를 기반으로 누구나 사용할 수 있는 저렴하고 정확한 기기를 만드는 방법을 연구하고 있다. 이 염료는 암세포의 막 전위에 따라 빛을 발산하여 암세포가 건강한 세포와 다른 색으로 보이도록 하는 방식으로 세포의 전기특성에 영향을 미친다. 하지만 이 기술은 살아있는 환자를 대상으로 하는 것이 아니라 이미 제거한 종양 덩어리와 블로팅 페이퍼blotting paper(일종의 기름종이)를 사용하는 기술이다. 종양을 절제한 후 외과의는 이 특수 종이를 종양의 가장자리에 눌러 세포를 옮기고, 종이를 염료에 넣고, 사진을 찍고, 결과를 컴퓨터에 입력한다. 이 기술을 이용하면 10분 이내에 전체 수술 부위에 대한 열 지도heat map를 만들 수 있으며, 이 열 지도는 외과의가 놓친 부분을 숫자로 표시해준다. 놓친 부분이 있다면 환자가 수술대에 있는 동안 다시 수술에 들어갈 수 있다.

간단하게 설명하면 그렇다는 이야기다. 연구자들은 페트리접시에 놓인 여러 세포를 대상으로 테스트를 한 뒤 전압 염료가 암세포를 극적으로 밝게 만드는 것을 관찰한 후, 살아있는 조직에 대한 테스트를 시작해 긍정적인 결과를 얻었다. 하지만 이 기술은 아직 실제 암 수술 현장에서 사용할 수는 없다. 임상시험은 항상 비용이 많이 들고, 새로운 기기를 개발한 스타트업은 투자자들의 압박에 시달리는 경우가 많기 때문이다. 따라서 더 많은 수술로 인한 외상 및 감염 위험을 줄이면서 암 수술을 훨씬 더 효과적으로 하고 재발을 줄일 수 있는 생체전기 진단 기기가 실제로 수술실에서 사용되기까지는 많은 시간이 걸릴 수도 있다.

하지만 여기서 더 나아가 암의 생체전기 특성을 확인해 종양을 제거하기 위해 수술이 필요한지 알아내는 것 자체는 가능해질 수 있다. 유전적 결함이 암을 일으켰을 수는 있지만, 암의 성장이나 전이 여부는 신체의 생체전기적 특성에 달려 있기 때문이다. 모든 종양이 공격적인 것은 아니다. 일부 종양은 성장 속도가 느리고 저절로 사라질 수도 있다. 아직 발표되지 않은 연구에서 잠고즈와 그의 동료들은 나트륨채널이 그 자체로 암의 공격성 수준을 진단하는 표지가 될 수 있다는 많은 증거를 수집했다.[43] 2019년 이온채널 변조 심포지엄에서 잠고즈는 이온채널이 이온 전류를 증가시키면 생존율이 떨어진다고 발표했다. 이 연구결과는 생사 여부를 결정할 수 있는 수술이나 치료의 필요성을 평가할 때 도움이 될 수 있을 것이다. 잠고즈는 "이온채널이 존재하지 않는 곳에서 전이가 발생한 사례는 한 번도 본 적이 없다."라고 말했다. 나트륨채널에 대한 잠고즈의 연구는 발견된 암을 치료하는 새로운 방법의 출현을 예고하고 있다.

생체전기통신망 차단의 효과

발작을 예방하기 위해 일부 간질(뇌전증) 환자는 신경의 비정상적인 활동 전위를 촉발하는 나트륨채널을 차단하는 약물을 복용한다. 이 약물은 전기적으로 과도하게 활성화된 뇌의 활동전위를 낮춰 발작이 연쇄적으로 일어날 가능성을 낮춘다. 또한 이런 약물은 간질 증상만 치료하는 것이 아니라 심장 부정맥이나 우울증 치료에도 사용된다.[44]

나트륨채널 차단 약물을 복용한 사람들이 일부 암에 걸릴 위험이 낮고 암에 걸리더라도 생존 가능성이 높다는 사실은 입원 환자들에 대한 치료 사례 보고와 FDA 보고서를 통해 10여 년 전부터 알려지기 시작했다.[45] 후속 검토에 따르면 이 약물은 간질, 대장암, 폐암, 위암 및 혈액암 발생률 감소와 관련이 있는 것으로 보인다.[46] (하지만 분명히 밝히건대 이 효과는 100% 확실한 효과는 아니다. 즉, 이 약물을 복용한다고 해서 간질 환자가 항경련제 복용을 끊게 만들 수 있을 정도 충분한 데이터가 확보된 상태는 아니다.)

하지만 이런 나트륨 채널 차단 약물의 잠재적인 가능성은 잠고즈의 이론과 매우 잘 맞아떨어진다. 게다가 잠고즈는 나트륨채널 차단 약물이 어떻게 암을 억제하는지에 대한 미스터리를 풀어줄 메커니즘을 제시하고 있기도 하다. 잠고즈는 스플라이스 변이체가 방출하는 불규칙한 활동전위가 암세포로 하여금 그 주변 세포들에 접촉할 수 있게 만든다고 생각한다. 그는 "종양 세포들은 서로 소통하고 있다."라며 이 활동전위 방출을 차단하면 암세포들 사이의 통신을 막을 수 있다고 말한다.

이 실험은 아직 초기 단계에 있지만, 만약 성공한다면 암 치료를 위한 약물 승인 절차가 매우 짧아질 수 있을 것이다. 현재 잠고즈, 후앙Huang, 아르칸젤리를 비롯한 많은 연구자들은 암세포가 주변 환경과 소통하고 행동하는 것을 막기 위해 기존 이온채널 약물의 용도를 변경하는 연구를 진행하고 있다. 기존 이온채널 약물의 용도를 변경했을 때의 가장 큰 장점은 수십 년이 걸릴 수 있는 약물 개발을 처음부터 다시 시작할 필요가 없으며, 이를 통해 임상에서 약물을 보는 시기를 획기적으로 앞당길 수 있다는 점이다.

이런 약물이 암의 전이 능력을 제거할 수 있다면, 암을 만성질환으로 치료해야 한다는 그리브스의 생각처럼 암을 만성적이고 관리 가능한 상태로 전환할 수 있다고 잠고즈는 생각한다. 잠고즈는 2018년 인터뷰에서 "당뇨병에 걸리거나 에이즈 바이러스에 감염돼도 관리를 하면서 오래 살 수 있다. 우리는 '암과 함께 사는 것'이 가능하다고 생각한다."라며 "암과 함께 산다는 것은 암 환자의 주요 사망 원인인 전이를 억제하는 것을 뜻한다."라고 말했다.[47]

이온채널 약물은 그 이상의 역할도 할 수 있을 것으로 보인다. 현재 일부 연구들은 실반 로즈가 연구한 동물들에서 종양이 없어진 것처럼, 생체전기를 적절하게 조작하면 인간에게도 같은 일이 일어날 가능성을 제시하고 있다.

세포들의 사회

최근에는 암 문제를 해결할 수 있는 방법이 암에 대한 새로운 이론들에 있을 가능성이 높다는 생각이 널리 퍼지고 있다. 지난 1999년 터프츠 대학교 의과대학의 아나 소토Ana Soto와 카를로스 조넨샤인Carlo Sonnenschein은 암을 개별 세포의 붕괴가 아니라 세포 사회의 붕괴로 보는 새로운 패러다임을 제안했다. 개별 세포가 모이면 조직을 형성하고 그 조직은 일종의 사회가 된다는 이론이다. 이 연구자들은 세포는 기본적으로 확산 성질을 가지며, 따라서 암은 세포 한 개가 잘못돼 발생하는 것이 아니라 주변 세포들이 잘못된 세포의

"자연적인 본능"을 억제하는 데 실패하기 때문에 발생하는 것이라고 주장했다.

이 관점은 암을 개별 세포의 결함이 아니라 인체의 조직 장애로 보는 관점이다. 특히 암세포가 신체에 대한 기여를 중단하고 극단적으로 개인주의적인 방식으로 살아가기로 결정하는 방식과 매우 잘 맞아떨어진다는 점에서 이 비유는 매우 매력적이다. 또한 이 이론은 처음에 발표됐을 때도 그리 급진적인 이론으로 보이지 않았다.

최근에는 암 확산 과정에서 비유전적 요인들이 중요한 역할을 한다는 연구결과들이 쏟아지고 있다. 예를 들어, 미세 환경에서의 인장력●과 생체역학적 요소들이 암세포 확산에 기여한다는 이론은 이런 관점을 보여주는 대표적인 이론이라고 할 수 있다. 2013년 뉴욕 메모리얼 슬론 케터링 암센터의 연구팀은 "많은 연구에서 미세 환경이 종양 세포를 정상화할 수 있다는 사실이 밝혀졌으며, 종양 주변 세포를 제거하기보다는 그 세포들을 재교육하는 것이 암 치료에서 효과적인 전략이 될 수 있다."라고 내용의 논문을 발표했다.[48] 이 논문에 따르면, 종양 주변의 건강한 세포는 종양의 확산 여부를 결정할 때 종양만큼이나 중요한 역할을 한다. 세포 자체뿐만 아니라 세포를 둘러싼 환경(사회)이 세포의 행동을 조절하는 역할을 제대로 수행하지 못하기 때문이다.

특히 최근에는 세포가 정보를 처리하는 데 사용하는 생체전기 신

● 물체에 당기는 방향으로 외력이 작용하였을 때 물체 내부에 생기는 축방향의 힘 - 편집자

호의 중요성을 보여주는 연구결과들이 나오기 시작했다. 건강한 세포가 페트리접시를 기어 다니도록 유도하는 전기장과 동일한 종류의 약한 전기장이 뇌, 전립선, 폐종양 세포도 기어 다니도록 유도한다는 연구결과다.[49] 물론 이 전기장은 우리 몸 안에서 세포질 cytoplasm(세포 내부를 채우고 있는 균일하고 투명한 점액 형태의 물질) 주위를 소용돌이치는 전류와 모든 세포의 막 전위가 일으키는 것이다.

요약하자면, 과거에는 암세포와 주변 생체전기장 사이의 상호 작용은 세포가 이웃 세포의 상태에 따라 결정을 내리는 과정에서 중요하지 않다고 생각됐지만 지금은 이 상호작용의 중요성이 점점 더 폭넓게 인식되고 있다고 할 수 있다. 이 관점에 따르면 암은 세포들이 정상적인 시스템의 일부가 되지 못하게 만드는, 세포 간 통신 실패의 결과로 볼 수 있다.

그렇다면 통신 프로토콜을 다시 설정하면 되지 않을까? 이 생각은 암과 관련해서는 상당히 파격적인 생각이지만 지지하는 사람들이 점점 늘어나고 있다.[50] 하지만 생체전기 신호가 암 확산 과정에서 수행하는 다양한 역할을 더 잘 이해하게 되면서 한 편에서는 새로운 가능성도 떠오르고 있다. 암의 생체전기에 초점을 맞춘 새로운 도구를 사용하면 암을 조기에 진단해 만성 질환으로 전환시킬 수 있으며, 심지어 암세포가 "취소" 버튼을 누르도록 유도할 수도 있을 것이라는 가설이 그 가능성의 진원지다. 세포막 전위는 줄기세포, 지방세포, 뼈세포에 이르기까지 세포의 정체성과 밀접한 관련이 있으며, 실제로 세포의 정체성을 결정한다.[51] 막 전위를 조작하면 개구리 엉덩이에서 눈이 자란 것처럼 유기체에 많은 놀라운 변화가 생길 수도 있다. 개구리 엉덩이에 눈을 만든 요인이 세포의 암 발생 의지를 꺾을 수도 있다는 사실이 밝혀졌기 때문이다.

세포에 대한 신체의 "사회적" 제어가 막 전위 신호에 의해 매개된 다면, 이 대담한 이론을 테스트하는 좋은 방법은 세포의 막 전위를 바꾸는 것만으로 건강한 세포를 암세포로 만들거나 암세포가 건강한 상태로 돌아가도록 유도할 수 있는지 알아보는 것이다.

2012년 터프츠 대학의 마이클 레빈 연구실에서 연구자들이 수행한 실험이 바로 그런 실험이었다. 연구팀의 추론에 따르면, 생체전기 신호는 세포가 패턴과 일관성을 유지하기 위해 통신하는 방식에서 중요한 부분을 차지하며, 암은 이러한 세포 간 계약이 깨지는 것을 의미하므로 세포의 생체전기 신호 전송 능력을 방해하면 암이 발생한다. 실제로, 레빈의 박사과정 학생인 마리아 로비킨Maria Lobikin이 정상 세포를 탈분극시키자 이 세포는 악성 세포로 변하기 시작했다.[52] 이는 생체전기가 거대한 다세포 구조를 하나로 묶어주는 일종의 "정보 접착제"라는 증거였다. 레비킨과 공동저자들은 논문에서 막 전위는 "종양이 집중화되지 않은 상태에서 광범위한 암세포 전이를 일으키는 후성유전학적 요인"이라고 말했다.

그 다음 해, 레빈 연구실의 또 다른 연구원인 브룩 처넷Brook Chernet은 여기서 한 걸음 더 나아가 막 전위만으로 정상세포가 암이 될지 여부를 예측할 수 있을지 연구하기 시작했다. 연구팀은 인간 암 유전자를 개구리 배아에 이식해 종양을 일으키는 방법으로 이 생각을 테스트했고, 데이니 스펜서 애덤스가 개구리 얼굴의 전기적 발달을 관찰하는 데 사용한 것과 동일한 형광 전압 염료를 이 과정에서 사용해 종양에서 탈분극된 막 전위를 관찰할 수 있었다. 또한 애덤스가 개구리 얼굴 특징을 예측할 수 있었던 것처럼 전기신호 변화만으로도 어떤 세포가 암으로 변할지 예측할 수도 있었다.[53] 이 실험은 생체전기 신호가 종양 형성과 관련이 있다는 것을 증명했을 뿐만 아니라 항암 요법에 대한 새로운 접근 방식을 제시한다고 연구팀은 논문에서 말했다. 즉, 이 실험은 막 전위가 낮은 암세포의 세포막을 재분극시켜(강화해) 이 암세포가 주변 세포들(세포들의 사회)과의 연결을 유지하는 상태에서 주변의 건강한 세포들을 암세포로 만드는 것을 막도록 만든 실험이었다. 다시 말해, 처넷과 레빈은 탈분극된 암세포를 재분극시킴으로써 종양의 수를 줄인 것이었다.[54] 생체전기 연구의 또 다른 승리였다.

2006년 처넷은 올챙이를 대상으로 새로운 종양의 발생을 막았을 뿐만 아니라, 기존 종양을 정상 조직으로 다시 "재프로그래밍"하는 데에도 성공했다. 올챙이 종양은 이미 퍼져 자체적으로 혈액 공급을 형성할 정도로 진행된 상태였다. 하지만 처넷이 광 활성화 채널(광유전학optogentics으로 알려진 기술)을 이용해 암세포의 휴지전위를 조절하자 세포가 암처럼 행동하지 않게 됐다. 처넷이 쓴 논문의 공동저자 중 한 명인 애덤스는 〈로이터 통신〉과의 인터뷰에서 "불을 켜자 종양이 사라졌다."라고 말했다.[55] 레빈은 조직의 나머지 부분에 있는 세포들에게 전기자극을 이용해 자신들의 역할을 상기시키는 것은 세포가 마치 중년의 위기에서 벗어나 세포 사회로 다시 진입하도록 돕는 것처럼 보인다고 말했다. 이런 실험들은 전압 변화가 암을 나타내는 신호에 불과한 것이 아니라 암을 통제한다는 것을 보여준 것이었다.[56] 생체전기는 유전자를 압도한다.

이 모든 이야기는 매우 흥미롭지만, 아직은 실제 의료 현장과는 상당히 거리가 있다. 생체전기에 대한 최근의 모든 연구와 마찬가지로 생체전기와 관련한 암 연구도 아직 초기 단계에 머물고 있다. 게다가 이런 실험에 사용된 올챙이는 인간과 너무나 다른 동물이기도 하다. 또한 일부 실험을 반복할 때는 일관성이 없는 결과가 나오기도 했다.[57] 아직 해야 할 일이 많이 남아 있다.

그럼에도 불구하고 이런 실험들이 매우 매력적인 결과를 제공하는 것은 사실이다. 복잡한 생물학적 과정을 통제하는 제어 스위치가 이런 실험들에서 발견됐기 때문이다. 레빈은 "세포 간의 전기적 통신은 종양 억제에 매우 중요하다."라고 말한다. 게다가 이 제어 스위치는 기존의 약리학적인 치료법에도 적용될 수 있다. 잠고즈와 아르칸젤리처럼 현재는 레빈도 이온채널 약물을 연구하고 있다.[58]

한 세기가 조금 안 되는 기간 동안 암의 생체전기 신호는 처음에는 무시되고 비과학적이라는 의심을 받았지만 결국 암 발견과 치료에 도움을 줄 수 있는 강력한 존재로 인식이 변화했다. 최근의 연구를 통해 암에는 암을 감지하는 데 사용할 수 있는 특징적인 전기적 신호가 있다는 버와 랭먼의 주장이 옳았다는 사실이 밝혀졌다. 사실 이러한 징후는 시작에 불과할 수 있다.

노르덴스트룀은 1940년대에 전기 펄스로 종양을 파괴하려고 시도했을 때 무언가를 발견했을지도 모른다. 현재 나노초nanosecond 수준의 짧은 시간 동안 저온 플라스마cold plasma 펄스로 종양을 파괴하기 위한 연구가 활발하게 진행돼 빠르게 성과를 내고 있다. 이 기술은 노르덴스트룀이 사용했던 전기 펄스와는 비교도 안 될 만큼 강력하고 정밀한 전기자극을 이용한다.[59] 미국 국립과학재단의 플라스마 물리학 프로그램 책임자인 호세 로페즈Jose Lopez는 저온 플라스마를 이용한 새로운 기술이 암 치료 방식을 빠르게 변화시키고 있다고 말한다. 이 기술은 앞으로 10년 동안 주목해야 할 또 다른 생체전기 개입방법이다.

현재 생체전기를 이용하는 수많은 장치와 기술이 재생, 상처 치유, 암 치료를 위해 개발되고 있다. 이런 장치와 기술은 이온채널 차단제와 함께 의학의 새로운 지평을 열고 있다.

또한 이런 장치와 기술은 지금까지 우리가 개발해왔던 것과는 전혀 다른 형태로도 발전하고 있다. 예를 들어, 이런 새로운 형태의 장치는 금속이 아닌 다른 물질로도 만들어질 것이며, 지금보다 훨씬 더 깊은 수준에서 우리 몸과 상호작용할 것이다. 이런 장치는 자연계에서 발견되는 물질로 만들어질 것이며, 우리 몸에서 작동하는 전기적 메커니즘과 동일한 메커니즘을 갖게 될 것이다.

5부

생체전기의 미래

● ● ●　　　생체전기 암호는 우리가 발견해낸 일렉트롬의 몇 가지 구성요소 중 하나에 불과하다. 일렉트롬에 대한 지금까지의 연구결과들은 생체전기를 제대로 이용하려면 생체전기를 인위적으로 조절하고 조작하는 수준을 넘어, 있는 그대로의 자연적인 생체전기 자체를 이용할 수 있어야 한다는 것을 시사한다. 또한, 일렉트롬을 완벽하게 이해하려면 이온채널이나 신경계에 대한 이해를 넘어서 훨씬 많은 것을 이해할 수 있어야 한다. 그러기 위해서는 다양한 분야의 연구자들이 협력을 해야 하며, 현재의 과학연구 관행이 어떻게 과학적 이해에 제약을 가하고 있는지 비판적으로 생각해야 한다. 또한 우리가 전기 장치와 상호작용하는 데 필요한 소재에 대한 재고도 필요할 것이다. 그렇게 할 수 있다면 우리가 현재 복용하는 약물과 그 약물이 일렉트롬에 미치는 영향에 대해 새로운 시각을 가질 수 있게 될 것이다. 이런 변화는 혁명적인 변화가 될 것이다.

"우리는 금속이 우리의 미래를 결정할 것이라고 생각한다.

하지만 우리의 미래를 결정하는 것은 생체물질일 수도 있다."

크리스티나 아가파키스 Christina Agapakis

9장 │ 실리콘을 오징어로 바꾸다: 생체전자공학

개구리는 갈바니의 그로테스크한 실험에서부터 마테우치의 개구리 배터리 실험에 이르기까지 200년 동안 다양한 역할을 했다. 하지만 개구리가 미래에 생물학과 전기를 결합하는 데에도 결정적인 역할을 할 것이라고는 아무도 예상하지 못했을 것이다. 하지만 실제로 2020년, 개구리는 진화 역사상 존재하지 않았던 새로운 종류의 유기체를 구성하는 재료가 됐다.

정확히는 개구리 세포가 그랬다는 말이다. 과학자들은 개구리 배아에서 긁어낸 세포 수천 개로 약 2000 종류의 세포집단을 만들어냈다. 이 세포 덩어리들은 정교한 프로그램에 따라 서로 협력하기도 했고, 스스로 움직이고 행동하기 시작했다. 이 덩어리가 바로 "제노봇xenobot"이다. 제노봇은 개구리를 뜻하는 "제노푸스Xenopus"와 로봇의 합성어다. 제노봇은 사람들이 흔히 생각하는 로봇도 아니고 개구리도 아닌 기묘한 존재다. 제노봇에는 뇌나 신경계가 없기 때문에 제노봇이 움직이고 판단하는 능력을 가진다는 것은 기존의 생물학적 관점에서는 설명이 불가능했다. 또한 제노봇은 입이나 위가 없어서 먹이를 먹을 수도 없었고, 생식기관도 없기 때문에 새끼를 낳을 수도 없었다. 이 로봇을 만드는 데 도움을 준 버몬트 대학의 로봇공학자 조슈아 봉가드Joshua Bonguard는 이 로봇을 "새로운 형태의 살아 있는 기계novel living machine"라고 불렀다.[1]

하지만 여기서 의문이 하나 든다. 로봇공학자가 왜 개구리 세포 로봇을 만들었을까?

현재 로봇은 엄청난 변화를 겪고 있다. 과거에 로봇은 가끔 〈터미네이터Terminator〉 같은 영화에서 사람의 모습을 한 기계로 생물학적인 형태를 띠는 딱딱한 기계로 묘사되는 데 그쳤지만, 이제는 생물학과 로봇공학이 비약적인 발전을 하면서 그 두 학문 사이의 경계가 흐려지고 있다. 본질적으로 로봇은 프로그래밍을 통해 정보 관리가 가능한 장치에 불과하다. 그렇다면 세포도 로봇의 일종이라고 생각할 수 있다. 제노봇의 개발자들은 이 작은 유기체가 언젠가 신체의 특정 부위에 약물을 전달하거나, 동맥에 들러붙어 있는 불순물을 긁어내거나, 바다에 있는 플라스틱 쓰레기를 청소할 수 있을 것이라고 기대하고 있다. 하지만 가장 중요한 것은 우리가 제노봇을 통해 로봇, 전자제품, 임플란트에 사용할 수 있는 미래의 소재를 엿볼 수 있다는 사실이다.

수년 동안 연구자들은 신경계와 상호작용할 수 있는 새롭고 더 나은 방법을 찾기 위해 노력해 왔지만, 기존 금속 재료의 기계적, 화학적, 전기적 특성이 뇌와 근본적으로 맞지 않았기 때문에 좌절해 왔다. 이런 금속 장치는 조작해야 하는 신호에 비해 딱딱하고 부피가 크다. 뉴캐슬 대학에서 신경 인터페이스를 연구하는 앤드류 잭슨 Andrew Jackson은 뇌 임플란트에 대해 "뇌 임플란트를 이용한다는 것은 망치로 피아노 건반을 치면서 연주하는 것과 비슷하다."라고 말했다.(이 말은 뇌심부자극에 관한 킵 러드윅Kip Ludwig의 말을 떠올리게 한다.)

지난 10여 년 동안 금속 기기의 한계에 직면해 왔던 연구자들은 이제 우리 몸에 삽입된 이물질과 우리 몸이 전기적으로 소통하게 만들 수 있는 더 말랑말랑하고 신축성이 있으며 생체적합성이 높은 소재를 개발하는 거대한 프로젝트를 진행하고 있다. 이런 추세는 조직공학에서 로봇공학에 이르기까지 확대되고 있으며, 소프트 로봇공학에 널리 사용되는 말랑말랑한 폴리머polymer(중합체)인 하이드로젤 hydrogel 같은 합성물질로 보강되거나 완전히 합성물질로 만들어지고 있다.[2] 연구자들은 미래에 이런 방식으로 만들어진 미세한 "나노 글루프 로봇nano-gloop-bot"이 우리 몸속을 돌아다니면서 문제가 있는 조직을 고칠 수 있게 되기를 기대하고 있다.[3]

생물체의 전기적 특성을 더 잘 이해하게 되면서 많은 과학자들은 궁극적인 생체적합성 물질이 생물학적 물질이라는 생각을 하기 시작했고, 바다생물, 개구리, 곰팡이의 프로그래밍 가능성과 생물학적 호환성을 연구하고 있다.

전자약의 부상과 몰락

10여 년 전 기술전문 잡지 〈와이어드Wired〉에 놀라운 연구결과가 소개됐다. 이 소식은 곧 다른 미디어들을 통해 빠르게 퍼졌다. 이 기사는 연구 대상자의 목에 전기 임플란트를 삽입해 미주신경을 자극한 신경외과 의사 케빈 트레이시Kevin Tracy의 이야기였다. 미주신경은 뇌에서 신체의 다양한 부위로 가지가 뻗어나가는 거대한 신경 다발이다. 이 전기자극은 환자가 수년간 앓고 있던 면역질환인 류머티스 관절염의 증상을 완화시켰다.[4] 환자는 이 치료 전에는 너무 쇠약해 아이들과 놀아주지 못했지만 전기자극 치료를 받은 후에는 직장에 복귀하고 아이들과 탁구를 같이 칠 수도 있게 됐다.(안타깝게도 그는 탁구를 치다 부상을 입기도 했다.[5])

이 소식이 알려지면서 전기치료는 면역질환인 류머티스 관절염뿐만 아니라 천식, 당뇨병, 고혈압, 만성 통증도 약물이나 부작용 없이 치료할 수 있는 방법으로 각광을 받기 시작했다. 트레이시는 〈뉴욕타임스〉 기자 마이클 베하Michael Behar에게 "제약 산업은 이 기술 때문에 사라질 것"이라고 말하기까지 했다.[6] 과학 잡지, 신문, 방송 등은 이 새로운 기술에 대해 앞다퉈 보도하면서 "전자약"이라는 용어를 유행어처럼 사용하기 시작했다.

하지만 과학자들의 마음을 사로잡은 것은 이 기술이 약물을 초월할 수 있다는 가능성만이 아니었다. 과학자들은 약물 부작용에 시달릴 필요 없이 스위치 하나만 누르면 몸이 알아서 한다는 새로운 메커니즘이 보여주는 우아함에도 매료가 됐다. 트레이시는 신경계가 운동신경보다 훨씬 더 많은 것을 제어할 수 있으며, 염증과 면역반응도 제어할 수 있을 것이라고 주장했다. 그는 자신이 발견한 회로는 몸의 모든 기관과 구멍에 얽힌 상태에서 수많은 신체기능을 조절할 수 있는 미주신경 회로의 일부에 불과하다고 생각했다. 그는 이전에는 면역반응이 신경계 제어 구조의 범위를 벗어난다고 생각했기 때문에 신경이 면역반응을 조절한다는 사실을 발견하지 못했다고 말했다. 이제 전기 치료의 대상이 되는 질병 목록이 만성폐쇄성폐질환COPD, 심장질환, 위장질환으로 확대된 것이었다. 전기 치료를 하기 위해 필요한 것은 신경 배선도 밖에 없었다.

이 신경 배선도를 찾아내기 위해 글로벌 제약사 글락소스미스클라인GSK은 100만 달러의 상금을 걸었다. 2016년에 이 회사가 밝힌 최종 목표는 쌀알 크기의 전기 임플란트를 미주신경의 특정한 가지에 삽입해 뇌와 내장 사이를 오가는 메시지를 모니터링한 다음, 그 메시지 중 일부는 축소하고 일부는 증폭하는 방식을 이용해 신체 내부의 전기적 활동을 측정해 문제를 파악하고, 파악된 문제를 신속하게 해결하는 것이었다. 이는 마치 정보기관의 도청활동처럼 보이지만, 이 도청활동은 건강을 위한 것이다. 그 무렵 구글의 생명과학 부문인 베릴리Verily도 관심을 보였고, 이 두 거대 기업은 새로운 슈퍼그룹을 분사해 갈바니 바이오사이언스Galvani Biosciences라는 벤처기업을 설립했다. 초기 파일럿 연구에서 이 접근법의 잠재력이 확인됐으며, 이 벤처기업의 한 연구팀은 오른쪽 신경다발에 적절한 전기자극을 가하면 쥐의 당뇨병을 역전시킬 수 있다는 것을 발견했다.

하지만 GSK의 생체전자공학 연구개발 부분 책임자인 크리스 팸

Kris Famm은 2014년 〈뉴욕타임스〉와의 인터뷰에서 "10년 정도면 현재 남아 있는 기술적 장애를 극복할 수 있을 것으로 보인다."라고 말했지만, 그로부터 1년 후 CNBC 방송과의 인터뷰에서도 "앞으로 10년 후면 다양한 종류의 미세한 전자약이 현재 분자의학 치료에서 사용되고 있는 약물들을 대체할 것"이라고 말했다. 10년이라는 말은 첨단기술 분야의 연구자들이 즐겨 쓰는 표현이다. 하지만 그 10년이 지난다고 해서 항상 이들의 예측이 현실화되는 것은 아니다.

그 이후 전자약에 대한 이야기는 거의 나오지 않았다(특허 관련 문제도 이 "침묵"의 원인 중 하나였다). 쌀알 크기의 임플란트가 실제로 사람의 몸 전체에 신경신호를 보내는 일은 지금도 일어나지 않고 있다. 갈바니 바이오사이언스는 현재도 여전히 연구에 매진하고 있지만, 미디어들은 이 연구에 별 관심을 보이지 않고 있다.

하지만 어찌 보면 이런 과정은 새로운 기술을 개발하는 과정에서 피할 수 없는 과정일 수도 있다. 새로운 가능성에 대한 대대적인 발표가 나오면 사람들은 모두 흥분한다. 그런 다음 기초 연구가 시작되지만, 혁신적인 장치는 바로 만들어지지 않기 때문에 사람들은 그후로 오랫동안 이 새로운 가능성에 대해 의심하는 상태를 지속한다. 그러다 결국 길고 긴 임상시험 과정이 끝나면서 긍정적인 결과가 나오기 시작하고, 초기에 사람들이 가졌던 열광은 이 새로운 기술이 의사의 진료실에서 일상적으로 사용되기 시작하면서 서서히 사라지기 시작한다. 실제로 이런 일이 갈바니 사이언스에게도 일어나고 있다. 2022년에 이 회사는 최초의 자가 면역 질환(정상적인 화학물질과 신체의 일부 세포들에 대해 면역계가 잘못된 반응을 일으켜 발생하는 질환) 치

료용 전자약에 대한 임상시험을 시작했다.[7]

그렇다면 전자약도 전형적인 혁신 패턴을 따라가고 있는지 모른다. 하지만 임상시험을 거친 후에도 전자약은 DBS의 경우처럼 많은 장애 요인에 직면하게 될 수도 있다.

현재, 미주신경의 10만 개 신경섬유에 핀을 꽂는 것은 당연히 초기 보고서에서 예상했던 것보다 훨씬 더 복잡한 일이며, 예상하지 못한 부작용과 불확실성을 동반한다는 것이 밝혀지고 있다.[8] 예를 들어, 응급실 의사였던 진 렌저Jeanne Lenzer는 2018년에 발표한 책 《우리 안의 위험The Danger Within Us》에서 이런 사례들을 다루고 있다. 렌저는 초기 임플란트가 사람의 생명을 해친 사건을 실제로 목격한 뒤 탐사저널리즘 작가로 직업을 바꾼 사람이다. 이 임플란트는 갈바니 사이언스가 목표로 하는 쌀알 크기의 미세한 임플란트가 아니라 대형 심박조율기와 비슷한 장치였다. 이 장치는 미주신경 자극이 약물 내성 간질 증상을 개선하는 데 효과가 있다는 사실이 알려지기 전에 환자에게 이식된 장치였다. 렌저의 책은 미주신경 자극이 면역기능에 영향을 미칠 수 있다는 것을 케빈 트레이시가 발견하기 훨씬 전에 FDA의 승인을 받은 이 기술을 조명한 책이다. 렌저의 환자 중 한 명은 이 임플란트 수술로 심장기능이 마비되기도 했다.[9]

신경계를 자극하는 데 사용하는 금속 임플란트는 신경계와는 결코 어울리지 않는다.

임플란트의 문제점

전기신호를 읽거나 쓰는 방식으로 신체의 전기신호와 상호작용하려면 전기장치를 사용해야 한다. 뇌와 심장에 삽입되는 심박조율기나 뇌심부자극기 같은 임플란트는 반도체 산업에서 사용되는 재료, 즉 전기의 흐름을 제어하는 백금이나 금 같은 금속이나 실리콘으로 만들어지고 있다.

하지만 안타깝게도 우리 몸은 금으로 만들어지지 않았다. 이런 종류의 임플란트와 생체는 잘 어울리지 않으며, 우리 몸은 이런 침입자에 저항할 가능성이 매우 높다. 뇌에 염증성 방어 반응을 일으키는 뇌 임플란트의 경우 더욱 그렇다. 염증 반응을 진정시키는 방법에 대한 연구결과를 담은 2019년 논문에 따르면 뇌 임플란트는 인체에 삽입되는 동안 "미세전극이 혈관을 찢고, 신경세포 및 기타 세포의 막을 물리적으로 손상시키고, 혈액-뇌 장벽을 뚫는다."[10]

다른 선택의 여지가 없는 사람들(5장에서 이야기한 사람들 중 일부)의 경우 전극 치료로 급성 증상이 완화되기도 한다. 전극 치료를 하려면 감수해야 하는 문제들이 있다. 우선, 금속은 뇌에 삽입하기에는 부적합한 물질이다. 뇌를 구성하는 물질과 금속은 영률Young's modulus이 서로 매우 다르다. 영률은 물체를 양쪽에서 잡아 늘일 때, 물체의 늘어나는 정도와 변형되는 정도를 나타내는 탄성률을 말한다. 뇌의 경우 영률은 뇌가 늘어나는 능력과 다시 이전 모양으로 돌아가는 능력을 모두 나타낸다. 예를 들어, 그릇에 담긴 젤리에 연필을 꽂아 집안 곳곳에서 들고 다닌다고 가정해 보자. 처음에는 젤리와 연필 사이에 틈이 보이지 않고 완벽하게 밀착돼 그 둘 물체 사이의 이음새가 매끄럽게 보인다. 하지만 조금만 걸어 다니면 곧 젤리가 연필에서 떨어져 나가는 것을 볼 수 있다. 젤리가 흔들리면 젤리와 연필 사이의 틈이 커지면서 젤리는 간접적인 구조적 손상을 입게 된다. 젤리가 구조적 완결성을 상실하기 시작하는 것이다.

뇌에 이런 일이 일어나는 것을 원하는 사람은 없을 것이다. 뉴런은 한 번 죽으면 재생되지 않는다. 뉴런을 보호하기 위해 뇌는 신경교세포glia(중추 신경계의 조직을 지지하는 세포)라는 세포에 의존한다. 신경교세포는 신경세포를 방어하고 보호하며, 신경세포가 최적으로 작동할 수 있도록 도와주는 전사이자 청소부라고 할 수 있다. 전극을 이식한 후, 이 세포들은 딱딱하고 부피가 큰 전극과 죽은 뉴런으로 인한 상처를 막기 위해 뇌의 나머지 부분을 봉쇄하기 위해 몰려든다. 뇌를 온전하게 보호하기 위해 신경교세포는 단백질과 세포로 이루어진 두꺼운 피막으로 전극을 감싸게 된다. 이 외피는 공간적, 기계적 장벽을 형성하며, 이 장벽이 두꺼워지면서 전극이 송수신할 수 있는 전기신호가 약해진다. 시간이 지남에 따라 이 신호의 선명도가 떨어지고 결국 임플란트가 완전히 작동을 멈추게 된다. 이 시점에서 임플란트를 교체해야 하는데, 이 경우 또 다른 뇌수술과 또 다른 임플란트가 필요하며, 수술과정에서 더 많은 뉴런이 죽으면서 더 많은 성난 신경교세포가 활동하게 된다.

시간이 지나면서 뇌에 삽입된 전극 자체에도 문제가 생긴다. 전기신호가 차단되는 것만이 임플란트의 유일한 문제는 아니다. 생체는 실리콘이나 금속과 같은 물질에 적대적이다. 위에서 말한 젤리가 맛

있는 디저트가 아니라 소금과 식초가 들어간 부식성 염수라고 생각해보자. 연필은 당장은 괜찮아 보일지 몰라도 소금물에 오래 담가두면 손상되기 시작한다. 1000원짜리 연필이라면 별 문제가 없겠지만 매우 비싸고 민감한 실험용 전극은 그렇지 않을 수 있다.

엔지니어들은 임플란트 재료의 수명을 테스트하기 위해 따뜻한 소금물에 몇 주 동안 장치를 담가 인체 환경에서의 몇 년을 재현한다.[11] 하지만 이 테스트는 범위가 제한적일 수밖에 없다. 게다가 실험용 쥐의 수명은 길어야 3~5년에 불과하기 때문에 전극이 30년 동안 인간의 머리에 이식된 상태로 머문다면 어떤 일이 일어날지는 전혀 알 수 없다.

이런 이야기를 듣는다면 인공지능 뇌 임플란트에 대한 생각도 바뀌게 될 것이다.

이런 문제를 해결하기 위해 현재 활발한 연구가 이뤄지고 있으며, 그 중에는 성숙단계에 있는 연구들도 많다. 신경 임플란트용 재료, 조직공학 연구용 재료, 상처치유용 재료에는 서로 다른 법칙이 적용된다. 하지만 대체로 이 규칙들은 두 가지로 요약할 수 있다. 피츠버그 소재 카네기멜론 대학의 크리스 베팅어Chris Bettinger는 이 규칙들을 준수하는 재료를 만들기 위해 연구를 진행하고 있다. 그는 "면역 반응을 피할 수 있는 임플란트를 만드는 방법은 임플란트를 아주 작게 만들거나 위장하는 것"이라고 말한다.

첫 번째 규칙은 임플란트가 나노미터 수준으로 작아야 한다는 것이다. 이 규칙은 미세한 철사나 알갱이는 너무 작아서 뇌가 침입자를 알아차리지 못해 면역 반응을 일으키지 않을 것이라는 이론에 근거한 규칙이다. 문제는 이렇게 미세한 장치로는 전기신호를 듣거나 쓰는 데 한계가 있다는 것이다. 물리학 법칙에 따라, 전극이 작아질수록 뇌에서 전기신호를 측정하기 힘들어진다.[12] 이 문제를 해결하기 위해서는 미세한 작은 장치를 여러 개 삽입해야 하는데, 그렇게 되면 뇌가 이를 알아차리고 다시 면역반응을 일으키게 된다.

두 번째 규칙은 첫 번째 규칙보다 우아해 보이는 규칙으로, 전기적 침입자를 신체가 익숙한 것으로 착각하는 만든다는 규칙이다. 현재 많은 연구자들이 실리콘이나 금속으로 만든 전극을 몸이 적대적으로 인식하지 못하도록 위장하는 방법을 연구하고 있다.[13] 이렇게 만든 장치는 뇌의 구조를 건드리거나 신경교세포의 주의를 끌지 않으면서도 전기를 전도할 수 있어야 한다. 연구자들은 금속이 아니면서 전기를 통과시킬 수 있는 물질을 찾기 시작했고, 결국 찾아내는 데 성공했다. 플라스틱이 그 물질이다.

일반적인 플라스틱은 절연체로 사용된다. 하지만 1977년에 앨런 J 히거Alan J. Heeger, 앨런 G 맥디아미드Allan G. MacDiarmid, 히데키 시라카와Hideki Shikarawa가 폴리아세틸렌polyacetylene이라는 합성 폴리머를 만들어내면서 플라스틱도 전류를 전도할 수 있다는 사실을 알아냈다. 금속과 같은 정도의 전기 활성도를 가진 이 "전도성 플라스틱conductive plastic"의 합성은 이 분야에서 획기적인 전기를 마련했으며, 이들은 2000년에 노벨화학상을 수상했다.[14] 현재 우리가 사용하는 평면 TV, 정전기 방지 코팅 막 같은 제품들은 이들의 발견에 기초한 것들이다. 이들의 발견은 유기전자공학organic electronics이라는 새로운 연구 분야의 시작을 알렸고, 이후 25가지 종류의 전도성 폴리머가 개발됐다.

유기전자공학의 주요 목표 중 하나는 영률 차이로 발생하는 문제들을 해결할 수 있는 유연한 전자기기를 만드는 것이다. 현재 이 목표에 부합하기 위해 만들어진 유기반도체 중 하나가 많은 주목을 받고 있다. "폴리(3,4-에틸렌디옥시티오펜)"가 그것이다. "PEDOT"이라고 부르는 이 유기반도체는 2020년에 영국 〈인디펜던트〉가 "과학자들이 인공지능과 인간의 뇌를 결합하는 데 사용할 수 있는 획기적인 생체 합성 물질을 발견했다. 이 획기적인 발견은 전자 장치를 신체와 통합해 일부는 인간, 일부는 로봇인 '사이보그'를 만들기 위한 중요한 단계다."라고 보도했을 정도로 유망한 물질로 받아들여졌다.[15]

PEDOT은 실제로 매우 질기면서 안정적이고 세포에 친화적이다. 하지만 이 물질이 사이보그를 만드는 데 실제로 도움이 될까? 이 분야에서 오랜 경험을 가진 킵 러드윅은 "이 물질은 결코 게임 체인저가 아니다."라고 단언했다. PEDOT은 카테터catheter(병을 다루거나 수술을 할 때 인체에 삽입하는 의료용 기구)나 사이보그의 미래를 열기 위해 경쟁하는 다른 폴리머와 마찬가지로 FDA의 승인을 받았지만, 여전히 실제 이식 전에 극복해야 할 몇 가지 장애물이 있다. 물론 이 물질이 지금까지 개발된 임플란트 재료 중 가장 덜 공격적이며, 단단한 금속 임플란트 중 가장 전자를 잘 전도하는 것은 사실이다. 다만, 한 가지 문제가 있다. 생체전기 신호는 전자가 아니라 이온에 의해 만들어진다는 사실을 간과한 것이다.

생체전기 언어의 해석 문제

베팅어는 2018년 〈더 버지The Verge〉와 인터뷰에서 이렇게 말했다. "정보를 전달하는 장치와 신경계의 조직들 사이에는 근본적인 비대칭성이 존재한다. 휴대폰과 컴퓨터는 전자를 정보의 기본 단위로 이용해 정보를 전달한다. 하지만 뉴런은 나트륨과 칼륨 같은 이온을 이용한다. 간단한 비유를 하자면, 이는 언어 번역의 문제라고할 수 있기 때문에 매우 중요하다."[16]

또한 킵 러드윅도 다음과 같이 말한다. "사람들은 전극을 통해 전류를 몸에 주입해 연구를 한다고 생각하지만 사실 그 생각은 잘못된 것이다. 내가 하는 일은 그런 일이 아니다. 실제로, 백금 전선이나 티타늄 전선을 통해 임플란트로 이동하는 전자들은 뇌 조직에 도달하지 못한다. 이 전자들은 전극 표면에 늘어서게 되고, 이 과정에서 음전하가 발생해 주변의 뉴런에서 이온을 끌어당기게 된다. 이때 조직들이 충분한 양의 이온을 끌어당기면 전압 개폐 이온채널이 열리게 되는 것이다." 러드윅은 이 이온채널들이 열리면서, 항상 그런 것은 아니지만, 신경세포가 활동전위를 방출하며, 활동전위는 이온채널이 열리는 경우에만 방출된다고 설명했다.[17]

이런 설명은 직관에 반하는 설명으로 들릴 수 있다. 신경계는 활동전위 변화를 통해 작동하는데, 뇌의 활동전위 변화를 우리가 만든 활동전위로 자극하는 것이 왜 효과가 없다는 것일까? 문제는 활동전위를 만들려는 우리의 시도가 엄청나게 엉터리일 수 있다는 데 있다.[18] 러드윅은 활동전위가 항상 우리가 생각하는 대로 작동하는 것은 아니라고 말한다. 그 이유는 이렇다. 우선, 우리가 현재 사용하는 도구는 우리가 자극하려는 정확한 뉴런에만 도달할 수 있을 만큼 정밀하지 않다. 따라서 여러 세포의 한가운데에 위치한 임플란트는 자신의 목적과 상관없는 다양한 뉴런들도 활성화한다. 신경교세포가 뇌의 청소부 역할을 한다는 것은 앞에서 설명한 바 있다. 그런데 최근에는 신경교세포가 정보처리도 한다는 사실이 밝혀졌고, 우리가 만든 전극이 신경교세포에 전류를 흘려서 알 수 없는 효과를 일으킬 수 있다는 사실이 밝혀졌다. 러드웍은 "현재 우리의 전극 조작은 마치 욕조의 마개를 빼서 욕조에 있는 장난감 보트 세 개 중 하나만 움직이려고 하는 것과 같다."라고 말했다. 게다가 우리가 원하는 신경세포를 건드리는 데 성공하더라도 자극이 정확한 위치에 도달한다는 보장도 없다.

전자약을 실제 의료현장에서 사용하려면 더 나은 기술이 개발되어야 한다. 전자-이온 언어 장벽이 뉴런과 대화하는 데 걸림돌이 된다면, 전자약은 피부세포, 뼈세포 등 차세대 전기적 개입을 통해 표적으로 삼으려는 세포처럼 활동전위를 사용하지 않는 세포에는 전혀 도움이 되지 않는다. 암세포의 막 전위를 조절해 암세포가 다시 정상적인 세포로 돌아가도록 유도하거나, 피부세포나 뼈세포의 상처 전류를 조절하거나, 줄기세포의 운명을 제어하는 것은 신경세포가 발화하게 만드는 지금 적용 중인 이 방법으로는 가능하지 않다. 더 다양한 도구가 필요하다. 다행히도 이온과 모국어로 대화할 수 있는 장치, 컴퓨팅 요소, 배선을 만들려는 빠르게 성장하는 연구 분야의 목표가 바로 이것이다.

현재 다양한 연구팀들이 생체전기와 대화할 수 있는 장치를 개발하기 위한 "혼합 전도mixed conduction" 프로젝트에 참여하고 있다. 이 프로젝트는 구두점과 숫자가 포함된 긴 이름을 가진 플라스틱과 최첨단 폴리머에 주로 의존한다. 10년 이상 뇌에 삽입해 유지시킬 수 있는 DBS 전극이 목표라면, 이 전극의 소재는 지금보다 훨씬 더 오랫동안 신체의 고유 조직과 안전하게 상호작용할 수 있어야 한다. 그리고 이 연구는 아직도 진행 중이다. 따라서 과학자들은 중간 단계를 건너뛰고, 고분자를 제조하는 대신 생물학적 물질로 이 물질을 실제로 만들 수 있는 방법을 연구하기 시작했다. 자연은 어떻게 이런 물질을 만드는 것일까?

사실 이런 시도는 이전에도 있었다. 예를 들어, 1970년대에는 자가이식 대신 산호를 이용하는 방법에 대한 관심이 급증했다.[20] 신체의 다른 부위에서 필요한 뼈 조직을 채취하는 수술을 하는 대신 산호로 임플란트를 만들어 손상 부위를 덮는 방식으로 뼈세포가 성장해 새로운 뼈가 형성되는 데 도움을 주게 한다는 생각이었다. 산호는 골전도성 물질로 만들어졌기 때문에 새로운 뼈세포들이 산호 표면에서 자연스럽게 자랄 수 있으며, 생분해성을 가지기 때문에 뼈가 성장한 후 산호는 서서히 뼈세포에 흡수되고 대사돼 몸에서 배설된다. 지속적인 연구를 통해 이 방법은 계속 개선됐고, 결국 염증 반응이나 합병증을 거의 일으키지 않을 수 있는 수준에 이르렀다. 현재여러 기업들이 뼈 이식과 임플란트 이식 목적으로 산호를 전문적으로 재배하고 있다.[21]

산호 임플란트 기법의 성공 이후 과학자들은 해양자원을 생체 재

료로 사용하기 위한 방법을 본격적으로 연구하기 시작했다. 해양 폐
기물에서 많은 유용한 물질을 추출할 수 있게 만든 새로운 가공 방
법 덕분에 지난 10년 동안 해양생물에서 추출한 바이오 소재가 점점
더 많아지고 있다.[22] 젤라틴(달팽이), 콜라겐(해파리), 케라틴(해면)이
해양자원에서 추출한 물질이다. 이런 해양자원들은 양이 풍부하고
생체적합성을 가지며, 생분해성을 가진다. 또한 이런 해양자원들은
인체에 사용될 수 있다는 점 외에도 환경오염을 유발하는 합성 플라
스틱 소재에서 벗어나려는 시도에도 도움을 주고 있다.

게다가 해양자원에서 추출한 물질은 이온전류를 통과시킬 수 있
다. 마르코 롤란디Marco Rolandi가 2010년에 워싱턴대학에서 동료 연
구자들과 함께 오징어 조각으로 트랜지스터를 만들 때 이 점을 염두
에 두고 있었다.

오징어의 귀환

트랜지스터는 노트북의 전원을 켜거나 끌 수 있는 작은 실리콘 조
각이다. 트랜지스터 이야기는 길게 하면 복잡해지기 때문에 여기서
는 트랜지스터가 현대 컴퓨터의 기본 단위이며, 노트북과 휴대폰을
비롯한 모든 디지털 전자제품에서 놀라운 역할을 하고 있다는 정도
로만 말해두자. 롤란디가 만든 트랜지스터는 노트북에 탑재된 고도
로 정교한 트랜지스터와는 전혀 다른 모습의 트랜지스터다. 이 트랜
지스터는 그리 정교하지도 않으며, 오징어의 연갑squid pen(오징어의

몸 속에 있는 길쭉한 뼈)에서 추출한 키토산kitosan으로 만든 축축한 나노 섬유 몇 개로 만들어진 장치다. 키토산은 부드럽고 유연하기 때문에 키토산으로 만든 뇌 임플란트를 이식할 때 흉터를 최소화할 수 있다. 하지만 키토산의 장점은 이것만이 아니다. 이 트랜지스터의 매력은 전자 전류의 게이트 역할을 하는 화려한 반도체와 달리 양성자의 흐름을 제어할 수 있다는 사실에 있다.

그렇다면 과학자들은 왜 양성자에 관심을 가지는 것일까? 7장에서 언급했듯이, 양성자는 수소이온이다. 연구자들은 양성자가 세포에서 에너지를 만드는 반응을 집중적으로 연구해왔고, 따라서 양성자에 대해 많은 것을 알고 있다.[23] 양성자는 세포 내부와 외부의 산도를 결정하는 주요 구성 요소이기기도 하다. 또한 양성자가 생체에서 일으키는 메커니즘은 생물학에서 가장 철저하게 연구된 메커니즘 중하나이기도 하다.[24] 여기까지는 솔직히 좀 지루한 이야기였다.

재미있는 이야기는 양성자가 세포막 전위 조절을 통해 나트륨과 칼륨의 양 그리고 전압을 조절하고, 재생 과정과 암 발생 과정에서 세포의 운명을 결정할 수 있다는 이야기다. 데이니 스펜서 애덤스는 "전압을 제어할 수만 있다면 어떤 이온이나 이온채널을 사용하든 상관없다. 중요한 것은 이온과 이온채널이 생체전기를 만들어내도록 하는 것이다."라고 말했다. 양성자는 이 과정을 일으키는 데 가장 쉽게 사용할 수 있는 입자다. 효모에서 유전자 하나만 빌려오면 양성자를 만들 수 있기 때문이다. 애덤스와 레빈은 이 양성자 기법을 이용해 개구리 배아에서 거울 이미지 상태의 조직을 만들어내는 데 성공했다.

양성자의 흐름을 제어하면 약물의 효과와 전기충격의 정밀도를 결합해 지금까지 불가능했던 일을 할 수 있다. 개구리 세포를 재생시키는 방식으로 양성자 농도를 조작할 수 있는 전기장치를 만들 수 있다면(약물보다 더 맞춤화된 방식으로) 이온채널 약물과 전기치료 장치의 장점을 결합한, 완전히 새로운 생체전기 의학 장치를 만들 수 있을 것이다.

양성자에 대해 더 많이 알면 알수록 롤란디가 양성자의 흐름을 제어할 수 있는 장치가 매력적이라고 생각한 이유를 더 쉽게 이해할 수 있다. 세포에서 양성자를 조작할 수 있다면 전자나 다른 이온을 사용하지 않고도 세포의 전기를 정밀하게 조정할 수 있기 때문이다. 애덤스는 "정말 쉬운 방법이다. 양성자 펌프는 화려한 장치가 아니라 하나의 단백질일 뿐이기 때문이다."라고 말했다. 이는 양성자 펌프가 체내로 쉽게 들어갈 수 있다는 뜻이다. 애덤스는 효모에서 이 단백질을 분리한 후 개구리 배아에 주입했다. 그는 "그러자 양성자 펌프가 스스로 조립됐다."라고 말했다. 이 양성자 펌프가 만들어낸 전류는 세포의 양성자 농도를 변화시켜 막 전위를 변화시켰고, 이는 세포의 정체성을 변화시켰다. 얼마 지나지 않아 애덤스는 이전 실험에서 재생되지 않던 세포가 재생되는 것도 관찰할 수 있었다. 그 반대의 과정도 관찰됐다. 개구리의 수소 펌프 중 하나에 독성물질을 주입해 하여 작동하지 못하게 함으로써 재생 중이던 개구리의 재생을 막을 수 있었다. 애덤스는 "양성자를 어떻게 주입하거나 제어하는지는 중요하지 않다. 중요한 것은 전압이다."라고 말했다. 한편, 롤란디는 처음 키토산 트랜지스터 이후 10여 년 동안 추가적인 연구를 진행해 더 많은 장치를 만들어냈다. 다른 연구자들도 이런 장치를 만들어내기 시작했다. 최근에는 두족류(문어, 오징어, 앵무조개, 낙지 등)를 구성하는 생물학적 물질에 대한 관심이 점점 더 높아지고 있다. 예를 들어, 키토산은 기존 붕대보다 훨씬 많은 양의 혈액을 흡수하는 군용 붕대 제작에 널리 사용되고 있다.

하지만 연구자들이 오징어의 다양한 부위를 더 자세히 들여다보게 된 것은 오징어의 전기적 특성 때문이다. 오징어 연갑에 있는 키토산은 양성자뿐만 아니라 다른 이온도 통과시킨다. 또한, 오징어 피부 조직에 있는 단백질인 "리플렉틴reflectin"도 양성자를 통과시킬 수 있으며, 오징어에서 적을 방어하기 위해 분출하는 먹물에도 혼합 전도가 가능한 유멜라닌eumelanin이 포함돼 있다.[25]

오징어의 이런 특성들이 밝혀지면서 연구자들은 전자의 흐름으로 발생하는 전류가 아닌 전류를 제어할 수 있는 장치를 만들기 위해 오징어의 다양한 부분들을 연구하기 시작했다. 예를 들어, 캘리포니아 어바인 대학의 화학공학자 알론 고로데츠키Alon Gorodetsky는 양성자를 빠르게 통과시키는 리플렉틴이 양성자 트랜지스터에 적합한 재료라는 결론을 내렸다. 트랜지스터가 전자장치에서 전류를 흐르게 하는 기본 계산 단위인 것처럼 양성자 트랜지스터는 이온을 흐르게 만들 수 있기 때문이다.[26] 고로데츠키 연구팀은 절지동물arthropod의 구성물질도 테스트하고 있으며, 이들은 이 물질로 생체적합성을 갖춘 차세대 양성자 트랜지스터[27], 먹을 수 있는 배터리, 임플란트 등을 만들어낼 수 있을 것으로 기대하고 있다.[28]

하지만 오징어 트랜지스터 개발 이후 "오징어 생체공학"이 상당한 발전을 이뤘음에도 불구하고 현재 정작 롤란디는 두족류 연구에서 멀어진 상태다. 롤란디는 현재 자신이 생체공학과 학과장으로 일하는 캘리포니아 대학 산타크루즈 캠퍼스를 걸으면서 내게 "처음에는 생체재료에 관심이 있었습니다. 그 당시에는 제 생각이 아직 구체화되지 않았을 때였지요."라고 말했다. 그는 생체전자공학에 첫발을 내디딘 지 10년이 넘었지만, 어떤 종류의 재료를 사용해야 할지 답을 얻을 수 없었다고도 말했다. 그는 그 기간 동안 얻은 수확이라면 생체에서 양성자를 제어할 수 있는 방법을 알게 된 것이라고 말했다.

롤란디는 염화은과 팔라듐으로 세포 전류를 조정하는 양성자 장치를 만들기 시작했다. 이 장치의 목표는 양성자가 개별 이온채널과 상호작용하는 메커니즘을 알아냄으로써 양성자로 이온채널을 정교하게 조작하는 것이었다. 이 연구결과가 담긴 논문은 2017년에 마이클 레빈의 책상 위에 놓이게 됐고, 이 연구결과가 자신의 원하는 답을 얻는 데 도움이 될 것이라 판단한 레빈은 즉시 롤란디에게 연락을 취했다.

앞에서도 설명했지만, 레빈은 세포(뼈, 뉴런, 지방 등)의 운명이 세포막 전위와 연관돼 있다는 발견을 한 사람이다. 지방세포의 경우 세포막 안팎의 전위차는 약 50밀리볼트이며, 뼈세포의 경우는 이 전위차가 90밀리볼트로 세포 중에서 가장 크다. 피부세포와 신경세포의 세포막 전위는 그 중간인 70밀리볼트 정도이며, 줄기세포는 이 전위가 0에 가깝다. 레빈은 세포막이 띠는 극성에 따라 세포의 정체성도 달라지는 것을 확인한 것이었다. 그 뒤 레빈은 줄기세포의 막 전위를 직접 조작해 줄기세포의 운명을 바꿔보고 싶었다. 그는 막 전위를 조작해 줄기세포를 지방세포, 뼈세포, 신경세포로 뉴런으로 확실하게 변화시킬 수 있다면 생체 내에서 일어나는 수많은 유전적 과정과 화학적 과정을 전기로 제어할 수 있게 될 것이라고 생각했다.

하지만 문제는 살아있는 세포가 다른 세포로 분화하는 데 필요한 시간 동안 그 살아있는 세포를 일정한 상태로 유지시킬 수 방법이었다. 세포는 항상성을 유지하려고 하기 때문에 무엇인가가 세포의 전압을 교란시키면 다시 빠르게 균형을 잡는다. 우리 몸에서는 세포 주변의 미세 환경이 일정한 조절 신호를 보내기 때문에 이 문제가 해결된다. 하지만 당시의 전기생리학 도구로는 몸이 해결하는 방식으로 이 문제를 해결할 수 없었다.

그러던 중 DARPA가 도움을 주겠다고 나섰다. 이 기관은 의수 및 신경 보철 분야의 새로운 방향을 제시하는 연구에 많은 투자를 해온 오랜 역사를 가지고 있다. 롤란디가 레빈을 만났을 무렵, DARPA는 롤란디의 양성자 트랜지스터 연구에 깊은 영향을 받은 폴 시언Paul Sheehan이라는 새로운 프로그램 관리자가 부임하면서 생체전기에 대한 관심을 갖게 된 상태였다. (시언은 이전에 미 해군 연구소에서 양성자 펌프를 이용해 오징어처럼 색깔이 변하는 생체전자공학 위장 장치를 설계한 적이 있다.[29])

시언은 DARPA의 자금을 롤란디와 레빈의 줄기세포 생체전기 자극 연구에 지원했고, 자금을 확보한 롤란디와 레빈은 마르셀라 고메즈Marcella Gomez를 영입했다. 고메즈는 제어 이론과 사이버네틱스를 전공한 캘리포니아 산타크루즈 대학의 수학 및 시스템 생물학자다.

생물학의 수학적 측면을 잘 알고 있었던 고메즈는 끊임없이 변화하는 세포 전압을 모니터링하고 실시간으로 작동할 수 있는 머신러닝 시스템이 필요하다고 생각했고, 그 시스템을 만들어냈다.

연구팀은 롤란디가 만든 장치에 줄기세포들을 배치했다. 이 장치는 세포 주위에 양성자를 주입해 세포막 전위를 상승시키는 장치였다. 고메즈가 만든 인공지능 시스템은 올라갔던 세포의 막 전위가 다시 내려갈 때마다 이를 감지해 더 많은 양성자 전류를 주입했다. 그 결과 살아있는 줄기세포의 막 전위를 세포의 일반적인 탈분극 기준선보다 10밀리볼트 높게 일관되게 유지할 수 있었다. 2020년, 이 세 사람은 10시간 동안 지속적으로 인공 전압을 가하는 데 성공했다. 매우 놀라운 일이었고, 이전에는 아무도 해내지 못했던 일이었다.

하지만 줄기세포가 분화하는 것을 관찰할 수 있도록 전압 기간을 연장하는 방법을 연구하던 중 연구비가 바닥났다. 그럼에도 불구하고 연구팀은 별 문제가 아니라고 생각했다. 그때는 이미 시언이 계획하고 있던 훨씬 더 큰 프로젝트를 시작하는 데 필요한 모든 연구 결과가 확보된 상태였기 때문이다. 2020년 초, DARPA는 1600만 달러 규모의 BETR(조직 재생을 위한 바이오일렉트로닉스) 프로그램을 시작했는데, 이 프로그램의 목표는 상처를 근본적으로 빠르게 치유하는 것이다.[30] 이는 기존의 전자공학으로는 불가능한 일이었다. 또한 다른 어떤 기술로도 가능하지 않았다. 전기자극을 통한 치유에 대한 연구들은 때때로 유망한 결과를 내놓기는 했지만, 모든 환자에게 매번 효과가 있는 구체적인 방법을 제시할 수 있는 사람은 아무도 없었다. 시언은 신체가 알아들을 수 있는 언어로 대화하는 것이 이 난관을 벗어날 수 있는 방법일지도 모른다는 생각을 할 만큼 충분한 연구결과들을 검토한 상태였다. 시언은 당시 상황에 대해 내게 이렇게 말했다. "전압이 아니라 이온을 중심으로 한 생체전기 연구로 전환해야 한다는 것이 당시의 내 생각이었습니다. 현재 전기신호에서 생화학 신호로, 또는 그 반대로 전환하는 것은 매우 어려운 일입니다. 이것이 바로 이 프로그램이 하려는 일입니다." 현재 시언은 더 개선된 센서 등의 장비를 이용해 치유가 실제로 어떻게 진행되는지 보여주는 더 좋은 모델을 만들어 상처 치유 방법을 근본적으로 개선할 수 있는 방법을 개발하는 것을 목표로 하고 있다.

아직까지 상처를 더 빠르고 더 효과적으로 치유하는 방법이 개발되지 못하고 있는 것은 우리가 상처에 대해 모르는 것이 너무 많기 때문이다. 문제 중 하나는 모든 상처가 다 다르다는 사실에 있다. 시언은 "상처는 가장자리와 중앙이 다르며, 발에 난 상처는 얼굴에 난 상처와 다른 속도로 치유된다. 젊은 사람들은 노인들보다 더 빨리 치유된다."라고 내게 설명했다.

롤란디의 연구팀은 생체전자공학 기법을 이용해 상처 재생의 다양한 측면을 제어하고 있다. 이 기법은 단순히 전기장을 적용하고 일반적인 개선을 기대하는 것이 아니라, 구체적으로 접근하는 기법이다. 연구팀은 센서를 통해 특정 상처 과정(예를 들어, 염증 단계)을 모니터한다. 그런 다음 고메즈의 알고리즘은 이 센서에서 얻은 정보를 실행 가능한 항목으로 처리한다. 상처에 이온이나 전기장을 주입해 대식세포를 더 빨리 진정시켜 치유 과정을 가속화하는 방법을 예로 들 수 있다. 다양한 도구가 없었다면 이렇게 세분화된 정보를 얻을 수 없었을 것이다. 롤란디는 "다양한 도구가 없었다면 매우 복잡한 알고리즘을 이용해 정보를 얻는다고 해도 할 수 있는 일은 전자를 쏘는 것밖에 없었을 것입니다. 그것만으로는 충분하지 않습니다."라고 말했다.

하지만 시언에게 줄기세포 프로젝트가 BETR 프로젝트의 디딤돌이었던 것처럼, BETR 역시 더 큰 목표를 향한 준비 단계다. 시언은 "상처 치유는 가장 먼저 해결해야 할 큰 문제입니다. 하지만 전반적으로 보면, 의학 분야에도 약물 화합물의 전달을 제어하기 위한 다양한 방법이 있습니다."라고 말했다. 예를 들어, 의학 분야에는 종양세포만을 목표로 표적 약물을 전달하는 방법이 있다. 이 방법은 약물이 전달되는 시간과 위치를 선택할 수 있게 해주는 방법이다. 암전문의들은 환자가 잠든 밤에 항암제를 투여할 수 있으면 좋겠다고 말하곤 한다. 밤에 신체가 재생되기 때문이다. 또한, 이 휴식 기간 동안에는 약물에 민감한 건강한 조직이 분열하지 않기 때문에 이때 독성이 없는 약물을 투여하면 부작용을 줄이는 데 도움이 될 수도 있다. 하지만 한밤중에 이런 약물을 투여할 수는 없다. 한밤중에는 의사와 간호사, 병원직원들도 모두 자야하기 때문이다.

시언은 "우리에게 정말로 필요한 것은 생물학적 정보를 체내로 전달할 수 있는 일반적인 생물학적 인터페이스입니다. 이런 인터페이스가 개발된다면 사이토카인cytokine 요법, 호르몬 요법, 케모카인 chemokine 요법 등을 의사가 24시간 내내 환자에게 실시하는 것과 같은 효과를 얻을 수 있을 것입니다."라고 말한다. 상처를 입은 환자의 경우에는 의사가 24시간 내내 바로 옆에 있는 것 같은 효과를 낼 수도 있을 것이다. 우연히도, 제노봇이 내세운 장점 중 하나도 이 효과였다.

개구리 로봇과 곰팡이 컴퓨터

마이클 레빈이 처음 개구리 배아를 분해하기 시작한 것은 살아있는 세포가 생체전기 환경이 보내는 전기신호의 제약에서 해방되었을 때 어떤 일이 일어나는 알고 싶었기 때문이었다. 7장에서 우리는 레빈을 비롯한 과학자들이 세포가 어떤 모양을 취할지, 어디로 갈지 지시하는 지침을 내리는 것은 전기신호이며, 이런 지침이 몇 조가 넘는 세포들이 협력해 자궁에서 우리의 모습을 만드는 데 결정적인 역할을 한다고 생각했다는 것을 다뤘다. 하지만 이 생각을 어떻게 테스트할 수 있을까? 레빈은 "제노봇은 생체전기 환경이 세포에게 어떤 것을 만들라는 지시를 받지 않는 상태에서 세포가 어떤 것을 만들어내는지 알아내기 위한 도구로 개발된 것입니다. 중요한 것은 개구리 세포로 로봇을 만들었다는 사실이 아니라, 어떤 세포로도 로봇을 만들 수 있다는 사실이지요. 우리의 목표는 여러 세포들이 하나의 큰 목표를 향해 어떻게 협력하는지 알아내는 것이었습니다."라고 말했다. 제노봇을 이용한 연구는 재생의학 분야에도 확실한 영향을 미쳤다. 이 연구는 세포들이 협력해 기관을 넘어서 몸 전체를 어떻게 구축하는지에 대한 설명을 제공하기 때문이다. 또한 이 연구는 세포가 왜 그리고 어떤 상황에서 "각자도생"을 선택해 암세포가 되는지에 대한 설명도 제공할 가능성이 있다.

레빈은 "우리 연구의 궁극적인 목표는 생체 내에서 어떻게 수많은 요소들이 협력해 하나의 통합된 인지 시스템을 구축하는지 알아내는 것입니다. 이 원리를 이해한다면 장기를 재건하고, 종양세포를 다시 정상세포로 만들고, 선천적 결함을 고치고, 노화를 되돌리는 것은 프로그래밍의 문제일 뿐입니다. 중요한 것은 세포들이 현재 어떤 일을 하는지 알아내는 것이 아니라 세포들이 협력해 하나의 실체를 만들어내는 과정을 알아내는 것이지요."라고 말한다.

레빈이 생체전기 환경의 지침이 없을 때 세포가 어떻게 행동하는지 연구한 이유가 바로 여기에 있다. 레빈과 공동연구자들은 개구리 배아에서 수천 개의 세포를 긁어냈다. 그런 다음 완전히 중립적이고 이전과는 전혀 다른 환경에 그 세포들을 넣고 새롭게 독립한 세포들이 어떻게 행동할지 기다렸다. 세포들에게는 많은 선택지가 있었다. 예를 들어, 이 세포들은 그냥 죽을 수도 있었다. 이 모든 세포가 스스로 죽을 수도 있었다. 세포 배양접시에서처럼 평평한 평면에 놓인 단일 층의 "피부"로 변할 가능성도 있었다.

하지만 이 세포들은 이런 행동을 전혀 보이지 않았다.

대신 이 세포들은 새로운 무언가를 만들었다. 이 세포들은 어떻게든 서로 합쳐서 새로운 구조, 작은 개별 공으로 뭉치기로 합의한 것 같았다. 그런 다음 각각 섬모가 자랐는데, 섬모 성장은 그 자체로는 특이한 일이 아니었다. 이 미세한 털은 정상적으로 발달하는 배아의 외부 표면에서 자라서 점액을 이동시킴으로써 배아를 깨끗하게 유지하는 역할을 한다. 다만 특이한 점은 세포가 이 털을 사용하는 방식에 있었다. 레빈은 "이 세포들은 기본적으로 유전적으로 코딩된 하드웨어의 용도를 변경했습니다."라고 말했다. 이 세포들은 섬모를 점액 이동에 사용하지 않고 자신을 이동시키는 데 사용했다. 이 세포들은 의도를 생성하거나 의도를 실행시킬 수 있는 신경계가 없음에도 불구하고 섬모를 이용해 스스로 움직이기 시작했다. 레빈은 "우리는 작은 덩어리들이 움직이는 놀라운 영상을 가지고 있다. 이 덩어리들은 때로는 작은 그룹을 형성하고 다양한 구성으로 상호작용했으며, 심지어는 미로를 통과하기도 했다."라고 말했다.

이 세포 덩어리들은 뇌나 신경계가 없는 세포 덩어리일 뿐인데도 일종의 선호가 있는 것처럼 보였다. 레빈이 이 덩어리들을 각각 반으로 자르자 이 덩어리들은 재생을 시작했다. 세포 2000개로 구성된 이 잘린 덩어리들은 잘리기 전의 구조, 즉 작은 공 모양의 구조를 선호하는 것으로 보였다. 레빈 연구팀의 로봇 공학자 조슈아 봉가드 Joshua Bongard는 "이 덩어리들은 전통적인 의미의 로봇도 아니고 지금까지 알려진 동물 종도 아닙니다. 이것은 새로운 종류의 인공물, 즉 살아 있고 프로그래밍이 가능한 유기체입니다."라고 말했다.

현재 이 제노봇에서 정밀한 프로그래밍이 가능한 것은 모양과 수명이다. 제노봇에는 소화 시스템이 없기 때문에 제노봇을 구성하는 세포들은 제노봇에 달린 미세한 난황 주머니yolk sac로부터 연료를 공급받아 작동한다. 연료가 다 떨어지면 제노봇은 죽는다. 살아있는 시스템을 로봇으로 사용할 때의 가장 큰 장점은 연료가 떨어지면 살아있는 시스템이 죽기 때문에 제노봇이 세상을 지배하는 끔찍한 시나리오를 배제할 수 있다는 점이다.

하지만 그 후 상황이 변했다. 2021년 말, 연구팀은 제노봇의 번식이 가능하도록 프로그램하는 데 성공했기 때문이다.[31] 제노봇은 생식기관을 이용하는 대신 팩맨Pacman 게임 캐릭터의 입처럼 생긴 입으로 주변에 있는 세포집단 중에서 자신과 비슷한 크기의 세포집단을 집어삼키는 방식으로 새로운 형태의 생명체로 변한다. 제노봇은 자신과 비슷한 생명체를 스스로 만들어 낼 수 있게 된 것이었다. 이는 지구의 진화 역사상 새로운 번식 방법이다. 거의 5년 동안 제노봇을 연구한 레빈은 제노봇이 "생명체에 대한 그 어떤 정의에 의한다고 해도" 살아있는 생명체라는 결론을 내렸다. 당연히 윤리학자들의 우려가 뒤따랐다. 이 결과가 발표된 지 얼마 지나지 않아 윤리학자 2명은 "판도라의 상자가 열린 것인가?"라는 제목의 글을 통해 이 결과로 인해 발생할 수 있는 여러 가지 부작용에 대해 논하면서 이런 부작용을 방지하기 위해서 과학연구에 더 많은 제한을 가해야 할수도 있다는 입장을 피력했다.[32] 또한 이들은 "현재는 제노봇이 인간 배아나 인간 줄기세포로 만들어져 있지 않지만, 충분히 그렇게 될 가능성이 있다."라고도 썼다.

앤드류 아다마츠키Andrew Adamatzky도 미래의 임플란트 소재는 생체물질이 될 수밖에 없다고 생각하는 사람 중 한 명이다. 하지만 그는 다른 연구자들이 개구리나 오징어를 연구하고 있을 때 특이하게도 곰팡이 연구를 시작했다. 웨스트 어브 잉글랜드 대학에서 전통적이지 않은 방식으로 컴퓨터공학을 연구하는 교수인 아다마츠키는 균류의 전기활동을 설명하는 컴퓨터 모델을 만들고, 트랜지스터가 사용하는 AND/OR 함수와 비슷한 "스파이크 논리 함수"를 이 모델에 적용했다.[33] 생명체의 몸을 대상으로 연구해 개발한 이 기술은 환경에도 적용할 수 있지 않을까?

엉덩이뼈 이식에 사용할 산호를 채취하기 바다에 뛰어드는 것만으로는 우리가 원하는 미래를 만들어낼 수 없다. 미래는 좋은 인터페이스를 만들 수 있는 생체재료의 특성을 이해하고, 합성 산호, 합성 오징어 연갑 등 등 신체와 가장 잘 어울릴 수 있는 재료를 현재 실리콘으로 반도체를 만들어내듯이 지속적으로 만들어내는 노력에 달려있다.

새로운 이온채널 약물, 새로운 임상시험, 생물학적 임플란트(이 중 어느 것도 10년 안에 완성된다는 보장은 없다)를 기다리는 동안 우리가 기대하고 있는 것이 있다. 피부 밖에서 이 모든 것들을 해낼 수 있는 "비침습적 웨어러블non-invasive wearable"이라는 전기장치다.

10장

더 나은 삶을 위한 전기:
전기화학을 통한 새로운 두뇌와 신체 개선

마이크 와이센드Mike Weisand가 보호 케이스에서 맞춤형 전극 두 개를 꺼냈다. 내 뇌에 전기를 통과시키게 될 데이지 꽃처럼 생긴 큰 원판 두 개였다. 그는 전극 하나를 내 오른쪽 관자놀이에 대고 있으라고 말한 뒤, 거즈를 사용해 그 전극을 내 머리에 묶었다. 그런 다음 그는 두 전극 안 쪽에 녹색 액체를 뿌렸고, 내 오른쪽 관자놀이에 붙인 전극과 팔에 붙인 전극 사이에서 흐르는 무해한 전류가 내 두개골을 통과할 것이라고 설명했다.

그런 다음 우리는 창문이 없는 회색 방으로 들어갔다. 방은 군사 작전이 이뤄지는 공간처럼 정성스럽게 꾸며져 있었다. 방 한쪽 끝에는 어깨 높이 정도로 쌓인 모래주머니가 있었고, 그 위에는 근접 전투에 주로 사용되는 M4 소총이 놓여 있었다. 나는 그 소총을 어깨에 멨다. 모래주머니에서 약 3미터 떨어진 벽에는 "다워스 매복DARWARS Ambush"이라는 이름의 훈련 시뮬레이션이 투사돼 있었다.

나는 tDCS(경두개 직류전기자극)이라는 실험적 기술을 체험하기 위해 그곳에 간 것이었다. 내가 tDCS에 대해 처음 들은 것은 인터넷, GPS, 레이저 등 세상을 바꾼 획기적인 기술을 탄생시킨 DARPA가 주최한 군사 관련 컨퍼런스에서였다. (이 컨퍼런스는 그 날 이후 중단됐는데, 아마도 나처럼 호기심 많은 기자들 때문인 것 같다.) 그곳에서 나는 두개골에 전류를 흘려서 저격수의 훈련 속도를 높이는 새로운 기술에 대해 알게 됐다. DARPA는 이 프로그램을 매우 엄격하게 보호하고 있었기 때문에 후속 취재를 위해 20분 정도의 전화통화를 하게 해달라는 내 요청은 그로부터 4년이 지난 뒤에야 받아들여졌다. 당연히 그들 입장에서는 그래야 했을 것이다. 이 프로그램의 관리자는 전화통화에서 "사격술을 배우는 병사들이 초보자에서 전문가가 되는 데 걸리는 시간을 절반으로 단축할 수 있었습니다."라고 말했다. 그는 언어 학습과 물리학 학습에서도 비슷한 결과를 얻었다고 말했다.

나는 그런 결과가 실제로 발생했는지 확인하고 싶었고, 실제로 이 기술을 체험한 병사 중 한 명을 만나고 싶다고 요청했지만 받아들여지지 않았다. 그때 내가 그에게 한 말이 "내가 체험해 봐도 될까요?"였다.

그는 잠시 멈칫하더니 곧 말을 하려는 듯 숨을 들이마셨다. 바로 그때 나는 "무슨 일이 생기면 모두 내 책임이라는 문서를 작성해도 안 될까요?"라고 말했다. 나는 그때 이미 머릿속으로 내가 tDCS를 체험하게 됐을 때의 흥분을 상상하고 있었다.

다시 한 번 스피커폰에서 얼마간 침묵이 이어졌다. "캘리포니아로 오셔야 합니다." 그가 말했다. 나는 그가 말을 마치기도 전에 "좋아요!"라고 말했다.

그로부터 약 한 달 뒤 나는 캘리포니아로 향하고 있었다. 하지만 나는 이 여행을 급하게 준비하면서 너무 흥분해 몇 가지 잘못된 판단을 내렸다. 첫 번째는 런던에서 시차를 생각하지 않은 채 캘리포니아까지 11시간 동안 비행기를 타고 온 다음 날 아침에 미팅 일정을 잡은 것이었다. 두 번째는 출장비를 아낄 생각으로 차를 타고 산을 여러 개 오르내려야 도착할 수 있는 친구 집에 머물기로 한 결정이었다. 운전을 하다 보니 로스앤젤레스의 산은 생각보다 훨씬 높았다. 시차와 고산병 증상 때문에 비행기에서도 30분에 한 번씩 잠에서 깨 수면이 부족한 상태였다. 위험할 정도로 많은 양의 커피를 마신 뒤 나는 새벽녘의 어둠 속에서 "이러다 죽을지도 모르겠다."라고 생각하면서 산길을 운전했다. 게다가 그 후에는 로스앤젤레스의 교통체증이 기다리고 있었다.

DARPA 연구소에 도착했을 때는 내 자신을 자책하느라 앞에 놓인 도전에 어떻게 접근해야 할지 고민할 겨를도 없었다. 대서양을 건너오던 긴 시간 그리고 지난 4년 동안의 준비 기간이 있었는데도 제대로 준비하지 못한 내 자신이 원망스러웠다. 런던의 〈뉴사이언티스트〉 사무실에서 진행했던 DARPA 관계자와의 인터뷰를 글로 옮기기만 했어도 어느 정도 준비가 됐을 것이라는 생각이 들었다. 내 자신이 너무 한심해 치가 떨릴 정도였다.

마이클 와이센드는 희끗희끗한 긴 머리가 허리까지 내려오는 자유로운 분위기의 사람이었다. 하지만 그의 그런 모습도 내 자신감을 높여주지는 못했다. 당시 뉴멕시코 대학의 신경과학자였던 와이젠드는 그날 아침 자신이 만든 전기장치를 시연하기 위해 기꺼이 캘리포니아까지 날아온 사람이었다. 그는 나를 작은 방으로 안내했고, 그곳에서는 여러 개의 전선, 위험해 보이는 녹색 액체로 가득 찬 조그만 병들, 스위치와 다이얼로 장식된 베이지색 상자에 9볼트 배터리가 들어 있는 큰 여행 가방이 있었다. 와이젠드는 "이런 것들을 가지고 공항 보안검색대를 통과하는 게 상상이나 되나요?"라고 말했다.

와이젠드는 전극 두 개를 내 몸에 부착한 뒤 내 브래지어 바깥쪽에 두툼한 장치 하나를 달았다. "이제 다 준비됐습니다." 그가 말했다. 전쟁을 시작할 시간이었다.

처음에는 전기자극 없이 사격 연습을 했다. 연습을 하는 동안 나는 실험을 위해 개조된 소총의 무게와 크기에 익숙해졌다. 나는 바람소리만 들리는 사막에서 인간처럼 생긴 금속 로봇들을 마주하고 있었다. 목표물을 맞힐 때마다 총알은 만족스러울 정도로 사실적인 소리와 함께 튕겨 나갔다. 계속 이런 장면이 이어졌고, 나는 피곤했지만 잘 해냈다.

와이젠드가 다시 들어왔다. 그는 내 등에 달린 장치를 조작하면서 "이제 시뮬레이션을 최대한 현실적으로 만들 수 있는지 보겠습니다."라고 말했다. 임상시험에서 대조군의 결과와 비교를 하듯 내가 참여한 시뮬레이션의 결과를 실제 전기를 가했을 때의 결과와 비교해보겠다는 뜻이었다. 그러기 위해서는 전기자극이 켜져 있는지 내가 몰라야 했다. 나는 다시 시뮬레이션 사격을 시작했고, 와이젠드는 내가 모르게 전극의 전원을 켜고 끄기를 반복할 예정이었다.

와이센드가 방에서 나가자 조용한 모래 언덕과 표적들이 사라졌다. 이번에는 내가 검문소의 저격수가 됐다. 좀 더 구체적으로 말하자면 나는 아주 끔찍한 저격수가 됐다. 무슨 일이 일어나기도 전에 나는 긴장한 상태였다. 건물 사이로 정신없이 들이닥치는 차들을 보면서 나는 정신없이 눈을 깜빡거렸다. 곧 무슨 일이 일어날 것 같았지만 무슨 일이 일어날지는 알 수 없었다.

나는 너무 불안했다. 폭탄이 터지자 오히려 안심이 될 정도였다. 폭발음이 사라지자 한 남자가 폭탄조끼를 입고 내게 달려들었다. 그 뒤의 이야기는 서론에서 이미 밝힌 대로였다. 그렇게 이 시뮬레이션은 회색 안개 속에서 끝났다.

그러자 연구원이 내 소총을 리셋했고, 나는 다시 검문소에 숨어 있었다. 이번에는 무슨 일이 일어날지 알았고 첫 번째 폭파범에 대비했다. 지붕에 있던 저격수들도 처치할 수 있었지만, 두 번째 폭파범이 내게 다가오는 것과 동시에 수십 명이 여러 방향에서 한꺼번에 엄청나게 빠르게 달려들었다. 다시 나는 회색 안개에 휩싸였다.

이런 장면이 몇 번이나 더 반복됐는지는 정확하게 기억이 나지 않는다. 세 번이었을 수도 있고 스무 번이었을 수도 있다. 기억나는 것은 끝도 없이 이런 장면이 계속된다는 생각을 했다는 것과 마지막으로 불이 켜졌을 때 그만 멈췄으면 좋겠다는 생각을 했던 것밖에는 없다.

그리고 한편으로는 이 모든 것이 사기일지도 모른다는 생각도 들기 시작했다. 이 시뮬레이션에 내가 참여하기 얼마 전에 나는 tDCS

를 이용한 훈련을 받은 저격수의 위협 감지 능력이 2.3배 향상됐다는 이야기를 들었지만, 나는 전혀 그런 것 같지 않았기 때문이다. 미군에 무기를 공급하는 방위산업체들이 연구결과를 조작한다는 이야기는 오래 전부터 있었다. 나는 점점 더 분노가 치밀어 오르고 있었고, 완전히 지쳐 숙소로 돌아갈 수 있을지 걱정이 될 정도였다.

그때 와이센드가 다시 들어와 장치를 만졌다. 그러자 갑자기 알루미늄 캔의 뚜껑에 혀를 댔을 때 나는 것 같은 금속의 맛이 느껴졌다. 나는 가짜 체험과 진짜 체험을 구분해서는 안 됐지만 내 입 안의 치아교정기 때문에 이런 맛을 느낀 것이었다. 처음에는 회의적이었던 나는 갑자기 흥분하기 시작했고, 영화 〈매트릭스Matrix〉의 유명한 장면을 기대하게 됐다. 그때 나는 마치 갑자기 사격과정을 물리학적으로 완전히 이해할 수 있는 능력이 생겨날지도 모른다는 생각이 들었다. 하지만 그런 일을 일어나지 않았다. 그냥 금속의 맛만 느껴진 것이었다. 나는 깊은 한숨을 내쉬며 다시 한 번 게임을 하다 굴욕적으로 죽음을 맞이할 것이라고 체념했다.

와이센드는 "잠시 후에 뵙겠습니다."라고 말하고 방에서 나갔다. 조명이 다시 꺼졌다. 그리고 나는 이전의 시뮬레이션에서처럼 한 것 같았는데, 3분 정도의 시간 동안 차분하게 적들을 모두 쏘아 맞추는 데 성공했다. 나중에 와이젠드와 연구원들은 내가 20명을 쓰러뜨리는 데 성공했다고 말했다.

"내가 모두 몇 명을 처치한 거죠?" 조명이 다시 켜졌을 때 내가 물었다. 그 후의 이야기는 서론에서 이미 했으니 여기서는 생략하도록 하자.

그때부터 나는 의문을 갖기 시작했고, 그 의문은 지금도 나를 이끌고 있다. 노트북을 켜는 전류가 어떻게 신체를 작동시키는 섬세한 자연 전기를 조작해 그토록 놀라운 효과를 낼 수 있을까? 언제쯤 개인 맞춤형 기기가 만들어질 수 있을까? 모든 사람에게 이 기기가 효과를 낼 수 있을까?

　체험이 끝난 뒤엔 특히 두 번째 의문에 집착하게 됐다. 그로부터 몇 달 후 직장 사교 모임 자리에서 동료 한 명에게 이 여행 경험을 이야기하면서 나도 모르게 울컥했던 기억이 난다. 내가 울컥했던 것은 사격 시뮬레이션 때의 경험이 아니라 체험을 마치고 친구 집으로 돌아오는 동안 차에서 느낀 마음 상태 때문이었다. 체험을 마친 뒤 나는 교통체증 속에서도 차분하고 즐겁게 운전을 할 수 있었다. 보통 때의 나는 교통체증 속에서 운전을 할 때 이를 악물거나 화를 내곤 했다. 하지만 그날은 운전이 너무 즐거웠다. 그 후 3일 동안 나는 시뮬레이션에서 내가 차분하게 적들을 쏘아 쓰러뜨릴 때처럼 차분하게 모든 문제에 대처할 수 있었다. 그 3일 동안 나는 당황하지 않고 침착하게 행동했고, 실패에 대한 자책감을 느끼면서 내 자신이 무가치하다는 생각을 하지도 않았다. 나를 무기력하게 만드는 모든 감정이 사라진 것 같았고, 삶이 이전에 비해 더 쉽다는 생각을 하게 됐다. 내 자신을 비난하지 않고 일을 즐겁게 할 수 있게 된 것이었다.

　도대체 어떻게 전기충격이 이 모든 것을 가능하게 한 것일까?

　과거 한 때 비침습적인 전기충격이 알파 진동을 강화하기 때문이라는 이론이 제시된 적이 있었다. 5장에서 우리가 다룬 한스 베르거의 이론이 바로 이 이론이다. 베르거가 발견한 알파 진동은 한 세기가 넘는 기간 동안 뇌의 "배기가스"에 불과한 현상, 즉 부수현상epiphenomenon으로 생각됐다. 즉, 알파 진동은 엔진(뇌)의 작동 여부 같은 간단한 정보나 엔진의 상태에 대한 제한적인 정보를 알려주는 존재로 여겨졌다. 예를 들어, 1930년대에 알프레드 루미스Alfred Loomis는 이 관점에 기초한 진동 연구를 통해 수면과학을 발전시켰다. 수면이 렘REM 수면과 비렘Non-REM 수면과 같은 단계로 이루어진다는 현재의 지배적인 이론은 알파 진동을 비롯한 다양하고 분명한 진동들이 발견되지 않았다면 확립되지 못했을 것이다.

그 후 몇몇 동물실험에서 기술적으로 뇌파를 변화시킬 수 있다는 가능성이 제기되기도 했다. 하지만 뇌에 삽입되는 임플란트처럼 정밀한 침습적 장치가 없으면 특정 기능을 표적으로 삼을 수 없었다. 게다가 이런 장치들이 사용승인을 받아도 사람을 대상으로 한 이상 사용할 수 없었다.

하지만 2000년 독일 괴팅겐 대학의 신경과 전문의인 발터 파울루스Walter Paulus와 미카엘 니체Michael Nitsche가 tDCS라는 새로운 기술을 논문을 통해 발표하면서 상황은 극적으로 변하기 시작했다. tDCS를 사용하면 뇌수술 없이도 진동의 리듬을 변경할 수 있었고, 리듬을 변경하면 사람의 행동이나 정신 상태가 달라지는지 확인할 수 있었기 때문이다. 이 방법은 비교적 쉽고 안전한 방법이었다. 전극 두 개를 실험 지원자의 머리에서 목표 부위와 가장 가까운 부분에 위치시킨 다음 1~2밀리암페어의 매우 약한 전류를 흐르게 만들면 그걸로 끝이었다. 2003년에 파울루스의 연구팀은 tDCS가 인지능력을 향상시켜 컴퓨터 키보드의 무작위 키 입력 시퀀스를 학습하는 능력을 가속화할 수 있다는 내용의 논문을 발표했다.[1] 이 논문의 공동저자 중 한 명은 〈뉴사이언티스트〉와의 인터뷰에서 "이 방법은 뇌의 특정 부분이 커피 한 잔을 마시는 것과 같은 효과를 냈다."라고 말했다.[2]

이때부터 tDCS에 대한 관심이 폭발하기 시작했다. 갑자기 수많은 사람들이 이 쉽고 새로운 도구로 뇌를 개선할 수 있는 방법을 찾기 시작했다. 그로부터 1년 후 뤼벡 대학의 리사 마셜Lisa Marshall은 tDCS 기법으로 수면방추파sleep spindle(2~4단계의 수면 시간 동안 분당 2~5번 정도 관찰되는, 낮은 진폭과 12~14Hz의 주파수를 가진 뇌파)의 진폭을 늘려 기억력을 향상시키는 데 성공했다.[3] 실험 대상자들은 tDCS 기법으로 전기자극을 받지 않는 사람들에 비해 전날 외운 단어 쌍들을 더 많이 기억할 수 있었다. 다른 연구자들도 이 효과와 비슷한 뇌 능력 향상 효과를 재현하기 위해 뛰어들었다. 옥스퍼드 의대, 하버드 의대, 샤리테 의대 같은 대학의 연구팀들은 약간의 전기가 기억력, 수학적 능력, 주의력과 집중력, 창의력을 향상시킨다는 연구결과를 잇따라 발표했다. 2010년이 되자 전기가 기억력과 인지능력에 미치는 영향을 다룬 논문은 수천 편에 달할 정도였다.

하지만 tDCS 기법에는 문제가 하나 있다. 모든 사람에게 효과가 있는 것은 아니라는 점이다. 심지어 tDCS는 나한테도 효과가 없었다. 서론에서 언급했듯이 tDCS는 사격 능력 향상에는 효과가 있었지만, 내 수학적 능력을 끌어올리지는 못했다.

특별한 주장에는 특별한 증거가 필요하다. 하지만 극적인 결과가 널리 보고된 연구 중 상당수가 평범한 증거조차 가지고 있지 않다는 사실이 드러나기 시작했다. 참여자 수가 한 자릿수에 불과해 신뢰성이 크게 떨어지는 연구도 있었다. 대조군이 아예 없는 연구도 있었다. 이는 과학연구에서 가장 큰 결함으로 볼 수 있다. tDCS 연구에서 문제가 된 것은 부실한 실험만이 아니었다. 좋은 연구조차도 포위 공격을 받았는데, 그 이유는 tDCS가 이러한 모든 효과를 정확히 어떻게 만들어내는지에 대한 확고한 합의가 없었기 때문이다. 한편, 가정용 tDCS 키트를 사용한 사람들도 효과가 없다고 불평하기 시작했다.

그 후에는 tDCS가 거대한 사기일지 모른다는 의혹을 제기하는 논문이 몇 편 발표되기도 했다. 뉴욕대학 연구팀은 내가 캘리포니아에서 경험했던 것과 동일한 용량인 2밀리암페어의 표준 tDCS 용량을 시체에 주입했지만 두개골을 통해 뇌에 효과가 나타날 만큼 충분한 전기가 전달되지 않았다는 실험결과를 발표했다. 이 연구팀은 투여된 전기의 90%가 두피를 포함한 신체의 다른 부위로 흘러들어갔다고 밝혔다. 만약 그렇다면 이 정도의 전기가 어떻게 인지능력에 영향을 미칠 수 있을까? 하지만 나를 대상으로 tDCS 기법 실험을 했던 DARPA의 연구원 중 한 명은 "모든 좋은 연구에는 항상 그 연구 결과를 반박하는 사람이 있게 마련"이라고 말했다.

그러나 2016년이 되자 진동의 기능적 역할을 조사하기 위해 시작된 이 tDCS 연구가 만병통치약을 만들어낼 수 있는 연구가 될 수 있다는 생각이 다시 널리 퍼지기 시작했다. 유니버시티 칼리지 런던 산하 인지신경과학연구소의 빈센트 월시Vincent Walsh는 한 tDCS 학술회의에서 이런 생각에 대한 우려를 표현하면서 사람들 사이에서 조현병(정신분열증), 섭식장애, 우울증, 편두통, 뇌전증(간질), 만성통증, 다발성경화증, 중독성 행동, 추론능력 저하, 자폐증 등을 비롯한 수십 가지 질환이 tDCS 기법으로 치료가 가능하다는 생각이 퍼지고 있다고 말했다.⁴ 월시는 특유의 영국식 억양으로 "맙소사!"라고 말하면서 갈바니 사후에 창궐했던 돌팔이의사들을 떠올렸을 것이다.

진동에서 진동 조작 도구로 관심의 초점이 이동하는 데에는 그리 긴 시간이 걸리지 않았다. 그 과정에서 진동 자체가 혼돈 속에서 길을 잃었기 때문이다. 하지만 이렇게 관심이 진동 조작 도구로 쏠리게 되면서 실리콘밸리에서는 뇌를 "오버클럭overclocking(컴퓨터의 연산능력을 강제로 증폭시키는 일)"하기 위해 알파파를 증폭하는 연구에 자금이 쏟아졌고, 그 결과로 tDCS 가정용 기기가 다시 쏟아져 나오기 시작했다. 하지만 이런 기기들은 실제로 효과가 있는 것으로 보이지는 않았다. tDCS에 대한 지나친 관심(실제로 효과가 있었는지, 뇌가 진짜로 변화했는지, 활동전위가 생성됐는지에 대한 의문)으로 인해 이 기기의 원래 목적, 즉 개별 뇌 영역의 개별 활동 전위가 아닌 뇌 전체의 진동을 변화시켜 행동에 영향을 미칠 수 있는지를 확인하려는 목적이 가려졌다.

tDCS에 대한 논란이 잠잠해지자 알파 진동을 강화하는 다른 접근법이 등장하면서 진동과 그 기능적 여부에 대한 관심이 다시 높아졌다. 경두개자기자극transcranial magnetic simulation(거대한 자석에 의한 자극), DBS(뇌심부자극), 경두개교류자극transcranial alternating current stimulation은 진동에 대한 새로운 시각을 제공했다. 이런 장치들은 진동을 통해 뇌에서 일어나는 일에 대한 깊은 실체를 알 수 있을 뿐만 아니라 진동을 바꾸면 관련 행동을 바꿀 수 있다는 생각을 사람들에게 심어줬다.

월시는 tDCS 기술이 만병통치약이 될 수는 없다는 입장을 명확하게 드러내는 사람이지만, 무조건 tDCS 기법에 반대하는 사람은 아니다. 오히려 그는 tDCS 기법 발달에 기여한 사람이다. 월시(그리고 킵 러드윅 같은 과학자들)가 tDCS 기법에 대해 비판적인 시각을 가지고 있는 것은 신뢰성이 떨어지는 소규모 실험결과들이 언론에 보도되는 추세 때문이다. 이런 실험들 중 일부는 내가 캘리포니아에서 참여했던 1인 실험과 비슷한 정도의 소규모 실험들도 있다. 게다가 이런 언론보도들은 이런 실험들이 적절하게 대조군을 설정하지 않았다는 사실도, 실험 대상자가 5명도 채 되지 않는 사실도 구체적으로 언급하지 않는다. 따라서 일반인들은 이런 실험들에서 사용된 비침습적 장치가 전혀 위험하지도 않다고 생각하면서 이런 실험들이 제시하는 가능성을 그대로 사실로 받아들인다. 또한 이런 언론보도를 접한 사람들 중 일부는 자신이 직접 이런 비침습적 장치를 만들 수 있을 것이라는 생각을 갖게 됐다. 실제로, 레딧Reddit(소셜뉴스를 다루는 미국의 초대형 커뮤니티 사이트)은 뇌 전기자극 장치 제작에 필요한 설계도와 설명서를 일반인들에게 제공하고 있다. 사실, 나도 뇌자극기를 구입했다(이런 장치를 만들어낼 재주는 없다). 나는 좌절감이나 자책감이 들 때만 이 장치를 사용하지만, 지금도 나는 이런 뇌자극기가 내는 효과가 위약효과인지 아닌지 잘 모르겠다.

나는 그래도 운이 좋은 편이다. 이런 장치를 직접 만들어 사용한 사람 중에는 뇌를 효과적으로 자극하게 만들 수 있도록 기기 설정을 조절하다 실명이나 화상 같은 끔찍한 일을 겪은 사람도 있다. 이런 사고들이 계속되자 일부 신경학자들은 사람들이 이런 개인적인 실험을 중단해야 한다는 입장을 공개적으로 발표하기도 했다.[5]

또다시 반복되는 데자뷔

최근 몇 년 동안 tDCS 연구는 더욱 확산되고 있다. tDCS는 다른 모든 생체전기 치료법들처럼 아주 작고 예측할 수 없는 요인에 따라 효과가 있거나 그렇지 않을 수 있다. 실험을 설계할 때 고려해야 할 변수가 수십 가지가 넘기 때문이다. 심지어 tDCS는 두개골 두께의 개인차까지 고려해야 한다(두개골이 매우 두꺼운 사람들도 꽤 있다). 물론 tDCS 전기자극에 매우 적합한 조건을 가진 사람들도 있다.

나도 tDCS 전기자극에 적합한 조건을 가진 것 같다. tDCS의 우울증 치료 효과를 연구하는 연구자와 우연히 대화를 나누면서 든 생각이다. 내가 전기자극을 받은 뒤 부정적인 생각이 샌프란시스코의 아침 안개가 걷히듯 없어졌던 경험에 대해 말하자 이 연구자는 환하게 웃었다. 그녀는 자신을 괴롭히는 데 모든 에너지를 소비하게 만드는 질병인 우울증을 앓고 있는 환자들에게서 자신이 직접 전기자극의 효과를 확인했다고 말했다. 하지만 5장에서 다룬 헬렌 메이버그의 연구에서처럼 그녀는 아직 전기자극에 반응하는 사람들과 그렇지 않은 사람들을 확실하게 구별해내지 못하고 있다.

뇌 자극에 대한 연구는 잘못된 연구가 아니라 다른 모든 과학연구처럼 어려운 연구일 뿐이다.[6] 뇌 자극 연구자들은 동료심사를 통과하기 위해 의도적으로 속임수를 쓰는 사람들이 아니다. 단지 충분한 수의 임상시험 참가자 모집을 위한 자금의 부족, 연구자의 편향, 표준화되지 않은 장비, 자극 강도의 표준화 문제 등 다양한 문제들이 하나의 연구에서도 수많은 문제를 발생시킬 수 있고, 한 번의 실험에서도 엄청나게 많은 변수들이 존재할 뿐이다.

하지만 임상시험은 항상 적은 수의 환자로 시작해야 한다(대규모 최종 임상시험을 위해 연구자금을 아껴야 하기 때문이다). 이는 과학계 전반의 표준적인 관행이다. 이렇게 규모가 작은 실험들에서는 규모 때문에 편향이 발생하기 쉽다. 전 NIH 소장 킵 러드윅은 "그렇다고 소규모 임상시험의 초기 데이터가 쓸모없다는 의미는 아니다."라고 말한다. 결국 이 초기 데이터는 대규모 최종 연구로 이어져 최종적인 결과를 얻는 데 도움을 줄 수 있기 때문이다.

문제는 이러한 초기 연구결과들의 증거가 결정적인 증거가 될 수 없다는 데 있다. 사람들은 초기 연구결과들에 대한 언론보도와 그에 따른 잘못된 생각 때문에 "거짓 양성false positive" 결과일 가능성이 높은 연구결과들을 그대로 신뢰하는 경우가 많다. 코비드19를 치료하기 위해 과학자가 아닌 사람들이 너무 적은 수의 환자와 결함이 있는 실험 설계에 기초해 초기 연구에 너무 많은 자금과 노력을 투자한 이버멕틴Ivermectin(구충제의 일종) 연구나 하이드록시클로로퀸Hydroxychloroquine(말라리아, 류머티스 관절염 치료제) 연구가 대표적인 예라고 할 수 있다. 이 약물들은 결국 추후의 제대로 된 검증을 통해 코비드19 치료에 전혀 효과가 없으며, 초기의 효과라고 생각됐던 것은 우연에 의한 것임이 밝혀졌다. 하지만 당시 많은 사람들은 이런 초기 연구결과들에 주목했다.

생체전기 연구도 이런 과정을 겪게 될지도 모른다. tDCS처럼 전기요법도 비침습적인 형태로 발전했다. 이 치료법은 현재 "미주신경 자극 기술vagus nerve stimulation technology, VNS"라는 이름으로 불린다. 이 기술은 실리콘밸리에서 막대한 자금이 투입되고 소셜미디어에서 화제가 되고 있지만, 10년 전에 예상했던 형태는 아직 아니다. 현재 대부분의 투자자들은 신체 관통형 임플란트를 지원하는 대신, 몸속 깊은 곳에서 올라와 귀 안쪽의 피부 표면까지 올라오는 미주신경을 자극하는 비침습적 웨어러블 기기 연구에 자금을 투자하고 있다. 이 어폰과 비슷한 모습의 이런 기기는 피부를 손상시키지 않고 신경을 자극할 수 있다. 이 기기에 대한 연구가 활발해지면서 이 기기가 집중력 저하, 불안감, 우울증 등 다양한 문제 해결에 도움이 될 수 있다는 주장이 제기되고 있다. 하지만 tDCS의 경우와 마찬가지로, 소수의 환자에게서 약간의 효과가 있다는 연구 결과가 나올 때마다(그중 일부 연구는 제대로 수행된 연구가 아니다) 그 연구결과를 반박하는 연구결과가 발표되고 있다.[7]

비침습적인 기기로 우리의 일렉트롬을 정교하게 조절하기 위해서는 먼저 침습적 기기를 이용한 대규모 임상시험을 통해 VNS 기술이 생체전기와 어떻게 상호작용하는지를 보여줄 수 있어야 한다.

그렇다면 여기서 자신의 뇌를 여는 수술을 받겠다고 자원하는 사람이 있어야 한다는 문제가 발생한다. 지금까지 과학자들이 신체의 전기적 특성을 알아낼 수 있었던 것은 카타리나 세라핀, 매트 네이글처럼 자신의 신체를 대상으로 하는 실험을 허락한 사람들 덕분이었다. 이 사람들은 최후의 선택으로 이런 실험에 자원한 사람들이었다. 암 치료, 사지 재성장, 선천적 결함 회복, 신경 업그레이드, 면역 조절 등 건강한 사람들이 미래에 자신을 업그레이드하는 데 사용할 수 있는 기술들은 이런 사람들에게 달려있다. 이 사람들은 차세대 테스트 파일럿이다.

테스트 파일럿

제니퍼 프렌치는 진동 장 자극기 승인과 관련해 FDA를 올바른 방향으로 이끌려고 노력하면서, 한편으로는 신경손상 환자들에게 특정 상황에서 보조과학기술assistive technology(장애인이나 노약자처럼 신체 기능의 일부가 본래 기능을 못 하게 되는 경우에 그 기능을 구현하기 위해 적용하는 재활과학기술의 일종)의 도움을 줄 수 있는 방법 모색을 목표로 하는 신경기술 옹호단체 "뉴로테크 네트워크Neurotech Network"를 설립했다. 프렌치는 "기술은 모든 사람을 평등하게 만들 수 있습니다. 기술은 사람들에게 선택권을 주죠."라고 말한다.

하지만 정작 신경기술을 설계하는 사람들은 실제로 신경기술을 필요로 하는 사람들에게 도움을 주는 것보다는 자신과 비슷한 연구를 하는 사람들에게 영향력을 줄 수 있는 실험에 집중하는 경우가 많다. 프렌치는 왜 연구자들이 이런 모습을 보이는지 잘 이해하고 있다. 그녀는 "사람들이 다시 걸을 수 있게 만드는 일은 매우 매력적인 일이지요."라고 말한다. 프렌치는 언론의 관심이 사라진 뒤에 연구자들은 척추손상을 입은 사람들에게 실제로 중요한 우선순위인 통증과 장 및 방광 조절을 연구하기 위한 자금을 조용히 신청한다고 말했다. 프렌치는 "이런 사람들에게 진짜로 필요한 것들에 대한 연구는 언론에서 잘 다루지 않는다."라고 말했다.

이와 관련해, 장애 관련 연구를 하는 학자 스텔라 영Stella Young은 언론에 보도되는 내용은 대중에게 광범위한 영향을 미치는 일종의 "감동 포르노inspiration porno"로서 기능을 한다고 지적했다.[8]

실제로, 마비된 사람들이 걷는 모습을 담은 연구 영상들이 현재 소셜미디어와 기존 미디어에서 확산되고 있다. 인터넷에서 적절한 맥락과 상관없이 퍼지고 있는 이런 영상들은 모든 마비 환자들이 일어나서 걸을 수 있다는 잘못된 생각을 사람들에게 심어주고 있다.

프렌치는 "척수손상을 입은 환자가 일어나 걸을 수 있게 됐다는 기사는 사람들에게 왜곡된 생각을 불러일으키고 있습니다. 이런 기사가 나올 때마다 환자 옹호단체들은 척수손상 환자들로부터 '언제 내가 치료를 받을 수 있나요?'라고 묻는 전화를 수없이 받습니다."라고 말했다. 프렌치는 그럴 때마다 기사에서 다뤄진 사례들이 실제 치료 사례가 아니라고 설명한다. 프렌치는 사람들이 이렇게 잘못 생각하지 않도록 도움을 주는 것이 환자옹호 단체의 역할이라고도 말한다. 미디어의 이런 과장보도는 여러 가지 면에서 사람들에게 피해를 주고 있다.

사람들의 이런 오해는 실제로 전기자극 기술이 정확하게 어떤 효과를 내는지 파악하기 힘들게 만들고, 환자들이 임상시험에 자원해야 할지도 객관적으로 판단하기 어렵게 만든다.

필 케네디가 자발적으로 극도로 위험하고 비윤리적일 수 있는 수술을 받았을 때, 기술관련 매체들은 케네디에게 자신을 희생한 과학의 영웅이라는 찬사를 보냈다. 하지만 몇 가지 예외를 제외하면, 임상시험에 참여하는 지원자들에 대한 보도에서는 이런 찬사를 거의 찾아볼 수 없다. 프렌치는 "신경기술 임상시험에 자원하는 사람들은 척 예거Chuck Yeager(세계 최초로 수평 비행으로 음속을 넘은 미국 공군 조종사)나 버즈 올드린Buzz Aldrin(아폴로 11호의 승무원으로, 닐 암스트롱에 이어서 인류 역사상 두 번째로 달에 발을 디딘 사람) 같은 테스트 파일럿입니다."라고 말했다. 이들이 음속 장벽을 넘고 우주비행에 대한 과학적 이해를 넓히기 위해 목숨을 걸었던 것처럼, 새로운 신경기술을 테스트 받는 사람들은 과학을 새로운 영역으로 끌어올리기 위해 위험을 무릅쓰고 노력하는 용감한 사람들로 생각해야 한다.

예거와 올드린(그리고 케네디)은 테스트 비행을 시작하기 전에 그 위험성을 잘 알고 있었다. 하지만 임상의가 임상시험에 자원하는 사람들에게 기대치를 어떻게 전달해야 하는지에 대한 기준은 아직 없는 상태다. 대부분의 임상시험 참가자들은 임상시험이 치료법이나 치료제를 만들어내기를 바라는 이타적인 생각을 가지고 새로운 침습적 신경기술을 시험하는 수술을 받는다. 일부 지원자들은 "감동 포르노"의 잘못된 영향을 받아 절망적인 상태로 임상시험에 참여하기도 한다. 프렌치는 임상시험에 참여하는 사람들은 기니피그가 아니며, 잘못된 희망에 사로잡혀 우쭐대거나 동요해서는 안 된다고 강조한다.

누군가를 테스트 파일럿으로 삼는 것은 그 사람이 잘못될 수 있는 모든 상황을 완전히 파악하고, 기술이 할 수 있는 것과 할 수 없는 것에 대한 기대치를 정확하게 관리할 때만 윤리적으로 가능하다. 현재로서는 이런 투명성에 대한 법적 강제가 없다. 프렌치는 "우리는 임상시험 지원자들에게 이 기술이 어떤 영향을 미칠 수 있는지 명확하게 알려야 한다."고 말한다. 하지만 현재로서는 임상시험 지원자에게 조언할 때 임상의가 준수해야 할 기준은 마련돼 있지 않다.

생체전기 인터페이스를 설계하는 사람이라면 의료용 임플란트의 윤리적 역사를 먼저 살펴봐야 한다. 우리는 자신의 의지에 반해 임플란트를 이식받은 사람들의 끔찍한 역사에 대해 잘 알고 있다. 현재의 뇌 임플란트 수술도 이런 사례들을 만들어내고 있다. 실제로, 임플란트를 만든 회사가 파산한 뒤 자신의 의지에 반해 임플란트를 제거당한 사례들이 있다. 이 문제와 관련해 몇 년 전 신경과학 학술회의에서 태즈메이니아 대학의 신경과학자이자 철학자인 프레데릭 길버트Frederic Gilbert와 몇 시간 동안 이야기를 나눈 적이 있다.

길버트는 특히 중요한 윤리적 문제 몇 가지를 지적했다. 그 중 하나는 잠재적 임상시험 참가자에게 기기의 가능성에 대해 완전한 설명을 하지 않아 발생하는 문제다. 라이스 대학과 베일러 의과대학의 공동연구팀의 연구결과에 따르면 잠재적 임상시험 참가자는 임상시험이 종료된 후 임플란트에 어떤 일이 일어날지에 대해 일반적으로 잘 알지 못한다고 한다.

이와 관련된 전형적인 사례는 삶의 질을 떨어뜨리는 치료 저항성 질환을 앓고 있는 사람의 사례다. 이 환자는 운전이나 일을 할 수 없는 환자였다. 최후의 수단으로 이 환자는 임플란트 임상시험에 참여했다. 임플란트는 효과가 있었다. 곧 이 환자는 운전을 할 수 있었고, 보통 사람들이 당연하게 여기는 예측 가능한 삶을 되찾을 수 있었다.

하지만 이 임플란트는 실험용 장치였고, 임플란트를 이식한 신경공학 스타트업은 이 임플란트가 임상시험에 참여한 모든 사람에게 효과가 없다는 사실이 밝혀지면서 파산했다. 파산한 회사는 더 이상 장치를 지원할 수 없었기 때문에 장치를 수거해야 했다. 이는 이 임상시험용 장치를 제거하기 위해 또다시 뇌수술을 받아야 한다는 것을 뜻했다. 그녀는 이식 전의 삶으로 돌아갈 준비가 돼 있지 않았기 때문에 뇌수술을 통한 임플란트 제거에 동의하지 않았다. 길버트는 "그렇다면 어떻게 이런 장치를 수거해야 할까요? 환자들을 추적해서 강제로 수술을 시켜야 할까요? 만약 그렇게 된다면 그 상황은 영화 〈블레이드 러너Blade Runner〉에서 묘사되는 상황과 같아질 겁니다."라고 말했다.[9]

급진적인 새로운 의료 기술이 성공하면 기술매체들은 마비된 사람이 포도를 먹을 수 있게 됐다면서 임플란트로 개선할 수 있는 또 다른 문제를 밝혀낸 임상시험 결과를 앞다퉈 보도한다. 하지만 임상시험이 끝나면 기술매체들은 이런 기사를 거의 내지 않는다.

그렇다면 왜 이런 장치가 몸 안에서 계속 유지될 수 없는지 궁금해질 것이다. 유지에는 일반적으로 실패한 스타트업이 제공할 수 없는 장기적인 기술 지원, 즉 뇌자극기 배터리 교체나 자극 주파수 조정이 필요하기 때문이다. 또한 회백질grey matter(대뇌의 바깥층)에 임플란트를 이식한 사람들을 위한 건강 검진을 담당할 사람도 있어야 한다. 드물지만, 임상시험 담당자가 헬렌 메이버그 같은 사람인 경우 이런 일이 가능하다. DBS의 "대모"라고 할 수 있는 메이버그는 에모리 대학, 뉴욕 마운트사이나이 아이칸 의과대학에서 오랫동안 연구를 수행한 뒤 "첨단 회로 치료 연구센터Center for Advanced Circuit Therapeutics"를 설립한 학자다. 메이버그는 환자에게 임플란트를 이식하는 순간 그 환자를 평생 책임져야 한다고 말한다. 메이버그는 이 일에 열정을 가지고 있으며, 임상시험 후에도 참가자들이 우울증에 효과가 있는 DBS 임플란트를 계속 사용할 수 있도록 노력해 왔다. 하지만 메이버그의 사례는 예외라고 할 수 있다. 메이버그는 다양한 대학과 정부기관의 지원을 받고 있는 신경과학계의 거물급 인사이기 때문이다.

스탠퍼드 대학 법학과 교수이자 생명과학 윤리 전문가인 행크 그릴리Hank Greely는 신경 공학 연구자나 생체전기 연구자가 임상시험을 진행하기 전에 그 임상시험을 지원하는 기업이나 대학이 임플란트의 유지와 수리, 배터리 교체 등을 위한 기금을 조성하도록 의무화해야 한다고 주장한다. 그릴리는 "임상시험 참가자들은 실험용 쥐가 아닙니다. 임플란트를 이식해 데이터를 얻은 다음 몸에서 제거할 수는 없다는 뜻이지요."

현재 프렌치는 국립보건원, BRAIN 이니셔티브, 전기전자공학자협회 등 다양한 기관과 단체 그리고 환자옹호 단체에 신경윤리 관련 조언을 하면서 의료기기 및 신경기술 기기에 관한 신경윤리 기준을 마련하고 있다. 이 기준은 뇌심부자극술, 척추자극 장치를 비롯한 차세대 신경기술 장치를 시험하기 위한 임상시험에 지원하는 사람들에게 관련된 모든 정보를 완전히 공개하는 것을 목표로 한다. 칠레에서는 2021년에 이와 비슷한 윤리 기준이 법에 명시됐고, 이는 현재 주목을 받고 있는 신경과학 윤리 이니셔티브의 일부라고 할 수 있다.[10]

몸의 전기적 활동을 방해하는 요인들

임상시험 지원자들이 더 많은 정보를 가지게 될수록 신경 임플란트 수술, 전기치료 같은 전기적 개입에 대한 이해가 가속화될 것이다. 하지만 전기자극만이 정상적인 생체전기 기능에 영향을 미칠 수 있는 유일한 수단은 아니다.

과학자들은 지난 수십 년 동안 사용해 온 이온채널 약물에서 미래의 전기약물을 찾기 시작했다. 이런 전기약물은 이온채널을 닫거나 열어 이온채널의 상태를 교란할 수 있는 이온채널 조작약물이다. 7장과 8장에서 살펴본 것처럼, 생체전기 신호에서 이온채널의 중요성에 대한 이해가 높아지면서 이런 약물을 암 치료와 재생의료에 어떻게 활용할 수 있는지에 대한 새로운 연구가 촉진되고 있다. 하지만 이는 또한 우리가 이미 많은 약물을 복용하고 있는 것은 아닌지 생각하게 만드는 동시에 우리로 하여금 이런 약물이 우리 뇌에 어떤 영향을 미치는지 완전히 이해하지 못하고 있는 것은 아닌지 생각하게 만들어 불안감을 초래하기도 한다. 지금부터 이 부분에 대해 살펴보자.

우리는 이온채널에 대해 실제로 알기 훨씬 전부터 이미 이온채널에 작용하는 약물을 사용하기 시작했다. 약물이 효과가 있었기 때문에 사용했고, 어떻게 작용하는지는 나중에야 알게 됐다.

일부 이온채널 약물의 경우 생체전기 부작용이 이미 잘 알려져 있다. 예를 들어, 대부분의 간질 치료제는 임신 중에 복용하면 다양한 기형을 유발할 수 있는 것으로 알려져 있다. 지금까지 밝혀진 바에 따르면, 이는 이온채널 약물이 우리의 생체전기를 교란하기 때문이다. 많은 약물이 나트륨채널이나 칼슘채널의 지나친 활성화를 억제하는데, 이는 관련 뉴런을 진정시키고 발작을 멈추는 데 도움이 되지만, 태아의 형태를 올바르게 형성하는 데 필요한 이온채널 통신도 방해할 수 있다는 연구결과가 계속 발표되고 있다. 한 이온채널 약물의 경우 평생 학습능력 저하와 인지장애를 일으킬 수 있고, 신체적 기형 등의 심각한 위험을 초래할 수 있다는 사실이 밝혀지면서 가임기 여성들에 대한 사용이 제한되기도 했다.

간질 치료제가 이온 채널에 광범위한 영향을 미치는 유일한 약물은 아니지만, 다른 이온채널 약물들이 이온채널이 발달에 관여하는 복잡한 방식을 어떻게 교란시킬 수 있는지에 대한 연구는 거의 이루어지지 않은 상태다. 에밀리 베이츠Emily Bates 같은 학자가 킵 러드윅의 방식과 유사한 방식으로 생체전기를 연구하고는 있지만, 베이츠의 연구는 콜로라도 의대의 발달생물학자로서의 연구다. 베이츠 Emily Bates는 오랫동안 어떤 약물이 이온채널을 망가뜨려 선천적 결함을 유발할 수 있는지 연구했던 사람이다.

베이츠의 연구에 대해 이야기를 계속하기 전에 주의할 점이 있다. 이 연구 중 일부는 아직 아주 초기 단계에 머물고 있다는 점이다. 의학이 발달에 미치는 영향에 관한 거의 대부분의 이론들은 일종의 원시적 권위주의에 지배당하고 있다. 실제로 임신 중에는 "허용되지" 않는 것들이 매우 많다. 하지만 나는 이 책이 임신부들에게 경고를 하기 위한 수단으로 이용되는 것은 바라지 않는다. 다만 나는 태아에게 안전한 것이 무엇인지 알 수 있는 연구에 자금을 지원하는 것이 매우 중요하다고 생각할 뿐이다.

베이츠는 임신부에게 미치는 악영향을 입증하는 연구결과가 존재하는 약물에 집중하기로 결정했다. 예를 들어, 흡연은 "조산", "저체중아 출산" 등의 태아의 건강 문제 위험을 높이며, 구개열(선천적으로 입천장이 뚫려 코와 입이 통하는 현상)을 일으키는 것으로 미국 질병통제센터에 의해 공식적으로 확인된 상태다. 하지만 담배에는 암모니아와 납을 포함한 다양한 화학물질이 포함되어 있고, 그 중 상당수가 암과 관련이 있기 때문에 담배에 포함된 7000여 가지 성분 중 정확하게 어떤 성분이 암을 일으키는지는 밝혀내기가 힘들다. 사람들이 전자담배가 그나마 유해성이 적다고 생각하는 이유 중 하나는 전자담배에는 다른 성분이 없이 니코틴만 들어있기 때문이다.[11] 하지만 전자담배에 포함된 니코틴도 건강에 좋지 않을 수 있기 때문에 의사들은 전자담배를 적극적으로 권하지 않는다. 흡연자가 임신했을 때 전자담배로 전환하는 경우가 많다는 것은 놀라운 일이 아니다. 그리고 전자담배를 피우고 있는 여성들 중에는 임신 사실을 알게 되도 금연을 시도하지 않는 경우가 많다. 게다가 전자담배를 피우는 사람

들은 점점 많은 양을 피우게 되는 경우도 많다.[12]

태아가 니코틴에 노출되면 선천적 결함이 발생할까? 베이츠는 임신한 쥐를 전자담배 연기가 가득한 상자에 집어넣어 니코틴에 노출시킨 결과, 태어난 새끼 쥐에서 몇 가지 특징적인 발달 문제를 발견했다. 이 새끼 쥐는 상완골(어깨에서 팔꿈치까지 이어진 긴 뼈)과 대퇴골이 정상적인 쥐에 비해 짧았으며(사람의 경우 이 뼈들의 발달은 키와 상관관계가 있다), 폐가 정상적으로 발달하지 않은 것으로 확인됐다.[13] 따라서 니코틴은 이런 결함과 무관하지 않기 때문에 니코틴이 포함된 전자담배도 태아에게 좋을 리가 없다.

니코틴이 어떤 메커니즘을 통해 발달 문제를 일으키는지는 아직 명확하게 밝혀지지 않고 있지만, 이 메커니즘을 엿볼 수 있게 해주는 새로운 관련 연구결과들은 점점 더 많이 발표되고 있다. 예를 들어, 니코틴이 "내향성 정류inward rectifying" 채널이라는 이름으로 알려진 칼륨채널의 일종과 결합해 이 채널을 차단한다는 사실은 잘 알려져 있다. 칼륨채널은 세포 밖으로 나가는 칼륨이온보다 세포 안으로 유입되는 칼륨이온이 더 많게 만드는 역할을 함으로써 세포의 농도를 "안정적인 상태"로 유지시키는 이온채널이다. 베이츠는 평생 이 이온채널을 연구한 사람이다. 베이츠의 초기 실험결과에 따르면 알코올도 태아에 영향을 미칠 수 있으며, 이는 태아 알코올 증후군과 관련된 선천적 결함의 원인이 될 수도 있다.

마취도 아직 우리가 아직 잘 알지 못하는 방식으로 이온채널에 영향을 미친다. 약물이 생체전기 신호에 영향을 미칠 수 있는 것은 임신 상태에 국한하지 않는다. 실제로, 전신마취를 받은 적이 있는 사람은 나중에 암에 걸릴 위험이 높거나,[14] 기억력에 문제가 생길 가능성이 높다.[15] 몸은 전신마취에서 깨어났는데도 계속 마취 상태에서 보였던 반응을 보이는 기이한 PTSD(외상후스트레스장애) 증상이 나타나는 사람도 있다.[16] 하지만 아직 우리는 마취제가 어떤 작용을 하는지 정확히 알지 못하기 때문에 이런 현상이 나타나는 이유도 아직 밝혀지지 못하고 있다. 다만 마취에 대해서는 몇 가지 사실은 알려져 있다. 하버드 의대 마취과 교수 패트릭 퍼든Patrick Purdon은 "마취가 뉴런에 어떤 영향을 미치는지는 밝혀져 있다."라고 말했다. 퍼든의 설명에 따르면 마취제는 정상적인 생리적 과정과는 완전히 다른 방식으로 신경세포를 발화시키며, 어떤 경우에는 한 번에 몇 초 동안 모든 발화를 완전히 중단시키기도 한다. 수면보다 더 완전한 무의식 상태를 마취제가 만들어내는 이유가 여기에 있다. 하지만 현재 우리는 뉴런이 멈춘다는 것을 알고 있을 뿐, 뉴런이 어떤 과정을 통해 멈추는지에 대한 분자 수준의 설명은 아직 하지 못하고 있다.

게다가 우리는 아직 뉴런이 어떻게 멈췄다 다시 작동하는지에 대한 설명도 하지 못하고 있다. 마이클 레빈은 "전신마취의 놀라운 점은 마취에서 깨어난 사람이 마취 전과 똑같은 사람으로 돌아온다는 점입니다."라고 말했다. 물론 모든 사람이 그렇다는 것은 아니다. 어떤 사람들은 환각을 경험하기도 한다. 불멸의 작은 벌레인 플라나리아는 마취를 하고 머리를 자르면 다시 머리가 자라난다. 심지어 박테리아도 마취에 반응한다.

이온채널의 작동이 약물에만 영향을 받는 것은 아니다. 2019년에 쉰네 살의 건강한 건설노동자가 쓰러져 사망하는 일이 발생했다.

1년 후 〈뉴잉글랜드 의학 저널〉은 이 기이한 사건에 대한 조사 결과를 발표했다.[17] 사망하기 전 3주 동안 감초liquorice 캔디 한두 봉지를 매일 먹은 것이 이 사람의 사망원인이었다. 이 남성은 쓰러진 뒤 매사추세츠 종합병원에서 24시간 동안 치료를 받았지만, 심장은 이미 돌이킬 수 없을 정도로 불안정해진 상태였다. 감초의 활성 성분인 글리시리진glycyrrhizin이 세포가 나트륨이온을 유지하고 칼륨이온을 배출하는 과정을 과도하게 일으켰기 때문에 이런 일이 벌어진 것이었다. 이 남성의 세포 안에는 칼륨이 전혀 남아있지 않았다. 심장세포에서 나트륨이온과 칼륨이온의 균형이 유지되지 못하면서, 심장세포가 규칙적으로 활동전위를 방출할 수 없었던 것이었다. 이 남성의 사례와 비슷한 사례는 이전에도 있었다. 2012년에는 감초 캔디가 단순한 캔디가 아니라는 경고를 제목으로 한 논문이 발표될 정도로 이와 유사한 사건이 많이 발생했다. 이 논문의 저자들은 FDA에 감초 사용을 규제하고 감초의 건강 위험성에 대한 공중 보건 메시지를 발표할 것을 촉구하기도 했다.[18] 그로부터 5년 후, FDA는 할로윈에 맞춰 감초의 위험성에 대한 엄중한 경고를 발표했다.

지금까지 든 사례들이 좀 혼란스러울 수는 있다. 하지만 이런 사례들은 예상치 못한 방식으로 우리의 일렉트롬에 영향을 미치는 것들에 대해 설명하기 위해 예로 든 것일 뿐이다. 나는 우리의 생체전기 특성을 이해하기 위한 연구에 대한 총체적인 이해를 돕는 사례를 들고 싶었지만 안타깝게도 지금까지는 나의 이런 노력에 대한 저항이 적지 않았다. 베이츠의 연구를 다룬 나의 기사에 대한 반응이 그런 저항 중 하나였다.

학문 간의 거대한 장벽

베이츠의 논문은 논란의 여지가 있을 수 있는 논문이 아니었다. 베이츠의 논문은 리뷰에 불과했고, 그것도 매우 건조한 리뷰였기 때문이다. 실제로 이 논문은 생체전기가 발달에 중요한 역할을 한다는 것을 설명하는 내용, 즉 태아 발달에 생체전기가 관여하는 메커니즘을 설명하는, 이론의 여지가 없는 논문이었다. 베이츠와 이 논문의 공동저자는 논문 초안을 한 학술저널에 보냈고, 이 학술저널 편집자들은 권위 있는 과학저널에 논문을 게재하기 위한 전 단계인 동료심사를 실시하기 위해 다른 여러 과학자에게 이 초안을 배포했다. 그 뒤 이 저널 편집자들은 "수정"라는 간단한 지시와 함께 논문 초안에 대한 피드백을 베이츠에게 전달했다.

피드백 중 일부는 논문에 대한 평가와는 전혀 어울리지 않는 방식으로 비꼬는 내용이었다. 피드백을 작성한 사람 중 그 어떤 사람도 방법론적 결함에 대해 이야기하거나 데이터가 부정확하다고 지적하지는 않았다. 이들은 베이츠의 연구 분야 전체를 싸잡아 비판하고 있었다. 베이츠에게 전달된 피드백 문서에는 "세포막 전위에 대한 이론은 허구에 불과하다." 같은 내용의 지적들만 가득 차 있었다. 특히 이들은 베이츠의 생체전기 암호 관련 이론을 문제 삼았다.

보겐스와 함께 연구를 했던 앤 라즈니첵은 자신도 "이런 소리를 믿는 사람은 이제 없다."라는 말과 함께 지원금 신청을 거절당한 경험이 있다고 내게 말한 적이 있다. 하지만 당시 나는 과학 저널리스트이기 때문에 동료심사에 상처를 입는 것은 일반적인 과정일 수 있다고 생각했었다. 하지만 그 뒤 더 많은 연구자들과 이야기를 나누면서 한 가지 패턴을 발견했다.[19] 사람들은 로라 힝클이 전기주성 현상에 대한 이론을 제시했을 때도, 데이니 애덤스나 아이선 쳉이 생체전기 관련 연구결과를 발표했을 때도 믿으려하지 않았다는 것이었다. 한 생체전기 연구자는 "우리의 연구결과 자체를 신뢰할 수 없다고 말하는 사람은 없다. 사람들은 그냥 우리의 말을 듣고 싶지 않은 것이다."라고 말하기도 했다. 베이츠의 연구에 대한 반응은 약간 다르긴 했다. 하지만 공통점은 생체전기 이론에 대한 비판적인 시각을 가진 사람들은 세부적인 부분에 대해 문제를 삼지 않는다는 것이었다. 오히려 그들은 감정과 신념의 언어로 가득 찬 경멸적인 비난을 쏟아내고 있었다. 이들은 생체전기 연구자들의 연구방법이나 연구과정에 대해서는 구체적으로 지적하지 못하면서 무조건 믿을 수 없다고 말하고 있었다. 실제로 마이클 레빈은 한 학술회의에서 "나는 당신의 논문을 읽지도 않았고, 읽을 필요도 없다고 생각한다. 나는 당신의 생각을 믿지 않는다."라는 말을 들은 적이 있다.

그렇다면 그들이 믿지 않는 것은 무엇일까? 그들이 믿지 않는 것은 누가 믿지 않는 사람인지에 따라 달라진다. 레빈은 발달생물학 학술회의를 비롯해 세계 최대의 AI 컨퍼런스인 "NeurIPs"에 이르기까지 다양한 분야의 학술회의에서 강연을 자주 한다. 레빈은 내게 "누군가는 항상 화를 내게 됩니다. 그들이 화를 내는 대상은 내가 연구하는 분야지요."라고 말했다. 신경과학자들에게는 당연한 것으로 받아들여지는 논쟁을 분자유전학자들은 신성모독 수준으로 받아들이곤 한다. 하지만 이 사람들이 신경계가 아닌 다른 부분에 대한 생체전기 연구를 공격하는 만드는 것은 모종의 음모가 아니라 교육이다. 미국 국립과학재단의 호세 로페즈Jose Lopez는 이렇게 점점 더 분리되고 있는 분야들이 서로 소통할 수 있는 새로운 방법이 필요하다고 생각한다. 그는 "우리에게는 이제 새로운 학과, 즉 다양한 학문을 통합해 가르치는 학과가 필요합니다. 지금처럼 학과들이 분리된 상태로는 미래로 나아갈 수 없습니다. 알렉산더 폰 훔볼트나 갈바니 같은 사람들은 과학의 모든 분야를 연구할 수 있는 시대에 살았습니다. 하지만 현재의 과학자는 희귀질환을 발생시키는 특정한 유전자 돌연변이 하나만을 연구하며 평생을 보냅니다."라고 말했다. 스티븐 바딜락은 특히 의학 연구가 의학 외부의 연구 성과를 받아들이지 않는 "사일로silo" 상태에 머물러있다고 지적한다.

학문 간의 이런 소통 간극을 메우기 위한 새로운 시도가 이어지고 있는 곳이 있긴 하다. MIT 생물공학과 대학원이 그런 곳이다. 이 학과 학생들은 여러 학문을 넘나들며 이야기하면서 그 사이의 간극을 메우는 데 필요한 어휘와 개념에 집중하도록 훈련을 받고 있다. 이 학생들은 정보를 개별적인 덩어리로 보지 않고 정보가 어떻게 흐르는지에 대해 시스템 생물학적인 방식으로 사고하는 방법을 배우고 있다.

"이런 걸 가르치지 않는 게 너무 이상해요."

에밀리 베이츠는 유타대학에서 4년 동안 발달생물학을 공부했지만 "이온채널"이라는 용어를 한 번도 들어본 적이 없다. 그 후 하버드에서 신경과학 박사과정을 밟으면서 이온채널이라는 용어를 사용하긴 했지만, 신경계 외부에서 이온채널이 어떤 기능을 하는지 전혀 알지 못했다. 베이츠는 "이온채널이 근육세포나 췌장 베타세포의 기능에 연관돼 있다는 것은 알고 있었지만, 학부 및 대학원 교육을 받는 동안 이온채널은 신경과학 분야에서만 연구되고 다른 분야에서는 연구되지 않는 대상이라는 생각을 하고 있었다."라고 말했다. 베이츠는 그러던 중 이온채널 이상channelopathy이 몸의 형태 발달 장애를 일으킬 수 있다는 사실을 우연히 알게 돼 충격을 받았고, "왜 대학에서 이런 사실을 가르치지 않는 걸까?"라는 의문을 갖게 됐다고 말했다.

베이츠는 그때부터 이온채널을 연구하기로 결심했다. 하지만 베이츠는 연구 방향을 가늠할 수 없었다. 이온채널 연구에 도움을 줄 수 있는 사람이 대학원에 한 명도 없었기 때문이다. 베이츠는 "아무도 연구하지 않는 주제를 연구하면서 혼자라는 생각이 들었습니다. 심지어 논문검색을 할 때 어떤 용어를 입력해야 할지도 몰랐습니다. 어두운 상자 안에 갇힌 느낌이었어요."라고 당시를 회상했다.

베이츠는 이온채널 관련 논문을 발표한 뒤 마이클 레빈에게서 이메일 한 통을 받았다. 레빈은 다른 연구자들에게 베이츠의 연구 내용을 보내면서 베이츠를 그들에게 소개시켜 줬다. 레빈은 일종의 허브 역할을 한 셈이었다. 베이츠는 관련 컨퍼런스에 참석하면서 다른 연구자들의 네트워크에 빠르게 연결됐다. 베이츠는 "마이클 레빈이 연락을 하기 전에는 이런 연구를 하는 내가 이상한 사람처럼 느껴졌

어요."라고 말했다.

베이츠의 논문을 검토한 연구자들도 비슷한 느낌을 가졌을 것이다. 사실 이 사람들도 이온채널에 대해 전혀 몰랐을 것이기 때문이다. 2018년에 레빈은 새로 창간된 학술지 〈생체전기Bioelectricity〉의 편집자들과 회의를 하면서 "적절한 실험 지식을 갖춘 논문 검토자를 찾기는 쉬운 일이 아니다. 각자의 분야를 뛰어넘어 큰 그림을 볼 수 있는 검토자를 확보하는 것은 매우 어려운 일이었다."라고 말하기도 했다. 이 저널은 생체전기 연구를 발달생물학에서 인공지능에 이르는 광범위한 관련 생체 논리적 현상을 아우르는 포괄적인 학문으로 만들기 위한 움직임의 일환이다. 이 프로젝트가 성공하려면 생체전기에 대한 연구가 갈바니가 중대한 발견을 했을 때의 자연철학과 비슷한 반경을 가져야 한다. 레빈은 "언제부터 사람들이 분야를 나눠서 연구하기 시작했을까?"라는 질문을 자주 던진다. 하지만 과학을 여러 학문 분야로 나누는 것을 대체할 수 있는 확실한 대안은 현재로서는 생각해내기가 쉽지 않다.

생물학에 관한 현대의 관점에 기초한 이런 구분은 아이러니하게도 생물학의 범위를 제한하고 있는지도 모른다. 프랭클린 해럴드Franklin Harold는 2017년에 발표한 책《세상을 이해하기 쉽게 만들기To make the World Intelligible》에서 "오늘날 생물학은 생명체의 분자, 특히 그 구조와 기능을 규정하는 유전자에 집중하고 있다"고 말했다.

실제로 현재의 이런 생물학 연구방식은 생명에 대한 우리의 이해를 제한하고 있다. 생체전기 메커니즘을 밝혀내기가 매우 어려운 이유(그리고 생체전기가 돌팔이들의 속임수와 부당하게 연결되고 있는 이유) 중 하나는 이런 미세하고 일시적인 과정을 관찰할 수 있는 도구들이 불과 몇십 년 전에야 등장했다는 사실에 있다.

이런 도구들이 등장하기 전에는 생물학에서 살아있는 세포를 관찰하는 일은 일반적인 일이 아니라 예외적인 일이었다(사실 지금도 그렇다). 생명체에 대한 과학적 발견의 대부분은 죽은 조직을 해부하는 데서 비롯됐다. 대부분의 생물학적 조사는 먼저 세포를 죽인 다음 세포의 특성을 찾아내는 방식으로 이뤄졌고, 지금도 그렇게 이뤄지고 있다. 이 방법은 세포의 다양한 부분들을 분류해낼 수 있는 훌륭한 방법이다. 하지만 죽은 세포는 전기신호를 방출하지 않기 때문에 이런 방법으로는 살아있는 세포와 조직에서 일어나는 전기적 과정에 대해 알아내는 것이 사실상 불가능했고, 따라서 생명체의 다양한 부분들 사이에서 일어나는 전기적 상호작용을 규명하는 것도 매우 어려웠다. 폴 데이비스는 이런 방식으로 세포를 연구하는 것은 "컴퓨터의 구성요소들이 서로 정보를 교환하는 방식을 살펴보지 않고 컴퓨터 안에 있는 전자장치들을 개별적으로만 들여다보면서 컴퓨터의 작동방식을 이해하려고 하는 것과 비슷하다."라고 말한다.[20] 과거에 갈바니와 알디니 같은 사람들은 운 좋게도 생체전기 현상을 생명체가 죽은 뒤 하루나 이틀 동안 조사할 수 있었지만, 살아있는 동물에서는 전류의 흐름과 전압의 변화를 실시간으로 관찰하는 것은 극도로 어려운 일이었다.

현재가 생체전기의 세기라는 나의 확신은 살아있는 세포를 관찰할 수 있는 도구가 놀라운 속도로 발전하고 있다는 사실에 기초한다. 예를 들어, 데이니 애덤스가 사용한 형광 전압 염료는 2000년대 초반에야 개발됐지만, 현재 이 전압 염료는 많은 연구실에서 생체전기 현상을 육안으로 관찰하는 데 다양한 방식으로 사용되면서 생체전기와 관련된 새로운 발견에 엄청난 도움을 주고 있다. 실제로, 2019년에 하버드대학의 애덤 코언Adam Cohen은 이 형광 전압 염료를 이용해 막 전위가 0인 줄기세포가 어떻게 최종적으로 다양한 막 전위를 가지는 세포와 조직으로 변화하는지에 대한 의문의 답을 찾았다. 코언은 배아가 발달할 때 세포의 막 전위가 슬라이더처럼 0밀리볼트에서 70밀리볼트까지 순차적으로 변화하는지 아니면 한 번에 변화하는지 알고 싶었던 것이었다.

실험 결과, 답은 후자였다는 것이 확인됐다. 이는 모든 조직이 전기적 정체성을 확보하는 방식이 밝혀졌다는 뜻이었다. 즉, 이는 줄기세포가 중간 과정을 거치지 않고 바로 뼈세포를 비롯한 다양한 세포로 한 번에 변화한다는 뜻이었다. 코언은 간극연접으로 연결된 이 모든 세포들은 마치 어느 순간 물이 얼음결정으로 변하듯이 세포막 전위가 0인 줄기세포에서 한 번에 최종 목표인 다른 세포로 변화한 것이라는 사실을 밝혀낸 것이었다.[21]

또한 현재는 형광 전압 염료 외에도 살아있는 생명체의 복잡한 전기적 특성들을 규명하는 데 도움을 주는 다양한 도구들이 계속 개발되고 있다. 이런 도구들은 폴 데이비스가 그의 책에서 "환원주의적 열광reductionist fervour"이라고 비난했던 생물학 연구방식의 문제에서 과학자들을 벗어나게 해주는 도구들이다.[22]

이런 도구들은 결국 우리가 일렉트롬 전체를 들여다볼 수 있게 해줄 것이다. 네덜란드의 생물학자 아르놀트 더 로프Arnold de Loof

가 2006년에 일렉트롬이라는 용어를 정의하면서 일렉트롬은 "세포 수준에서 유기체 수준에 이르는 모든 생명체의 모든 이온 전류의 총체"라고 설명했다. 우리는 모든 이온채널과 간극연접의 실체를 규명해 세포 전압 변화가 세포와 조직에 어떤 영향을 미칠 수 있는지 알아내야 한다. 신경계가 장기 기능을 어떻게 제어하는지 이해하려면 내장 신경에 대한 지도를 만들어내야 한다. 이와 관련해서는 이 책에서 많은 것을 설명했지만 미처 다 설명하지 못한 부분이 더 많다. 생물물리학자 알렉시스 피에탁Alexis Pietak은 세포 전압이 어떻게 세포의 정체성으로 이어지는지 복잡한 과정을 밝혀내기 위해 "BETSEBioelectric Tissue Simulation Engine(생체전기 조직 시뮬레이션 엔진)"라는 이름의 소프트웨어 패키지를 이미 개발하기 시작했다. 이 패키지는 마이클 레빈 같은 연구자들이 생체전기 신호의 생체 내 확산 과정을 시뮬레이션할 수 있도록 도움을 줄 것이다.[23] 이 모든 도구를 이용해 우리가 얻게 될 지식은 생물체와 함께 작동하고 그 자체로 개선되는 인터페이스를 만들어낸다는 꿈을 현실로 바꿀 수 있을 것이다.

지난 반세기 동안 이런 일을 할 수 있는 영광은 "모든 것을 알게 될" 인공지능과 우리의 "열등한 육체"를 업그레이드해줄 것으로 기대되는 사이보그, 모든 생물학적 물질이 실리콘으로 업그레이드되는 트랜스휴머니즘transhumanism의 미래를 약속하는 연구자들과 그들이 개발하고 있는 기계의 몫이었다. 하지만 최근 들어 실리콘으로 만든 인공지능의 한계가 드러나기 시작하면서 AI에 대한 기대와 관심이 줄어들기 시작했다. 기존 소재로는 10년 이상 지속되는 고관절 임플란트도 관리할 수 없는데, 어떻게 영구적인 신경 장치를 뇌에 부착할 수 있을까? 현재 생체전기 분야에서 진행 중인 연구들에 따르면 우리의 미래는 실리콘과 전자로 생체조직을 대체할 수 있는 방법이 아니라 생물학 자체에 있을 수 있다.

생체전기 연구의 초기 선구자들 대부분은 처음에는 무시당하거나 조롱당했지만 시간이 지나면서 재조명을 받았다. 갈바니도 그랬고 해럴드 색스턴 버도 그랬다. 암과 발달에 대한 버의 이론은 생명의 불꽃에 대한 갈바니의 이론처럼 시간이 지나면서 옳다는 것이 결국 확인됐다. 실제로, 버가 제시한 이론들 하나하나가 현재 대체적으로 옳은 이론으로 받아들여지고 있다. 하지만 버는 1974년에 발표한 책에서 자신이 한 실험들을 기초로 하나의 거대한 가설을 주장하기도 했다. 버는 이 책에서 언젠가 생물학자들이 부분 연구에서 벗어나 생명체에 작용하는 힘을 연구하게 될 것이고, 그렇게 된다면 생물학에서도 원자를 쪼개 연구하는 물리학에서 일어난 개념적 도약이 일어날 수 있을 것이라고 주장했다.

하지만 아직 마지막 의문이 남아있다. 그 다음에는 어떤 일이 일어날까?

마이크로바이옴에 대해 알게 되면서 우리는 김치와 채소를 많이 먹으면 마이크로바이옴을 개선할 수 있다는 것도 알게 됐다. 하지만 일렉트롬에 대한 지식은 아직 이런 종류의 도움을 우리에게 주지 못하고 있다. 일렉트롬에 대한 지식을 이용해 우리의 기억을 해킹하거나 우리의 생산성을 증폭키는 일은 아직 먼 미래의 이야기다. 왜 그런지는 이 책에서 지금까지 충분히 설명했다. 또한 나는 일렉트롬에 대한 지식이 이런 식으로 이용되는 것이 옳다고 생각하지도 않는다.

내 경우를 한 번 생각해보자. tDCS가 끊임없는 자기비난을 하는 증세를 극복하는 데 도움이 됐을까? tDCS를 자주 이용할 수 있었기 때문에 나만 부당하게 효과를 볼 수 있었던 것은 아니었을까? 이런 생각은 나만 하는 것은 아닐 것이다.

의학적 개입과 뇌 기능을 강화하기 위한 노력을 명확하게 구분할 수 있을까? 사람들은 모든 종류의 인지능력 강화 노력에 대해 항상 이 의문을 제기하지만, 아무도 좋은 답을 내놓지 못하는 것 같다. 이 질문은 아마도 자세히 생각할수록 복잡해지는 질문이기 때문에 그런 것 같다. 또한 이는 특정한 강화 방법을 더 많이 선택하게 될수록 그 특정한 강화 방법을 사용하지 않는 사람들은 뭔가 모자란 사람으로 인식되기 시작하고, 사람들은 남들에게 뒤처지지 않아야 한다고 주변 사람들과 자기 자신에게 더 많은 압력을 가하기 때문이기도 한 것 같다. 이런 현상이 발생하는 것에 대해 어느 한 개인에게 책임을 물을 수는 없다. 이런 현상은 "공유지의 비극"을 보여주는 전형적인 현상이기 때문이다.

이런 논의는 특히 스포츠에서 중요하다. 헤이스팅스 센터 생명 윤리 연구소의 명예회장 토머스 머리Thomas Murray는 〈아웃사이드 Outside〉 기자 알렉스 허친슨Alex Hutchinson과의 인터뷰에서 "효과적인 기술 하나가 스포츠 분야에 일단 도입되면 이 기술은 폭압적일 정도의 영향력을 행사하게 됩니다. 모든 선수들이 반드시 그 기술을 이용하게 되는 거지요."라면서 tDCS에 대한 자신의 생각을 밝혔다. 또한 그는 "프로선수들이 특정한 전기충격 요법을 받기 시작하면,

그 전기충격 요법은 대학과 고등학교의 선수들, 심지어는 주말에 운동하는 일반인들에게까지 바로 확산될 것"이라고도 지적했다. 이 게임은 시작하면 절대 멈출 수 없는 게임이다.

따라서 이 책을 끝까지 읽은 여러분께 마지막으로 하고 싶은 조언은 다음과 같다. 누군가 어떤 제품을 판매하려는 사람을 보면 그 제품이 누구에게 이익이 될지 먼저 물어보길 바란다. 왜 그 사람이 당신에게 그 제품을 팔려고 하는지, 정말 그 제품이 당신을 위한 것이 될 수 있는지 스스로에게 물어보아야 한다. "테스트가 효과가 있었나요?"라는 기본적인 질문을 넘어서 그 제품을 사용하면 어떤 일이 일어날 수 있는지, 그 제품이 당신의 고통을 줄여줄 수 있는지 물어보아야 한다. 그 제품이 더 나은 제품을 개발하기 위해 시험용으로 판매되는 제품이 아닌지도 살펴야 한다. 이런 질문에 대한 답은 그 제품이 암 치료를 목적으로 한 기기인지 뇌의 능력을 강화하기 위한 기기인지에 따라 크게 달라질 것이다.

사실 나도 과거에는 열등한 인간의 몸을 금속을 이용해 강화시킬 수 있다는 아이디어에 대해 긍정적으로 생각했었다. 사이버네틱스는 특정한 신경말단들을 전기 장치로 교체해 건강을 증진시키고 생산성을 극대화할 수 있으며, 이 방식으로 우리가 인간 신체의 한계를 넘어 사이보그의 미래로 진입할 수 있다는 유혹적인 환상을 지금도 우리에게 심어주고 있다.

하지만 일렉트롬 연구는 이런 것들을 목표로 해서는 안 된다. 이 책으로 이어진 연구를 수행하면서 나는 이 생각을 확실하게 굳혔다. 나는 생명체는 열등한 몸을 가지고 있다는 생각에서 벗어나 생명체는 더 많이 알게 될수록 더 놀라운 존재라는 것과 생명체에 대해서는 알면 알수록 이해하지 못하는 것이 기하급수적으로 더 많아지는 복잡한 존재라는 것을 알게 됐기 때문이다. 우리는 이전에 우리가 상상조차 하지 못했던 복잡한 전기기계다.

하지만 MIT 프로그램에서 알 수 있듯이 현재 학계는 학문 간의 상호연결성에 눈을 뜨고 있으며, 전기의 미래를 탐구하기 위해 다양한 학문 분야들이 서로 대화를 나누기 시작하고 있다. 생체전기 연구의 다음 단계는 바로 이 대화에서 시작될 것이다.

생체전기 연구는 우주와 자연에서 우리의 위치를 더 잘 이해하기 위한 우주론 연구처럼 우리를 흥분의 도가니로 몰아넣고 있다. 이미 일부 연구 결과는 기존의 통념을 뒤집고 있다. 앞으로 10년 동안 또 어떤 발견을 하게 될지 정말 기대가 된다.

감사의 글

처음 책을 쓰는 저자는 지금까지 만난 모든 사람에게 감사를 전한다는 우스갯소리가 있는데, 저도 예외는 아닙니다. 먼저, 이 책을 쓸 수 있도록 기회를 준 사이먼 소로굿Simon Thorogood에게 감사드립니다. 나를 믿고 큰 도움을 준 몰리 비젠펠드Mollie Wiesenfeld와 조지아 프랜시스 킹Georgia Frances King에게도 감사의 마음을 전합니다. 나보다 훨씬 먼저 이 책의 윤곽에 대해 생각해준 캐리 플릿Carrie Plitt에게도 감사드립니다.

이메일과 전화통화 그리고 인터뷰에서 내 질문에 친절하게 답을 준 과학자들이 없었다면 이 책은 나오지 못했을 것입니다. 그들은 코로나 봉쇄와 선거철 혼란 속에서 내게 몇 시간씩을 할애해 어려운 개념을 설명하고, 논란이 되는 역사에 대해 이야기하고, 내가 집중력을 잃지 않도록 도와주었습니다. 데이니 애덤스는 인내심을 가지고 이 책의 초안을 읽으면서 내게 도움이 되는 도표와 자료를 제공했고, 내가 잘못 이해한 부분을 바로 잡아주었습니다. 내게 도움이 되는 다양한 말을 해준 데브라 보너트에게도 감사드립니다. 이 책이 그녀에게 도움이 되길 바랍니다. 내 질문에 대해 우아하면서 친절하게 답해준 로버트 캠피놋Robert Campenot에게도 감사드립니다. 편집과정에서 잘려나간 이 책의 부분들을 읽어준 에드워드 파머Edward Palmer에게도 감사의 마음을 전합니다. 잘려나간 부분들은 언젠가 다시 쓸 책에 집어넣을 것을 약속드리겠습니다. 플라비오 프롤리치Flavio Frohlich의 대화를 통해서는 한 챕터 전체를 완성할 수 있었습니다. 책의 최종 버전에서 잘려야 했던 가장 멋진 인용문을 제공해준 프랭클린 해롤드Franklin Harold에게도 감사드립니다(다음에 진동 탐침에 대한 설명을 들을 때는 절대 웃지 않겠습니다. 사실 별로 미안하지는 않습니다). 이온에 대해 진지하게 생각하게 해준 앤드류 잭슨Andrew Jackson에게도 감사드립니다. 잊을 수 없는 대화를 나와 나눠준 낸시 코펠Nancy Kopell에게도 감사드립니다. 지난 4년 동안 나의 지칠 줄 모르는 질문에 대답하고, 계속해서 내게 논문을 보내고, 이 책의 초안을 읽고 또 읽어준 마이클 레빈Michael Levin에게 깊은 감사의 마음을 전합니다. 머리가 아플 정도로 어려운 고사(다이백)의 메커니즘을 이해하게 해주고 많은 시간 동안 전화로 내게 도움을 준 지안밍 리Jianming에게도 감사드립니다. 한 사람이 평생 읽을 수 있는 분량보다 더 많은 양의 논문을 보내주고, 늘 빠르게 이메일에 답변해준 킵 러드윅Kip Ludwig에게도 감사드립니다. 마르코 피콜리노Marco Picolino는 어디서부터 시작해야 할지 파악할 수 있도록 도움을 주었고, 내가 이 책을 제대로 끝낼 수 있도록 도와주었습니다. 감사합니다. 특히, 멋진 책을 보내주셔서 감사합니다. 앤 라즈니첵Ann Rajnicek은 내게 라이오널 재프Lionel Jaffe의 연구실의 역사에 대해 자세히 말해줬습니다. 특히 리처드 보겐스Richard Borgens에 대해 알려주셔서 감사합니다. 켄 로빈슨Ken Robinson은 척추 자극기가 어떻게 작동하는지(그리고 작동하지 않는지) 설명하기 위해 나와 오랜 시간 전화 통화를 했습니다. 생체전기 CANBUS 시스템에 대해 설명해준 나이젤 월브릿지Nigel Wallbridge에게도 감사드립니다. 이온채널과 전기주성에 대해 각각 설명해준 해럴드 제이컨Harold Zakon, 민 자오Min Zhao에게도 감사드립니다.

전화통화로 이 모든 내용에 대한 설명을 듣는 것은 불가능했기 때문에 나는 신경과학과 전기연구의 복잡한 역사를 이해하기 위해 어려운 책들도 읽었고, 그 책들 중 몇 권에서 나는 이 책에서 다른 논문들의 역사적 배경을 이해할 수 있게 해주는 단서를 발견하기도 했습니다. 그중에서도 세 권의 책이 설명이 명확했습니다. 매튜 콥 Matthew Cobb의 《뇌에 대한 생각The Idea of the Brain》, 로버트 캠피놋의 《동물전기Animal Electricity》, 프랜시스 애시크로프트의 《생명의 스파크Spark of Life》가 그 책들입니다. 이 책을 읽고 뇌과학과 신경과학의 역사에 대한 호기심이 생긴다면 모든 것을 내려놓고 이 책들을 먼저 읽어보기를 권합니다.

이 책의 초고를 읽어주신 분들께는 영원히 빚을 지고 있습니다. 생체전기 연구의 역사에 관한 부분에 귀중한 도움을 준 리처드 파넥Richard Panek에게 감사드립니다. 꼼꼼하게 팩트체크를 해준 로우리 대니얼스Lowri Daniels와 미셸 코곤Michele Kogon에게도 무한한 감사의 마음을 전합니다. 내 이야기를 인내심있게 들어준 데이비드 롭슨David Robson, 클레어 윌슨Clare Wilson, 리처드 피셔Richard Fisher에게도 감사드립니다. 내가 흔들릴 때마다 도움을 준 대릴 램보Darryl Rambo, 로리 로프버스Lori Lofvers, 조이스 웡Joyce Wong에게도 감사의 마음을 전합니다. 내 이야기를 지루하게 생각하지 않고 들어준 수

밋 폴-초두리Sumit Paul-Choudhury, 헬 호드슨Hal Hodson, 윌 헤븐Will Heaven에게도 감사드립니다. 내 원고에 숨겨진 뜻을 잘 이해해준 사리타 바트Sarita Bhatt에게도 감사의 마음을 전합니다. 코로나 기간 동안 미국 웹사이트나 도서관에서 구할 수 없었던 논문들을 구해준 크리스티나 칼로타Cristina Calotta에게 무한한 감사를 드립니다. 소런Soren, 캐시Cassie, 에린Erin, 마이크Mike는 내게 별처럼 반짝이는 사람들입니다. 특히 앤은 나의 북극성입니다.

세상의 모든 것에 대해 호기심을 갖게 해준 아빠에게도 감사드립니다. 착한 일에는 벌이 따르지 않으니 아빠는 이제 이 책을 다 읽어야 해요. 엄마는 내가 좌절할 때마다 냉정을 찾는 데 도움을 주셨습니다. 신경암호에 대한 이야기를 쓰느라 커피를 마시면서 한밤중까지 깨어있으면서 온갖 짜증을 낼 때 함께 있어준 닉Nick, 데이지Daisy, 찰리Charlie에게 감사의 마음을 전합니다. 이 모든 사람들의 격려와 친절, 인내와 사랑에 감사드립니다.

미주
—

서문

1. Condliffe, Jamie. 'Glaxo and Verily Join Forces to Treat Disease By Hacking Your Nervous System', *MIT Technology Review*, 1 August 2016. <https://www.technologyreview. com/2016/08/01/158574/glaxo-and-verily-join-forces-to-treat-disease-by-hacking-your-nervous-system/https://www.technologyreview.com/2016/08/01/158574/glaxo-and-verily-join-forces-to-treat-disease-by-hacking-your-nervous-system/>

2. Hutchinson, Alex. 'For the Golden State Warriors, Brain Zapping Could Provide an Edge', *The New Yorker*, 15 June 2016. <https://www.newyorker.com/tech/annals-of-technology/ for-the-golden-state-warriors-brain-zapping-could-provide-an-edge>

3. Reardon, Sarah. '"Brain doping" may improve athletes' performance'. *Nature* 531 (2016), pp. 283–4

4. Blackiston, Douglas J., and Micheal Levin. 'Ectopic eyes outside the head in Xenopus tadpoles provide sensory data for light-mediated learning'. *Journal of Experimental Biology* 216 (2013), pp. 1031–40; Durant, Fallon, Junji Morokuma, Christopher Fields, Katherine Williams, Dany Spencer Adams, and Michael Levin. 'Long-Term, Stochastic Editing of Regenerative Anatomy via Targeting Endogenous Bioelectric Gradients'. *Biophysical Journal*, vol. 112, no. 10 (2017), pp. 2231–43

1부 몸 속 전기의 발견

1장. 인공 대 동물: 갈바니, 볼타 그리고 전기를 둘러싼 싸움

1. Pancaldi, Giuliano. *Volta: Science and Culture in the Age of Enlightenment*. Princeton, NJ: Princeton University Press, 2005, p. 111

2. Galvani, Luigi. *Commentary on the Effects of Electricity on Muscular Motion*. Trans. Margaret Glover Foley. Norwalk, CN: Burndy Library, 1953, p. 79

3. Pancaldi, *Volta*, p. 54; and Morus, Iwan Rhys. *Frankenstein's Children: Electricity, Exhibition, and Experiment in Early-Nineteenth-Century London*. Princeton, NJ: Princeton University Press, 1998, p. 232

4. Needham, Dorothy. *Machina Carnis: The Biochemistry of Muscular Contraction in its Historical Development*. Cambridge: Cambridge University Press, 1971, pp. 1–26

5. Needham, *Machina Carnis*, p. 7

6. Kinneir, David. 'A New Essay on the Nerves, and the Doctrine of the Animal Spirits Rationally Considered'. London, 1738, pp. 21 and 66–7 <https://archive.org/details/b30525068/page/n5/mode/2up>

7. O'Reilly, Michael Francis, and James J. Walsh. *Makers of Electricity*. New York: Fordham University Press, 1909, p. 81

8. Cohen, I. Bernard. *Benjamin Franklin's Science*. Cambridge, MA: Harvard University Press, 1990, p. 42

9. Finger, Stanley, and Marco Piccolino. *The Shocking History of Electric Fishes*. Oxford: Oxford University Press, 2011, pp. 282–5

10. Bresadola, Marco, and Marco Piccolino. *Shocking Frogs: Galvani, Volta, and the Electric Origins of Neuroscience*. Oxford: Oxford University Press, 2013, p. 27

11. Bergin, William. 'Aloisio (Luigi) Galvani (1737–1798) and Some Other Catholic Electricians'. In: Sir Bertram Windle (ed.), *Twelve Catholic Men of Science*. London: Catholic Truth Society, 1912, pp. 69–87

12. Bresadola & Piccolino, *Shocking Frogs*, p. 27

13. O'Reilly & Walsh, *Makers of Electricity*, p. 152; and Bergin, 'Aloisio (Luigi) Galvani', p. 75

14. Cavazza, Marta. 'Laura Bassi and Giuseppe Veratti: an electric couple during the Enlightenment'. *Institut d'Estudis Catalans*, Vol. 5, no. 1 (2009), pp. 115–24 (pp. 119–21)

15. Messbarger, R. M. *The Lady Anatomist: The Life and Work of Anna Morandi Manzolini*. Chicago: University of Chicago Press, 2010, p. 157

16. Frize, Monique. *Laura Bassi and Science in 18th-Century Europe*. Berlin/Heidelberg: Springer, 2013; see also Messbarger, *The Lady Anatomist*, pp. 171–3

17. Foccaccia, Miriam, and Raffaella Simili. 'Luigi Galvani, Physician, Surgeon, Physicist: From Animal Electricity to Electro-Physiology'. In: Harry Whitaker, C. U. M. Smith and

Stanley Finger (eds), *Brain, Mind and Medicine: Essays in Eighteenth-Century Neuroscience*
Boston: Springer, 2007, pp. 145–58 (p. 154)

18. Bresadola & Piccolino, *Shocking Frogs*, p. 76
19. Bresadola & Piccolino, *Shocking Frogs*, p. 89
20. Bresadola & Piccolino, *Shocking Frogs*, p. 122
21. O'Reilly & Walsh, *Makers of Electricity*, p. 133 3
22. See Bernardi, W. 'The controversy on animal electricity in eighteenth-century Italy. Galvani, Volta and others'. In: F. Bevilacqua and L. Fregonese (eds), *Nuova Voltiana: Studies on Volta and His Times Vol. 1.* Milan: Hoepli, 2000, pp. 101–12 (p. 102). A translation is available at <http://www.edumed.org.br/cursos/neurociencia/controversy-bernardi.pdf; and Bresadola & Piccolino, *Shocking Frogs*, p. 143, among others
23. Pancaldi, *Volta*, pp. 14–15
24. Pancaldi, *Volta*, p. 20
25. Pancaldi, *Volta*, p. 31
26. Pancaldi, *Volta*, p. 91
27. Pancaldi, *Volta*, p. 111
28. Pancaldi, *Volta*, p. 111
29. Bresadola & Piccolino, *Shocking Frogs*, p. 152
30. Bresadola & Piccolino, *Shocking Frogs*, pp. 143–4
31. Bernardi, 'The controversy', pp. 104–5
32. Material about the French commissions from Blondel, Christine. 'Animal Electricity in Paris: From Initial Support, to Its Discredit and Eventual Rehabilitation'. In: Marco Bresadola and Giuliano Pancaldi (eds), *Luigi Galvani International Workshop*, 1998, pp. 187–204
33. Blondel, 'Animal Electricity', p. 189
34. Volta, Alessandro. 'Memoria seconda sull'elettricita animale' (14 May 1792). Quoted in: Pera, Marcello. *The Ambiguous Frog.* Trans. Jonathan Mandelbaum. Princeton, NJ: Princeton University Press, 1992, p. 106
35. Unless otherwise referenced, the quotes from the rash of scientific papers in this section have been taken from Bresadola & Piccolino, *Shocking Frogs* and Pera, *The Ambiguous Frog*
36. Ashcroft, Frances. *The Spark of Life.* London: Penguin, 2013, p. 24
37. Blondel, 'Animal Electricity', p. 190
38. Bernardi, 'The controversy', p. 107 (fn. 26)
39. Robert Campenot provides a clear and straightforward description of this experiment. Campenot, Robert. *Animal Electricity.* Cambridge, MA: Harvard University Press, 2016, p. 40
40. Bernardi, 'The controversy', p. 103
41. Bernardi, 'The controversy', p. 107

2장. 화려한 사이비과학: 생체전기의 몰락과 부상

1. Aldini, Giovanni. *Essai théorique et expérimental sur le galvanisme, avecune série d'expériences. Faites en présence des commissaires de l'Institut National de France, et en divers amphithéâtres Anatomiques de Londres.* Paris: Fournier Fils, 1804. Available via the Smithsonian Librariesarchive at <https://library.si.edu/digital-library/book/essaitheyorique00aldi>

2. Some sources suggest Queen Charlotte and her son, the Prince of Wales, attended but it may have been the younger prince, Augustus Frederick, who Aldini later dedicated a book to. It seems clear that there was at least one royal present.

3. Tarlow, Sarah, and Emma Battell Lowman. *Harnessing the Power of the Criminal Corpse.* London: Palgrave Macmillan, 2018, pp. 87–114

4. McDonald, Helen. 'Galvanising George Foster, 1803', The University of Melbourne Archives and Special Collections. <https://library.unimelb.edu.au/asc/whats-on/exhibitions/dark-imaginings/gothicresearch/galvanising-georgefoster,-1803>

5. Morus, Iwan Rhys. *Frankenstein's Children: Electricity, Exhibition, and Experiment in Early-Nineteenth-Century London.* Princeton, NJ: Princeton University Press,1998, p. 128

6. Sleigh, Charlotte. 'Life, Death and Galvanism'. *Studies in History and Philosophy of Science Part C: Studies in History and Philosophy of Biological and Biomedical Sciences*, vol. 29, no. 2 (1998), pp. 219–48 (p. 223)

7. There are many accounts of this experiment – mine is drawn mainly from Morus, Iwan Rhys. *Shocking Bodies: Life, Death & Electricity in Victorian England.* Stroud: The History Press, 2011, pp. 34–7. Other sources are Aldini's personal account and the *Newgate Calendar*, 22 January 1803, p. 3

8. Sleigh, 'Life, Death and Galvanism', p. 224

9. Parent, André. 'Giovanni Aldini: From Animal Electricity to Human Brain Stimulation', *Canadian Journal of Neurological Sciences / Journal Canadien des Sciences Neurologiques*, vol. 31, no. 4 (2004), pp. 576–84 (p. 578)

10. Blondel, Christine. 'Animal Electricity in Paris: From Initial Support, to Its Discredit and Eventual Rehabilitation'. In: Marco Bresadola and Giuliano Pancaldi (eds), *Luigi Galvani International Workshop*, 1998, pp. 187–204 (pp. 194–5)

11. Aldini, 'Essai Théorique', p. vi

12. Aldini's most detailed account of such a treatment concerns Luigi Lanzarini.

13. Carpue, Joseph. 'An Introduction to Electricity and Galvanism; with Cases, Shewing Their Effects in the Cure of Diseases'. London: A. Phillips, 1803, p. 86 <https://wellcomecollection.org/works/bzaj37cs/items?canvas=100>

14. Blondel, 'Animal Electricity', p. 197

15. Aldini, John [sic]. 'General Views on the Application of Galvanism to Medical Purposes, Principally in Cases of Suspended Animation'. London: Royal Society, 1819, p. 37.

When publishing abroad, Aldini had the habit of changing his first name. In the UK he anglicised to John, and in France he became Jean.

16. Parent, 'Giovanni Aldini', p. 581

17. Vassalli-Eandi said in August 1802 that Aldini 'has been obliged to acknowledge that he had not been able to get any contractions from the heart using the electro motor of Volta'.

18. Aldini, 'Essai Théorique', p. 195

19. Giulio, C. 'Report presented to the Class of the Exact Sciences of the Academy of Turin, 15th August 1802, in Regard to the Galvanic Experiments Made by C. Vassali-Eandi, Giulio and Rossi on the 10th and 14th of the same Month, on the Head and Trunk of three Men a short Time after their Decapitation'. *The Philosophical Magazine*, vol. 15, no. 57 (1803), pp. 39–41

20. Morus, Iwan. 'The Victorians Bequeathed Us Their Idea of an Electric Future'. *Aeon*, 8 August 2016

21. Aldini, 'Essai Théorique', p. 143–4

22. This section draws heavily from: Bertucci, Paola. 'Therapeutic Attractions: Early Applications of Electricity to the Art of Healing'. In: Harry Whitaker, C. U. M. Smith, and Stanley Finger (eds), *Brain, Mind, and Medicine: Essays in Eighteenth-Century Neuroscience*. Boston: Springer, 2007, pp. 271–83; Pera, Marcello, *The Ambiguous Frog*. Trans. Jonathan Mandelbaum. Princeton, NJ: Princeton University Press, 1992; and several unbeatable details from Iwan Rhys Morus's *Frankenstein's Children*

23. Pera, *The Ambiguous Frog*, pp. 18–25

24. Pera, *The Ambiguous Frog*, pp. 22

25. Ashcroft, Frances. *The Spark of Life*. London: Penguin, 2013, pp. 290–1

26. Bertucci, 'Therapeutic Attractions', p. 281

27. Calculated on 23 May 2022 using the CPI Inflation Calculator. <https://www.officialdata.org/uk/inflation>

28. Bertucci, 'Therapeutic Attractions', p. 281

29. Shepherd, Francis John. 'Medical Quacks and Quackeries', *Popular Science Monthly*, vol. 23 (June 1883), p. 152

30. Morus, *Shocking Bodies*, p. 35

31. Ochs, Sidney. *A History of Nerve Functions: From Animal Spirits to Molecular Mechanisms*. Cambridge: Cambridge University Press, 2004, p. 117

32. Miller, William Snow. 'Elisha Perkins and His Metallic Tractors'. *Yale Journal of Biology and Medicine*, vol. 8, no. 1 (1935), pp. 41–57 (p. 44)

33. Lord Byron. 'English Bards and Scotch Reviewers'. Quoted in: Miller, 'Elisha Perkins', p. 52

34. Finger, Stanley, Marco Piccolino, and Frank W. Stahnisch. 'Alexander von Humboldt: Galvanism, Animal Electricity, and Self-Experimentation Part 2: The Electric Eel, Animal

Electricity, and Later Years'. *Journal of the History of the Neurosciences*, vol. 22, no. 4 (2013), pp. 327–52 (p. 343)

35. Finger, Stanley, and Marco Piccolino. *The Shocking History of Electric Fishes*. Oxford: Oxford University Press, 2011, p. 11

36. Finger et al., 'Alexander von Humboldt', p. 343

37. Otis, Laura. *Müller's Lab*. Oxford: Oxford University Press, 2007 p. 11; see also Finger et al., 'Alexander von Humboldt', p. 345

38. A picture can be seen at 'Nobili's large astatic galvanometer', Museo Galileo Virtual Museum <https://catalogue.museogalileo. it/object/NobilisLargeAstaticGalvanometer. html>

39. Verkhratsky, Alexei, and Parpura, Vladimir. 'History of Electrophysiology and the Patch Clamp'. In: Marzia Martina and Stefano Taverna (eds), *Methods in Molecular Biology*. New York: Humana Press, 2014, pp. 1–19 (p. 7). However, much of the detail about Nobili and Matteucci's experiments comes from Otis's *Müller's Lab*.

40. Cobb, Matthew. *The Idea of the Brain: A History*. London: Profile Books, 2020, p. 71

41. Finger et al., 'Alexander von Humboldt', p. 347 and Otis, p. 90

42. Emil du Bois-Reymond in an 1849 letter to fellow experimental physiologist Carl Ludwig, reproduced on p. 347 of: Finger et al., 'Alexander von Humboldt'.

43. Finger & Piccolino, *The Shocking History of Electric Fishes*, p. 369

44. Bresadola, Marco, and Marco Piccolino. *Shocking Frogs: Galvani, Volta, and the Electric Origins of Neuroscience*. Oxford: Oxford University Press, 2013, p. 21

45. Finkelstein, Gabriel. 'Emil du Bois-Reymond vs Ludimar Hermann'. *Comptes rendus biologies*, vol. 329, 5-6 (2006), pp. 340-7 doi:10.1016/j.crvi.2006.03.005

2부 생체전기와 일렉트롬

1. Bresadola, Marco, and Marco Piccolino. *Shocking Frogs: Galvani, Volta, and the Electric Origins of Neuroscience*. Oxford: Oxford University Press, 2013, p. 13

3장. 일렉트롬과 생체전기 암호: 우리 몸이 전기 언어를 구사하는 방식

1. The first mention of the word 'electrome' can be found in an obscure 2016 paper written by the Belgian biologist Arnold de Loof ('The cell's self-generated "electrome": The biophysical essence of the immaterial dimension of Life?', *Communicative & Integrative*

Biology, vol. 9,5, e1197446). This definition did not break into wider circulation. Even before its publication, however, other bioelectricity researchers, including Michael Levin and Min Zhao, had begun to use the word. Zhao, in particular, has reviewed a few manuscripts using that term 'without [consistent] definition, and clarification. It is an evolving understanding'. The purpose of this book is to pin the word down like a butterfly behind glass.

2. Valenstein, Elliot. *The War of the Soups and the Sparks: The Discovery of Neurotransmitters and the Dispute over how Nerves Communicate.* New York: Columbia University Press, 2005, pp. 121–34

3. James, Frank. 'Davy, Faraday, and Italian Science'. Report presented at the IX National Conference of 'History and Foundations of Chemistry' (Modena, 25–27 October 2001), pp. 149–58 <https://media.accademiaxl.it/memorie/S5-VXXV-P1-2-2001/James149-158. pdf> Accessed 22 February 2021

4. Faraday, Michael. *Experimental Researches in Electricity – Volume 1* [1832]. London: Richard and John Edward Taylor, 1849. Available at <https://www.gutenberg.org/ files/14986/14986-h/14986-h.htm>

5. R inger, Sydney, and E. A. Morshead. 'The Influence on the Afferent Nerves of the Frog's Leg from the Local Application of the Chlorides, Bromides, and Iodides of Potassium, Ammonium, and Sodium'. *Journal of Anatomy and Physiology* 12 (October 1877), pp. 58–72

6. Campenot, Robert, *Animal Electricity.* Cambridge, MA: Harvard University Press, 2016, p. 114

7. McCormick, David A. 'Membrane Potential and Action Potential'. In: Larry Squire et al. (eds), *Fundamental Neuroscience.* Oxford: Academic Press, 2013, pp. 93–116 (p. 93)

8. Hodgkin, Alan, and Andrew F. Huxley. 'A quantitative description of membrane current and its application to conduction and excitation in nerve'. *The Journal of Physiology*, vol. 117, no. 4 (1952), pp. 500–44

9. Bresadola, Marco, and Marco Piccolino. *Shocking Frogs: Galvani, Volta, and the Electric Origins of Neuroscience.* Oxford: Oxford University Press, 2013, p. 294

10. Ramachandran, Vilayanur S. 'The Astonishing Francis Crick'. Francis Crick memorial lecture delivered at the Centre for the Philosophical Foundations of Science in New Delhi, India, 17 October 2004. <http://cbc.ucsd.edu/The_Astonishing_Francis_Crick. htm>

11. Schuetze, Stephen. 'The Discovery of the Action Potential'. *Trends in Neurosciences* 6 (1983), pp. 164–8. See also Lombard, Jonathan, 'Once upon a time the cell membranes: 175 years of cell boundary research'. *Biology Direct*, vol. 9, no. 32, pp. 1–35; and Finger, Stanley, and Marco Piccolino. *The Shocking History of Electric Fishes.* Oxford: Oxford University Press, 2011, p. 402

12. Campenot, *Animal Electricity*, pp. 210–11

13. Agnew, William, et al. 'Purification of the Tetrodotoxin-Binding Component Associated with the Voltage-Sensitive Sodium Channel from Electrophorus Electricus Electroplax Membranes'. *Proceedings of the National Academy of Sciences*, vol. 75, no. 6 (1978), pp. 2606–10.

14. Noda, Masaharu, et al. 'Expression of Functional Sodium Channels from Cloned CDNA'. *Nature*, vol. 322, no. 6082 (1986), pp. 826–8.

15. Brenowitz, Stephan, et al. 'Ion Channels: History, Diversity, and Impact'. *Cold Spring Harbor Protocols* 7 (2017), loc. pdb.top092288 <http://cshprotocols.cshlp.org/content/2017/7/pdb.top092288.long#sec-3>

16. McCormick, 'Membrane Potential and Action Potential', p. 103

17. Ashcroft, Frances. *The Spark of Life*. London: Penguin, 2013, p. 69

18. McCormick, David A. 'Membrane Potential and Action Potential'. In: John H. Byrne, and James L. Roberts (eds), *From Molecules to Networks: An Introduction to Cellular and Molecular Neuroscience*. Amsterdam/Boston: Academic Press, 2nd edition, 2009, pp. 133–58 (p. 151)

19. Ashcroft, *The Spark of Life*, p. 49 and pp. 87–9

20. Barhanin, Jacques, et al. 'New scorpion toxins with a very high affinity for Na+ channels. Biochemical characterization and use for the purification of Na+ channels'. *Journal de Physiologie*, vol. 79, no. 4 (1984), pp. 304–8

21. Kullmann, Dimitri M. 'The Neuronal Channelopathies'. *Brain*, vol. 125, no. 6 (2002), pp. 1177–95

22. Fozzard, Harry. 'Cardiac Sodium and Calcium Channels: A History of Excitatory Currents'. *Cardiovascular Research*, vol. 55, no. 1 (2002), pp. 1–8

23. Sherman, Harry G., et al. 'Mechanistic insight into heterogeneity of trans-plasma membrane electron transport in cancer cell types'. *Biochimica et Biophysica Acta–Bioenergetics*, 1860/8 (2019), pp. 628–39

24. Lund, Elmer. *Bioelectric Fields and Growth*. Austin: University of Texas Press, 1947

25. Prindle A, Liu J, Asally M, Ly S, Garcia-Ojalvo J, Süel GM. 'Ion channels enable electrical communication in bacterial communities'. *Nature*. (2015) Nov 5;527(7576):59-63. doi: 10.1038/nature15709. Epub 2015 Oct 21. PMID: 26503040; PMCID: PMC4890463

26. Brand, Alexandra et al. 'Hyphal Orientation of Candida albicans Is Regulated by a Calcium-Dependent Mechanism'. *Current Biology*, 17, (2007), pp. 347–352

27. Davies, Paul. *The Demon in the Machine*. London: Allen Lane, 2019, p. 110

28. Anderson, Paul A., and Robert M. Greenberg. 'Phylogeny of ion channels: clues to structure and function'. *Comparative Biochemistry and Physiology Part B: Biochemistry and Molecular Biology*, vol. 129, no. 1 (2001), pp. 17–28. doi: 10.1016/s1096-4959(01)00376-1

29. Liebeskind, B. J., D. M. Hillis, and H. H. Zakon. 'Convergence of ion channel genome content in early animal evolution'. *Proceedings of the National Academies of Science* 112 (2015), E846–E851

3부 뇌와 몸의 생체전기

4장. 심장에서 발견한 유용한 전기신호 패턴

1. Besterman, Edwin, and Creese, Richard. 'Waller – pioneer of electrocardiography'. *British Heart Journal*, vol. 42, no. 1 (1979), pp. 61–4 (p. 63)

2. Acierno, Louis. 'Augustus Desire Waller'. *Clinical Cardiology*, vol. 23, no. 4 (2000), pp. 307–9 (p. 308)

3. Harrington, Kat. 'Heavy browed savants unbend'. Royal Society blogs, 14 July 2016. Retrieved from the Internet Archive 21 September 2021 <https://web.archive.org/web/20191024235429/http://blogs.royalsociety.org/history-of-science/2016/07/04/heavy-browed/>

4. Waller, Augustus D. 'A Demonstration on Man of Electromotive Changes accompanying the Heart's Beat'. *The Journal of Physiology*, vol. 8 (1887), pp. 229–34

5. Campenot, Robert. *Animal Electricity*. Cambridge, MA: Harvard University Press, 2016, p. 269

6. Burchell, Howard. 'A Centennial Note on Waller and the First Human Electrocardiogram'. *The American Journal of Cardiology*, vol. 59, no. 9 (1987), pp. 979–83 (p. 979)

7. AlGhatrif, Majd, and Joseph Lindsay. 'A Brief Review: History to Understand Fundamentals of Electrocardiography'. *Journal of Community Hospital Internal Medicine Perspectives*, vol. 2 no. 1 (2012), loc. 14383

8. Ashcroft, Frances. *The Spark of Life*. London: Penguin, 2013, p. 146

9. Campenot, *Animal Electricity*, pp. 272–4

10. Aquilina, Oscar. 'A brief history of cardiac pacing'. *Images in Paediatric Cardiology*, vol. 8, no. 2 (April 2006), pp. 17–81 (Fig. 16)

11. Rowbottom, Margaret, and Charles Susskind. *Electricity and Medicine: History of Their Interaction*. London: Macmillan, 1984, p. 248

12. Rowbottom & Susskind, *Electricity and Medicine*, p. 249

13. Rowbottom & Susskind, *Electricity and Medicine*, p. 249

14. Emery, Gene. 'Nuclear pacemaker still energized after 34 years', Reuters, 19 December 2007 <https://www.reuters.com/article/us-heart-pacemaker-idUSN1960427320071219>

15. Norman, J. C. et al. 'Implantable nuclear-powered cardiac pacemakers'. *New England Journal of Medicine*, vol. 283, no. 22 (1970), pp. 1203–6. doi: 10.1056/

NEJM197011262832206

16. Roy, O. Z., and R. W. Wehnert. 'Keeping the heart alive with a biological battery'. *Electronics*, vol. 39, no. 6 (1966), pp. 105–7. Also see: <https://link.springer.com/article/10.1007/BF02629834>

17. Greatbatch, Wilson. *The Making of the Pacemaker: Celebrating a Lifesaving Invention*. Amherst: Prometheus Books, 2000, p. 23

18. Tashiro, Hiroyuki, et al. 'Direct Neural Interface'. In: Marko B. Popovic (ed.), *Biomechatronics*. Oxford: Academic Press, 2019, pp. 139–74

19. Greatbatch, The Making of the Pacemaker, p. 23

5장. 기억과 감각을 인공적으로 만들어낼 수 있을까?

1. Hamzelou, Jessica. '$100 million project to make intelligence-boosting brain implant', *New Scientist*, 20 October 2016 <https://www.newscientist.com/article/2109868-100-million-project-to-make-intelligence-boosting-brain-implant/>

2. McKelvey, Cynthia. 'The Neuroscientist Who's Building a Better Memory for Humans', *Wired*, 1 December 2016 <https://www.wired.com/2016/12/neuroscientist-whos-building-better-memory-humans/>

3. Johnson, Bryan. 'The Urgency of Cognitive Improvement', *Medium*, 14 June 2017 <https://medium.com/future-literacy/the-urgency-of-cognitive-improvement-72f5043ca1fc>

4. Campenot, Robert, *Animal Electricity*. Cambridge, MA: Harvard University Press, 2016, pp. 110–11

5. Finger, Stanley. *Minds Behind the Brain*. Oxford: Oxford University Press, 2005, pp 243–7. See also Ashcroft, Frances. *The Spark of Life*. London: Penguin, 2013, ch. 3

6. Garson, Justin. 'The Birth of Information in the Brain: Edgar Adrian and the Vacuum Tube'. *Science in Context*, vol. 28, no. 1 (2015), pp. 31–52 (pp. 40–2)

7. Finger, *Minds*, p. 249

8. Finger, *Minds*, p. 250

9. Finger, *Minds*, p. 250

10. Garson, 'The Birth', p. 46

11. Finger, *Minds*, p. 250

12. Adrian, E. D. *The Physical Background of Perception*. Quoted in Cobb, Matthew. *The Idea of the Brain: A History*. London: Profile Books, 2020, p. 186

13. Borck, Cornelius. 'Recording the Brain at Work: The Visible, the Readable, and the Invisible in Electroencephalography'. *Journal of the History of the Neurosciences* 17 (2008), pp. 367–79 (p. 371)

14. Millett, David. 'Hans Berger: From Psychic Energy to the EEG'. *Perspectives in Biology*

and Medicine, vol. 44, no. 4 (2001), pp. 522–42 (p. 523)

15. Ginzberg, quoted in Millet, 'Hans Berger', p. 524

16. Millet, 'Hans Berger', p. 537

17. Cobb, *The Idea of the Brain*, p. 170

18. Millet, 'Hans Berger', p. 539

19. Borck, 'Recording', p. 369

20. Borck, 'Recording', p. 368

21. Borck, Cornelius, and Ann M. Hentschel. *Brainwaves: A Cultural History of Electroencephalography*. London: Routledge, 2018, p. 110

22. Borck & Hentschel, *Brainwaves*, p. 109

23. Borck & Hentschel, *Brainwaves*, p. 115

24. Collura, Thomas. 'History and Evolution of Electroencephalographic Instruments and Techniques'. *Journal of Clinical Neurophysiology*, vol. 10, no. 4 (1993), pp. 476–504 (p. 498)

25. Marsh, Allison. 'Meet the Roomba's Ancestor: The Cybernetic Tortoise', IEEE Spectrum, 28 February 2020 <https://spectrum. ieee.org/meet-roombas-ancestor-cybernetic-tortoise>

26. Cobb, *The Idea of the Brain*, p. 190

27. Hodgkin, Alan. 'Edgar Douglas Adrian, Baron Adrian of Cambridge. 30 November 1889–4 August 1977'. *Biographical Memoirs of Fellows of the Royal Society* 25 (1979), pp. 1–73 (p. 19)

28. Tatu, Laurent. 'Edgar Adrian (1889–1977) and Shell Shock Electrotherapy: A Forgotten History?'. *European Neurology*, vol. 79, nos 1–2 (2018), pp. 106–7

29. Underwood, Emil. 'A Sense of Self'. *Science*, vol. 372, no. 6547 (2021), pp. 1142–5 (pp. 1142–3)

30. Olds, James. 'Pleasure Centers in the Brain'. *Scientific American*, vol. 195 (1956), pp. 105–17; Olds, James. 'Self-Stimulation of the Brain'. *Science* 127 (1958), pp. 315–24

31. Moan, Charles, and Robert G. Heath. 'Septal Stimulation for the Initiation of Heterosexual Behavior in a Homosexual Male'. In: Wolpe, Joseph, and Leo J. Reyna (eds), *Behavior Therapy in Psychiatric Practice*. New York: Pergamon Press, 1976, pp. 109–16

32. Giordano, James (ed.). *Neurotechnology*. Boca Raton: CRC Press, 2012, p. 151

33. Frank, Lone. 'Maverick or monster? The controversial pioneer of brain zapping', *New Scientist*, 27 March 2018 <https://www.newscientist.com/article/mg23731710-700-maverick-or-monster-the-controversial-pioneer-of-brain-zapping/>

34. Blackwell, Barry. 'José Manuel Rodriguez Delgado'. *Neuropsychopharmacology*, vol. 37, no. 13 (2012), pp. 2883–4.

35. The photo has been widely reproduced, but can be found in Marzullo, Timothy. 'The Missing Manuscript of Dr. José Delgado's Radio Controlled Bulls'. *JUNE*, vol. 15, no. 2

(Spring 2017), pp. 29–35

36. Osmundsen, John. 'Matador with a radio stops wired bull: modified behavior in animals subject of brain study', *New York Times*, 17 May 1965

37. Horgan, John. 'Tribute to José Delgado, Legendary and Slightly Scary Pioneer of Mind Control'. *Scientific American*, 25 September 2017

38. Gardner, John. 'A History of Deep Brain Stimulation: Technological Innovation and the Role of Clinical Assessment Tools'. *Social Studies of Science*, vol. 43, no. 5 (2013), pp. 707–28 (p. 710)

39. Schwalb, Jason M., and Clement Hamani. 'The History and Future of Deep Brain Stimulation'. *Neurotherapeutics*, vol. 5, no. 1 (2008), pp. 3–13

40. Gardner, 'A History', p. 719

41. Lozano, A. M., N. Lipsman, H. Bergman, et al. 'Deep brain stimulation: current challenges and future directions'. *Nature Reviews Neurology* 15 (2019), pp. 148–60 <https://www.nature.com/articles/s41582-018-0128-2>

42. Nuttin, Bart et al. 'Electrical Stimulation in Anterior Limbs of Internal Capsules in Patients with Obsessive-Compulsive Disorder'. *The Lancet*, vol. 354, no. 9189 (1999), p. 1526

43. R idgway, Andy. 'Deep brain stimulation: A wonder treatment pushed too far?', *New Scientist*, 21 October 2015 <https://www.newscientist.com/article/mg22830440-500-deep-brainstimulation-a-wonder-treatment-pushed-too-far/>

44. Sturm, V., et al. 'DBS in the basolateral amygdala improves symptoms of autism and related self-injurious behavior: a case report and hypothesis on the pathogenesis of the disorder'. *Frontiers in Neuroscience*, vol. 6, no. 341 (2013), doi: 10.3389/fnhum.2012.00341

45. Formolo, D. A., et al. 'Deep Brain Stimulation for Obesity: A Review and Future Directions'. *Frontiers in Neuroscience*, vol. 13, no. 323 (2019), doi: 10.3389/fnins.2019.00323; Wu, H., et al. 'Deepbrain stimulation for anorexia nervosa'. *World Neurosurgery* 80 (2013), doi: 10.1016/j.wneu.2012.06.039

46. Baguley, David, et al. 'Tinnitus'. *The Lancet*, vol. 382, no. 9904 (2013), pp. 1600–7; Luigjes, J., van den Brink, W., Feenstra, M., et al. 'Deep brain stimulation in addiction: a review of potential brain targets'. *Molecular Psychiatry* 17 (2012), pp. 572–83 <https://doi. org/10.1038/mp.2011.114>; Fuss, J., et al. 'Deep brain stimulation to reduce sexual drive'. *Journal of Psychiatry and Neuroscience*, vol. 40, no. 6 (2015) pp. 429–31

47. Satellite meeting of Society for Neuroscience, San Diego, 2018. Mayberg also spoke about it at the Brain & Behaviour Research Foundation: 'Deep Brain Stimulation for Treatment-Resistant Depression: A Progress Report', Brain & Behaviour Research Foundation YouTube channel, 16 October 2019 <https://www.youtube.com/watch?v=X86wBj1tjiA>

48. Mayberg, Helen, et al. 'Deep Brain Stimulation for Treatment-Resistant Depression'.

Neuron, vol. 45, no. 5 (2005), pp. 651–60

49. Dobbs, David. 'Why Deep-Brain Stimulation for Depression Didn't Pass Clinical Trials', *The Atlantic*, 17 April 2018 <https://www.theatlantic.com/science/archive/2018/04/zapping-peoples-brains-didnt-cure-their-depression-until-it-did/558032/>

50. 'BROADEN Trial of DBS for Treatment-Resistant Depression No Better than Sham', The Neurocritic blog, 10 October 2017 <https://neurocritic.blogspot.com/2017/10/broaden-trial-of-dbs-for-treatment.html>

51. 'The Remote Control Brain', Invisibilia, NPR, first broadcast 29 March 2019 <https://www.npr.org/2019/03/28/707639854/the-remote-control-brain>

52. Cyron, Donatus. 'Mental Side Effects of Deep Brain Stimulation (DBS) for Movement Disorders: The Futility of Denial'. *Frontiers in Integrative Neuroscience* 10 (2016), pp. 1–4 <https://www.frontiersin.org/articles/10.3389/fnint.2016.00017/full>

53. Mantione, Mariska, et al. 'A Case of Musical Preference for Johnny Cash Following Deep Brain Stimulation of the Nucleus Accumbens'. *Frontiers in Behavioral Neuroscience*, vol. 8, no. 152 (2014), doi: 10.3389/fnbeh.2014.00152

54. Florin, Esther, et al. 'Subthalamic Stimulation Modulates Self-Estimation of Patients with Parkinson's Disease and Induces Risk-Seeking Behaviour'. *Brain*, vol. 136, no. 11 (2013), pp. 3271–81.

55. Shen, Helen H., 'Can Deep Brain Stimulation Find Success beyond Parkinson's Disease?'. *Proceedings of the National Academy of Sciences*, vol. 116, no. 11 (2019), pp. 4764–6

56. Müller, Eli J., and Peter A. Robinson. 'Quantitative Theory of Deep Brain Stimulation of the Subthalamic Nucleus for the Suppression of Pathological Rhythms in Parkinson's Disease', ed. by Saad Jbabdi, *PLOS Computational Biology*, vol. 14, no. 5 (2018), e1006217. See also Kisely, Steve, et al. 'A Systematic Review and Meta-Analysis of Deep Brain Stimulation for Depression'. *Depression and Anxiety*, vol. 35, no. 5 (2018), pp. 468–80

57. Crick, Francis. *The Astonishing Hypothesis: The Scientific Search for the Soul*. New York: Scribner; London: Maxwell Macmillan International, 1994, p. 10, see also pp. 182-4

58. Crick, *The Astonishing Hypothesis*, p. 3. For more on consciousness, a wonderful resource is Chapter 15 of Matthew Cobb's *The Idea of the Brain*

59. Gerstner, Wulfram, et al. 'Neural Codes: Firing Rates and Beyond'. *Proceedings of the National Academy of Sciences*, vol. 94, no. 24 (1997), pp. 12740–1 <https://www.pnas.org/doi/epdf/10.1073/pnas.94. 24.12740>

60. See Buzsöki, Gyárgy. *Rhythms of the Brain*, New York: Oxford University Press, 2011

61. Kellis, Spencer, et al. 'Decoding Spoken Words Using Local Field Potentials Recorded from the Cortical Surface'. *Journal of Neural Engineering*, vol. 7, no. 5 (2010), 056007

62. Martin, Richard. 'Mind Control', *Wired*, 1 March 2005 <https://www.wired.com/2005/03/brain-3/>

63. Martin, 'Mind Control', 2005

64. Bouton, Chad. 'Reconnecting a paralyzed man's brain to his body through technology', TEDx Talks YouTube channel, 25 November 2014 <https://www.youtube.com/watch?v=BPI7XWPSbS4>

65. Bouton, C., Shaikhouni, A., Annetta, N., et al. 'Restoring cortical control of functional movement in a human with quadriplegia'. *Nature* 533 (2016), pp. 247–50 <https://doi.org/10.1038/nature17435>

66. Geddes, Linda. 'First paralysed person to be "reanimated" offers neuroscience insights', *Nature*, 13 April 2016 <https://doi.org/10.1038/nature.2016.19749>

67. Geddes, Linda. 'Pioneering brain implant restores paralysed man's sense of touch', *Nature*, 13 October 2016 <https://doi.org/10.1038/nature.2016>

68. Flesher, S. N., et al. 'Intracortical microstimulation of human somatosensory cortex'. *Science Translational Medicine.* vol. 8, no. 361 (2016), doi: 10.1126/scitranslmed.aaf8083

69. Berger, T. W., et al. 'A cortical neural prosthesis for restoring and enhancing memory'. *Journal of Neural Engineering*, vol. 8, no. 4 (2011), doi: 10.1088/1741-2560/8/4/046017

70. Frank, Loren. 'How to Make an Implant That Improves the Brain', *MIT Technology Review*, 9 May 2013 <https://www.technologyreview.com/2013/05/09/178498/how-to-make-a-cognitive-neuroprosthetic/>

71. Hampson, Robert E., et al. 'Facilitation and Restoration of Cognitive Function in Primate Prefrontal Cortex by a Neuroprosthesis That Utilizes Minicolumn-Specific Neural Firing'. *Journal of Neural Engineering*, vol. 9, no. 5 (2012), 056012

72. Strickland, Eliza. 'DARPA Project Starts Building Human Memory Prosthetics', IEEE Spectrum, 27 August 2014 <https://spectrum.ieee.org/darpa-project-starts-building-human-memory-prosthetics>

73. McKelvey, 'The Neuroscientist', 2016

74. Ganzer, Patrick, et al. 'Restoring the Sense of Touch Using a Sensorimotor Demultiplexing Neural Interface'. *Cell*, vol. 181, no. 4 (2020) pp. 763–73

75. 'Reconnecting the Brain After Paralysis Using Machine Learning', *Medium*, 21 September 2020 <https://medium.com/mathworks/reconnecting-the-brain-after-paralysis-using-machine-learning-1a134c622c5d>

76. Bryan, Carla, and Ivan Rios (eds). *Brain–machine Interfaces: Uses and Developments.* New York: Novinka, 2018

77. Chad Bouton is working on the solution to the 'take home' problem. Bouton, Chad. 'Brain Implants and Wearables Let Paralyzed People Move Again', IEEE Spectrum, 26 January 2021 <https://spectrum.ieee.org/brain-implants-and-wearables-let-paralyzed-people-move-again>

78. Engber, Daniel. 'The Neurologist Who Hacked His Brain – And Almost Lost His Mind'. *Wired*, 26 January 2016

79. Jun, James J., et al. 'Fully Integrated Silicon Probes for High-Density Recording of Neural Activity'. *Nature*, vol. 551, no. 7679 (2017), pp. 232–6

80. Strickland, Eliza. '4 Steps to Turn "Neural Dust" Into a Medical Reality', IEEE Spectrum, 21 October 2016 <https://spectrum.ieee.org/4-steps-to-turn-neural-dust-into-a-medical-reality>

81. Lee, Jihun, et al. 'Neural Recording and Stimulation Using Wireless Networks of Microimplants'. *Nature Electronics*, vol. 4, no. 8 (2021), pp. 604–14

82. 'Brain chips will become "more common than pacemakers", says investor, as startup raises $10m', The Stack, 19 May 2021 <https://thestack.technology/blackrock-neurotech-brain-machine-interfaces-peter-thiel/>

83. Ghose, Carrie. 'Ohio State researcher says Battelle brain-computer interface for paralysis could save $7B in annual home-care costs', *Columbus Business First*, 10 October 2019 <https://www.bizjournals.com/columbus/news/2019/10/10/ohio-state-researcher-saysbattelle-brain-computer.html>

84. Regalado, Antonio. 'Thought Experiment', *MIT Technology Review*, 17 June 2014 <https://www.technologyreview.com/2014/06/17/172276/the-thought-experiment/>

6장. 치유의 불꽃: 척추 재생의 신비

1. Bowen, Chuck. 'Nerve Repair Innovation Gives Man Hope', Spinal Cord Injury Information Pages, 4 July 2007 <https://www.sciinfo-pages.com/news/2007/07/nerve-repair-innovation-givesman-hope/>

2. Wallack, Todd. 'Sense of urgency for spinal device', *Boston Globe*. 18 September 2007 <http://archive.boston.com/business/globe/articles/2007/09/18/sense_of_urgency_for_spinal_device/>

3. Per Debra Bohnert, Richard Borgens' lab assistant from 1986 to 2019, in a telephone interview with the author.

4. Jaffe, L. F., and M.-m. Poo. 'Neurites grow faster towards the cathode than the anode in a steady field'. *Journal of Experimental Zoology* 209 (1979), pp. 115–28

5. Ingvar, Sven. 'Reaction of cells to the galvanic current in tissue cultures'. *Experimental Biology and Medicine*, vol. 17, issue 8 (1920)

6. Bishop, Chris. 'The Briks of Denton and Dallas TX', Garage Hangover, 18 October 2007 <https://garagehangover.com/briksdenton-dallas/>

7. Pithoud, Kelsey. 'Ex-rocker turns to research', *The Purdue Exponent*, 17 September 2003 <https://web.archive.org/web/20151216205707/https://www.purdueexponent.org/campus/article_73f34375-9059-5273-b6a8-8d9577c74b5d.html>

8. Bishop, 'The Briks', 2007

9. Comment by Johnny Young on Bishop, 'The Briks', 2007. 25 January 2019 at 11.33 a.m.

10. Kolsti, Nancy. 'This is . . . Spinal Research', The North Texan Online, Fall 2001 <https://northtexan.unt.edu/archives/f01/spinal.htm>

11. Hinkle, Laura, et al. 'The direction of growth of differentiating neurones and myoblasts from frog embryos in an applied electric field'. *The Journal of Physiology*, 314 (1981), pp. 121–35

12. McCaig, Colin. 'Epithelial Physiology, Ovarian Follicles, Nerve Growth Cones, Vibrating Probes, Wound Healing, and Cluster Headache: Staggering Steps on a Route Map to Bioelectricity'. *Bioelectricity*, vol. 2, no. 4 (2020), pp. 411–17 (p. 412)

13. Borgens, Richard, et al. 'Bioelectricity and Regeneration'. *BioScience*, vol. 29, no. 8 (1979), pp. 468–74

14. Borgens, Richard, et al. 'Large and persistent electrical currents enter the transected lamprey spinal cord'. *Proceedings of the National Academy of Sciences*, vol. 77, no. 2 (1980), pp. 1209–13

15. Borgens, Richard B., Andrew R. Blight and M. E. McGinnis. 'Behavioral Recovery Induced by Applied Electric Fields After Spinal Cord Hemisection in Guinea Pig'. *Science*, vol. 238, no. 4825 (1987), pp. 366–9

16. Kleitman, Naomi. 'Under one roof: the Miami Project to Cure Paralysis model for spinal cord injury research'. *Neuroscientist*, vol. 7, no. 3 (2001), pp. 192–201

17. Borgens, Richard B., et al. 'Effects of Applied Electric Fields on Clinical Cases of Complete Paraplegia in Dogs'. *Restorative Neurology and Neuroscience*, vol. 5, no.5-6 (1993), pp. 305–22

18. 'Electrical stimulation helps dogs with spinal injuries', *Purdue News*, 21 July 1993 <https://www.purdue.edu/uns/html3month/1990-95/930721.Borgens.dogstudy.html>

19. Orr, Richard. 'Research On Dogs' Spinal Cord Injuries May Lead To Help For Humans', *Chicago Tribune*, 20 November 1995 <https://www.chicagotribune.com/news/ct-xpm-1995-11-20-9511200137-story.html>

20. 'Purdue/IU partnership in paralysis research', Purdue News Service, 28 July 1999 <https://www.purdue.edu/uns/html4ever/1999/990730.Borgens.institute.html>

21. 'Human Trial for Spinal Injury Treatment Launched by Purdue, IU', Purdue News Service, December 2000 <https://www.purdue.edu/uns/html4ever/001120.Borgens.SpinalTrial.html>

22. Callahan, Rick. 'Two universities launch clinical trial for paralysis patients', *Middletown Press*, 12 December 2000 <https://www.middletownpress.com/news/article/Two-universities-launch-clinical-trial-for-11940807.php>

23. This quote is taken from an edition of Purdue School of Veterinary Medicine's self-published newsletter seen by the author: 'Tales from the Vet Clinic: Yukon overcomes his chilling ordeal!', *Synapses*, Fall 2020

24. 'Device to Aid Paralysis Victims to Get Test', *Los Angeles Times*, 13 December 2000

25. Bowen, C. 'Nerve Repair Innovation Gives Man Hope', *Indianapolis Star*, 4 July 2007 <http://www.indystar.com/apps/pbcs.dll/article?AID=/20070703/BUSINESS/707030350/1003/BUSINESS>

26. Ravn, Karen. 'In spinal research, pets lead the way', *Los Angeles Times*, 9 April 2007 <https://www.latimes.com/archives/la-xpm-2007-apr-09-he-labside9-story.html>

27. 'Implanted device offers new sensation', *The Engineer*, 11 January 2005 <https://www.theengineer.co.uk/implanted-device-offersnew-sensation/>

28. 'Cyberkinetics to acquire Andara Life Science for $4.5M', *Boston Business Journal*, 13 February 2006 <https://www.bizjournals.com/boston/blog/mass-high-tech/2006/02/cyberkinetics-to-acquireandara-life-science.html>

29. Cyberkinetics press release, 28 September 2006 <https://www.purdue.edu/uns/html3month/2006/060928CyberkineticsAward. pdf>

30. R obinson, Kenneth, and Peter Cormie. 'Electric Field Effects on Human Spinal Injury: Is There a Basis in the In Vitro Studies?'. *Developmental Neurobiology*, vol. 68, no. 2 (2008), pp. 274–80

31. Wallack, 'Sense of urgency', 2007

32. Shapiro, Scott. 'A Review of Oscillating Field Stimulation to Treat Human Spinal Cord Injury'. *World Neurosurgery*, vol. 81/5–6 (2014), pp. 830–5

33. Bowman, Lee. 'Study on dogs yields hope in human paralysis treatment', *Seattle Post-Intelligencer*, 3 August 2004

34. Li, Jianming. 'Oscillating Field Electrical Stimulator (OFS) for Regeneration of the Spinal Cord', 2017 entry to the Create the Future Design Contest <https://contest.techbriefs.com/2017/entries/medical/8251>

35. Li, Jianming. 'Weak Direct Current (DC) Electric Fields as a Therapy for Spinal Cord Injuries: Review and Advancement of the Oscillating Field Stimulator (OFS)'. *Neurosurgical Review*, vol. 42, no. 4 (2019), pp. 825–34

36. Willyard, Cassandra. 'How a Revolutionary Technique Got People with Spinal-Cord Injuries Back on Their Feet'. *Nature*, vol. 572, no. 7767 (2019), pp. 20–5

37. Even chemical and physical factors like contact inhibition release and population pressure.

38. McCaig, Colin D., et al. 'Controlling Cell Behavior Electrically: Current Views and Future Potential'. *Physiological Reviews*, vol. 85, no. 3 (2005), pp. 943–78

39. Direct-current (DC) electric fields are present in all developing and regenerating animal tissues, yet their existence and potential impact on tissue repair and development are largely ignored,' they wrote in 'Controlling Cell Behavior Electrically'.

40. R reid, Brian, et al. 'Wound Healing in Rat Cornea: The Role of Electric Currents'. The *FASEB Journal*, vol. 19, no. 3 (2005), pp. 379–86

41. Hagins, W.A., et al. 'Dark Current and Photocurrent in Retinal Rods'. *Biophysical Journal*,

vol. 10, no. 5 (1970), pp. 380–412

42. Song, Bing, et al. 'Electrical Cues Regulate the Orientation and Frequency of Cell Division and the Rate of Wound Healing in Vivo'. *Proceedings of the National Academy of Sciences*, vol. 99, no. 21 (2002), pp. 13577–82

43. Leppik, Liudmila, et al. 'Electrical Stimulation in Bone Tissue Engineering Treatments'. *European Journal of Trauma and Emergency Surgery*, vol. 46, no. 2 (2020), pp. 231–44

44. Zhao, Min, et al. 'Electrical Signals Control Wound Healing through Phosphatidylinositol-3-OH Kinase-γ and PTEN'. *Nature*, vol. 442, no. 7101 (2006), pp. 457–60.

45. See National Institutes for Health, 'A Clinical Trial of Dermacorder for Detecting Malignant Skin Lesions', 17 November 2009 <https://clinicaltrials.gov/ct2/show/NCT01014819>

46. Nuccitelli, R., et al. 'The electric field near human skin wounds declines with age and provides a noninvasive indicator of wound healing'. *Wound Repair and Regeneration*, vol. 19, no. 5 (2011), pp. 645–55

47. Stephens, Tim. 'Bioelectronic device achieves unprecedented control of cell membrane voltage', UC Santa Cruz News Center, 24 September 2020 <https://news.ucsc.edu/2020/09/bioelectronics.html>

48. Ershad, F., A. Thukral., J. Yue, et al. 'Ultra-conformal drawn-on-skin electronics for multifunctional motion artifact-free sensing and point-of-care treatment'. *Nature Communications*, vol. 11, no. 3823 (2020), doi: https://doi.org/10.1038/s41467-020-17619-1

4부 탄생과 죽음의 비밀

7장. 우리 몸을 만들고 회복시키는 생체전기

1. Levin, Michael. 'What Bodies Think About: Bioelectric Computation Beyond the Nervous System as Inspiration for New Machine Learning Platforms'. The Thirty-second Annual Conference on Neural Information Processing Systems (NIPS). Palais des Congrès de Montréal, Montréal, Canada. 4 December 2018, slide 49 <https://media.neurips.cc/Conferences/NIPS2018/Slides/Levin_bioelectric_computation.pdf >; see also Pullar, Christine E. (ed.). *The Physiology of Bioelectricity in Development, Tissue Regeneration and Cancer*. Boca Raton: CRC Press, 2011, p. 69

2. Sampogna, Gianluca, et al. 'Regenerative Medicine: Historical Roots and Potential Strategies in Modern Medicine'. *Journal of Microscopy and Ultrastructure*, vol. 3, no. 3 (2015), pp. 101–7 (p. 101)

3. Power, Carl, and John E. J. Rasko. 'The stem cell revolution isn't what you think it is', *New Scientist*, 29 September 2021 <https://www.newscientist.com/article/mg25133542-600-the-stem-cellrevolution-isnt-what-you-think-it-is>

4. Burr, Harold Saxton, et al. 'A Vacuum Tube Micro-Voltmeter for the Measurement of Bio-Electric Phenomena'. *The Yale Journal of Biology and Medicine*, vol. 9, no. 1 (1936), pp. 65–76. It is pictured on the journal's website alongside the article: <https://www.ncbi.nlm.nih.gov/pmc/articles/PMC2601500/figure/F1/>

5. Burr, Harold Saxton. *Blueprint for Immortality: The Electric Patterns of Life*. Essex: Neville Spearman Publishers, 1972, p. 48

6. Burr, Harold Saxton, L. K. Musselman, Dorothy Barton, and Naomi B. Kelly. 'Bio-Electric Correlates of Human Ovulation'. *The Yale Journal of Biology and Medicine*, vol. 10, no. 2 (1937), pp. 155–60

7. Burr, Harold Saxton, R. T. Hill, and E. Allen. 'Detection of Ovulation in the Intact Rabbit'. *Proceedings of the Society for Experimental Biology and Medicine*, vol. 33, no. 1 (1935), pp. 109–11

8. Burr, *Blueprint*, p. 50

9. Burr, *Blueprint*, p. 51

10. Langman, Louis, and H. S. Burr. 'Electrometric Timing of Human Ovulation'. American Journal of Obstetrics and *Gynecology*, vol. 44, no. 2 (1942), pp. 223–9

11. 'Medicine: Yale Proof', Time, 11 October 1937 <http://content.time.com/time/subscriber/article/0,33009,770949-1,00.html>

12. There is a diagram on p. 156 of Burr et al., 'Bio-Electric Correlates'. <https://www.ncbi.nlm.nih.gov/pmc/articles/PMC2601785/?page=2>

13. Altmann, Margaret. 'Interrelations of the Sex Cycle and the Behavior of the Sow'. *Journal of Comparative Psychology*, vol. 31, no. 3 (1941), pp. 481–98

14. 'Dr. John Rock (1890–1984)', PBS American Experience <https://www.pbs.org/wgbh/americanexperience/features/pill-dr-john-rock-1890-1984/>

15. Snodgrass, James, et al. 'The Validity Of "Ovulation Potentials"'. *American Journal of Physiology – Legacy Content*, vol. 140, no. 3 (1943), pp. 394–415

16. Su, Hsiu-Wei, et al. 'Detection of Ovulation, a Review of Currently Available Methods'. *Bioengineering & Translational Medicine*, vol. 2, no. 3 (2017), pp. 238–46

17. Herzberg, M., et al. 'The Cyclic Variation of Sodium Chloride Content in the Mucus of the Cervix Uteri'. *Fertility and Sterility*, vol. 15, no. 6 (1964), pp. 684–94

18. Burr, Harold Saxton, and L. K. Musselman. 'Bio-Electric Phenomena Associated with Menstruation'. *The Yale Journal of Biology and Medicine*, vol. 9, no. 2 (1936), pp. 155–8

19. Tosti, Elisabetta. 'Electrical Events during Gamete Maturation and Fertilization in Animals and Humans'. *Human Reproduction Update*, vol. 10, no. 1 (2004), pp. 53–65

20. Van Blerkom, J. 'Domains of High-Polarized and Low-Polarized Mitochondria May

Occur in Mouse and Human Oocytes and Early Embryos'. *Human Reproduction*, vol. 17, no. 2 (2002), pp. 393–406

21. Trebichalská, Zuzana and Zuzana Holubcová. 'Perfect Date—the Review of Current Research into Molecular Bases of Mammalian Fertilization'. *Journal of Assisted Reproduction and Genetics*, vol. 37, no. 2 (2020), pp. 243–56

22. Stein, Paula, et al. 'Modulators of Calcium Signalling at Fertilization'. *Open Biology*, vol. 10, no. 7 (2020), loc. 200118

23. Campbell, Keith H., et al. 'Sheep cloned by nuclear transfer from a cultured cell line'. *Nature*, vol. 380, article 6569 (1996), pp. 64–6 (p. 64)

24. Zimmer, Carl. 'Growing Left, Growing Right', *The New York Times*, 3 June 2013 <https://www.nytimes.com/2013/06/04/science/growing-left-growing-right-how-a-body-breaks-symmetry.html>

25. Some have problems with breathing normally and fertility.

26. See Nuccitelli, Richard, *Ionic Currents In Development*. New York: International Society of Developmental Biologists, 1986

27. Tosti, E., R. Boni, and A. Gallo. 'Ion currents in embryo development'. *Birth Defects Research Part C* 108 (2016), pp. 6–18, doi:10.1002/bdrc.21125

28. Adams, Dany S., and Michael Levin. 'General Principles for Measuring Resting Membrane Potential and Ion Concentration Using Fluorescent Bioelectricity Reporters'. *Cold Spring Harbor Protocols*, 2012/4 (2012)

29. Cone, Clarence, and Charlotte M. Cone. 'Induction of Mitosis in Mature Neurons in Central Nervous System by Sustained Depolarization'. *Science*, vol. 192, no. 4235 (1976), pp. 155–8

30. Knight, Kalimah Redd, and Patrick Collins, 'The Face of a Frog: Time-lapse Video Reveals Never-Before-Seen Bioelectric Pattern', Tufts University press release, 18 July 2011 <https://now.tufts.edu/2011/07/18/face-frog-time-lapse-video-reveals-neverseen-bioelectric-pattern>

31. Vandenberg, Laura N., et al. 'V-ATPase-Dependent Ectodermal Voltage and Ph Regionalization Are Required for Craniofacial Morphogenesis'. *Developmental Dynamics*, vol. 240, no. 8 (2011), pp. 1889–904

32. Adams, Dany Spencer, et al. 'Bioelectric Signalling via Potassium Channels: A Mechanism for Craniofacial Dysmorphogenesis in KCNJ2-Associated Andersen-Tawil Syndrome: K + -Channels in Craniofacial Development'. *The Journal of Physiology*, vol. 594, no. 12 (2016), pp. 3245–70

33. Moody, William J., et al. 'Development of ion channels in early embryos'. *Journal of Neurobiology* 22 (1991) pp. 674–84

34. Rovner, Sophie. 'Recipes for Limb Renewal', *Chemical & Engineering News*, 2 August 2010 <https://pubsapp.acs.org/cen/science/88/8831sci1.html>

35. Pai, Vaibhav P., et al. 'Transmembrane Voltage Potential Controls Embryonic Eye Patterning in Xenopus Laevis'. *Development*, vol. 139, no. 2 (2012), pp. 313–23

36. Malinowski, Paul T., et al. 'Mechanics dictate where and how freshwater planarians fission'. *PNAS*, vol. 114, no. 41 (2017), pp. 10888–93 <www.pnas.org/cgi/doi/10.1073/pnas.1700762114>

37. Hall, Danielle. 'Brittle Star Splits', Smithsonian Ocean, January 2020 <https://ocean.si.edu/ocean-life/invertebrates/brittle-star-splits>

38. Levin, Michael. 'Reading and Writing the Morphogenetic Code: Foundational White Paper of the Allen Discovery Center at Tufts University', p. 2 <https://allencenter.tufts.edu/wp-content/uploads/Whitepaper.pdf>

39. Kolata, Gina. 'Surgery on Fetuses Reveals They Heal Without Scars', *The New York Times*, 16 August 1988 <https://www.nytimes.com/1988/08/16/science/surgery-on-fetuses-reveals-they-heal-without-scars.html>

40. Barbuzano, Javier. 'Understanding How the Intestine Replaces and Repairs Itself', *Harvard Gazette*, 14 July 2017 <https://news.harvard.edu/gazette/story/2017/07/understanding-how-the-intestine-replaces-and-repairs-itself/>

41. Vanable, Joseph. 'A history of bioelectricity in development and and regeneration'. In: Charles E. Dinsmore (ed.), *A History of Regeneration Research*. New York: Cambridge University Press, 1991, pp. 151–78 (p. 163)

42. Sisken, Betty. 'Enhancement of Nerve Regeneration by Selected Electromagnetic Signals'. In: Marko Markov (ed.), *Dosimetry in Bioelectromagnetics*, Boca Raton: CRC Press, 2017, pp. 383–98

43. Tseng A.-S., et al. 'Induction of Vertebrate Regeneration by a Transient Sodium Current'. *Journal of Neuroscience*, vol. 30, no. 39 (2010), pp. 13192–13200

44. Tseng, Ai-sun, and Michael Levin. 'Cracking the bioelectric code: Probing endogenous ionic controls of pattern formation'. *Communicative & Integrative Biology*, vol. 6,1 (2013): e22595

45. Eskova, Anastasia, et al. 'Gain-of-Function Mutations of Mau /DrAqp3a Influence Zebrafish Pigment Pattern Formation through the Tissue Environment'. *Development* 144 (2017), doi:10.1242/dev.143495

46. Dlouhy, Brian J., et al. 'Autograft-Derived Spinal Cord Mass Following Olfactory Mucosal Cell Transplantation in a Spinal Cord Injury Patient: Case Report'. *Journal of Neurosurgery*: Spine, vol. 21, no. 4 (2014), pp. 618–22

47. Jabr, Ferris. 'In the Flesh: The Embedded Dangers of Untested Stem Cell Cosmetics', *Scientific American*, 17 December 2012 <https://www.scientificamerican.com/article/stem-cell-cosmetics/>

48. Aldhous, Peter. 'An Experiment That Blinded Three Women Unearths the Murky World of Stem Cell Clinics', BuzzFeed News, 21 March 2017 <https://www.buzzfeednews.com/

article/peteraldhous/stem-cell-tragedy-in-florida>

49. Coghlan, Andy. 'How "stem cell" clinics became a Wild West for dodgy treatments', *New Scientist*, 17 January 2018 <https://www.newscientist.com/article/mg23731610-100-how-stem-cell-clinicsbecame-a-wild-west-for-dodgy-treatments/>

50. Feng J. F., et al. 'Electrical Guidance of Human Stem Cells in the Rat Brain'. *Stem Cell Reports*, vol. 9, no. 1 (2017), pp. 177–89

8장. 생체전기와 암

1. Rose, Sylvan Meryl, and H. M. Wallingford. 'Transformation of renal tumors of frogs to normal tissues in regenerating limbs of salamanders'. *Science*, vol. 107, no. 2784 (1948), p. 457

2. Oviedo, Néstor J., and Wendy S. Beane. 'Regeneration: The origin of cancer or a possible cure?'. *Seminars in Cell & Developmental Biology*, vol. 20, no. 5 (2009), pp. 557–64

3. Fatima, Iqra, et al. 'Skin Aging in Long-Lived Naked Mole-Rats is Accompanied by Increased Expression of Longevity-Associated and Tumor Suppressor Genes'. *Journal of Investigative Dermatology*, 9 June 2022, doi: 10.1016/j.jid.2022.04.028

4. Ruby, J. Graham, et al. 'Naked mole-rat mortality rates defy Gompertzian laws by not increasing with age'. *eLife* 7:e31157 (2018), doi: 10.7554/eLife.31157

5. Burr, Harold Saxton. *Blueprint for Immortality: The Electric Patterns of Life*. Essex: Neville Spearman Publishers, 1972, p. 53

6. Burr, Harold Saxton. *Blueprint for Immortality: The Electric Patterns of Life*. Essex: Neville Spearman Publishers, 1972, p. 54

7. Langman, Louis, and Burr, H. S. 'Electrometric Studies in Women with Malignancy of Cervix Uteri'. *Science*, vol. 105, no. 2721 (1947), pp. 209–10

8. Langman, Louis, and Burr, H.S. 'A technique to aid in the detection of malignancy of the female genital tract'. *Journal of the American Journal of Obstetrics and Gynecology*, vol. 57, issue 2 (1949), pp. 274–281

9. Langman & Burr, 'Electrometric', p. 210

10. Stratton, M. R. (2009). 'The cancer genome'. *Nature*, vol. 458, article 7239 (2009), pp. 719–24, doi: 10.1038/nature07943

11. Nordenström, Björn 'Biologically closed electric circuits: Activation of vascular-interstitial closed electric circuits for treatment of inoperable cancers'. *Journal of Bioelectricity* 3 (1984), pp. 137–53

12. Nordenström, Björn. *Biologically Closed Electric Circuits: Clinical, Experimental, and Theoretical Evidence for an Additional Circulatory System*. Stockholm: Nordic Medical Publications, 1983

13. Nordenström, *Biologically closed*

14. Nordenström, *Biologically closed*, p. vii

15. Parachini, Allan. 'Cancer-Treatment Theory an Enigma to Scientific World', *Los Angeles Times*, 30 September 1986 <https://www.latimes.com/archives/la-xpm-1986-09-30-vw-10015-story.html>

16. Parachini, 'Cancer-Treatment', 1986

17. Nordenström, 'Biologically closed'

18. Parachini, 'Cancer-Treatment', 1986

19. Nilsson E., et al. 'Electrochemical treatment of tumours'. *Bioelectrochemistry*, vol. 51, no. 1 (2000), pp. 1–11

20. All statistics from 'Proceedings of the International Association for Biologically Closed Electric Circuits'. *European Journal of Surgery 1994 Supplement* 574, pp. 7–23

21. 'Activation of BCEC-channels for Electrochemical Therapy (ECT) of Cancer'. *Proceedings of the IABC International Association for Biologically-Closed Electric Circuits (BCEC) in Medicine and Biology*. Stockholm, September 12–15, 1993 (1994), pp. 25–9 <https://pubmed.ncbi.nlm.nih.gov/7531011/>

22. 'Björn Nordenström', *20/20*, ABC News, first broadcast 21 October 1988. Available on YouTube: <https://www.youtube.com/watch?v=OmqTKh-CP88>

23. Moss, Ralph W. 'Bjorn E. W. Nordenström, MD'. Townsend Letter, *The Examiner of Alternative Medicine* 285 (2007), p. 156 <link.gale.com/apps/doc/A162234818/AONE?u=anon~51eea7d2&sid=bookmark-AONE&xid=8719a268>. Accessed 5 August 2021

24. Lois, Carlos, and Arturo Alvarez-Buylla. 'Long-distance neuronal migration in the adult mammalian brain'. *Science* 264 (1994), pp. 1145–8, doi: 10.1126/science.8178174

25. Grimes, J. A., et al. 'Differential expression of voltage-activated Na + currents in two prostatic tumour cell lines: contribution to invasiveness in vitro'. *FEBS Letters* 369 (1995), pp. 290–4 <https://febs.onlinelibrary.wiley.com/doi/epdf/10.1016/0014-5793%2895%2900772-2>

26. Reported ubiquitously, including in Pullar, Christine E. (ed.). *The Physiology of Bioelectricity in Development, Tissue Regeneration and Cancer*. Boca Raton: CRC Press, 2011, p. 271

27. Arcangeli, Annarosa, and Andrea Becchetti. 'New Trends in Cancer Therapy: Targeting Ion Channels and Transporters'. *Pharmaceuticals*, vol. 3, no. 4 (2010), pp. 1202–24

28. Bianchi, Laura, et al. 'hERG Encodes a K+ Current Highly Conserved in Tumors of Different Histogenesis: A Selective Advantage for Cancer Cells?'. *Cancer Research*, vol. 58, no. 4 (1998), pp. 815–22

29. Kunzelmann, 2005; Fiske, et al, 2006; Stuhmer, et al, 2006; Prevarskaya, et al, 2010; Becchetti, 2011; Brackenbury, 2012, collected in Yang Ming and William Brackenbury. 'Membrane potential and cancer progression'. *Frontiers in Physiology*, vol. 4, article

185(2013), doi: https://doi.org/10.3389/fphys.2013.00185

30. Santos, Rita, et al. 'A comprehensive map of molecular drug targets'. *Nature Reviews Drug Discovery*, vol. 16, no. 1 (2017), pp. 19–34

31. McKie, Robin. 'For 30 years I've been obsessed by why children get leukaemia. Now we have an answer', *The Guardian*, 30 December 2018 <https://www.theguardian.com/science/2018/dec/30/children-leukaemia-mel-greaves-microbes-protection-against-disease>

32. Djamgoz, Mustafa, S. P. Fraser, and W. J. Brackenbury. (2019). 'In Vivo Evidence for Voltage-Gated Sodium Channel Expression in Carcinomas and Potentiation of Metastasis'. *Cancers*, vol. 11, no. 11 (2019), p. 1675

33. Leanza, Luigi, Antonella Managò, Mario Zoratti, Erich Gulbins, and Ildiko Szabo. 'Pharmacological targeting of ion channels for cancer therapy: In vivo evidences'. *Biochimica et Biophysica Acta (BBA) –Molecular Cell Research*, vol. 1863, no. 6, Part B (2016), pp. 1385–97

34. In 2019, a Chinese multicentre preclinical trial tested an antibody that was effective against Djamgoz's variant in mice. They claimed this was able to suppress metastasis. Gao, R., et al. 'Nav1.5-E3 antibody inhibits cancer progression'. *Translational Cancer Research*, vol. 8, no. 1 (2019), pp. 44-50, doi: 10.21037/tcr.2018.12.23

35. Lang, F., and C. Stournaras. 'Ion channels in cancer: future perspectives and clinical potential'. *Philosophical Transactions of the Royal Society of London. Series B, Biological sciences*, vol. 369, article 1638 (2014), 20130108 <https://www.ncbi.nlm.nih.gov/pmc/articles/PMC3917362/pdf/rstb20130108.pdf>

36 'An interview with Professor Mustafa Djamgoz', External Speaker Series presentation, Metrion BioSciences, Cambridge 2018

37 'The Bioelectricity Revolution: A Discussion Among the Founding Associate Editors'. *Bioelectricity*, vol. 1, no. 1 (2019), pp. 8–15

38. Greaves, Mel. 'Nothing in cancer makes sense except . . .'. *BMC Biology*, vol. 16, no. 22 (2018)

39. Wilson, Clare. 'The secret to killing cancer may lie in its deadly power to evolve', *New Scientist*, 4 March 2020 <https://www.newscientist.com/article/mg24532720-800-the-secret-to-killing-cancer-may-lie-in-its-deadly-power-to-evolve/>

40. Hope, Tyna, and Siân Iles. 'Technology review: The use of electrical impedance scanning in the detection of breast cancer'. *Breast Cancer Research*, vol. 6, no. 69 (2004), pp. 69–74

41. Wilke, Lee, et al. 'Repeat surgery after breast conservation for the treatment of stage 0 to II breast carcinoma: a report from the National Cancer Data Base, 2004–2010'. *JAMA Surgery*, vol. 149, no. 12 (2014), pp. 1296–305.

42. Dixon, J. Michael, et al. 'Intra-operative assessment of excised breast tumour margins using ClearEdge imaging device'. *European Journal of Surgical Oncology* 42 (2016), pp.

1834–40, doi: 10.1016/j.ejso.2016.07.141

43. Djamgoz, Mustafa. 'In vivo evidence for expression of voltage-gated sodium channels in cancer and potentiation of metastasis', Sophion Bioscience YouTube channel, 18 July 2019 <https://www.youtube.com/watch?v=bkKewfmCW6A>. The relevant section of the lecture begins around sixteen minutes in.

44. Dokken, Kaylinn, and Patrick Fairley. 'Sodium Channel Blocker Toxicity' [Updated 30 April 2022]. In: StatPearls [Internet]. Treasure Island, FL: StatPearls Publishing, 2022 <https://www.ncbi.nlm.nih.gov/books/NBK534844/>

45. R reddy, Jay P., et al. 'Antiepileptic drug use improves overall survival in breast cancer patients with brain metastases in the setting of whole brain radiotherapy'. *Radiotherapy and Oncology*, vol. 117, no. 2 (2015), pp. 308–14, doi: 10.1016/j.radonc.2015.10.009

46. Takada, Mitsutaka, et al. 'Inverse Association between Sodium Channel-Blocking Antiepileptic Drug Use and Cancer: Data Mining of Spontaneous Reporting and Claims Databases'. *International Journal of Medical Sciences*, vol. 13, no. 1 (2016), pp. 48–59, doi: 10.7150/ijms.13834

47. 'An interview with Professor Mustafa Djamgoz', External Speaker Series presentation, Metrion BioSciences, Cambridge 2018

48. Quail, Daniela F., and Johanna A. Joyce. 'Microenvironmental regulation of tumor progression and metastasis'. *Nature Medicine*, vol. 19, no. 11 (2013), pp. 1423–37, doi: 10.1038/nm.3394

49. Zhu, Kan, et al. 'Electric Fields at Breast Cancer and Cancer Cell Collective Galvanotaxis'. *Scientific Reports*, vol. 10, no. 1 (2020), article 8712

50. Wapner, Jessica. 'A New Theory on Cancer: What We Know About How It Starts Could All Be Wrong', *Newsweek*, 17 July 2017 <https://www.newsweek.com/2017/07/28/cancer-evolution-cells-637632.html>; see also Davies, Paul. 'A new theory of cancer', *The Monthly*, November 2018 <https://www.themonthly.com.au/issue/2018/november/1540990800/paul-davies/new-theorycancer#mtr>

51. Silver, Brian, and Celeste Nelson. 'The Bioelectric Code: Reprogramming Cancer and Aging From the Interface of Mechanical and Chemical Microenvironments'. *Frontiers in Cell and Developmental Biology*, vol. 6, no. 21 (2018)

52. Lobikin, Maria, Brook Chernet, Daniel Lobo, and Michael Levin. 'Resting potential, oncogene-induced tumorigenesis, and metastasis: the bioelectric basis of cancer in vivo'. *Physical Biology*, vol. 9, no. 6 (2012), loc. 065002. doi: 10.1088/1478-3975/9/6/065002

53. Chernet, Brook, and Michael Levin. 'Endogenous Voltage Potentials and the Microenvironment: Bioelectric Signals that Reveal, Induce and Normalize Cancer'. *Journal of Clinical and Experimental Oncology*, Suppl. 1:S1-002 (2013), doi: 10.4172/2324-9110

54. Chernet & Levin, 'Endogenous'

55. Gruber, Ben. 'Battling cancer with light', Reuters, 26 April 2016 <https://www.reuters.

com/article/us-science-cancer-optogenetics-idUSKCN0XN1U9>

56. Chernet, Brook, and Michael Levin. 'Transmembrane voltage potential is an essential cellular parameter for the detection and control of tumor development in a Xenopus model'. *Disease Models & Mechanisms*, vol. 6, no. 3 (2013), pp. 595–607, doi: 10.1242/dmm.010835

57. Silver & Nelson, 'The Bioelectric Code'

58. Tuszynski, Jack, Tatiana Tilli, and Michael Levin. 'Ion Channel and Neurotransmitter Modulators as Electroceutical Approaches to the Control of Cancer'. *Current Pharmaceutical Design*, vol. 23, no. 32 (2017), pp. 4827–41

59. Schlegel, Jürgen, et al. 'Plasma in cancer treatment', *Clinical Plasma Medicine*, vol. 1, no. 2 (2013), pp. 2–7

5부 생체전기의 미래

9장. 실리콘을 오징어로 바꾸다: 생체전자공학

1. Brown, Joshua. 'Team Builds the First Living Robots', The University of Vermont, 13 January 2020 <https://www.uvm.edu/news/story/team-builds-first-living-robots>

2. Lee, Y., et al. 'Hydrogel soft robotics'. *Materials Today Physics* 15 (2020) <https://doi.org/10.1016/j.mtphys.2020.100258>

3. Thubagere, Anupama, et al. 'A Cargo-Sorting DNA Robot'. *Science*, vol. 357, article 6356 (2017), eaan6558

4. Solon, Olivia. 'Electroceuticals: swapping drugs for devices', *Wired*, 28 May 2013 <https://www.wired.co.uk/article/electroceuticals>

5. Geddes, Linda. 'Healing spark: Hack body electricity to replace drugs', *New Scientist*, 19 February 2014 <https://www.newscientist.com/article/mg22129570-500-healing-spark-hack-body-electricity-to-replace-drugs/>

6. Behar, Michael. 'Can the nervous system be hacked?', *The New York Times*, 23 May 2014 <https://www.nytimes.com/2014/05/25/magazine/can-the-nervous-system-be-hacked.html>

7. Mullard, Asher. 'Electroceuticals jolt into the clinic, sparking autoimmune opportunities'. *Nature Reviews Drug Discovery* 21 (2022), pp. 330–1

8. Hoffman, Henry, and Harold Norman Schnitzlein. 'The Numbers of Nerve Fibers in the Vagus Nerve of Man'. *The Anatomical Record*, vol. 139, no. 3 (1961), pp. 429–35

9. Davies, Dave. 'Are Implanted Medical Devices Creating a "Danger Within Us"?', NPR, 17 January 2018 <https://www.npr.org/2018/01/17/578562873/are-implanted-medical-devices-creatinga-danger-within-us>

10. Golabchi, Asiyeh, et al. 'Zwitterionic Polymer/Polydopamine Coating Reduce Acute Inflammatory Tissue Responses to Neural Implants'. *Biomaterials* 225 (2019), 119519 <https://doi.org/10.1016/j.biomaterials.2019.119519>

11. Leber, Moritz, et al. 'Advances in Penetrating Multichannel Microelectrodes Based on the Utah Array Platform'. In: Xiaoxiang Zheng (ed.), *Neural Interface: Frontiers and Applications.* Singapore: Springer, 2019, pp. 1–40

12. Yin, Pengfei, et al. 'Advanced Metallic and Polymeric Coatings for Neural Interfacing: Structures, Properties and Tissue Responses'. *Polymers*, vol. 13, no. 16 (2021), article 2834 <https://www.ncbi.nlm. nih.gov/pmc/articles/PMC8401399/pdf/polymers-13-02834. pdf>

13. Aregueta-Robles, U. A., et al. 'Organic electrode coatings for next-generation neural interfaces'. *Frontiers in Neuroengineering*, 27 May 2014 <https://doi.org/10.3389/fneng.2014.0001>

14. 'The Nobel Prize in Chemistry 2000', NobelPrize.org <https://www.nobelprize.org/prizes/chemistry/2000/summary/>

15. Cuthbertson, Anthony. 'Material Found by Scientists "Could Merge AI with Human Brain"', *The Independent*, 17 August 2020 <https://www.independent.co.uk/tech/artificial-intelligence-brain-computercyborg-elon-musk-neuralink-a9673261.html>

16. Chen, Angela. 'Why It's so Hard to Develop the Right Material for Brain Implants', *The Verge*, 30 May 2018 <https://www.theverge.com/2018/5/30/17408852/brain-implant-materialsneuroscience-health-chris-bettinger>

17. Technically, there are also ways to inhibit action potentials, but that just means stimulating inhibitory neurons – which are the kinds of neurons that make other neurons not fire. But it's still the same mechanism.

18. Some companies try to understand how the body has interpreted the action potential by implanting even more electrodes to listen to the ensuing signals. But that carries additional surgical risk, and it's certainly not happening in humans.

19. Casella, Alena, et al. 'Endogenous Electric Signaling as a Blueprint for Conductive Materials in Tissue Engineering'. *Bioelectricity*, vol. 3, no. 1 (2021), pp. 27–41

20. Demers, Caroline, et al. 'Natural Coral Exoskeleton as a Bone Graft Substitute: A Review'. *Bio-Medical Materials and Engineering*, vol. 12, no. 1 (2002), pp. 15–35

21. Israel-based OkCoral and CoreBone grow coral on a special diet to make it especially suitable to grafting.

22. Wan, Mei-chen, et al. 'Biomaterials from the Sea: Future Building Blocks for Biomedical Applications'. *Bioactive Materials*, vol. 6, no. 12 (2021), pp. 4255–85

23. DeCoursey, Thomas. 'Voltage-Gated Proton Channels and Other Proton Transfer Pathways'. *Physiological Reviews*, vol. 83, no. 2 (2003) pp. 475–579, doi: 10.1152/physrev.00028.2002

24. Lane, Nick. 'Why Are Cells Powered by Proton Gradients?'. *Nature Education*, vol. 3, no. 9 (2010), p. 18

25. Kautz, Rylan, et al. 'Cephalopod-Derived Biopolymers for Ionic and Protonic Transistors'. *Advanced Materials*, vol. 30, no. 19 (2018), loc. 1704917

26. Ordinario, David, et al. 'Bulk protonic conductivity in a cephalopod structural protein'. *Nature Chemistry*, vol. 6, no. 7 (2014), pp. 596–602

27. Strakosas, Xenofon, et al. 'Taking Electrons out of Bioelectronics: From Bioprotonic Transistors to Ion Channels'. *Advanced Science*, vol. 4, no. 7 (2017), loc. 1600527

28. Kim, Young Jo, et al. 'Self-Deployable Current Sources Fabricated from Edible Materials'. *Journal of Materials Chemistry* B 31 (2013), p. 3781, doi: 10.1039/C3TB20183J

29. Ordinario, David, et al. 'Protochromic Devices from a Cephalopod Structural Protein'. *Advanced Optical Materials*, vol. 5, no. 20 (2017), loc. 1600751

30. Sheehan, Paul. 'Bioelectronics for Tissue Regeneration'. Defense Advanced Projects Research Agency <https://www.darpa.mil/program/bioelectronics-for-tissue-regeneration>. Accessed 31 May 2022

31. Kriegman, Sam, et al, 'Kinematic Self-Replication in Reconfigurable Organisms'. *Proceedings of the National Academy of Sciences*, vol. 118, no. 49 (2021), loc. e2112672118 <https://doi.org/10.1073/pnas.2112672118>

32. Coghlan, Simon and Kobi Leins. 'Will self-replicating "xenobots" cure diseases, yield new bioweapons, or simply turn the whole world into grey goo?', The Conversation, 9 December 2021 <https://theconversation.com/will-self-replicating-xenobotscure-diseases-yield-new-bioweapons-or-simply-turn-the-wholeworld-into-grey-goo-173244>

33. Adamatzky, Andrew, et al. 'Fungal Electronics'. *Biosystems* 212 (2021), loc. 104588, doi: 10.1016/j.biosystems.2021.104588

10장. 더 나은 삶을 위한 전기: 전기화학을 통한 새로운 두뇌와 신체 개선

1. Nitsche, Michael A., et al. 'Facilitation of Implicit Motor Learning by Weak Transcranial Direct Current Stimulation of the Primary Motor Cortex in the Human'. *Journal of Cognitive Neuroscience*, vol. 15, no. 4 (2003), pp. 619–26, doi: https://doi.org/10.1162/089892903321662994

2. Trivedi, Bijal. 'Electrify your mind – literally', *New Scientist*, 11 April 2006 < https://www.newscientist.com/article/mg19025471-100-electrify-your-mind-literally/>

3. Marshall, L, M. Mölle, M. Hallschmid, and J. Born. 'Transcranial direct current stimulation during sleep improves declarative memory'. *The Journal of Neuroscience* vol. 24, no. 44 (2004), pp. 9985–92, doi: 10.1523/Jneurosci.2725-04.2004

4. Walsh, Professor Vincent. 'Cognitive Effects of TDC at Summit on Transcranial Direct Current Stimulation (tDCS) at the UC-Davis Center for Mind & Brain', UC Davis YouTube channel, 8 October 2013 <https://www.youtube.com/watch?v=9fz7r8VDV4o>. The relevant section of the lecture begins around fourteen minutes in.

5. Wurzman, Rachel et al. 'An open letter concerning do-it-yourself users of transcranial direct current stimulation'. *Annals of Neurology*, vol 80, Issue 1. July 2016

6. Aschwanden, Christie. 'Science isn't broken: It's just a hell of a lot harder than we give it credit for', Five Thirty-Eight, 19 August 2015 <https://fivethirtyeight.com/features/science-isnt-broken/>

7. Verma, N., et al. 'Auricular Vagus Neuromodulation – A Systematic Review on Quality of Evidence and Clinical Effects'. *Frontiers in Neuroscience* 15 (2021), article 664740 <https://doi.org/10.3389/fnins.2021.664740>

8. Young, Stella. 'I'm not your inspiration, thank you very much.' TED, June 2014, www.ted.com/talks/stella_young_i_m_not_your_inspiration_thank_you_very_much/

9. Source is interview with the author at the International Neuroethics Society meeting, 2 November 2018. The issues are also explored in Drew, Liam. 'The ethics of brain–computer interfaces'. *Nature*. 24 July 2019 <https://www.nature.com/articles/d41586-019-02214-2>

10. Strickland, Eliza. 'Worldwide Campaign For Neurorights Notches Its First Win', *IEEE Spectrum*, 18 December 2021 <https://spectrum.ieee.org/neurotech-neurorights>

11. Coghlan, Andy. 'Vaping really isn't as harmful for your cells as smoking', *New Scientist*, 4 January 2016 <https://www.newscientist.com/article/dn28723-vaping-really-isnt-as-harmful-for-your-cells-as-smoking/>

12. 'Committee on the Review of the Health Effects of Electronic Nicotine Delivery Systems and Others'. In: Kathleen Stratton, Leslie Y. Kwan, and David L. Eaton (eds), *Public Health Consequences of E-Cigarettes*, Washington, DC: 2018, 24952 <https://www.nap.edu/catalog/24952>

13. Moehn, Kayla,Yunus Ozekin, and Emily Bates. 'Investigating the Effects of Vaping and Nicotine's Block of Kir2.1 on Humerus and Digital Development in Embryonic Mice'. *FASEB Journal*, vol. 36, no. S1 (2022) <https://doi.org/10.1096/fasebj.2022.36.S1.R2578>

14. Benzonana, Laura, et al. 'Isoflurane, a Commonly Used Volatile Anesthetic, Enhances Renal Cancer Growth and Malignant Potential via the Hypoxia-Inducible Factor Cellular Signaling Pathway In Vitro'. *Anesthesiology*, vol. 119, no. 3 (2013), pp. 593–605

15. Jiang, Jue, and Hong Jiang. 'Effect of the Inhaled Anesthetics Isoflurane, Sevoflurane and Desflurane on the Neuropathogenesis of Alzheimer's Disease (Review)'. *Molecular Medicine Reports*, vol. 12, no. 1 (2015), pp. 3–12

16. R robson, David. 'This is what it's like waking up during surgery', Mosaic, 12 March

2019 <https://mosaicscience.com/story/anaesthesia-anesthesia-awake-awareness-surgery-operation-or- paralysed/>

17. Edelman, Elazer, et al. 'Case 30-2020: A 54-Year-Old Man with Sudden Cardiac Arrest'. New England Journal of Medicine, vol. 383, no. 13 (2020), pp. 1263–75

18. Hesham, R. Omar, et al. 'Licorice Abuse: Time to Send a Warning Message'. *Therapeutic Advances in Endocrinology and Metabolism*, vol. 3, no. 4 (2012), pp. 125–38

19. Actually, I noticed two patterns: most of the scientists who gothit with the most scathing criticism were women. The men sometimes didn't recall any trouble at all.

20. Davies, Paul. *The Demon in the Machine*. London: Allen Lane, 2019,, p. 86

21. McNamara, H. M., et al. 'Bioelectrical domain walls in homogeneous tissues'. *Nature Physics* 16 (2020), pp. 357–64 <https://doi.org/10.1038/s41567-019-0765-4>

22. Davies, *The Demon in the Machine*, pp. 82–3

23. Pietak, A., and Levin, M. 'Exploring Instructive Physiological Signaling with the Bioelectric Tissue Simulation Engine'. *Frontiers in Bioengineering and Biotechnology*, vol. 4, article 55 (2016), doi: 10.3389/fbioe.2016.00055

찾아보기

우리 몸은 전기다

초판 1쇄 발행 2023년 8월 30일
2쇄 발행 2023년 10월 5일

지은이 샐리 에이디
옮긴이 고현석
펴낸이 오세인 | **펴낸곳** 세종서적(주)

주간 정소연
편집 김재열 | **표지디자인** thiscover.kr | **본문디자인** 김진희
마케팅 임종호 | **경영지원** 홍성우
인쇄 탑 프린팅 | **종이** 화인페이퍼

출판등록 1992년 3월 4일 제4-172호
주소   서울시 광진구 천호대로132길 15, 세종 SMS 빌딩 3층
전화   (02)775-7012 | 마케팅 (02)775-7011 | 팩스 (02)319-9014

홈페이지 www.sejongbooks.co.kr | 네이버 포스트 post.naver.com/sejongbooks
페이스북 www.faccebook.com/sejongbooks | 원고 모집 sejong.edit@gmail.com

ISBN 978-89-8407-820-8 03470

· 잘못 만들어진 책은 바꾸어드립니다.
· 값은 뒤표지에 있습니다.

WE⚡ARE
ELECTRIC

함께 읽으면 좋은 책

차이에 관한 생각
프랑스 드 발 지음 | 이충호 옮김 | 568쪽 | 값 22,000원

세계적으로 유명한 영장류학자 프랑스 드 발은 수십 년 간 사람과 동물의 행동을 연구한 결과를 바탕으로 생물학은 기존의 젠더 불평등에 정당한 근거를 제공하지 않는다고 주장한다. 젠더와 생물학적 성이 관련 있음에도 불구하고, 생물학은 인간 사회에서 전통적인 남성과 여성의 역할을 자동적으로 지지하지 않는다는 것이다.

저자는 그렇다고 해서 남녀가 다르다는 사실을 부정해서는 안된다고 하는데, 그렇다면 남녀 간의 선천적인 차이점들은 무엇이며, 그것들이 문화가 아닌 생물학에 의해 결정된다는 것을 어떻게 알 수 있을까? 이 책은 그 질문에 대한 답을 영장류 연구에서 찾는다. 성차에 대해서는 다양한 접근법이 존재해왔지만, 이 책은 기존의 연구나 다른 책들과는 다르게 영장류를 통해 성차의 비밀을 밝혀내고자 한다.

문재인 · 최재천 · 유발 하라리 추천

동물의 생각에 관한 생각
프랑스 드 발 지음 | 이충호 옮김 | 488쪽 | 값 19,500원

최근 수십 년 동안 동물의 인지에 관한 발견이 눈사태처럼 쏟아지고 있음에도 동물을 대하는 인간의 태도는 동물이 인간을 위해 존재한다고 생각한 아리스토텔레스 때와 크게 달라지지 않았다. 세계적인 영장류학자 프랑스 드 발은 이러한 인간 중심의 패러다임에 전면적으로 반기를 들었다. 저자는 동물이 우리가 상상하는 것보다 훨씬 똑똑할뿐더러 심지어 인간이 동물보다 더 우월하지 않음을 흥미진진하고 재기 넘치는 필치로 그려낸다.

《가디언》 2016 최고의 책 · 굿리즈 2016 과학 분야 1위

동물의 감정에 관한 생각
프랑스 드 발 지음 | 이충호 옮김 | 468쪽 | 값 19,500원

죽음을 앞둔 침팬지 '마마'와 그의 40년지기 친구 얀 판 호프의 마지막 포옹에서 영감을 받아 쓴 책으로, 출간 즉시 뉴욕타임스, 아마존 베스트셀러에 올랐다. 사람이 침팬지 우리에 찾아가는 것은 목숨을 건 위험한 행동이다. 침팬지 마마는 그런 두려움을 잘 알기라도 하듯 크게 미소 지으며 오랜 인간 친구 얀의 목을 감싸서 가볍게 토닥이며 안심시켰다. 이 동영상은 유튜브 1천만 뷰를 돌파하면서 전 세계에 진한 감동을 전해주었다. 두 영장류의 가까운 지인이기도 한 드 발은 이를 근거로 동물과 인간이 진화적으로 감정을 공유하며, 인간 감정의 기원은 다른 동물에게서 시작되었음을 알려준다. 다양한 일화를 통해 감정이 인류가 번성할 수 있었던 가장 강력한 진화의 무기임을 강조한다.

PEN/에드워드 윌슨 과학저술상 수상 · 2020 세종도서